"十四五"职业教育国家规划教材

安全技术与管理系列教材

安全评价技术

(第四版)

蔡庄红　白航标　主编
何重玺　副主编

化学工业出版社
·北京·

内 容 简 介

本书以党的二十大精神为引领，依据高等职业教育的目标和要求，结合实践工作需要，系统介绍了危险、有害因素的辨识和评价单元的划分，对常用的安全评价方法进行了较详细的分析，并对各种常用安全评价方法列举了具体的应用实例。对安全评价过程中查找出来的问题提出具体的安全对策措施，并介绍了安全评价报告的编制过程、编制方法以及安全评价过程的控制。每个项目后附有安全评价师应知应会练习，以检验学生学习效果，满足教学需求。

本书可作为高等职业院校安全类专业教材，也可供安全评价人员、企业安全生产管理人员学习参考。

图书在版编目（CIP）数据

安全评价技术/蔡庄红，白航标主编；何重玺副主编. —4版. —北京：化学工业出版社，2024.1（2025.2重印）

"十四五"职业教育国家规划教材

ISBN 978-7-122-44401-1

Ⅰ.①安… Ⅱ.①蔡…②白…③何… Ⅲ.①安全评价-高等职业教育-教材 Ⅳ.①X913

中国国家版本馆CIP数据核字（2023）第213071号

责任编辑：窦　臻　林　媛　　　　装帧设计：王晓宇

责任校对：王鹏飞

出版发行：化学工业出版社（北京市东城区青年湖南街13号　邮政编码100011）
印　　装：河北延风印务有限公司
787mm×1092mm　1/16　印张21　字数544千字　2025年2月北京第4版第2次印刷

购书咨询：010-64518888　　　　　　售后服务：010-64518899
网　　址：http://www.cip.com.cn
凡购买本书，如有缺损质量问题，本社销售中心负责调换。

定　价：49.80元　　　　　　　　　　　　　　　　　　版权所有　违者必究

前　言

"安全评价技术"课程是安全技术类专业的一门核心专业课程，本教材自2008年出版以来，被国内众多高职院校选用，受到广大读者的好评。2014年修订的第二版被评为"十二五"职业教育国家规划教材，2019年修订的第三版于2023年被评为"十四五"职业教育国家规划教材。

随着职业教育"三教改革"和适应"互联网＋"时代的教学需要，我们在原编写团队的基础上，进一步组建了由多所高职院校的一线教师、具有多年安全评价经验的高级工程师组成的校企"双元"教材开发团队，在第三版的基础上，对教材内容进行持续修订与完善。

多年的教学实践表明，本教材中的项目教学编写形式能够较好地满足专业教学需求，故本次修订对原有的课题、项目的编排方式保持不变，对每个项目仍采用实例展示、知识储备、能力提升训练、归纳总结提高、安全评价师应知应会的编写格式，实现教、学、做一体化。

本教材主要修订和完善以下四方面内容：

（1）学习目标　重新规划、整合三维目标，对每个课题的知识目标、能力目标、素质目标进行优化与完善。

（2）党的二十大精神进教材　把党的二十大报告中"坚持以人民安全为宗旨""夯实国家安全和社会稳定基层基础""坚持安全第一、预防为主，建立大安全大应急框架，完善公共安全体系，推动公共安全治理模式向事前预防转型。推进安全生产风险专项整治，加强重点行业、重点领域安全监管"等内容有机融入教材。素质目标中凸显以人为本、安全发展、工匠精神等理念，培养学生的职业精神和职业素养。

（3）修订知识内容　引用了最新的法律法规、标准规范，引入《化工危险与可操作性（HAZOP）分析职业技能等级标准》，增加了目前应用较为广泛的保护层分析法，对教材中的相关知识内容进行了修订。

（4）新增数字化资源　强化知识的信息化呈现，建设了微课资源，以二维码形式融入教材，便于学生理解相关内容和进行拓展学习。

本教材由蔡庄红和白航标担任主编，何重玺担任副主编。课题一、课题五和课题三项目二、项目三、项目六、项目十一由河南应用技术职业学院蔡庄红编写，课题二、课题三项目一由河南应用技术职业学院岳瑞丰编写，课题三项目四、项目八由河南应用技术职业学院赵丹丹编写，课题三项目五、项目十由河南工业贸易职业学院赵扬编写，课题三项目七、项目九由天津渤海职业技术学院何重玺编写，课题三项目十二、课题四由河南展丰工程技术咨询有限公司白航标编写。全书由蔡庄红统稿。河南鑫安利安全科技股份有限公司高级工程师黄庭刚担任主审，认真审阅了全书提出了许多宝贵的意见。在此，对所有提供过帮助的同仁们一并表示衷心的感谢！

本书编写过程中，编者还参考了有关专著和文献资料，在此也向所有作者一并表示感谢。

由于编者水平有限，书中不妥、不足之处在所难免，敬请读者批评指正，不吝赐教。

编　者

2023年6月

第一版
前 言

安全评价是以实现安全为目的，应用安全系统工程原理和方法，辨识与分析工程、系统、生产经营活动中的危险、有害因素，预测发生事故或造成职业危害的可能性及其严重程度，提出科学、合理、可行的安全对策措施建议，做出评价结论的活动。

自 2002 年 6 月 29 日《中华人民共和国安全生产法》颁布以来，国家安全生产监督管理总局、国家质量监督检验检疫总局及各部委发布了一系列有关安全评价的法律、法规、导则、标准。我国安全评价行业发展速度很快，安全评价对预防事故的发生起到了很大的作用，安全评价也日益受到政府、企业的重视。

本教材根据教育部高职高专教材建设精神，主要定位于高职高专安全类专业学生。本教材按照安全评价报告编制顺序进行编写，并在编写中注重评价实例的应用，使学生能较快地掌握各种评价方法及进行评价报告的编制。

本书由蔡庄红和何重玺担任主编。绪论和第二章第一节、第四节、第七节由蔡庄红编写，第一章和第二章第三节、第五节、第六节由何重玺编写，第二章第二节和第四章由练学宁编写，第三章由苏华龙编写。全书由蔡庄红统稿。上海天谱安全咨询有限公司孙玉贤担任主审，对书稿进行了认真审阅，提出不少宝贵意见，在此深表谢意。

最近几年，随着新的《危险化学品安全管理条例》《特种设备安全监察条例》的颁布，使我国对于对危险化学品安全管理及特种设备的管理有了新的要求，同时诸如《危险化学品重大危险源辨识》(GB 18218—2009)、《石油化工企业设计防火规范》(GB 50160—2008)等一系列修订标准的出台，使得安全评价所依据的标准、规范也发生了很大变化。因此，本次重印时考虑到近几年我国安全评价形势的变化，编者增加了《安全评价师职业标准（试行）》部分内容，修正了《危险化学品安全管理条例》《特种设备安全监察条例》，修改了包括《危险化学品重大危险源》在内的 14 项国家标准，并对书中个别印刷错误进行了修订。

编写本书参考了有关专著与其他文献资料，在此，向有关作者表示感谢。

由于编者水平有限，书中不妥之处在所难免，敬请读者批评指正，不吝赐教。

编 者
2011 年 5 月

第二版前言

近几年，随着我国各级政府部门及各行各业对安全工作及安全评价工作的日益重视，有关标准、规范更新很快，也推动"安全评价技术"课程的教学改革。在第一版的基础上，《安全评价技术》第二版融入了近年来安全评价的新技术、新要求、新应用、新标准、新规范、新案例。

本教材按照安全评价报告顺序进行编写，采用项目教学法形式进行编排，在有关项目学习及训练中增加漫画、图片，使项目学习情境变得更加生动。将真实安全评价报告引入到相关项目学习之中，项目学习之后以真实评价项目作为能力提升训练项目，巩固学生学习成果，使学生尽快掌握相关学习项目。在每个项目学习之后以归纳总结提高的形式配备适当练习，有助于学生对基本知识的理解和掌握。

本次修订增加了目前安全评价报告中要求采用的事故伤害后果及风险程度评价，完善了危险与可操作性研究评价法，去掉了目前应用不太广泛的化工厂危险程度分级评价法；对安全对策措施部分列出相应对策措施的主要依据，不再详细讲述有关对策措施，培养学生查阅有关资料的能力。附录中列出了《安全评价师国家职业标准（试行）》。

本教材同时配套电子教案及电子课件，在电子教案及电子课件中适当增加案例比例，并附若干份真实安全评价报告，供教师及学生参考使用。使用本教材的学校可以联系化学工业出版社（cipedu@163.com），免费索取。

本书在修订过程中，得到河南化工职业学院、河南鑫安利安全评价有限公司、化学工业出版社有关领导和教师的支持与帮助，特别是河南鑫安利安全评价有限公司高级工程师杨耀党认真审阅了本书，并提出了许多宝贵的意见。在此，对所有帮助过我们的同仁一并表示衷心的感谢！

本书由蔡庄红和黄庭刚担任主编。课题一、课题五和课题三的项目三、项目四、项目六、项目八由河南化工职业学院蔡庄红编写，课题四和课题三的项目一、项目十二由河南鑫安利安全评价有限公司黄庭刚编写，课题二由河南化工职业学院岳瑞丰编写，课题三的项目七、项目十一由河南化工职业学院赵扬编写，课题三的项目九、项目十由天津渤海职业技术学院何重玺编写，课题三的项目二、项目五由重庆化工职业学院练学宁编写。全书由蔡庄红统稿。河南鑫安利安全评价有限公司高级工程师杨耀党担任主审。

编写本书时参考了有关专著与文献（见书后参考文献），在此，向其作者一并表示感谢。

由于编者水平有限，书中存在不妥之处在所难免，敬请读者批评指正，不吝赐教。

编　者
2014 年 5 月

第三版前言

随着国务院机构改革，2018年成立了中华人民共和国应急管理部，原国家安全生产监督管理总局的职能整体转由应急管理部负责。2015年版《中华人民共和国职业分类大典》将"安全评价工程技术人员"（职业代码 2-02-28-04）列为第二大类专业技术人员。2018年6月19日，应急管理部第1号令发布了《安全评价检测检验机构管理办法》，该办法于2019年5月1日开始实施。为了适应我国安全评价快速发展的需要，编者对《安全评价技术》（第二版）进行了修订和完善。

本书在第二版的基础上，结合近几年安全科技和安全评价技术的进展，以及国内高校安全类专业师生和安全生产专家学者提出的宝贵意见与建议，融入了最近几年我国安全评价技术的新技术、新要求、新应用、新标准、新规范。

本次编写引用了最新的法律法规、有关规定，更新了部分评价实例，优化了部分评价内容，增加了安全评价师应知应会练习内容。删除了目前安全评价报告中应用较少的ICI蒙德法，删除了附录《安全评价师国家职业标准》，部分实例展示引用了项目五安全评价报告编制中的实例，删除了原来的部分实例展示。对用到的《中华人民共和国安全生产法》《危险化学品重大危险源》等内容采用最新内容，以适应目前安全评价的需求。

本书在修订过程中，得到了河南应用技术职业学院、河南中咨安全工程师事务所有限公司、河南鑫安利安全科技股份有限公司、化学工业出版社的支持与帮助，特别是河南鑫安利安全科技股份有限公司高级工程师黄庭刚认真审阅了本书，并提出了许多宝贵的意见。在此，对所有帮助过我们的同仁一并表示衷心的感谢！

本书由蔡庄红和白航标担任主编。课题一、课题五和课题三项目三、项目六由河南应用技术职业学院蔡庄红编写，课题四、课题三项目十一由河南中咨安全工程师事务所有限公司白航标编写，课题二、课题三项目一由河南应用技术职业学院岳瑞丰编写，课题三项目二、项目七由重庆化工职业学院练学宁编写，课题三项目五、项目十由河南应用技术职业学院赵扬编写，课题三项目九由天津渤海职业技术学院何重玺编写，课题三项目四、项目八由河南应用技术职业学院赵丹丹编写。全书由蔡庄红统稿。河南鑫安利安全科技股份有限公司高级工程师黄庭刚担任主审。

本书编写过程中参考了有关专著与文献（见参考文献），在此，向其作者一并表示感谢。

由于编者水平有限，书中不妥之处在所难免，敬请读者批评指正，不吝赐教。

编　者
2019年5月

目 录

课题一　认识安全评价

学习目标　　　　　　　　　　　　　　　　/ 001
实例展示　　　　　　　　　　　　　　　　/ 001
知识储备　　　　　　　　　　　　　　　　/ 003
一、安全评价的基本概念　　　　　　　　　/ 003
二、安全评价的产生、发展和现状　　　　　/ 004
三、安全评价的目的和意义　　　　　　　　/ 006
四、安全评价的分类　　　　　　　　　　　/ 007
五、安全评价的依据　　　　　　　　　　　/ 009
六、安全评价的程序　　　　　　　　　　　/ 010
能力提升训练　　　　　　　　　　　　　　/ 010
归纳总结提高　　　　　　　　　　　　　　/ 011
安全评价师应知应会　　　　　　　　　　　/ 011

课题二　辨识危险有害因素及划分评价单元

学习目标　　　　　　　　　　　　　　　　/ 012
项目一　危险有害因素辨识基础知识认知　　/ 012
实例展示　　　　　　　　　　　　　　　　/ 012
知识储备　　　　　　　　　　　　　　　　/ 013
一、危险有害因素的定义　　　　　　　　　/ 013
二、危险有害因素产生的原因　　　　　　　/ 014
三、危险有害因素的分类　　　　　　　　　/ 016
能力提升训练　　　　　　　　　　　　　　/ 023
归纳总结提高　　　　　　　　　　　　　　/ 024
安全评价师应知应会　　　　　　　　　　　/ 025
项目二　危险有害因素辨识方法及应用　　　/ 025
实例展示　　　　　　　　　　　　　　　　/ 025
知识储备　　　　　　　　　　　　　　　　/ 030
一、危险有害因素辨识原则及注意事项　　　/ 030
二、危险有害因素辨识的方法　　　　　　　/ 031
三、危险有害因素辨识要点　　　　　　　　/ 031
能力提升训练　　　　　　　　　　　　　　/ 041

归纳总结提高	/ 042
安全评价师应知应会	/ 042
项目三　重大危险源辨识及评估	/ 042
实例展示	/ 042
知识储备	/ 043
一、重大危险源相关的基本概念	/ 043
二、危险源与危险有害因素的关系	/ 044
三、重大危险源的辨识	/ 044
四、重大危险源的分级	/ 049
能力提升训练	/ 051
归纳总结提高	/ 051
安全评价师应知应会	/ 051
项目四　划分评价单元	/ 052
实例展示	/ 052
知识储备	/ 053
一、评价单元的定义	/ 053
二、评价单元划分的原则	/ 053
三、评价单元划分的方法	/ 053
能力提升训练	/ 055
归纳总结提高	/ 056
安全评价师应知应会	/ 056

课题三　安全评价方法

学习目标	/ 057
项目一　认识安全评价方法	/ 058
实例展示	/ 058
知识储备	/ 058
一、安全评价方法分类	/ 059
二、安全评价方法选择	/ 061
三、常用安全评价方法简介	/ 063
能力提升训练	/ 068
安全评价师应知应会	/ 068
项目二　安全检查与安全检查表法	/ 071
实例展示	/ 071
知识储备	/ 075
一、安全检查法	/ 075
二、安全检查表法	/ 076
三、应用举例	/ 078
能力提升训练	/ 088
归纳总结提高	/ 088

安全评价师应知应会 / 088
项目三　事件树分析法 / 089
实例展示 / 089
知识储备 / 090
　一、事件树分析的目的和特点 / 091
　二、事件树分析的步骤 / 091
　三、应用举例 / 091
能力提升训练 / 092
安全评价师应知应会 / 092
项目四　故障类型和影响分析 / 093
实例展示 / 093
知识储备 / 095
　一、基本概念 / 095
　二、故障类型及影响分析步骤 / 095
　三、应用举例 / 096
能力提升训练 / 096
归纳总结提高 / 097
安全评价师应知应会 / 097
项目五　预先危险性分析 / 098
实例展示 / 098
知识储备 / 101
　一、预先危险性分析的步骤 / 101
　二、预先危险性分析的几种表格 / 102
　三、危险分析 / 103
　四、应用举例 / 104
能力提升训练 / 106
归纳总结提高 / 106
安全评价师应知应会 / 106
项目六　作业条件危险性分析 / 107
实例展示 / 107
知识储备 / 109
　一、方法介绍 / 109
　二、石化行业危险性评价 / 111
　三、方法特点及适用范围 / 112
　四、应用举例 / 112
能力提升训练 / 113
归纳总结提高 / 114
安全评价师应知应会 / 114
项目七　危险度评价法 / 115
实例展示 / 115
知识储备 / 117

一、方法介绍 /117
二、应用举例 /118
能力提升训练 /119
归纳总结提高 /120
安全评价师应知应会 /120
项目八　故障树分析 /121
实例展示 /121
知识储备 /123
一、故障树分析的目的和特点 /124
二、故障树分析的步骤 /124
三、故障树分析的数学基础 /126
四、故障树的编制 /128
五、故障树分析在安全评价中的应用 /134
六、应用举例 /140
能力提升训练 /142
归纳总结提高 /143
安全评价师应知应会 /144
项目九　道化学火灾、爆炸指数评价法 /145
实例展示 /145
知识储备 /150
一、道化学火灾、爆炸指数评价的目的 /150
二、道化学火灾、爆炸指数评价的程序 /151
三、道化学火灾、爆炸危险指数及补偿系数 /152
四、道化学火灾、爆炸指数评价法计算说明 /154
能力提升训练 /173
归纳总结提高 /177
安全评价师应知应会 /177
项目十　危险与可操作性研究 /179
实例展示 /179
知识储备 /181
一、适用范围和方法特点 /182
二、HAZOP 术语 /183
三、HAZOP 分析原则 /183
四、HAZOP 的应用 /192
五、HAZOP 分析报告 /194
六、常见设备 HAZOP 分析结果举例 /195
七、应用举例 /196
能力提升训练 /198
归纳总结提高 /198
安全评价师应知应会 /198
项目十一　保护层分析法（LOPA 法） /199

实例展示 / 199
知识储备 / 203
一、LOPA 基本程序 / 204
二、保护层分析过程 / 207
三、应用举例 / 216
能力提升训练 / 219
归纳总结提高 / 219
安全评价师应知应会 / 219
项目十二　事故伤害后果及风险程度评价 / 220
实例展示 / 220
知识储备 / 224
一、方法介绍 / 224
二、重大危险源区域定量风险评价与管理软件 / 237
能力提升训练 / 239
归纳总结提高 / 240
安全评价师应知应会 / 240

课题四　安全对策措施及安全评价结论

学习目标 / 241
项目一　安全对策措施 / 241
实例展示 / 241
知识储备 / 245
一、安全对策措施的基本要求及遵循的原则 / 246
二、安全对策措施提出的主要依据 / 247
能力提升训练 / 251
归纳总结提高 / 252
安全评价师应知应会 / 252
项目二　安全评价结论 / 254
实例展示 / 254
知识储备 / 255
一、评价结果与评价结论 / 255
二、评价结论的编制原则 / 256
三、评价结论 / 256
归纳总结提高 / 258
安全评价师应知应会 / 258

课题五　安全评价报告的编制及安全评价过程控制

学习目标 / 259
项目一　安全评价报告的编制 / 259

实例展示　　　　　　　　　　　　　/ 259
　　知识储备　　　　　　　　　　　　　/ 267
　　一、安全评价资料采集、分析和处理　　/ 267
　　二、安全评价报告的编制　　　　　　／ 268
　　三、安全评价报告书的常用格式　　　／ 272
　　四、安全评价报告实例　　　　　　　／ 273
　　能力提升训练　　　　　　　　　　　／ 292
　　归纳总结提高　　　　　　　　　　　／ 298
　　安全评价师应知应会　　　　　　　　／ 298
　　项目二　安全评价过程控制　　　　　／ 299
　　实例展示　　　　　　　　　　　　　／ 299
　　知识储备　　　　　　　　　　　　　／ 300
　　一、安全评价过程控制概述　　　　　／ 300
　　二、安全评价过程控制体系的要求　　／ 301
　　三、安全评价过程控制体系文件的构成及编制　／ 301
　　能力提升训练　　　　　　　　　　　／ 302
　　归纳总结提高　　　　　　　　　　　／ 302
　　安全评价师应知应会　　　　　　　　／ 303

附录一　物质系数和特性表

附录二　安全评价通则（AQ 8001—2007）

参考文献

课题一
认识安全评价

学习目标

知识目标：1. 了解安全评价的概念、发展历程。
2. 熟悉安全评价的意义和依据。
3. 掌握安全评价目的、分类、安全评价的程序。

能力目标：1. 能根据具体的安全评价项目选择对应安全评价的类别及适宜的安全评价导则。
2. 能通过《安全评价师国家职业标准（试行）》和《安全评价检测检验机构管理办法》，掌握安全评价师和安全评价机构的有关要求。
3. 会对照《化工危险与可操作性（HAZOP）分析职业技能等级标准》，了解危险与可操作性分析"1+ X"证书有关要求。

素质目标：初步树立"生命至上，安全第一，预防为主"的安全理念，做提升企业安全的守护者。

实例展示

以下是××安全技术咨询有限公司对××化工有限公司"新建的年产×万吨聚氨酯树脂生产线"所做的安全预评价报告目录。请你认真研读，讨论安全评价报告包括哪些内容，安全评价有何目的及意义。

目录

第1章 安全预评价的目的、过程、范围和程序
  1.1 安全预评价的目的
  1.2 安全预评价过程
  1.3 安全预评价范围
  1.4 安全预评价程序
第2章 建设单位及建设项目概况
  2.1 建设单位基本情况

2.2 建设项目基本情况
2.3 建设项目地理位置、用地面积和生产规模
2.4 拟采用的工艺和国内同类项目水平对比情况
2.5 生产工艺流程
2.6 主要原辅材料名称、规格、消耗及储运情况
2.7 主要装置和设施的布局及上下游生产装置的关系
2.8 建设项目选用的主要装置（设备）和设施名称、型号（或者规格）、材质、数量和主要特种设备
2.9 配套设施和辅助工程
2.10 组织机构及劳动定员
第3章 危险有害因素分析
3.1 主要物质的危险危害性分析
3.2 自然环境的危险有害因素分析
3.3 生产过程的危险有害因素分析
3.4 储存过程中的危险有害因素分析
3.5 供配电设施危险有害因素分析
3.6 其他方面的危险有害因素分析
3.7 危险有害因素分析结果
3.8 人的失误及安全管理分析
3.9 重大危险源辨识
第4章 安全评价方法选择和评价单元确定
4.1 评价单元划分依据
4.2 评价方法选择和评价单元确定
第5章 定性、定量评价
5.1 道化学火灾、爆炸指数法评价
5.2 预先危险性分析评价
5.3 作业条件危险性分析评价
5.4 个人风险和社会风险分析
第6章 安全条件和安全生产条件的分析结果
6.1 项目选址符合性
6.2 外部情况
6.3 安全条件
第7章 安全对策措施、建议
7.1 可研报告中提出的安全对策措施
7.2 需要补充的安全对策措施及建议
第8章 安全预评价结论
8.1 评价结果
8.2 应重视的安全对策措施及建议
8.3 评价结论
附件1 图、表
附件2 选用的安全评价方法简介
  附件2.1 道化学火灾、爆炸指数法
  附件2.2 预先危险性分析法介绍

附件 2.3　作业条件危险性评价法
附件 3　安全评价依据
附件 4　收集的文件资料目录

提出任务：什么是安全评价？安全评价有何意义？安全评价分为哪几类？

 知识储备

安全评价是运用安全系统工程的原理和方法，对拟建或已有工程、系统及工业园区可能存在的危险性及可能产生的后果进行综合评价和预测，并根据可能导致事故风险的大小，提出相应的安全对策措施，以达到工程、系统安全的目的。安全评价应贯穿于工程、系统的设计、建设、运行和退役整个生命周期的各个阶段。对工程、系统进行安全评价，既是政府安全监督管理的需要，也是企业、生产经营单位搞好安全生产的重要保证。

一、安全评价的基本概念

1. 安全评价

安全评价是以实现安全为目的，应用安全系统工程原理和方法，辨识与分析工程、系统、生产经营活动中的危险、有害因素，预测发生事故或造成职业危害的可能性及其严重程度，提出科学、合理、可行的安全对策措施及建议，做出评价结论的活动。安全评价可针对一个特定的对象，也可针对一定区域范围。

2. 安全和危险

安全与危险是相对的概念，在安全评价中，主要是指人、物和环境因素的安全与危险。

安全是指不会发生损失或伤害的一种状态。安全的实质就是防止事故，消除导致死亡、伤害、职业危害及各种财产损失发生的条件。

危险是指系统中存在导致发生不期望后果的可能性超过了人们的承受程度。系统危险性由系统中的危险因素决定，危险因素与危险之间具有因果关系。

3. 事故

在生产过程中，事故是指造成人员死亡、伤害、职业病、财产损失或其他损失的意外事件。事件的发生可能造成事故，也可能没有造成任何损失。对于没有造成职业病、死亡、伤害、财产损失或其他损失的事件可称为"未遂事件"或"未遂过失"。因此，事件包括事故事件和未遂事件。

事故是由危险因素导致的人员死亡、伤害、职业危害及各种财产损失的事件。管理失误、人的不安全行为和物的不安全状态及环境因素等都可能造成事故的发生。

4. 风险

风险是危险、危害事故发生的可能性与危险、危害事故所造成损失的严重程度的综合度量。风险大小可以用风险率（R）来衡量，风险率等于事故发生的概率（P）与事故损失严重程度（S）的乘积：

$$R = PS$$

由于概率值难以取得，常用事故频率代替事故概率，则上式可表示为：

$$风险率 = \frac{事故次数}{单位时间} \times \frac{事故损失}{事故次数} = \frac{事故损失}{单位时间}$$

单位时间可以是系统的运行周期，也可以是一年或几年；事故损失可以用死亡人数、事故次数、损失工作日数或经济损失等表示；风险率可以定量表示为百万工时事故死亡率、百万工时总事故率等，对于财产损失则可以表示为千人经济损失率等。

5. 系统和系统安全

系统是指由若干相互作用、相互依赖的若干组成部分结合而成的具有特定功能的有机整体。对生产系统来讲，系统构成包括人员、物资、设备、资金、任务指标和信息六个要素。

系统安全是指在系统寿命周期内，应用系统安全工程的原理和方法，识别系统中的危险源，定性或定量表征其危险性，并采取控制措施使其危险性最小化，从而使系统在规定的性能、时间和成本范围内达到最佳的可接受安全程度。

6. 安全系统工程

安全系统工程是指应用系统工程的基本原理和方法，辨识、分析、评价、排除和控制系统中的各种危险，对工艺过程、设备、生产周期和资金等因素进行分析评价和综合处理，使系统可能发生的事故得到控制，并使系统安全性达到最佳状态的一门综合性技术科学。安全系统工程将工程和系统中的安全作为一个整体系统，应用科学的方法对构成系统的各个要素进行全面的分析，判明各种状况下危险因素的特点及其可能导致的灾害性事故，通过定性和定量分析对系统的安全性做出预测和评价，将系统事故降至最低的可接受限度。危险识别、风险评价、风险控制是安全系统工程方法的基本内容，其中危险识别是风险评价和风险控制的基础。

二、安全评价的产生、发展和现状

20世纪30年代，随着保险业的发展需要，安全评价技术逐步发展起来。保险公司收取费用的多少是由所承担风险的大小决定的。因此，就产生了一个衡量风险程度的问题，这个衡量风险程度的过程就是当时的美国保险协会所从事的风险评价。

安全评价技术在20世纪60年代得到了很大的发展，首先使用于美国军事工业，1962年4月美国公布了第一个有关系统安全的说明书"空军弹道导弹系统安全工程"。1969年7月美国国防部批准颁布了最具有代表性的系统安全军事标准《系统安全大纲要点》（MIL-STD-882），首次奠定了系统安全工程的概念，以及设计、分析、综合等基本原则。该标准于1977年、1984年、2000年和2012年进行了四次修订，该标准对系统整个寿命周期内的安全要求、安全工作项目都作了具体规定。我国于1990年10月由国防科学技术工业委员会批准发布了《系统安全性通用大纲》（GJB 900—1990）。MIL-STD-882系统安全标准从开始实施，就对世界安全和防火领域产生了巨大影响，迅速被日本、英国和其他欧洲各国引进使用。此后，系统安全工程方法陆续推广到航空、航天、核工业、石油、化工等领域，在当今安全科学中占有非常重要的地位。

1964年美国道（DOW）化学公司根据化工生产的特点，首先开发出"火灾、爆炸危险指数评价法"，用于对化工装置进行安全评价，该评价法1993年已发展到第七版。由于该评价法日趋科学、合理、切合实际，在世界工业界得到一定程度的应用，引起各国的广泛研究、探讨，推动了评价方法的发展。1974年美国原子能委员会在没有核电站事故先例的情况下，应用系统安全工程分析方法，提出了著名的《核电站风险报告》（WASH-1400），并被后来发生的核电站事故所证实。随着安全评价技术的发展，安全评价已在现代安全管理中占有十分重要的地位。

20世纪80年代初期，我国引入了安全系统工程，受到许多大中型生产经营单位和行业管理部门的高度重视。1987年原机械电子部首先提出了在机械行业内开展机械工厂安全评价，并于1988年1月1日颁布了第一个部颁安全评价标准《机械工厂安全性评价标准》，1997年又对其进行了修订。该标准的颁布实施，标志着我国机械工业安全管理工作进入了一个新的阶段。

1988年，国内一些较早实施建设项目"三同时"的省、市，根据原劳动部〔1988〕48号文《关于生产性建设工程项目职业安全卫生监察的暂行规定》的有关规定，开始了建设项目安全预评价实践。经过几年的实践，在初步取得经验的基础上，1996年10月，劳动部颁发了第3号令，规定六类建设项目必须进行劳动安全卫生预评价。与之配套的规章、标准还有劳动部第10号令、第11号令和部颁标准《建设项目（工程）劳动安全卫生预评价导则》（LD/T 106—1998）。这些法规和标准对进行安全预评价的时机、承担单位的资质、程序、大纲和报告的主要内容等作了详细的规定，规范和促进了建设项目安全预评价工作的开展。

党的十八大以来，国家高度重视安全生产工作，2014年8月31日中华人民共和国第十三号主席令公布了第一次修改后的《中华人民共和国安全生产法》，2021年6月10日中华人民共和国第八十八号主席令公布了新修改的《中华人民共和国安全生产法》。第三十二条规定："矿山、金属冶炼建设项目和用于生产、储存、装卸危险物品的建设项目，应当按照国家有关规定进行安全评价。"2011年2月16日中华人民共和国国务院以第591号令发布修订后的《危险化学品安全管理条例》，该条例于2013年12月第二次修正。条例中对危险化学品生产、储存企业提出具体要求："生产、储存危险化学品的企业，应当委托具备国家规定的资质条件的机构，对本企业的安全生产条件每3年进行一次安全评价，提出安全评价报告。安全评价报告的内容应当包括对安全生产条件存在的问题进行整改的方案""生产、储存危险化学品的企业，应当将安全评价报告以及整改方案的落实情况报所在地县级人民政府安全生产监督管理部门备案。在港区内储存危险化学品的企业，应当将安全评价报告以及整改方案的落实情况报港口行政管理部门备案。"

2012年1月30日，国家安全生产监督管理总局第45号令《危险化学品建设项目安全监督管理办法》代替了《危险化学品建设项目安全许可实施办法》，使我国对危险化学品建设项目安全监督管理提升到一个新的高度。2015年进行了修正，其中第八条建设项目安全条件审查提出了明确要求："建设单位应当在建设项目的可行性研究阶段，委托具备相应资质的安全评价机构对建设项目进行安全评价。"

2020年7月，《化工园区综合评价导则》（GB/T 39217—2020）》公布，该导则包括了化工园区综合评价的基本原则、评价指标和评价流程，其中基本原则包括高质量发展引领、分类评价、系统评价，采取可统计、可监测、可考核方法执行；评价指标包括约束性指标和引导性指标，约束性指标是化工园区规范化发展所必须选取的指标，引导性指标是化工园区高质量发展建议选取的指标。该评价导则对规范指导化工园区评价管理具有指导意义。

2007年1月4日，国家安全生产监督管理总局发布《安全评价通则》（AQ 8001—2007）、《安全预评价导则》（AQ 8002—2007）、《安全验收评价导则》（AQ 8003—2007）三个安全评价行业标准，而后颁布了《危险化学品建设项目安全评价细则（试行）》（安监总危化〔2007〕255号），而其他行业也出台了相应的安全评价细则，如《城市轨道交通安全预评价细则》（AQ 8004—2007）、《城市轨道交通安全验收评价细则》（AQ 8005—2007）、《燃气系统运行安全评价标准》（GB/T 50811—2012）等，其他相应的安全评价细则也正在制定之中。

《安全评价师国家职业标准（试行）》于2008年2月18日开始实施，该职

安评师国家职业标准

业标准对安全评价师职业名称、职业定义、职业等级、职业环境、职业能力特征、基本文化程度、培训要求、鉴定要求做了详细规定，其中安全评价师职业资格分为三级，基本文化程度要求大学专科毕业。

2021年2月，北京化育求贤教育科技有限公司发布了《化工危险与可操作性（HAZOP）分析职业技能等级标准》（2021年1.0版），标志着化工危险与可操作性分析"1+X"证书正式开始在中等职业学校、高等职业学校和职业本科学校的正式启动。该证书主要面向企业中进行生产操作、工程设计、安全培训与安全管理工作领域的有关人员。该证书的推出使HAZOP分析和LOPA分析技术正式向化工类专业学生全面展开。

2009年7月1日，国家安全生产监督管理总局第22号令公布了《安全评价机构管理规定》。2019年3月20日，应急管理部第1号令发布了《安全评价检测检验机构管理办法》（简称《管理办法》），代替了《安全评价机构管理规定》，该《管理办法》于2019年5月1日起施行。该《管理办法》对我国申请安全评价检测检验机构资质，从事法定的安全评价、检测检验服务，以及应急管理部门、煤矿安全生产监督管理部门实施安全评价检测检验机构资质认可和监督管理等做出了详细的规定和说明，对规范我国安全评价机构资质认可、技术服务、监督检查等起了重要指导作用。

安评检测验机构管理办法

2022年3月13日，应急管理部发布了《安全生产检测检验机构诚信建设规范》（AQ/T 8012—2022），该文件规定了安全生产检测检验机构诚信建设的基本要求、诚信承诺、诚信评价、诚信评价结果的利用、诚信自律管理和责任。适用于检测检验机构建立诚信管理体系，应急管理部门、矿山安全监管部门、矿山安全监察机构、生产经营单位、第三方诚信评价机构等相关方可参照使用。

机构诚信建设规范

2010年12月14日，国家安全生产监督管理总局第36号令发布了《建设项目安全设施"三同时"监督管理暂行办法》（简称《办法》），2015年进行了修订。该《办法》规定了生产经营单位新建、改建、扩建工程项目安全设施的建设及其监督管理的内容、程序、要求以及法律责任，包括建设项目预评价、安全设施设计审查、建设项目安全设施竣工或试生产完成后的安全验收评价等。

2012年1月30日，国家安全生产监督管理总局第45号令公布了《危险化学品建设项目安全监督管理办法》，2015年进行了修订，其中第八条建设项目安全条件审查提出了明确要求："建设单位应当在建设项目的可行性研究阶段，委托具备相应资质的安全评价机构对建设项目进行安全评价。"

三、安全评价的目的和意义

1. 安全评价的目的

安全评价的目的是查找、分析和预测工程、系统、生产经营活动中存在的危险、有害因素及可能导致的危险、危害后果和程度，提出合理可行的安全对策措施，指导危险源监控和事故预防，以达到最低事故率、最少损失和最优的安全投资效益。

安全评价要达到的目的包括以下几个方面：

① 提高系统的本质安全。通过安全评价，对工程或系统的设计、建设、运行等过程中存在的事故和事故隐患进行科学分析，针对事故和事故隐患发生的各种可能原因事件和条件，提出消除危险源和降低风险的安全技术措施方案，特别是从设计上采取相应措施，设置多重安全屏障，实现生产过程的本质安全化。

② 实现全过程安全控制。在系统设计前进行安全评价，可以避免选用不安全的工艺流程和危险的原材料以及不合适的设备、设施，或当必须采用时，提出降低或消除危险的有效

方法。系统设计之后进行的安全评价，可以查出设计中的缺陷和不足，及早采取改进和预防措施。系统建成以后运行阶段进行的安全评价，可以了解系统的现实危险性，为进一步采取降低危险性的措施提供依据。

③ 建立系统安全的最优方案，为决策者提供依据。通过安全评价，分析系统存在的危险源及其分布部位、数目，预测事故发生的概率、事故严重度，提出应采取的安全对策措施等，为决策者选择系统安全最优方案和管理决策提供依据。

④ 为实现安全技术、安全管理的标准化和科学化创造条件。通过对设备、设施或系统在生产过程中的安全性是否符合有关技术标准、规范、相关规定的评价，对照技术标准、规范，找出存在的问题和不足，实现安全技术和安全管理的标准化、科学化。

2. 安全评价的意义

安全评价可有效地预防事故发生，减少财产损失和人员伤亡。安全评价是从系统安全的角度出发，分析、论证和评估可能产生的损失和伤害及其影响范围、严重程度，提出应采取的对策措施等。安全评价的意义可概括为以下几个方面：

① 安全评价是安全生产管理的一个必要组成部分。"安全第一，预防为主，综合治理"是我国安全生产的基本方针，作为预测、预防事故重要手段的安全评价，对贯彻安全生产方针起着十分重要的作用，通过安全评价可确认生产经营单位是否具备必要的安全生产条件，是否在生产过程中贯彻安全生产方针和"以人为本"的管理理念。安全评价坚持以人民安全为宗旨，是保证社会稳定的基础，推动了重点行业、重点领域安全治理模式向事前预防转型。

② 有助于政府安全监督管理部门对生产经营单位的安全生产实行宏观控制。安全预评价能有效地提高工程安全设计的质量和投产后的安全可靠程度；安全验收评价是根据国家有关安全生产法律法规、规章、标准、规范对安全设施、设备、装备等进行的符合性评价，提高安全达标水平；安全现状评价可客观地对生产经营单位、工业园区安全水平做出结论，使生产经营单位、工业园区不仅了解可能存在的危险性，而且明确了改进的方向，同时也为安全监督管理部门了解生产经营单位、工业园区安全生产现状，实施宏观调控打下基础。

③ 有助于安全投资的合理选择。安全评价不仅能确认系统的危险性，而且能进一步考虑危险性发展为事故的可能性及事故造成损失的严重程度，并以此说明系统危险可能造成负效益的大小，合理地选择控制措施，确定安全措施投资的多少，从而使安全投入和可能减少的负效益达到合理的平衡。

④ 有助于提高生产经营单位的安全管理水平。安全评价可以使生产经营单位安全管理变事后处理为事先预测、预防。通过安全评价，可以预先识别系统的危险性，分析生产经营单位的安全状况，全面地评价系统及各部分的危险程度和安全管理状况，促使生产经营单位达到规定的安全要求。

⑤ 有助于生产经营单位提高经济效益。安全预评价可减少项目建成后由于安全要求引起的调整和返工建设；安全验收评价可将潜在事故隐患在设施开工运行前及时消除；安全现状评价可使生产经营单位较好了解可能存在的危险，并为安全管理提供依据。生产经营单位的安全生产水平的提高可带来经济效益的提高，使生产经营单位真正实现安全生产和经济效益的同步增长。

四、安全评价的分类

按照国家安全评价行业标准《安全评价通则》（AQ 8001—2007），安全评价按照实施阶段的不同分为安全预评价、安全验收评价和安全现状评价三类。

1. 安全预评价

安全预评价是在建设项目可行性研究阶段、工业园区规划阶段或生产经营活动组织实施之前，根据相关的基础资料，辨识与分析建设项目、工业园区、生产经营活动潜在的危险、有害因素，确定其与安全生产法律法规、规章、标准、规范的符合性，预测发生事故的可能性及其严重程度，提出科学、合理、可行的安全对策措施建议，做出安全评价结论的活动。

安全预评价为落实建设项目安全生产"三同时"、制订工业园区建设安全生产规划、降低生产经营活动事故风险提供技术支撑。安全预评价是应用安全评价的原理和方法对系统（建设项目、工业园区、生产经营活动）中存在的危险、有害因素及其危害性进行预测性评价。为保障评价对象建成或实施后能安全运行，安全预评价应从评价对象的总图布置、功能分布、工艺流程、设施、设备、装置等方面提出安全技术对策措施；从评价对象的组织机构设置、人员管理、物料管理、应急救援管理等方面提出安全管理对策措施；从保证评价对象安全运行的需要提出其他安全对策措施。

安全预评价结论应简要列出主要危险、有害因素评价结果，指出评价对象应重点防范的重大危险有害因素，明确应重视的安全对策措施建议，明确评价对象潜在的危险、有害因素在采取安全对策措施后，能否得到控制以及受控的程度如何，给出评价对象从安全生产角度是否符合国家有关法律法规、标准、规章、规范的要求。

通过安全预评价形成的安全预评价报告，将作为建设项目报批的文件之一，向政府安全生产监管、监察及行业主管部门提供的同时，也提供给建设单位、设计单位、业主，作为项目最终设计的重要依据文件之一。建设单位、设计单位、业主在项目设计阶段、建设阶段和运营阶段，必须落实安全预评价所提出的各项措施，切实做到建设项目在设计中的"三同时"。

安全预评价导则

安全预评价报告的编制一般依据《安全预评价导则》（AQ 8002—2007）进行。

2. 安全验收评价

安全验收评价是在建设项目竣工后正式生产运行前或工业园区建设完成后，通过检查建设项目安全设施与主体工程同时设计、同时施工、同时投入生产和使用的情况或工业园区内的安全设施、设备、装置投入生产和使用的情况，检查安全生产管理措施到位情况，检查安全生产规章制度健全情况，检查事故应急救援预案建立情况，审查确定建设项目、工业园区建设满足安全生产法律法规、规章、标准、规范要求的符合性，从整体上确定建设项目、工业园区的运行状况和安全管理情况，做出安全验收评价结论的活动。

安全验收评价通过对建设项目、工业园区实际存在的危险、有害因素引发事故的可能性及其严重程度进行预测性评价，评价对象运行后存在的危险、有害因素及其危险危害程度，明确给出评价对象是否具备安全验收的条件，对达不到安全验收要求的评价对象，明确提出整改措施建议。

安全验收评价是为安全验收进行的技术准备。在安全验收评价中要查看评价对象前期（可行性研究报告、安全预评价、初步设计中安全设施设计专篇等）对安全生产保障等内容的实施情况和相关对策措施、建议的落实情况，评价对象的安全对策措施的具体设计、安装施工情况有效保障程度，评价对象的安全对策措施在试投产中的合理有效性和安全措施的实际运行状况，评价对象的安全管理制度和事故应急预案的建立与实际开展和演练有效性。最终形成的安全验收评价报告将作为建设单位向政府安全生产监督管理机构申请建设项目安全验收审批的依据。另外，通过安全验收评价还可检查生产经营单位的安全生产保障、安全管理制度，确认《中华人民共和国安全生产法》的落实。

安全验收评价导则

安全验收评价报告的编制一般依据《安全验收评价导则》（AQ 8003—2007）进行，而危险化学品建设项目的安全验收评价报告的编制应依据《危险化学品建设项目安全评价细则（试行）》（安监总危化〔2007〕255号）进行。

3. 安全现状评价

安全现状评价是针对生产经营活动中、工业园区内的事故风险、安全管理等情况,辨识与分析其存在的危险、有害因素,审查确定其与安全生产法律法规、规章、标准、规范要求的符合性,预测发生事故或造成职业危害的可能性及其严重程度,提出科学、合理、可行的安全对策措施、建议,做出安全现状评价结论的活动。

安全现状评价既适用于对一个生产经营单位或一个工业园区的评价,也适用于某一特定的生产方式、生产工艺、生产装置或作业场所的评价。

这种对在生产经营中、工业园区内的事故风险及安全管理等状况进行的现状评价,是根据政府有关法律法规、规章、标准、规范的规定或是根据生产经营单位安全管理的要求进行的,主要内容包括:

① 全面收集安全评价所需的国内外相关法律法规、标准、规章、规范等信息资料,采用合适的安全评价方法,对评价对象发生事故的可能性及其严重程度进行定性、定量评价。

② 对于可能造成重大后果的事故隐患,采用相应的评价数学模型,进行事故模拟,预测极端情况下的影响范围,分析事故的最大损失,以及发生事故的概率。

③ 依据危险、有害因素辨识结果与定性、定量评价结果,遵循针对性、技术可行性、经济合理性的原则,提出消除或减弱危险、危害的技术和管理措施建议。

④ 按照针对性和重要性的不同,提出整改措施与建议可分为应采纳和宜采纳两种类型。

形成的安全现状评价报告的内容应纳入生产经营单位或工业园区安全隐患整改和安全管理计划,并按计划加以实施和检查。

目前,安全现状评价报告的编制一般依据《安全评价通则》(AQ 8001—2007)进行,而对危险化学品生产经营单位的现状评价则依据《危险化学品生产企业安全评价导则(试行)》(安监管危化字〔2004〕127号)进行。

工业园区或化工园区的安全评价(或整体性风险评估)一般由各地区应急管理部门或行业主管部门制定安全评价编制导则。

五、安全评价的依据

安全评价是一项政策性、技术性很强的工作,必须依据我国现行的法律法规和技术标准进行,以保障被评价项目的安全运行,保障劳动者在劳动过程中的安全与健康。评价依据是进行安全评价的基础,一般包括国家法律法规、规章,国家标准,行业标准,地方法律法规、标准,以及被评价单位提供的技术性资料。

1. 安全法律、安全法规

我国安全法规的规范性文件主要有宪法、法律、行政性法规、部门规章、地方性法规和地方规章、国际法律文件等六种。安全评价主要涉及的法律法规有以下几种。

① 由国家立法机构以法律形式颁布实施的。例如《中华人民共和国劳动法》《中华人民共和国安全生产法》《中华人民共和国矿山安全法》《中华人民共和国消防法》《中华人民共和国特种设备安全法》《中华人民共和国石油天然气管道保护法》等。

② 由国家、省、市政府或国务院、行业、地方政府有关部门以行政法规形式实施的。例如国务院发布的《建设工程安全生产管理条例》《危险化学品安全管理条例》《特种设备安全监察条例》《城镇燃气管理条例》等。

2. 安全标准

安全标准是由政府主管标准化工作的部门批准并以特定形式发布的。

① 国家标准。例如《危险化学品重大危险源辨识》(GB 18218—2018)、《企业职工伤亡

事故分类》(GB 6441—1986)、《工业企业总平面设计规范》(GB 50187—2012)、《工业企业设计卫生标准》(GBZ 1—2010)、《机械工程建设项目职业安全卫生设计规范》(GB 51155—2016)等。

② 行业标准。例如《固定式压力容器安全技术监察规程》(TSG 21—2016)、《锅炉安全技术规程》(TSG 11—2020)、《气瓶安全技术规程》(TSG 23—2021)等。

评价依据应注意其对项目的适用性及时效性,不可使用过期的标准规范、规章等,也不可一味将无关的标准规范、规章罗列,但重要的评价依据不可遗漏。

六、安全评价的程序

安全评价程序包括：前期准备,辨识与分析危险、有害因素,划分评价单元,定性、定量评价,提出安全对策措施建议,做出评价结论,编制安全评价报告。如图 1-1 所示。

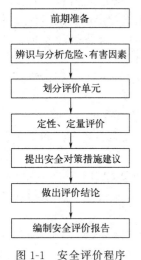

图 1-1　安全评价程序

(1) 前期准备

① 明确评价对象,准备有关安全评价所需的设备、工具,收集评价的依据。

② 确定评价范围。评价范围的确定是进行安全评价的前提。只有确定评价范围后,才能有序进行评价。评价范围可以根据评价对象的需要,和委托单位协商确定。

(2) 辨识与分析危险、有害因素　根据评价对象的具体情况,辨识与分析危险、有害因素,确定危险、有害因素存在的部位、方式,以及发生作用的途径和变化规律。

(3) 划分评价单元　根据评价对象情况,遵循科学、合理,便于实施评价,相对独立且具有明显特征界限的原则,合理划分评价单元。

(4) 定性、定量评价　根据评价单元的特征,选择合理的评价方法,对评价对象发生事故的可能性及其严重程度进行定性、定量评价。

(5) 提出安全对策措施建议　依据危险、有害因素辨识结果与定性、定量评价结果,遵循针对性、技术可行性、经济合理性的原则,提出消除或减弱危险、有害因素的技术和管理措施及建议。

对策措施和建议应具体翔实,具有可操作性。按照针对性和重要性的不同,对策措施为应采纳型,而建议为宜采纳型。

(6) 做出评价结论　根据客观、公正、真实的原则,严谨、明确地做出安全评价结论。安全评价结论的内容应包括高度概括评价结果,从风险管理角度给出评价对象在评价时与国家有关安全生产的法律法规、标准、规章、规范的符合性结论,给出事故发生的可能性和严重程度的预测性结论,以及采取安全对策措施后的安全状态等。

(7) 编制安全评价报告　安全评价报告应全面、概括地反映安全评价过程的全部工作,文字应简洁、准确,提出的资料应清楚可靠,论点明确,利于阅读和审查。

 能力提升训练

请你通过网络或参考相关资料,查找我国目前安全评价基本政策以及不同类型的评价依据的评价导则。

归纳总结提高

1. 什么是安全评价?
2. 按照《安全评价通则》,安全评价分为哪几类?
3. 安全评价与安全管理有什么关系?
4. 简述安全评价的程序。对于化工行业,常用的安全评价依据有哪些?

安全评价师应知应会

1. 在安全评价中以(　　)作为衡量安全与危险的标准。
(A) 可接受的危险　　(B) 社会允许危险　　(C) 固有的危险　　(D) 现实的危险
2. 安全评价是一个行为过程,该过程包括:(　　)。
(A) 项目工程的可行性研究　　　　　(B) 评价危险程度
(C) 确定危险是否在可承受的范围　　(D) 项目的施工图设计
3. 根据《安全评价检测检验机构管理办法》的要求,承担单一业务范围的安全评价机构,其专职安全评价师不少于(　　)人。
(A) 20　　(B) 25　　(C) 30　　(D) 35
4. 以下不属于安全预评价内容的是(　　)。
(A) 提出安全对策措施和建议　　　　(B) 确定系统危险度
(C) 对系统危险性进行分析　　　　　(D) 判断系统配套安全设施的有效性
5. 下列不属于安全预评价编制依据的是(　　)。
(A) 初步设计
(B) 项目有关的法律法规、标准、行政规章、规范
(C) 评价对象被批准设立的相关文件
(D) 安全预评价合同
6. 《中华人民共和国安全生产法》第三十一条规定,生产经营单位新建、改建、扩建工程项目的(　　),必须与主体工程同时设计、同时施工、同时投入生产和使用。
(A) 生活设施　　(B) 福利设施　　(C) 安全设施　　(D) 环保设施
7. 在进行建筑项目安全预评价时,所依据的设计文件主要是(　　)。
(A) 项目建议书　　　　(B) 可行性研究报告
(C) 设计施工图　　　　(D) 详细设计说明书
8. 安全现状综合评价是针对一个生产经营单位总体或局部的生产经营活动安全现状进行的(　　)。
(A) 专项评价　　(B) 特殊评价　　(C) 全面评价　　(D) 充分评价
9. 进行安全评价时,危险度可用生产系统中事故发生的(　　)确定。
(A) 可能性与本质安全性　　(B) 可能性与严重程度
(C) 本质安全性与危险性　　(D) 危险性与危险源
10. 安全验收评价是指运用系统安全工程原理和方法,在项目建成(　　)后,在正式(　　)前进行的一种检查行为安全评价。
(A) 试生产正常运行　　投产　　(B) 验收完成　　生产
(C) 验收完成　　投产　　　　　(D) 投入生产　　验收

课题 二
辨识危险有害因素及划分评价单元

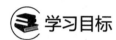
学习目标

知识目标：1. 了解危险有害因素的定义、产生原因及分类。
　　　　　2. 掌握危险有害因素的分类方法及辨识方法。
　　　　　3. 熟悉重大危险源辨识及分级、评价单元的定义及评价单元划分的原则。
能力目标：1. 会分析危险有害因素产生的原因。
　　　　　2. 能使用危险有害因素分类的有关标准辨识生产作业环境、生产过程和生产设备的危险有害因素。
　　　　　3. 能使用《危险化学品重大危险源》标准辨识危险化学品重大危险源，并能进行分级。
　　　　　4. 会对给定项目划分评价单元。
素质目标：1. 培养诚实守信的优良品质。
　　　　　2. 培养求真务实、精益求精的工作作风。

项目一　危险有害因素辨识基础知识认知

实例展示

　　以下为××化工有限公司"×万吨煤焦油加工项目"安全现状评价报告中的危险有害因素分析结果部分内容。请认真研读该评价报告，研讨危险有害因素辨识主要从哪些方面开展。
　　该企业存在的自然危险、有害因素，主要包括地震、雷击、暴雨、高低气温等不良气象条件。

存在的主要危险有害物质有：煤焦油、硫酸、氢氧化钠、煤气（焦炉煤气）、空气（压缩的）、煤焦沥青，以及轻油中的苯、粗酚、燃料油等。

生产过程中存在的主要危险有害因素有火灾、爆炸、中毒、窒息、触电、腐蚀、生产性粉尘、灼烫、机械伤害、噪声、振动、高处坠落、物体打击、车辆伤害等。

该项目生产过程中存在的主要危险有害因素分布情况见表2-1。

表2-1 危险有害因素分布情况

危险有害因素类别	焦油蒸馏装置	洗涤脱酚和酚盐分解装置	工业萘蒸馏装置	中温沥青装置	煤焦油储罐区	成品库区	酸碱库区	装卸过程	公用工程
火灾、爆炸	+	+	+		+	+		+	+
中毒、窒息	+	+	+	+	+	+		+	+
触电	+	+	+	+	+	+	+	+	+
腐蚀	+	+			+	+	+	+	+
生产性粉尘			+	+				+	
灼烫	+						+		
机械伤害	+	+	+	+	+	+		+	+
噪声、振动	+	+	+	+	+			+	+
高处坠落	+	+	+	+				+	+
物体打击	+	+	+	+	+	+		+	+
车辆伤害			+	+	+	+		+	+

注：起重伤害仅存在于设备检修过程中。+表示存在。

提出任务：什么是危险有害因素？危险有害因素产生的原因是什么？

知识储备

一、危险有害因素的定义

1. 危险
危险是指特定事件发生的可能性与后果的结合。

2. 危害
危害是指可能造成人员伤害、职业病、财产损失、作业环境破坏的根源或状态。

3. 危险因素
危险因素是指能对人造成伤亡或对物造成突发性损坏的因素，主要强调突发性和瞬间作用。

4. 有害因素
有害因素是指能影响人的身体健康，导致疾病，或对物造成慢性损坏的因素，主要强调在一定时间范围内的积累作用。

5. 危险有害因素

通常对危险因素和有害因素不加以区别而统称为危险有害因素。总的来说，危险有害因素是指能对人造成伤亡或影响人的身体健康甚至导致疾病的因素。

客观存在的危险有害物质或能量超过一定限值（一般称临界值）的设备、设施和场所，都有可能成为危险有害因素。

二、危险有害因素产生的原因

所有的危险有害因素虽然表现的形式各不相同，但是从其本质上讲，之所以能产生与造成危险有害的后果，其原因都可以归结为以下两个方面。

1. 有害物质和能量的存在

有害物质是指能损伤人体的生理机能和正常代谢功能，或者能破坏设备和物品的物质。因此，像有毒物质、腐蚀性物质、有害粉尘和窒息性气体等都是有害物质。

【例 2-1】 人体吸入过量的甲醇蒸气，能造成人神经受损或中毒；硝酸等腐蚀性物质能对设备造成腐蚀性伤害，造成设备的泄漏；长期从事石料切削加工的工人，吸入过量的硅尘，容易造成肺尘埃沉着病（旧称尘肺）。因此，像甲醇、硝酸、硅尘等都是有害物质。

能量就是做功的能力，它既可以造福人类，也可以造成人员伤亡和财产损失。一切产生、供给能量的能源和能量的载体在一定的条件下（超过临界量），都是危险有害因素。因此，像电能、机械能、热能、化学能等能量如果使用不当，超过人体、设备和环境能够承受的阈值，就会对人体、设备和环境造成伤害。

【例 2-2】 起重作业悬在半空中的吊装物品具有势能；带电设备的运转离不开电能；机械设备在高速运转时具有机械能；爆炸除了产生冲击波外，产生的碎片具有很强的动能和势能；激光的光能；噪声的声能等。

2. 人、物、环境和管理的缺陷

有害物质和能量的存在是发生事故的先决条件，但存在有害物质和能量，并不一定就会发生事故。因为，通常见到的有害物质和能量，都处于一定的物理、化学状态和约束条件状态下，这些状态条件就是防止有害物质和能量释放的防护措施，只要这些条件没有破坏，事故就是被屏蔽的，即认为有害物质和能量是安全的。只有在触发因素的作用下，有害物质和能量存在的条件破坏，造成有害物质和能量的意外释放，就会出现事故隐患，处置不当则引发事故。

【例 2-3】 液氨具有强烈的刺激气味，具有一定的毒性，汽化后产生的气体具有一定的燃烧和爆炸性，因此液氨属于有害物质，属于危险有害因素。液氨的储罐是一个危险源，液氨盛装在储罐内，储罐就是防护措施，对事故起到屏蔽作用，即液氨储罐处于安全状态。由于盛装液氨的储罐缺乏必要的维护措施，造成液氨储罐腐蚀泄漏，会造成人员中毒。

人的因素
微课

人、物、环境和管理的缺陷是造成有害物质和能量意外释放的触发因素，是造成事故的根本原因。

（1）人的因素　在生产活动中，来自人员自身或人为性质的危险有害因素，主要包括人员心理、生理性危险有害因素和行为性危险有害因素。人的因素在生产过程中主要表现为人的不安全行为（包含人员失误）。

人的不安全行为是指能造成事故的人为错误。由于工作态度不正确、知识不足、操作技能低下、健康或生理欠佳、劳动条件（包括设施条件、工作环境、劳动强度和工作时间等）

不良等均可导致不安全行为。据相关资料进行的不完全统计，由于人的不安全行为导致的生产安全事故占事故总起数的90%以上。在国家标准《企业职工伤亡事故分类》（GB 6441—1986）中将人的不安全行为归纳为十三大类，见表2-2。

表 2-2　人的不安全行为

分类号	分类
7.01	操作错误、忽视安全、忽视警告
7.02	造成安全装置失效
7.03	使用不安全设备
7.04	手代替工具操作
7.05	物体（指成品、半成品、材料、工具、切屑和生产用品等）存放不当
7.06	冒险进入危险场所
7.07	攀、坐不安全位置（如平台护栏、汽车挡板、吊车吊钩）
7.08	在起吊物下作业、停留
7.09	机器运转时进行加油、修理、检查、调整、焊接、清扫等工作
7.10	有分散注意力的行为
7.11	在必须使用个人防护用品用具的作业或场合中，忽视其使用
7.12	不安全装束
7.13	对易燃、易爆等危险物品处理错误

人员失误是指人的行为的结果偏离了规定的目标，并产生了不良的影响，是引发危险有害因素的重要因素，也归属于人的不安全行为。在一定条件下，人员失误在生产过程中是不可避免的，具有偶然性和随机性，多数是不可预见的意外行为。但其发生规律和失误率通过长期大量的观测、统计和分析是可以加以预测的。

（2）物的因素　物的因素是指机械、设备、设施、材料等方面存在的危险有害因素。物的因素包括物理性危险有害因素、化学性危险有害因素和生物性危险有害因素。物的因素主要表现为物的不安全状态，也包括具备有一定危险特性能导致事故发生的危险物质、致病微生物、传染病媒介物和致病动植物等。

非人为因素辨识微课

物的不安全状态（包括生产、控制、安全装置和辅助设施等）是指能导致事故发生的物质条件，是指系统、设备元件等在运行过程中由于性能（包括安全性能）低下而不能实现预定功能（包括安全功能）的现象。在国家标准《企业职工伤亡事故分类》（GB 6441—1986）中，将物的不安全状态分为四大类，见表2-3。

表 2-3　物的不安全状态

分类号	分类
6.01	防护、保险、信号等装置缺乏或有缺陷
6.02	设备、设施、工具、附件有缺陷
6.03	个人防护用品用具——防护服、手套、护目镜及面罩、呼吸器官护具、听力护具、安全带、安全帽、安全鞋等缺少或有缺陷
6.04	生产（施工）场地环境不良

物的不安全状态主要表现为设备故障或缺陷。

① 故障（含缺陷）。在生产过程当中故障的发生具有随机性、渐进性和突发性，故障的发生是一种随机事件。

② 故障发生原因。造成故障发生的原因多种多样，如设计原因、制造原因、使用原因、设备老化原因、检查和维修保养不当等。但通过长期的经验积累可以得到故障发生的一般规律。通过定期检查、维护保养和分析总结，可使多数故障在预定期内得到控制。因此，掌握

各种故障发生规律和故障率是防止故障发生,造成严重后果的手段。

(3) 管理因素　管理因素是指管理和管理责任缺失所导致的危险有害因素,主要表现为管理方面的缺陷。管理方面的缺陷主要表现为:职业安全卫生组织机构不健全、职业安全卫生责任制不落实、职业安全卫生管理规章制度不完善、职业安全卫生投入不足、职业健康管理不完善等,这些缺陷的存在是导致危险、有害物质和能量失控发生的重要因素。

职业安全卫生管理是为了及时、有效地实现目标,在预测、分析的基础上所进行的计划、组织、协调、检查等一系列工作,是预防发生事故和人员失误的有效手段。

(4) 客观环境因素　温度、湿度、风雨雪、照明、视野、噪声、振动、通风换气、色彩等环境因素也会引起设备故障和人员失误,是导致危险、有害物质和能量失控发生的间接因素。

三、危险有害因素的分类

对危险有害因素进行分类是为了便于进行危险有害因素的分析与辨识。危险有害因素的分类方法有许多种,在实际生产过程中,常用的分类方法主要有:按照导致事故和职业危害的直接原因分类、参照事故类别分类和参照职业危害因素分类等分类方法。

导致事故和职业危害的直接原因分类微课

1. 按照导致事故和职业危害的直接原因分类

根据国家标准《生产过程危险和有害因素分类与代码》(GB/T 13861—2022)的规定,按可能导致生产过程中危险和有害因素的性质进行分类,分为"人的因素""物的因素""环境因素"和"管理因素"四大类。

(1) 人的因素　人的因素指在生产活动中,来自人员自身或人为性质的危险和有害因素。包括心理、生理性危险和有害因素,行为性危险和有害因素两类,见表2-4。

表2-4　人的因素分类与代码

代码	名称	说明
1	人的因素	
11	心理、生理性危险和有害因素	
1101	负荷超限	包括劳动强度、劳动时间延长引起疲劳、劳损、伤害等的负荷超限
110101	体力负荷超限	
110102	听力负荷超限	
110103	视力负荷超限	
110199	其他负荷超限	
1102	健康状况异常	伤、病期
1103	从事禁忌作业	
1104	心理异常	
110401	情绪异常	
110402	冒险心理	
110403	过度紧张	
110499	其他心理异常	包括泄愤心理
1105	辨识功能缺陷	
110501	感知延迟	
110512	辨识错误	
110599	其他辨识功能缺陷	
1199	其他心理、生理性危险和有害因素	
12	行为性危险和有害因素	

续表

代码	名称	说明
1201	指挥错误	
120101	指挥失误	包括生产过程中的各级管理人员的指挥
120102	违章指挥	
120199	其他指挥错误	
1202	操作错误	
120201	误操作	
120202	违章作业	
120299	其他操作错误	
1203	监护失误	
1299	其他行为性危险和有害因素	包括脱岗等违反劳动纪律行为

（2）物的因素　物的因素指机械、设备、设施、材料等方面存在的危险和有害因素。包括物理性危险和有害因素、化学性危险和有害因素、生物性危险和有害因素三类，见表2-5。

表 2-5　物的因素分类与代码

代码	名称	说明
2	物的因素	
21	物理性危险和有害因素	
2101	设备、设施、工具、附件缺陷	
210101	强度不够	
210102	刚度不够	
210103	稳定性差	抗倾覆、抗位移能力不够、抗剪能力不够。包括重心过高、底座不稳定、支承不正确、坝体不稳定等
210104	密封不良	密封件、密封介质、设备辅件、加工精度、装配工艺等缺陷以及磨损、变形、气蚀等造成的密封不良
210105	耐腐蚀性差	
210106	应力集中	
210107	外形缺陷	设备、设施表面的尖角利棱和不应有的凹凸部分等
210108	外露运动件	人员易触及的运动件
210109	操纵器缺陷	结构、尺寸、形状、位置、操纵力不合理及操纵器失灵、损坏等
210110	制动器缺陷	
210111	控制器缺陷	
210112	设计缺陷	
120113	传感器缺陷	精度不够,灵敏度过高或过低
210199	设备、设施、工具、附件其他缺陷	
2102	防护缺陷	
210201	无防护	
210202	防护装置、设施缺陷	防护装置、设施本身安全性、可靠性差，包括防护装置、设施、防护用品损坏、失效、失灵等
210203	防护不当	防护装置、设施和防护用品不符合要求、使用不当。不包括防护距离不够
210204	支撑(支护)不当	包括矿井、隧道、建筑施工支护不符合要求
210205	防护距离不够	设备布置、机械、电气、防火、防爆等安全距离不够和卫生防护距离不够等
210299	其他防护缺陷	

续表

代码	名称	说明
2103	电危害	
210301	带电部位裸露	人员易触及的裸露带电部位
210302	漏电	
210303	静电和杂散电流	
210304	电火花	
210305	电弧	
210306	短路	
210399	其他电伤害	
2104	噪声	
210401	机械性噪声	
210402	电磁性噪声	
210403	流体动力性噪声	
210499	其他噪声	
2105	振动危害	
210501	机械性振动	
210502	电磁性振动	
210503	流体动力性振动	
210599	其他振动危害	
2106	电离辐射	包括 X 射线、γ 射线、α 粒子、β 粒子、中子、质子、高能电子束等
2107	非电离辐射	
210701	紫外辐射	
210702	激光辐射	
210703	微波辐射	
210704	超高频辐射	
210705	高频电磁场	
210706	工频电场	
210799	其他非电离辐射	
2108	运动物伤害	
210801	抛射物	
210802	飞溅物	
210803	坠落物	
210804	反弹物	
210805	土、岩滑动	包括排土场滑坡、尾矿库滑坡、露天采场滑坡
210806	料堆（垛）滑动	
210807	气流卷动	
210808	撞击	
210899	其他运动物伤害	
2109	明火	
2110	高温物质	
211001	高温气体	
211002	高温液体	
211003	高温固体	
211099	其他高温物质	
2111	低温物质	

续表

代码	名称	说明
211101	低温气体	
211102	低温液体	
211103	低温固体	
211199	其他低温物质	
2112	信号缺陷	
211201	无信号设施	应设信号设施处无信号,如无紧急撤离信号等
211202	信号选用不当	
211203	信号位置不当	
211204	信号不清	信号量不足,例如响度、亮度、对比度、信号维持时间不够等
211205	信号显示不准	包括信号显示错误、显示滞后或超前等
211299	其他信号缺陷	
2113	标志标识缺陷	
211301	无标志标识	
211302	标志标识不清晰	
211303	标志标识不规范	
211304	标志标识选用不当	
211305	标志标识位置缺陷	
211306	标志标识设置顺序不规范	例如多个标志牌在一起设置时,应按警告、禁止、指令、提示类型的顺序
211399	其他标志标识缺陷	
2114	有害光照	包括直射光、反射光、眩光、频闪效应等
2115	信息系统缺陷	
211501	数据传输缺陷	例如是否加密
211502	自供电装置电池寿命过短	例如标准工作时间过短,经常出现监测设备断电
211503	防爆等级缺陷	例如 Exib 等级较低,不适合在涉及"两重点一重大"环境安装
211504	等级保护缺陷	防护不当导致信息错误、丢失、盗用
211505	通信中断或延迟	光纤或 GPRS/NB-IOT 等传输方式不同导致延迟严重
211506	数据采集缺陷	导致监测数据变化过于频繁或遗漏关键数据
211507	网络环境	保护过低,导致系统被破坏、数据丢失、被盗用等
2199	其他物理性危险和有害因素	
22	化学性危险和有害因素	见 GB 13690 的规定
2201	理化危害	
220101	爆炸物	见 GB 30000.2
220102	易燃气体	见 GB 30000.3
220103	易燃气溶胶	见 GB 30000.4
220104	氧化性气体	见 GB 30000.5
220105	压力下气体	见 GB 30000.6
220106	易燃液体	见 GB 30000.7
220107	易燃固体	见 GB 30000.8
220108	自反应物质或混合物	见 GB 30000.9
220109	自燃液体	见 GB 30000.10
220110	自燃固体	见 GB 30000.11
220111	自热物质和混合物	见 GB 30000.12

续表

代码	名称	说明
220112	遇水放出易燃气体的物质或混合物	见 GB 30000.13
220113	氧化性液体	见 GB 30000.14
220114	氧化性固体	见 GB 30000.15
220115	有机过氧化物	见 GB 30000.16
220116	金属腐蚀物	见 GB 30000.17
2202	健康危害	
220201	急性毒性	见 GB 30000.18
220202	皮肤腐蚀/刺激	见 GB 30000.19
220203	严重眼损伤/眼刺激	见 GB 30000.20
220204	呼吸或皮肤过敏	见 GB 30000.21
220205	生殖细胞致突变性	见 GB 30000.22
220206	致癌性	见 GB 30000.23
220207	生殖毒性	见 GB 30000.24
220208	特异性靶器官系统毒性——一次接触	见 GB 30000.25
220209	特异性靶器官系统毒性——反复接触	见 GB 30000.26
220210	吸入危险	见 GB 30000.27
2299	其他化学性危险和有害因素	
23	生物性危险和有害因素	
2301	致病微生物	
230101	细菌	
230102	病毒	
230103	真菌	
230199	其他致病微生物	
2302	传染病媒介物	
2303	致害动物	
2304	致害植物	
2399	其他生物性危险有害因素	

（3）环境因素　环境是指室内、室外、地上、地下（如隧道、矿井）、水上、水下等作业（施工）环境。环境因素指生产作业环境中的危险和有害因素。包括室内作业场所环境不良、室外作业场地环境不良、地下（含水下）作业环境不良、其他作业环境不良等几方面，详细分类见表2-6。

表2-6　环境因素分类与代码

代码	名称	说明
3	环境因素	包括室内、室外、地上、地下（如隧道、矿井）、水上、水下等作业（施工）环境
31	室内作业场所环境不良	
3101	室内地面滑	室内地面、通道、楼梯被任何液体、熔融物质润湿，结冰或有其他易滑物等
3102	室内作业场所狭窄	
3103	室内作业场所杂乱	
3104	室内地面不平	
3105	室内梯架缺陷	包括楼梯、阶梯、电动梯和活动梯架，以及这些设施的扶手、扶栏和护栏、护网等
3106	地面、墙和天花板上的开口缺陷	包括电梯井、修车坑、门窗开口、检修孔、孔洞、排水沟等

续表

代码	名称	说明
3107	房屋基础下沉	
3108	室内安全通道缺陷	包括无安全通道,安全通道狭窄、不畅等
3109	房屋安全出口缺陷	包括无安全出口、设置不合理等
3110	采光照明不良	照度不足或过强、烟尘弥漫影响照明等
3111	作业场所空气不良	自然通风差、无强制通风、风量不足或气流过大、缺氧、有害气体超限等,包括受限空间作业
3112	室内温度、湿度、气压不适	
3113	室内给、排水不良	
3114	室内涌水	
3199	其他室内作业场所环境不良	
32	室外作业场所环境不良	
3201	恶劣气候与环境	包括风、极端的温度、雷电、大雾、冰雹、暴雨雪、洪水、浪涌、泥石流、地震、海啸等
3202	作业场地和交通设施湿滑	包括铺设好的地面区域、阶梯、通道、道路、小路等被任何液体、熔融物质润湿,冰雪覆盖或有其他易滑物等
3203	作业场地狭窄	
3204	作业场地杂乱	
3205	作业场地不平	包括不平坦的地面和路面,有铺设的、未铺设的、草地、小鹅卵石或碎石地面和路面
3206	交通环境不良	包括道路、水路、轨道、航空
320601	航道狭窄,有暗礁或险滩	
320602	其他道路、水路环境不良	
320603	道路急转陡坡、临水临崖	
3207	脚手架、阶梯和活动梯架缺陷	包括这些设施的扶手、扶栏和护栏、护网等
3208	地面及地面开口缺陷	包括升降梯井、修车坑、水沟、水渠、路面、排土场、尾矿库等
3209	建(构)筑物和其他结构缺陷	包括建筑中或拆毁中的墙壁、桥梁、建筑物;筒仓、固定式粮仓、固定的槽罐和容器;屋顶、塔楼;排土场、尾矿库等
3210	门和周界设施缺陷	包括大门、栅栏、畜栏、铁丝网、电子围栏等
3211	作业场地基础下沉	
3212	作业场地安全通道缺陷	包括无安全通道,安全通道狭窄、不畅等
3213	作业场地安全出口缺陷	包括无安全出口、设置不合理等
3214	作业场地光照不良	光照不足或过强、烟尘弥漫影响光照等
3215	作业场地空气不良	自然通风差或气流过大、作业场地缺氧、有害气体超限等,包括受限空间作业
3216	作业场地温度、湿度、气压不适	
3217	作业场地涌水	
3218	排水系统故障	例如排土场、尾矿库、隧道等
3299	其他室外作业场地环境不良	
33	地下(含水下)作业环境不良	不包括以上室内室外作业环境已列出的有害因素
3301	隧道/矿井顶板或巷帮缺陷	例如矿井冒顶
3302	隧道/矿井作业面缺陷	例如矿井片帮
3303	隧道/矿井底板缺陷	
3304	地下作业面空气不良	包括无风、风速超过规定的最大值或小于规定的最小值、氧气浓度低于规定值、有害气体浓度超限等,包括受限空间作业

续表

代码	名称	说明
3305	地下火	
3306	冲击地压（岩爆）	井巷或工作面周围岩体，由于弹性变形能的瞬时释放而产生突然剧烈破坏的动力现象
3307	地下水	
3308	水下作业供氧不当	
3399	其他地下作业环境不良	
39	其他作业环境不良	
3901	强迫体位	生产设备、设施的设计或作业位置不符合人类工效学要求而易引起作业人员疲劳、劳损或事故的一种作业姿势
3902	综合性作业环境不良	显示有两种以上作业环境致害因素且不能分清主次的情况
3999	以上未包括的其他作业环境不良	

（4）管理因素　管理因素是指管理和管理责任缺失所导致的危险和有害因素。包括职业安全卫生管理机构设置和人员配备不健全、职业安全卫生责任制不完善或未落实、职业安全卫生管理规章制度不完善或未落实、职业安全卫生投入不足、应急管理缺陷、其他管理因素缺陷等六个方面，见表2-7。这些管理方面因素的存在，是造成事故的根本原因。

表 2-7　管理因素分类与代码

代码	名称	说明
4	管理因素	机构和人员、制度及制度落实情况
41	职业安全卫生管理机构设置和人员配备不健全	
42	职业安全卫生责任制不完善或未落实	包括平台经济等新业态
43	职业安全卫生管理制度不完善或未落实	
4301	建设项目"三同时"制度	
4302	安全风险分级管控	
4303	事故隐患排查治理	
4304	培训教育制度	
4305	操作规程	包括作业指导书
4306	职业卫生管理制度	
4399	其他职业安全卫生管理规章制度不健全	包括事故调查处理等制度不健全
44	职业安全卫生投入不足	
46	应急管理缺陷	
4601	应急资源调查不充分	
4602	应急能力、风险评估不全面	
4603	事故应急预案缺陷	包括预案不健全、可操作性不强、无针对性
4604	应急预案培训不到位	
4605	应急预案演练不规范	
4606	应急演练评估不到位	
4699	其他应急管理缺陷	
49	其他管理因素缺陷	

此分类方法所列出的危险和有害因素具体、详细、科学合理，适用于各行业在规划、设

计和生产组织中，对危险有害因素进行预测和预防，对伤亡事故进行统计分析，也可用于安全评价中的危险有害因素的辨识。

2. 参照事故类别分类

参照国家标准《企业职工伤亡事故分类》（GB 6441—1986），综合考虑起因物、引起事故的诱导性原因、致害物和伤害方式等，将事故和危险有害因素分为 20 类，见表 2-8。

表 2-8 按事故类别划分的危险有害因素

序号	类别名称	序号	类别名称	序号	类别名称
01	物体打击	08	火灾	015	瓦斯爆炸
02	车辆伤害	09	高处坠落	016	锅炉爆炸
03	机械伤害	010	坍塌	017	容器爆炸
04	起重伤害	011	冒顶片帮	018	其他爆炸
05	触电	012	透水	019	中毒和窒息
06	淹溺	013	放炮	020	其他伤害
07	灼烫	014	火药爆炸		

注：GB 6441—1986 标准中的第 013 项"放炮"在《煤炭科技名词》中已经规范为"爆破"。

此分类方法所列出的危险有害因素，与企业职工伤亡事故调查处理和职工安全教育的口径基本一致，为应急管理部门和企业职工、安全管理人员所熟悉，易于接受和理解。因此，在安全评价中是较常用的危险有害因素的辨识方法。

3. 参照职业危害因素分类

职业危害因素一般包括物理因素、化学因素以及生物因素等。

（1）物理因素　物理因素是生产环境的主要构成要素。不良的物理因素，或异常的气象条件，如高温、低温、噪声、振动、高低气压、非电离辐射（可见光、紫外线、红外线、射频辐射、激光等）与电离辐射（如 X 射线、α 射线）等，这些都可以对人产生危害。

（2）化学因素　生产过程中使用和接触到的原料、中间产品、成品及这些物质在生产过程中产生的废气、废水和废渣等都会对人体产生危害，也称为工业毒物。毒物以粉尘、烟尘、雾气、蒸气或气体的形态遍布于生产作业场所的不同地点和空间，接触毒物可对人产生刺激或使人产生过敏反应，还可能引起中毒。

（3）生物因素　生产过程中使用的原料、辅料及在作业环境中都可能存在某些致病微生物和寄生虫，如炭疽杆菌、霉菌、布氏杆菌、森林脑炎病毒和真菌等。

能力提升训练

1. 请根据所掌握知识，依据国家标准《企业职工伤亡事故分类》辨识图 2-1 中存在的危险有害因素。

情景描述：

切割工正在使用乙炔割炬对一块钢板实施切割作业，由于切割作业属于动火作业，按照操作规程，必须有动火监督人对动火作业全程的人、物、环境等各个方面进行安全监督。

2. 请根据所掌握知识，依据国家标准《生产过程危险和有害因素分类与代码》辨识图 2-2 中存在的危险有害因素。

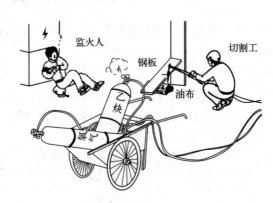

图 2-1　切割作业

图 2-2　吊装作业

归纳总结提高

1. 什么是危险有害因素？
2. 危险有害因素产生的原因是什么？
3. 请根据所掌握的知识，查找生活中存在的危险有害因素。
4. 请查找图 2-3 中存在的危险有害因素。

图 2-3　施工作业

安全评价师应知应会

1. 以下属于危险有害因素辨识与分析工作内容的是（　　）。
（A）确定危险因素的种类和存在的部位
（B）划分评价单元，选择合理的评价方法
（C）提出消除或减弱危险、有害因素的技术建议
（D）收集调查工程、系统的相关技术资料
2. （　　）主要由其热效应和光化学效应对人体造成非电离辐射。
（A）激光　　　　（B）γ射线　　　　（C）β射线　　　　（D）红外线
3. 根据《生产过程危险和有害因素分类与代码》，下列选项中属于物理性危险和有害因素的是（　　）。
（A）支撑不当　　　　　　　　　　　（B）建筑物和其他结构缺陷
（C）冲击地压　　　　　　　　　　　（D）脚手架、阶梯和活动梯架缺陷

 危险有害因素辨识方法及应用

 实例展示

以下为××化工有限公司"×万吨离子膜烧碱"安全现状评价报告中的危险有害因素分析过程部分内容，为保持危险有害因素辨识的完整性，部分内容仅保留标题。请认真阅读该评价报告的有关内容，根据危险有害因素辨识的要求，思考开展安全评价的过程中，危险有害因素辨识的要点有哪些？应着重注意哪些问题？

1.1　主要危险有害物质及特性
1.1.1　主要危险有害物质
该企业在生产过程中，存在的危险化学品数量较多且分布较广，可能会给人们的安全和健康带来危害。
根据《危险化学品目录》（2022年调整版），该企业存在的主要危险化学品有：氯（氯气、液氯）、氢气、乙炔、电石、氯化钡、氯化汞、硫酸、盐酸、烧碱、次氯酸钠、三氯化铁、氮气（压缩的）等。其主要危险有害特性是具有火灾、爆炸危险性，强毒害性和腐蚀性等。
1.1.2　危险、有害物质的主要危险特性
(1) 氯。氯气主要危险特性见表2-9。

表2-9　氯气主要危险特性

标识	中文名	氯	分子式	Cl_2	危险性类别	加压气体,急性毒性-吸入,类别2
	别名	漂白水	分子量	70.91	危险化学品目录序号	1381
	英文名	liquid chlorine	UN号	1017	CAS号	7782-50-5

续表

理化性质	外观与性状	黄绿色、有刺激性气味的气体		溶解性	易溶于水、碱液	
	熔点	−101℃	沸点	−34.5℃	燃烧热	无意义
	相对密度(空气=1)	2.48	相对密度(水=1)	液态1.47	饱和蒸气压	506.62kPa(10.3℃)
	临界温度	144℃	临界压力	7.71MPa	禁忌物	易燃或可燃物、醇类、乙醚、氢等
	稳定性	稳定	聚合危害	不聚合		
	燃烧性	助燃	引燃温度	651℃	火灾危险性类别	乙类
燃爆危险消防	爆炸极限	无意义	闪点	无意义	燃烧(分解)产物	氯化氢
	最小点火能	无意义			最大爆炸压力	无意义
	危险特性	本品不会燃烧,但可助燃。一般可燃物大都能在氯气中燃烧,一般易燃气体或蒸气也都能与氯气形成爆炸性混合物。氯气能与许多化学品,如乙炔、松节油、乙醚、氨、燃料气、烃类、氢气、金属粉末等猛烈反应发生爆炸或生成爆炸性物质。几乎对金属和非金属都有腐蚀作用				
	灭火方法	本品不燃。消防人员必须佩戴过滤式防毒面具(全面罩)或隔离式呼吸器,穿全身防火防毒服,在上风向灭火。切断气源。喷水冷却容器,可能的话容器从火场移至空旷处。灭火剂:雾状水、泡沫、干粉				
健康危险与防护		工作场所职业接触限值		职业毒性危害等级		侵入途径
	MAC:1mg/m³	PCTWA:—	PC STEL:—	Ⅱ级高度危害、剧毒		吸入、皮肤接触
	健康危害	《危险化学品目录》中所列剧毒化学品。对眼、呼吸道黏膜有刺激作用。急性中毒:轻度者有流泪、咳嗽、咳少量痰、胸闷,出现气管炎和支气管炎的表现;中度中毒发生支气管肺炎或间质性肺水肿,病人除有上述症状加重外,出现呼吸困难、轻度紫绀等;重者发生肺水肿、昏迷和休克,可出现气胸、纵隔肺气肿并发症。吸入极高浓度的氯气,可引起迷走神经反射性心跳骤停或喉头痉挛而发生"电击样"死亡。皮肤接触液氯或高浓度氯气时,暴露部位可有灼伤或急性皮炎。慢性影响:长期低浓度接触,可引起慢性支气管炎、支气管哮喘等;可引起职业性痤疮及牙齿酸蚀症				
	防护措施	工程控制:严加密闭,提供充分的局部排风和全面通风。提供喷淋洗眼器。 呼吸系统防护:空气中浓度超标时,应当使用过滤式防毒面具(口罩)。紧急事故状态抢险、抢修或撤离时,必须佩戴空气呼吸器或氧气呼吸器。 眼睛防护:呼吸系统防护中已作防护。 身体防护:穿全身橡胶防毒服。 手防护:戴橡胶手套。 其他防护:工作现场禁止吸烟、进食和饮水。工作完毕,淋浴更衣。保持良好的卫生习惯。进入塔罐、容器和限制性空间作业前,必须对设备内气体采样分析,办理"设备内安全作业证",并有人监护				
急救与应急	急救措施	皮肤接触:立即脱去污染的衣着,用大量流动清水冲洗。就医。 眼睛接触:提起眼睑,用流动清水或生理盐水冲洗。就医。 吸入:迅速脱离现场至空气新鲜处。呼吸心跳停止时,立即进行人工呼吸和胸外心脏按压术。就医				
	应急处理	人员迅速撤离污染区至上风处,并立即进行隔离,小泄漏时隔离150m,大泄漏时隔离450m。现场负责人应立即组织应急处理,尽可能切断泄漏源,抢救中毒者。抢修、抢救人员必须佩戴空气(氧气)呼吸器,穿全身橡胶防毒衣 消除方法:抢修中应利用现场机械通风设施和事故氯气处理装置等,降低现场氯气浓度。喷雾状水稀释、溶解。构筑围堤或挖坑收容产生的大量废水。钢瓶泄漏液氯时,应转动钢瓶,使泄漏部位位于氯的气态空间;瓶阀泄漏时,拧紧六角螺母;瓶体焊缝泄漏时,临时采用内衬橡胶垫片的铁箍箍紧。如有可能,将漏气钢瓶浸入石灰乳液中。凡泄漏钢瓶应尽快使用完毕,返回生产厂				

续表

	包装分类	Ⅱ	包装标志	6	包装方法	钢质气瓶
储运与废弃	储运事项	禁止露天存放,不使用易燃、可燃材料搭设的棚架存放,必须储存在专用库内。 远离火种、热源。库温不超过30℃,相对湿度不宜超过80%。液氯充装量为500kg和1000kg的重瓶,应横向卧放,防止滚动,并留出吊运间距和通道,存放高度不得超过两层;存放期不得超过三个月。应与易燃物或可燃物、醇类、食用化学品分开存放,切忌混储。储存区应备有泄漏应急处理设备。应严格执行剧毒品"五双"管理制度。 铁路运输时限使用耐压液化气企业自备罐车装运,装运前需报有关部门批准。铁路运输时应符合《铁路危险货物运输安全监督管理规定》(交通运输部2022年第24号令)有关规定。采用气瓶运输时必须戴好瓶上的安全帽。充装量为500kg和1000kg的气瓶装运,只允许单层放置,并牢靠固定,防止滚动,瓶口一律朝向车辆行驶方向的右方。严禁与易燃物或可燃物、醇类、食用化学品等混运。夏季应早晚运输,防止日光暴晒。公路运输时要按规定路线行驶,禁止在居民区和人口稠密区停留。铁路运输时禁止溜放				
	废弃处置	通常采用以液体烧碱吸收废气制备"次氯酸钠"达到综合利用;极少量的气瓶内废气,可通入石灰乳或液碱进行中和处理				

(2) 其他危险、有害物质的主要危险特性(略)。

1.2 自然危险、有害因素分析

该企业存在的自然危险、有害因素包括地震、雷击、暴雨、大风、高低气温等。

1.2.1 地震

地震是一种能产生巨大破坏作用的自然现象。×市的抗震设防烈度为7度。强烈的地震可能造成建(构)筑物和设备、管道的破坏,同时会使液氯、氢气、氯气、氯化氢、乙炔(电石气)等危险化学品大量泄漏,进而可能引发火灾、中毒、腐蚀等灾害事故,造成人员伤亡、财产损失和对环境的危害。

1.2.2 雷击

雷电是一种大气中的放电现象,产生于积雨云中,能在放电区释放出极大的能量密度,产生极高的温度。高大的厂房和室外高塔器、高空排气管和金属管道、电气线路、设备设施等,当防雷设施不完善时,有可能遭受雷电侵袭破坏,甚至引起火灾、爆炸、毒气泄漏、化学腐蚀、人身伤害等事故。

1.2.3 暴雨

略。

1.2.4 高低气温

略。

1.3 生产过程危险、有害因素分析

1.3.1 氯碱生产过程的主要危险、有害因素分析

1.3.1.1 火灾、爆炸

火灾、爆炸是氯碱生产过程中最易发生、危害甚大且后果严重的恶性事故。氯碱生产的氢气属于易燃易爆物质,当管理不力、操作不当、控制失误或设备、管道密闭不好时,极易引起火灾、爆炸。爆炸可分为化学性爆炸和物理性爆炸两种,或二者相伴发生。无论是何种爆炸,都会造成重大的人员群死群伤和财产损失事故,甚至可导致生产装置的毁灭。

在离子膜电解装置中,氢气与空气(氧气)或氯气均可形成易燃易爆的混合物,而且爆炸极限范围宽。如氢在空气中的爆炸极限为4.1%~74.2%(体积分数)。在氢氧混合气中,氢的爆炸极限范围为4.5%~95%(体积分数)。在氢与氯的混合气中,氢的爆炸极限范围为5%~87.5%(体积分数)。氢气分子体积小,无色、无味,易于泄漏并且难以觉察,往往在无任何前兆的情况下发生爆炸事故。高纯盐酸工段中用氢气和氯气合成氯化氢气体,如果氯气及氢气的配比不当或出现其他异常情况,空气或氧气与氢气相混合达到爆炸极限,均

可能发生火灾、爆炸。因此，在电解、氯氢处理、氯化氢及盐酸合成、液氯等工段由于操作、设备等因素的影响，以及在明火、静电、高温、撞击火花等点火源的激发下，均有引起火灾、爆炸的可能。

氯碱生产过程中火灾、爆炸危险性主要包括以下几方面：

① 泄漏爆炸事故。电解产物氢气是易燃气体，黏度小，渗透性和扩散性强，极易泄漏。电解厂房中，氢气系统不严密而逸出氢气，且不能及时排出厂房外，与空气形成爆炸性混合物，遇火源便会发生爆炸。氢气放空管处，防静电和防雷电装置缺失或不良，排放的氢气可能闪燃起火或被雷电点燃着火。若着火后处理失误，电解槽停电或降电流，引起回火，从而导致电解槽发生爆炸。

氯气是一种剧毒气体，本身不会燃烧，但它能够助燃，与许多物质混合后能发生爆炸，氯气中含氢浓度达4%～96%（体积分数）时，则随时有发生光化学的危险。氯气还能与乙炔、松节油、乙醚、氨、烃类、金属粉末等许多化学物质剧烈反应，发生爆炸。

② 电解槽的爆炸危险。盐水中含有比氢、氯易放电的杂质时，会在电极上放电而降低电流效率，盐水中所含杂质SO_4^{2-}在电解时能参加反应放出氧气。有些杂质，特别是铁质，还会形成第二阴极，电解时逸出氢气，使氯气中含氢量增高。比氢、氯难放电的杂质，如Ca^{2+}、Mg^{2+}等，能与OH^-生成$Mg(OH)_2$和$Ca(OH)_2$沉淀，堵塞离子交换膜，引起阴极室压力升高，造成氯气中含氢量增高。

电流骤然波动，或开停车电流的升降，氯、氢气压随之波动，容易破坏电化学平稳状态，造成离子膜时紧时松，氢气扩散到阳极室的机会增加。

在事故情况下，当与电解槽连接的氯气、氢气总管的正常压力被严重破坏时，气体易混合。氢气进入阳极室的危险性比氯气进入阴极室的危险性更大，因氯气在阴极室内可以很快被碱液吸收，而进入阳极室的氢气则不能。

③ 管道输送系统爆炸危险。氯气总管含氢量大于0.5%，氯气液化后尾气含氢量大于4%，都有发生爆炸事故的可能。氢气管道出现负压，空气漏入，形成爆炸性混合气体。

④ 氯气液化和灌装的爆炸危险。氯气在液化时，由于氢气在氯气液化时的压力和温度下仍为气态，随着氯气液化量的增加，氢气在剩余气体中的含量随氯气液化量相对增加，极易构成爆炸性混合物。

钢瓶中的有机易燃杂质（如石蜡、黄磷等）在灌装时，与液氯混合，会发生激烈的化学反应而引起爆炸。如果超量灌装，遇到高温等情况，饱和蒸气压升高，液氯膨胀超压爆炸，例如超量灌装5%，温度为70℃，钢瓶就会爆炸；超量灌装10%，温度达50℃，即会爆炸；超量灌装20%，16℃时即有爆炸的危险。

⑤ 氯气储存的爆炸危险。氯气储存设备在氯气干燥的条件下不会发生腐蚀，但是在含水量超过50×10^{-6}后，氯气就能够与水作用生成酸，对钢瓶或容器进行腐蚀，使储存设备穿孔，导致泄漏爆炸事故；同时产生氢气，使氯氢混合气的浓度进入爆炸极限范围；酸性条件下，三氯化氮极为活泼，易发生爆炸。

正常工作情况下，氯气生产过程中设备、管线和附件不会发生超压爆炸，但是有些部位管路堵塞或附件失灵，导致局部高温高压，就很容易发生超压爆炸。液氯储罐、计量槽中液氯充装量超过总容积的80%；温度超过40℃，或者出现明火、蒸汽或超过45℃的热水直接对其加热，均易发生超压爆炸。

⑥ 三氯化氮爆炸危险。由于化盐用水中常常含有少量NH_4^+，随盐水进入电解槽，会与阳极室的氯气发生反应，生成三氯化氮（NCl_3），并随氯气带入后面的工序。三氯化氮是一种易分解放出气体的氧化剂，在空气中易挥发分解，不稳定。气体中体积浓度达到5%～6%时，潜在爆炸危险。60℃时受震动或在超声波条件下亦可分解爆炸；在阳光或镁光直接

照射下，则瞬间爆炸，同时放出大量热。与臭氧、氧化氮、油脂或有机物接触，易促使爆炸发生。

氯碱厂的液氯储槽、液化器以及充装的液氯钢瓶中，NCl_3 易在这些设备的底部沉积并富集起来，启闭阀门、敲击、撞击、液体冲击（泵抽）、明火、高温等操作，都能够引爆 NCl_3，从而引起爆炸事故。

⑦ 工艺中存在的引爆源。电解使用大电流，如果电路接触不好，绝缘不良，极易产生电火花成为引火源。例如，电解槽槽体接地处产生的电火花；排放碱液管道的对地绝缘不好产生的放电火花；断电器因结盐、结碱漏电产生的电火花及氢气管道系统泄漏产生静电位差而发生的电火花；电解槽内部构件间较大电位差或两极板的距离缩小而发生放电。此外，存在放空管遭受雷击引起氢气燃烧及其他一般引火源。

⑧ 氯化氢、盐酸合成的燃爆事故。氯化氢、盐酸合成工段是燃爆事故相对较多的岗位。如果氯气及氢气的配比不当或出现其他异常情况，空气或氯气与氢气相混合达到爆炸极限，均可能发生火灾、爆炸。要严格控制氢气纯度和氯中含氢量，不合格不能点火；合成炉系统未经抽空处理及取样分析，不能点火；运行中要严格控制氯氢配比为 1∶1.1。如果氢气量少，氯气反应不完全，会有游离氯排入大气，造成浪费和污染；如果氢气大量过剩，则炉内易发生爆炸。

1.3.1.2 中毒、窒息

氯碱生产过程中涉及较多的毒性物质，如氯气、氯化氢、氯化钡等物质。因此，氯碱生产过程中，中毒和窒息事故也是常见事故。造成这类事故的原因主要有以下方面：

① 氯气中毒。离子膜电解、氯氢处理、氯化氢合成、高纯盐酸、淡盐水脱氯以及液氯工段、氯气充装站、次氯酸钠生产过程中都存在着大量的氯气和液氯，普遍存在氯气中毒危险。氯气是一种具有窒息性的毒性很强的气体。其对人体的危害主要通过呼吸道和皮肤黏膜对人的上呼吸道及呼吸系统和皮下层发生毒害作用。严重时可导致肺气肿，甚至死亡。在《危险化学品目录》中被列为剧毒物质，在《职业性接触毒物危害程度分级》（GBZ 230—2010）中将其归为高度危害类。一旦发生泄漏，后果将十分严重。

在整个生产装置中最可能发生氯气泄漏的地方是离子膜电解及湿氯气水封处，氯气干燥、输送和充装，以及氯化氢合成过程；在离子膜电解工段如果设备、管道等密闭性不好，氯压机突停或氯气处理系统堵塞，氯气系统呈现正压状态，事故氯处理装置故障，就容易发生氯气泄漏；在湿氯气水封处，如果储气槽容量不足，压力波动大，氯气可能冲破水封造成泄漏。此外，氯气管道、阀门、法兰等也可能因腐蚀或安装等方面的原因，造成氯气的泄漏；离子膜电解及高纯盐酸合成炉、钢瓶、液氯储槽等发生火灾、爆炸后也会造成氯气的大量泄漏；淡盐水储槽和淡盐水脱氯系统如果设备密封不好，管路不畅，也非常容易发生氯气泄漏事故，氯化氢合成炉过氯操作，也会使尾气氯含量超标，导致中毒事故。

氯气的中毒是整个离子膜烧碱装置中最常见的危险和职业危害因素。所以对于氯气泄漏要编制生产安全事故应急预案，配备应急救援器材，确保在发生事故时人员能尽快疏散。

② 氯化氢及其他物质。在氯氢处理和液氯生产中使用的硫酸、合成炉生产的氯化氢气体、高纯盐酸均为中度危害（Ⅲ级）腐蚀性有毒物质，产品液体烧碱为轻度危害（Ⅳ级）腐蚀性有毒物质，盐水精制中使用的氯化钡毒性很大，次氯酸钠也有一定的毒性。这些有毒物质在设备、设施存在缺陷，管道、管件仪表密封不好，管理不善时会发生泄漏，如果作业人员没有佩戴劳保用品，劳保用品失效或在有毒场所进食、喝水，就会通过呼吸道、消化道和皮肤对人造成不同程度的伤害。

盐酸储槽、管道或装酸没有采取酸气回收，都会发生盐酸、氯化氢泄漏，不仅会发生中毒和腐蚀性事故，而且会造成严重的环境污染。

氯存在于储罐、输送管道等处。人员吸入高浓度的氯，患者可迅速昏迷，因呼吸和心跳停止而死亡；空气中氯气含量过高，使吸入气氧分压下降，引起缺氧窒息。

1.3.1.3 灼烫、低温冻伤

略。

1.3.1.4 触电

略。

1.3.1.5 机械伤害

略。

1.3.1.6 高处坠落与物体打击

略。

1.3.1.7 腐蚀

略。

1.3.1.8 起重伤害

略。

1.3.1.9 噪声、振动危害

略。

1.3.1.10 车辆伤害

略。

1.3.1.11 淹溺

略。

1.3.1.12 坍塌

略。

1.3.1.13 电磁危害

略。

其他危险、有害因素分析（略）。

 提出任务：危险有害因素辨识常用方法有哪些？生产过程中危险有害因素辨识的要点、注意事项有哪些？

知识储备

一、危险有害因素辨识原则及注意事项

1. 危险有害因素辨识应遵循的原则

（1）科学性　危险有害因素的辨识是分辨、识别、分析和确定系统中存在的危险，预测安全状态和事故发生途径的一种手段。因此，在进行危险有害因素辨识时，必须以安全科学理论作指导，使辨识的结果能真实反映系统中危险有害因素存在的部位、存在的方式、事故发生的途径和变化规律，并准确描述，可定性或定量表示，并用合乎逻辑的理论予以解释。

（2）系统性　危险有害因素存在于生产活动的各个方面和各个环节。因此，要对系统分清主要和次要的危险有害因素及其相关的危险、有害性，就必须对系统进行全面详细的分析，分析和研究系统之间、系统与子系统之间的关系。

(3) 全面性　辨识危险有害因素要全面，不得发生遗漏，以避免留下隐患。要从厂址、自然条件、总图运输、建（构）筑物、工艺过程、生产设备装置、特种设备、公用工程、设施、安全管理制度等各方面进行分析、识别；既要分析、识别正常生产、操作中的危险有害因素，还要分析、识别开车、停车、检修及装置遭到破坏和操作失误情况下的危险、有害后果。

(4) 预测性　对于辨识出的危险有害因素，要分析危险有害因素出现的条件和可能的事故模式。预测可能发生的事故，以便采取对策措施。

2. 危险有害因素辨识应注意的问题

① 为了有序、方便地进行分析，防止遗漏，宜按厂址、平面布局、建（构）筑物、物质、生产工艺及设备、辅助生产设施（包括公用工程）、作业环境等几个方面，分别分析其存在的危险有害因素，列表登记，综合归纳。

② 对导致事故发生的直接原因、诱导原因进行重点分析，从而为确定评价目标及评价重点、划分评价单元、选择评价方法和采取控制措施计划提供依据。

③ 对重大危险有害因素，不仅要分析正常生产、运输、操作时的危险有害因素，更重要的是要分析设备、装置遭到破坏及操作失误时可能会产生严重后果的危险有害因素。

二、危险有害因素辨识的方法

危险有害因素的辨识是事故预防、安全评价、重大危险源监督管理、建立应急救援体系和职业健康安全管理体系的基础。生产实际中，常用的辨识方法可分为如下两大类。

1. 直观经验分析法

该类方法较适用于有可供参考的先例或可以借鉴以往经验的系统，不能用于没有可供参考先例的新系统中，包括类比推断法、对照分析法和专家评议法。

① 类比推断法。类比推断法是利用相同或相似工程系统或作业条件的经验和安全类比推断评价对象的危险有害因素。对那些相同的企业，它们在作业条件、事故类别、伤害方式及伤害部位等方面具有相似性，也遵守相同的规律，这就说明其危险有害因素和导致的后果是完全可以类推的。

② 对照分析法。对照分析法是对照有关标准、法规、检查表或依靠评价人员的观察和分析能力，借助于经验和判断能力，直观地判断评价对象的危险有害因素。对照分析法的优点是简便、易行，其缺点是受辨识人员知识、经验和占有资料的限制，可能出现遗漏。采用对照分析法进行危险有害因素辨识时，为保证辨识效果，一般应事先编制检查表。

③ 专家评议法。专家评议法常采用专家现场勘察与会议讨论相结合的形式来相互启发、交换意见，实质上集合了专家的经验、知识和分析、推理能力，特别是对同类装置进行类比分析、辨识危险有害因素不失为一种好方法。

2. 系统安全分析方法

该类方法是应用系统安全工程评价方法中的某些方法进行危险有害因素的辨识。该方法常用于复杂和没有事故经验的新开发系统。常用的系统安全分析方法有预先危险性分析（PHA）、事件树（ETA）、故障树（FTA）、故障类型和影响分析（FMEA）等方法。

三、危险有害因素辨识要点

1. 危险有害物质辨识与分析

① 危险有害物质的辨识应从其理化性质、稳定性、化学反应活性、燃烧爆炸危险性、

毒性及对健康危害等方面进行分析与辨识。危险有害物质的这些物质特性可以从危险化学品安全技术说明书（MSDS）中获取。

危险化学品安全技术说明书共包括16部分的内容，依次是化学品及企业的标识、危险性概述、成分/组成信息、急救措施、消防措施、泄漏应急处理、操作处置与储存、接触控制和个体防护、理化特性、稳定性和反应性、毒理学信息、生态学信息、废弃处置、运输信息、法规信息、其他信息。

甲醇的理化特性见表2-10。

表2-10　甲醇的理化特性

标识	中文名:甲醇、木精		英文名:methyl alcohol;methanol	
	分子式:CH$_4$O		分子量:32.0	
	危险化学品目录序号:1022	UN编号:1230	CAS号:67-56-1	
	主要危险特性:易燃液体,类别2		中国危险货物标志:	
理化性质	外观与特性:无色透明液体,有刺激性气味			
	熔点/℃	-97.8	沸点/℃	64.7
	相对密度(水=1)	0.79	相对密度(空气=1)	1.1
	溶解性	溶于水,可混溶于醇、醚等多数有机溶剂		
急性毒性	LD$_{50}$:5628mg/kg(大鼠经口);15800mg/kg(兔经皮)　LC$_{50}$:83776mg/m^3,4h(大鼠吸入)			
健康危害	侵入途径	吸入、食入、经皮肤吸收		
	对中枢神经系统有麻醉作用;对视神经和视网膜有特殊选择作用,引起病变;可致代谢性酸中毒。 急性中毒:短时大量吸入出现轻度眼及上呼吸道刺激症状(口服有胃肠道刺激症状);经一段时间潜伏期后出现头痛、头晕、乏力、眩晕、酒醉感、意识蒙眬、谵妄,甚至昏迷。视神经及视网膜病变,可有视物模糊、复视等,重者失明。代谢性酸中毒时出现二氧化碳结合力下降、呼吸加速等。 慢性影响:神经衰弱综合征,自主神经功能失调,黏膜刺激,视力减退等。皮肤出现脱脂、皮炎等			
燃烧爆炸危险性	燃烧性:易燃		引燃温度:464(℃)	
	聚合危害:不聚合		闪点(闭杯):12(℃)	
	稳定性:稳定		爆炸极限(体积分数):6%(下限);36.5%(上限)	
	危险特性	易燃,其蒸气与空气可形成爆炸性混合物,遇明火、高热能引起燃烧爆炸。与氧化剂接触发生化学反应或引起燃烧。在火场中,受热的容器有爆炸危险。其蒸气比空气密度大,能在较低处扩散到相当远的地方,遇火源会着火回燃			
	燃烧产物:二氧化碳、一氧化碳、水		禁忌物:酸类、酸酐、强氧化剂、碱金属	

② 在国家标准《化学品分类和危险性公示　通则》（GB 13690—2009）中将化学品分为理化危险、健康危险、环境危险三大类。

理化危险包括爆炸物、易燃气体、易燃气溶胶、氧化性气体、压力下气体、易燃液体、易燃固体、自反应物质或混合物、自燃液体、自燃固体、自热物质和混合物、遇水放出易燃气体的物质或混合物、氧化性液体、氧化性固体、有机过氧化物、金属腐蚀剂16类。

健康危险包括急性毒性，皮肤腐蚀/刺激，严重眼损伤/眼刺激，呼吸或皮肤过敏，生殖细胞致突变性，致癌性，生殖毒性，特异性靶器官系统毒性——一次接触，特异性靶器官系统毒性——反复接触，吸入危险10类。

环境危险包括危害急性水生毒性和慢性水生毒性2类。

③ 危险有害物质辨识与分析要辨识出储存或生产过程中存在的危险有害物质的名称、

存在部位、数量，包括原料、中间产品（物质）及产品等。

④ 描述危险有害物质的理化性质、危害、防护方法等，对于危险化学品，应给出危险化学品的危险特性表。

⑤ 判断一种物质是否是危险化学品应依据《危险化学品目录》（2022年调整版），判断是否是剧毒化学品也应依据《危险化学品目录》（2022年调整版）。

⑥ 指出重点监管的危险化学品，对其理化性质、防护措施、监控措施应重点加以描述。《国家安全监管总局关于公布首批重点监管的危险化学品名录的通知》（安监总管三［2011］95号）及《国家安全监管总局关于公布第二批重点监管危险化学品名录的通知》（安监总管三［2013］12号）给出重点监管的危险化学品共74种，并给出重点监管的危险化学品安全措施和应急处置原则，可在实际运用中参考。

2. 设备或装置的危险有害因素的辨识

设备或装置主要包括工艺设备装置、化工设备、电气设备、特种机械、锅炉及压力容器、登高装置等，见图2-4。

（1）工艺设备或装置的危险有害因素的辨识要点

① 设备本身是否能满足生产工艺的要求。包括特种设备的设计、生产、安装、使用和检测，是否具有相应的资质或许可证；标准设备是否由有资质的专业生产厂制造。

② 设备是否有相应的安全附件或安全防护装置。如温度表、压力表、液位计、安全阀、阻火器及防爆装置等。

③ 设备是否有指示性安全技术措施。如故障报警、超限报警及状态异常报警等各种报警装置，见图2-5。

图2-4 化工工艺装置图

图2-5 气体报警控制系统

④ 设备是否有紧急停车装置。如自动化联锁装置等。

⑤ 设备是否有在检修时不能自行运行、不能自动反向运转的安全装置。

（2）化工设备的危险有害因素的辨识要点

① 设备是否有足够的强度；

② 设备是否有可靠的密封性能；

③ 设备是否有与之配套的安全保护装置；

④ 设备是否适用。

（3）机械加工设备及传送设备的危险有害因素的辨识要点　机械加工设备可根据《锻压机械　安全技术条件》《铸造机械　安全要求》《磨削机械安全规程》《剪切机械安全规程》

等标准和规程进行查对，重点从以下几个方面来辨识危险有害因素。

① 夹钳；
② 擦伤；
③ 卷入伤害；
④ 撞击伤害；
⑤ 割伤；
⑥ 扎伤。

(4) 电气设备的危险有害因素的辨识要点　电气设备危险有害因素的辨识必须与工艺要求和生产环境状况紧密结合来进行。

① 电气设备是否在属于有火灾爆炸危险、粉尘、潮湿或腐蚀等环境下工作，如在这些环境下工作，电气设备是否能满足相应的要求；
② 电气设备是否具有国家指定机构的安全认证标志；
③ 电气设备是否属于国家规定的淘汰产品；
④ 用电负荷等级对电力设施的要求；
⑤ 是否有电气火花引燃源；
⑥ 漏电保护、触电保护、短路保护、过载保护、绝缘、电气隔离、屏护、电气安全距离等是否可靠；
⑦ 是否根据作业环境和条件选择安全电压，安全电压和设施是否符合规定；
⑧ 设备的防静电、防雷措施是否可靠有效；
⑨ 设备的事故照明、消防和应急救援等应急用电是否可靠；
⑩ 设备的自动控制系统、紧急停车装置及冗余装置是否可靠。

(5) 特种设备的危险有害因素的辨识要点　特种设备是指涉及生命安全、危险性较大的锅炉、压力容器（含气瓶）、压力管道、起重机械等，以及厂（场）内专用机动车辆等。

图 2-6　起重作业

① 起重机械。起重机械危险有害因素是指各种起重作业（包括起重机安装、检修、试验和检测等，见图 2-6）中发生的挤压、坠落、物体打击和触电。起重机械除包含一般机械的基本安全要求外，还有以下危险有害因素。

a. 翻倒；
b. 超重；
c. 碰撞；
d. 基础损坏；
e. 操作失误；
f. 负载失落。

② 厂（场）内专用机动车辆。《场（厂）内专用机动车辆安全技术规程》（TSG 81—2022）适用于场车的设计、制造、改造、修理、使用、检验。厂（场）内专用机动车辆的性能和类型应与用途相适应，动力类型与作业区域的性质相适应。如密闭车间不能使用内燃发动机，车辆重要部件要经常维护保养，操作者的头部上方要有安全防护措施。除以上对车辆本身的要求外，主要有如下危险有害因素。

a. 翻倒；
b. 超载；
c. 碰撞；
d. 楼板缺陷（指楼板不牢固或承载能力不够）；

e. 载物失落；

f. 火灾或爆炸。

③ 锅炉及压力容器的危险有害因素的辨识要点。锅炉及压力容器（图 2-7）是广泛使用的承压设备，包括锅炉、压力容器、有机载热体炉和压力管道。我国政府将其定为特种设备。为了确保特种设备的使用安全，国家对这些特种设备生产（含设计、制造、安装、改造、维修、气瓶或移动式压力容器充装）、使用、检验检测等环节实施全过程安全监察的制度，并相应制定了比较完善的标准、规程及规定等，如《锅炉安全技术规程》（TSG 11—2020）、《固定式压力容器安全技术监察规程》（TSG 21—2016）、《特种设备安全监察条例》（2009 年修订版）、《特种设备安全监督检查办法》等。在进行此类危险有害因素辨识时可以对照相应的规程进行查对，仔细辨识危险有害因素。锅炉、压力容器、压力管道主要的危险有害因素主要有三大类，在辨识时应特别引起重视。

a. 锅炉、压力容器、压力管道内具有一定温度的带压工作介质；

b. 锅炉、压力容器、压力管道上承压元件的失效；

c. 锅炉、压力容器、压力管道上所安装的安全防护装置的失效。

因为承压元件失效或安全防护装置失效，都可能使锅炉、压力容器、压力管道内的介质失控，从而导致事故的发生。如果漏出的物质是易燃、易爆或有毒物质，不仅可以造成热（或冷）伤害，还有可能引发火灾、爆炸、中毒、腐蚀或环境污染。所以，在进行危险有害因素辨识时，要全面、有序地进行识别，防止出现漏项。

图 2-7　压力容器

图 2-8　施工电梯

（6）登高装置的危险有害因素的辨识要点　登高装置包括梯子、活梯、活动架、通用脚手架、塔式脚手架、吊笼、吊椅、升降工作平台和动力工作平台等。施工电梯见图 2-8。其主要危险有害因素有：

① 登高装置本身设计缺陷；

② 所支撑的基础下沉或毁坏；

③ 作业方法不安全；

④ 悬挂系统结构失效；

⑤ 因承载超重，安装、检查、维护不当，不平衡而造成的结构损坏或失效；

⑥ 因所选设施的高度或臂长不能满足使用要求而超限使用；

⑦ 使用错误或理解错误；

⑧ 负重爬高；
⑨ 攀登方式不对或脚上穿着物不合适、不清洁造成跌落；
⑩ 未经批准使用或更改作业设备；
⑪ 与障碍物或建（构）筑物碰撞；
⑫ 电动或液压系统失效；
⑬ 运动部件卡住等。

对于不同的登高装置可能有不同的危险有害因素，具体到某一种装置的危险有害因素的辨识，可以查阅相关标准和规定进行。

3. 作业环境的危险有害因素的辨识

作业环境中的危险有害因素主要有危险有害物质、生产性粉尘、工业噪声与振动、温度与湿度和辐射等。危险有害物质辨识与分析前已述及。

图 2-9　生产过程中的粉尘

(1) 生产性粉尘的危险有害因素的辨识要点

① 粉尘的危险。在生产过程中如长时间吸入粉尘（图 2-9），就会引起肺部组织的病变，导致肺病或肺尘埃沉着病。粉尘还会引起刺激性疾病、急性中毒或癌症。爆炸性粉尘在空气中达到爆炸下限浓度时遇到火源还会发生爆炸。

② 生产性粉尘的危险有害因素的辨识。生产性粉尘主要产生在开采、粉碎、筛分、配料、混合、搅拌、散粉装卸、输送、包装、除尘等生产过程中。对其危险有害因素的辨识包括以下内容。

a. 根据工艺、设备、物料和操作条件，分析可能产生的粉尘种类和部位；

b. 用已投产的同类生产厂或作业岗位的检测数据进行类比；

c. 分析粉尘产生的原因、扩散传播的途径、作业时间和粉尘特性等，确定其危害方式和危害范围；

d. 分析是否具有形成爆炸性粉尘的可能，是否具备发生爆炸的条件。

③ 爆炸性粉尘的危险性

a. 粉尘爆炸与气体爆炸相比，虽然粉尘爆炸的燃烧速度和爆炸压力都较低，但因为其燃烧时间长和产生能量大，所以其破坏力和损害程度都很大。

b. 当爆炸发生时粒子一边燃烧一边飞散，致使可燃物局部严重炭化，造成人员严重烧伤。

c. 初期局部发生爆炸后，会扬起周围的粉尘，继而引发二次爆炸、三次爆炸，进一步扩大伤害范围。

④ 爆炸性粉尘的辨识

a. 属于爆炸性粉尘必须具备 4 个必要条件：粉尘的化学组成和性质；粉尘的粒度和粒度分布；粉尘的形状与表面状态；粉尘中含有的水分大小。

b. 爆炸性粉尘发生爆炸的 4 个必要条件：可燃性和微粉状态；在空气或助燃气体中搅拌形成悬浮式流动；达到爆炸极限；存在引火源。

(2) 工业噪声的危险有害因素的辨识要点

① 工业噪声的危险。工业噪声能引起职业性耳聋、神经衰弱、心血管疾病和消化系统疾病等的发生，会使操作人员的操作失误率上升，严重时可导致事故发生。

② 工业噪声的危险有害因素的辨识。工业噪声一般分为机械噪声、空气动力噪声和电磁噪声 3 类。工业噪声主要根据已掌握的机械设备或作业场所的噪声来确定噪声源和声级来

进行辨识。

(3) 振动的危险有害因素的辨识要点

① 振动危害。振动危害有全身振动和局部振动危害,振动可导致中枢神经、自主神经功能紊乱,血压升高,也会造成设备或部件的损坏。

② 振动的危险有害因素的辨识。在进行振动的危害辨识时应先找出产生振动的设备,然后依照国家标准并参照类比资料确定振动的强度及危害范围。

(4) 温度、湿度的危险有害因素的辨识要点

① 温度、湿度的危险危害主要有如下几种情况。

a. 高温、高湿的环境会引起中暑,加快对有毒物质的吸收,导致操作失误率升高,易发生事故,低温可引起冻伤;

b. 温度发生急剧变化时,因热胀冷缩,会造成材料变形或热应力过大,从而导致材料破坏,在低温环境下,金属会发生晶型转变,甚至引起破裂而引发事故;

c. 高温、高湿环境会加速材料的腐蚀速度;

d. 高温环境会增大火灾危险性。

② 热源。生产性热源主要来自:

a. 工业炉窑。如冶炼炉、加热炉、炼焦炉、锅炉等。高温炼钢见图2-10。

b. 电热设备。如工频炉、电阻炉等。

c. 高温工件。如铸铁件、锻造件等。

d. 高温液体。如热水、导热油等。

e. 高温气体。如水蒸气、热烟气、热风气等。

图 2-10 高温炼钢

③ 温度、湿度的危险有害因素的辨识

a. 生产过程中的热源位置、发热量、有无表面绝热层、表面温度、热源与操作者的距离;

b. 是否采取了防暑降温措施、防冻保温措施,有无安装空调;

c. 是否采用了全面或局部的通风换气措施;

d. 是否有作业环境温度、湿度的调节或控制措施。

(5) 辐射的危险有害因素的辨识要点　辐射主要分为电离辐射和非电离辐射两类。电离辐射伤害主要是由 α、β、γ 粒子,X 射线和中子极高剂量的放射作用所造成的。非电离辐射的危害主要是由高频电磁波、红外线、紫外线、激光等造成的。

4. 手工操作危险有害因素的辨识

(1) 手工操作可导致的伤害　在进行推、拉、搬、举及运送重物等与手工操作有关的工作时,可导致的伤害有挫伤、擦伤、割伤、肌肉损伤、椎间盘损伤、韧带损伤、神经损伤及疝气等。

(2) 手工操作的危险有害因素的辨识要点

① 推、拉、搬、举及运送重物时超出负荷;

② 拿取或操纵重物时远离身体躯干;

③ 超负荷的负重运动,如搬、举重物时距离过长,运送重物的距离过长;

④ 负荷有突然运动的风险;

⑤ 不良的工作姿势或身体运动,如躯干扭转、弯曲、伸展时拿取东西;

⑥ 手工操作的时间及频率不合理;

⑦ 工作的节奏及速度安排不合理；
⑧ 休息及恢复体力的时间不够充足。

5. 建筑和拆除过程的危险有害因素的辨识

(1) 建筑过程的危险有害因素的辨识要点　建筑过程中的危险有害因素主要考虑如下几方面：
① 高处坠落危险；
② 物体打击和挤压伤害；
③ 机械伤害；
④ 电击及触电伤害；
⑤ 火灾或爆炸危险；
⑥ 车辆伤害；
⑦ 起重机械伤害；
⑧ 职业病及传染性疾病等。

(2) 拆除过程的危险有害因素的辨识要点　在拆除过程中除考虑建筑过程中所述几点外，还应重点考虑拆除工作未按计划和程序进行所导致的建（构）筑物的过早或突然倒塌所带来的危害。

6. 生产过程的危险有害因素的辨识

在进行生产过程的危险有害因素的辨识时应全面而有序地进行。在最初的设计阶段就要进行危险有害因素分析，并通过对设计、安装、试车、开车、正常运行、停车和检修等阶段的危险有害因素分析，辨识出生产全过程中所有的危险有害因素，然后有针对性地研究安全对策措施，保证生产系统安全可靠运行。为防止出现遗漏，在辨识时宜按厂址、总平面布置、厂内运输、建（构）筑物、生产工艺过程、物流、主要生产装置、作业环境等多方面进行。从某种意义上讲，危险有害因素辨识的过程实际上就是系统安全分析的过程。

(1) 厂址的危险有害因素的辨识要点　在对厂址进行危险有害因素的辨识时应从工程地质、地形地貌、水文条件、气象条件、交通运输条件、周围环境、消防以及自然灾害等方面进行分析和辨识。

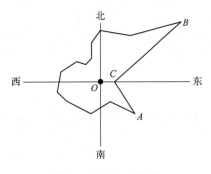

图 2-11　风向玫瑰图

(2) 总平面布置的危险有害因素的辨识要点　在对总平面布置进行危险有害因素的辨识时，应从功能分区、防火间距、安全距离、风向（图 2-11）、最大风速、危险化学品仓库位置、动力设施、氧气站、乙炔气站、煤气站、压缩空气站、锅炉房、液化石油气站、变电站、配电站、建（构）筑物朝向、道路及储运等方面进行分析和辨识。

(3) 厂内运输的危险有害因素的辨识要点　在对厂内运输进行危险有害因素的辨识时，应从运输、装卸、人流、物流、平面交叉运输、竖向交叉运输、消防、疏散等方面进行辨识。

(4) 建（构）筑物的危险有害因素的辨识要点　在对建（构）筑物进行危险有害因素的辨识时，应对厂房、库房分别进行辨识。

① 对于厂房应从厂房的生产物料、中间产品、半成品及产品的火灾危险性分类、耐火等级、结构、层数、占地面积、防火分区、防火间距、安全疏散和消防等方面进行分析和辨识。

② 对于库房应从库房内储存物品的火灾危险性分类、耐火等级、结构、层数、占地面积、防火间距、防火分区、消防设施、安全通道、安全疏散和消防等方面进行分析和辨识。

(5) 生产工艺过程的危险有害因素的辨识要点

① 新建、改建、扩建项目设计阶段危险有害因素的辨识，应从以下 7 个方面进行分析和辨识。

a. 根据生产工艺流程，按岗位对生产、存储和使用过程中潜在的危险有害因素进行全面的逐步分析和辨识。

b. 在设计阶段是否通过合理的设计，以尽可能从根本上消除危险有害因素，从根本上杜绝危险、危害或事故的发生。

c. 当消除危险有害因素有困难时，是否采取了预防性的技术措施来预防或消除危险、危害的发生。

d. 当无法消除危险或危险难以预防的情况下，是否采取了降低危险、危害的安全措施。

e. 当无法消除、降低危险的情况下，是否采取了将操作人员与危险有害因素隔离等措施。

f. 当操作人员失误或设备运行一旦达到危险状态时，是否能通过连锁保护装置来终止危险、危害的发生。

g. 在危险性较大或易发生故障的地方，是否设置了醒目的安全色、安全标志，以及声、光报警器等警示装置。

② 在生产工艺过程正常运行，或者进行安全现状评价危险有害因素的辨识时，可根据行业和专业的特点及行业和专业制定的安全标准、规程等进行分析和辨识。国家有关部门按行业制定了冶金、化工、机械、石油化工、建筑、电力、电子、核电站等一系列的安全规程、规定等。可根据这些规程、规定的要求对被评价对象可能存在的危险有害因素进行分析和辨识。

例如化工、石油化工行业，工艺过程的危险有害因素辨识有以下几种情况。

a. 存在不稳定物质的工艺过程，这些不稳定物质可能是原料、中间产物、副产物、添加物或杂质等；

b. 放热的化学反应过程；

c. 含有易燃物料且在冷冻状态下运行的工艺过程；

d. 含有易燃物料且在高温、高压状态下运行的工艺过程；

e. 在爆炸极限范围内或接近爆炸极限且有爆炸性混合物的工艺过程；

f. 有可能形成尘、雾爆炸性混合物的工艺过程；

g. 有剧毒、高毒物料存在的工艺过程；

h. 储有压力、能量较大的工艺过程。

③ 可根据典型的生产单元进行危险有害因素的辨识。《国家安全监管总局关于公布首批重点监管的危险化工工艺目录的通知》（安监总管三［2009］116 号）及《国家安全监管总局关于公布第二批重点监管危险化工工艺目录和调整首批重点监管危险化工工艺中部分典型工艺的通知》（安监总管三［2013］3 号）中，将光气及光气化工艺、电解工艺（氯碱）、氯化工艺、硝化工艺、合成氨工艺、裂解（裂化）工艺、氟化工艺、加氢工艺、重氮化工艺、氧化工艺、过氧化工艺、氨基化工艺、磺化工艺、聚合工艺、烷基化工艺、新型煤化工工艺、电石生产工艺、偶氮化工艺列为重点监管的危险化工工艺，并制定了重点监管危险化工工艺的重点监控参数、安全控制基本要求及推荐的控制方案。

需要注意的是，生产单元的危险有害因素多数是由所处理的物料的危险性决定的。当处理易燃气体时，要防止形成爆炸性混合物，尤其在负压状态下的操作，要防止系统中混入空气而形成爆炸性混合物。当处理易燃、可燃固体时，要防止形成爆炸性粉尘混合物。当处理含有不稳定物质的物料时，要防止不稳定物质的积聚和浓缩。例如蒸馏、过滤、蒸发、萃取、结晶、回流、凝结、搅拌等生产单元都有可使不稳定物质积聚或浓缩的可能，需仔细分析和辨识。

7. 储存、运输过程的危险有害因素的辨识

在进行原料、半成品及成品的储存和运输过程中，有很多是易燃、易爆和有毒的危险品。一旦发生事故，往往会造成重大的经济损失和社会影响。因此，国家对危险化学品储运有相当严格的要求。现将爆炸物、易燃液体、有毒物品进行危险有害因素的辨识。

（1）爆炸物的危险有害因素的辨识要点
① 爆炸物的危险特性
a. 敏感易爆炸；
b. 遇热危险性；
c. 机械作用危险性；
d. 静电火花危险性；
e. 火灾危险性；
f. 毒害性；
g. 光照易分解性；
h. 吸湿性。
② 爆炸物储存的危险有害因素的辨识
a. 从单个仓库中的储存量是否符合最大允许储存量的要求进行辨识；
b. 从分类存放是否符合分类存放的要求进行辨识；
c. 从爆炸品储存单位是否具备资质进行辨识。
③ 爆炸物运输的危险有害因素的辨识
a. 从是否按安全要求进行装卸作业进行辨识；
b. 从是否具备公路运输的安全要求进行辨识；
c. 从是否具备铁路运输的安全要求进行辨识；
d. 从是否具备水上运输的安全要求进行辨识；
e. 从爆炸物运输单位是否具备资质进行辨识；
f. 从爆炸物运输人员是否具备资质、知识、能力进行辨识。

（2）易燃液体储运过程中的危险有害因素的辨识要点
① 易燃液体的危险特性
a. 易燃、易爆性；
b. 静电危险性；
c. 高流动扩散性；
d. 受热膨胀、易挥发性。
② 易燃液体储存的危险有害因素的辨识
a. 整装易燃液体的储存从储存状况、储存技术条件、储罐区及堆垛的防火要求等方面进行辨识；
b. 散装易燃液体的储存从防泄漏、防流散、防静电、防雷击、防腐蚀、装卸作业等方面进行辨识。
③ 易燃液体运输的危险有害因素的辨识
a. 整装易燃液体运输从装卸作业、公路运输、铁路运输、水路运输等方面进行辨识；

b. 散装易燃液体运输从公路运输、铁路运输、水路运输、管道输送等方面进行辨识。

(3) 有毒物品储运过程中的危险有害因素的辨识要点

① 有毒品的危险特性

a. 氧化性；

b. 遇水、遇酸分解性；

c. 遇高热、明火、撞击会发生燃烧爆炸；

d. 闪点低、易燃；

e. 遇氧化剂发生燃烧爆炸。

② 有毒品储存危险有害因素的辨识

a. 是否针对有毒品所具有的危险特性采取了相应的措施；

b. 是否采取了隔离存放的措施；

c. 有毒品的包装及封口是否会有泄漏危险；

d. 储存的温度、湿度是否适合；

e. 作业中操作人员是否会出现失误；

f. 作业环境空气中的有毒物品浓度是否存在危险。

③ 储存有毒品库房的危险有害因素的辨识。在对储存有毒品的库房进行危险有害因素辨识时，可以从防火间距、耐火等级、防爆措施、潮湿度、温度、有无腐蚀可能、安全疏散、占地面积、火灾危险等级等方面进行辨识。

④ 有毒品运输过程中的危险有害因素辨识。在对有毒品运输过程中的危险有害因素进行辨识时，可以从装配原则、装卸操作、公路运输、铁路运输、水路运输、人员资质等方面进行辨识。

能力提升训练

请你尝试对以下作业的危险有害因素进行辨识。

1. 搬运作业（图 2-12）。
2. 喷漆作业（图 2-13）。

图 2-12　搬运作业

图 2-13　喷漆作业

归纳总结提高

1. 危险有害因素辨识的方法主要有哪些？
2. 简述化工生产设备危险有害因素辨识的要点。
3. 辨识图 2-14 灌装区域存在的危险有害因素。

图 2-14　灌装区域

4. 选择几种危险化学品，查阅相关资料，分别编制出危险化学品危险特性表。

安全评价师应知应会

1. 下列属于安全评价程序中危险识别阶段的是（　　）。
   (A) 单元划分　　　　　　　　　　(B) 安全对策措施
   (C) 危险分级（定性、定量评价）　　(D) 危险源辨识
2. 进行危险有害因素辨识时，可通过划分生产活动，并从生产、工艺、设备、环境、人员、管理和生产状态等方面来进行分析和辨识。危险有害因素辨识时应考虑的生产状态一般应包括（　　）。
   (A) 异常状态　　(B) 正常状态　　(C) 触发状态　　(D) 紧急状态
3. 在专业设备的危险有害因素辨识中，化工设备的危险有害因素辨识的是（　　）。
   (A) 是否有足够的强度　　　　　　(B) 密封是否安全可靠
   (C) 安全保护装置是否配套　　　　(D) 安全警示标志是否配备

项目三　重大危险源辨识及评估

实例展示

以下为"××化工有限公司×万吨煤焦油加工项目"安全现状评价报告中的重大危险源辨识结果部分内容。请认真研读该评价报告，并认真思考如何开展重大危险源辨识？

1. 该企业重大危险源辨识结果

依据《危险化学品重大危险源辨识》（GB 18218—2018）进行辨识，该公司有关生产场所和储存设施中所涉及的危险化学品轻油（苯）、粗酚、煤焦沥青属于重大危险源辨识范围内危险化学品，存在量构成危险化学品重大危险源。重大危险源辨识情况见表2-11。

2. 周边重大危险源情况

该厂南侧×米邻近某公司油库区（主要存放有×立方米粗苯储罐、×立方米煤焦油储罐、×立方米烧碱储罐、×立方米硫酸储罐、×立方米洗油罐）、污水系统、循环水系统和热电系统，再往南为回收车间、炼焦车间（年产焦炭×万吨）和×万吨/年捣固焦工程。周边重大危险源情况见表2-12。

表2-11 危险化学品重大危险源辨识情况一览表

序号	危险物质	临界量/t	存在场所及最大存在量	最大储量/t	辨识结果
1	苯	50	生产场所43.6t	43.6	否
2	粗酚	50	储罐区167t，生产场所41t	208	是 储罐区构成
3	煤焦沥青	50	生产场所193t，露天仓库200t	393	是 生产场所构成、露天仓库构成

表2-12 周边重大危险源情况一览表

序号	单元	危险物质		临界量/t	实际储量/t	辨识结果
1	储存区	粗苯	苯	50	1156.70	是
			甲苯	500	165.20	
			二甲苯	5000	27.54	

提出任务：什么是重大危险源？如何判断一处危险源是否为重大危险源？重大危险源如何分级？

知识储备

一、重大危险源相关的基本概念

重大危险源辨识微课

1. 危险源

"危险源"一词，英文为hazard，即危险的根源，包括危险载体和事故隐患。狭义的危险源是指可能导致人员死亡、伤害、职业病、财产损失、工作环境破坏或这些情况组合的根源或状态。从某种意义上讲，危险源可以是一次事故、一种环境、一种状态的载体，也可以是可能产生不期望后果的人或物。

危险源应由三个要素构成：潜在危险性、存在条件和触发因素。

2. 事故隐患

事故隐患泛指生产系统中可导致事故发生的人的不安全行为、物的不安全状态和管理上的缺陷。

3. 重大危险源

《中华人民共和国安全生产法》对重大危险源做出了明确的规定：重大危险源，是指长期地或临时地生产、搬运、使用或者储存危险物品，且危险物品的数量等于或者超过临界量的单元（包括场所和设施）。

危险物品，是指易燃易爆物品、危险化学品、放射性物品等能够危及人身安全和财产安全的物品。

4. 危险化学品重大危险源

《危险化学品重大危险源辨识》（GB 18218—2018）中对危险化学品重大危险源的定义进行了明确：危险化学品重大危险源是指长期地或临时地生产、储存、使用或经营危险化学品，且危险化学品的数量等于或超过临界量的单元。危险化学品重大危险源可分为生产单元危险化学品重大危险源和储存单元危险化学品重大危险源。

单元：涉及危险化学品的生产、储存装置、设施或场所，分为生产单元和储存单元。

生产单元：危险化学品的生产、加工及使用等的装置及设施，当装置及设施之间有切断阀时，以切断阀作为分隔界限划分为独立的单元。

储存单元：用于储存危险化学品的储罐或仓库组成的相对独立的区域，储罐区以罐区防火堤为界限划分为独立的单元，仓库以独立库房（独立建筑物）为界限划分为独立的单元。

二、危险源与危险有害因素的关系

系统中某个单元中存在有害物质和能量，在一定的触发因素作用下有害物质和能量可能意外释放，可造成人伤物损的事故，则这个单元被称为"这个系统的危险源"。而单元中的"有害物质和能量"及"触发因素"就是危险有害因素。

"有害物质和能量"是固有危险，"触发因素"可将固有危险转化为事故。危险源是爆发事故的源头，是有害物质和能量集中的核心，是能量传出来或爆发的地方。

总之，危险有害因素和危险源密不可分，是统一体。危险有害因素不可脱离其承载体而独立存在，危险有害因素与承载体在一起，才被称为"危险源"。没有危险有害因素就没有危险源。

【例 2-4】 二甲醚易燃易爆，并且具有一定的神经毒性。因此对于盛装二甲醚的储罐来说，储罐内的二甲醚属于危险有害因素，储罐是盛装二甲醚的载体，也就是危险有害因素的载体，二甲醚和储罐在一起才构成危险源。因此，盛装二甲醚的储罐是危险源。

三、重大危险源的辨识

1. 重大危险源的辨识方法

生产过程中的危险有害因素往往不是单一的，且各危险有害因素又是相互关联的，辨识中不能顾此失彼，遗漏隐患，应确定不同危险有害因素的相关关系、相关程度和危及范围。

① 必须辨识出危险、有害物质或能量所覆盖的范围，凡是在此范围内，均会处于危险之中。对危险、有害物质或能量覆盖的时空范围，应在充分估计各方面因素作用的条件下，绘制出平面或空间关系图和时间关系图。

② 要辨识出危险、有害物质或能量的损害特性，有的危险、有害物质或能量只对人员产生伤害，有的危险、有害物质或能量可能对人员和财物均产生损害，有的危险、有害物质或能量对环境和生态条件产生长期的损害，有的危险、有害物质或能量对三者均可造成损害。

2. 危险化学品重大危险源的辨识

（1）辨识依据　以国家标准《危险化学品重大危险源辨识》（GB 18218—2018）为依据，开展危险化学品重大危险源的辨识。

该标准适用于生产、储存、使用和经营危险化学品的生产经营单位。

（2）危险化学品重大危险源的确定　长期地或临时地生产、储存、使用和经营危险化学品，且危险化学品的数量等于或者超过临界量的单元，即为重大危险源，分为生产单元和储存单元。单元内存在的危险化学品的数量根据危险化学品种类的多少区分为以下两种情况：

① 生产单元、储存单元内存在危险化学品为单一品种时，该危险化学品的数量即为单元内危险化学品的总量，若等于或超过相应的临界量，则定为重大危险源。

② 生产单元、储存单元内存在的危险化学品为多品种时，则按下式计算，若满足下式，则定为重大危险源：

$$\frac{q_1}{Q_1}+\frac{q_2}{Q_2}+\cdots+\frac{q_n}{Q_n} \geqslant 1$$

式中　$q_1, q_2, \cdots, q_n$——每种危险化学品实际存在量，t；

$Q_1, Q_2, \cdots, Q_n$——与每种危险化学品相对应的临界量，t。

与各危险化学品相对应的临界量见表 2-13 和表 2-14。需要说明的是：

a. 在表 2-13 范围内的危险化学品，其临界量应按表 2-13 确定；

b. 未在表 2-13 范围内的危险化学品，依据其危险性，按表 2-14 确定临界量。若一种危险化学品具有多种危险性，按其中最低的临界量确定。

危险化学品储罐以及其他容器、设备或存储区的危险化学品的实际存在量按设计最大量确定。

对于危险化学品混合物，如果混合物与其纯物质属于相同危险类别，则视混合物为纯物质，按混合物整体进行计算。如果混合物与其纯物质不属于相同危险类别，则应按新危险类别考虑其临界量。

表 2-13　危险化学品名称及其临界量

序号	危险化学品名称和说明	别名	CAS 号	临界量/t
1	氨	液氨、氨气	7664-41-7	10
2	二氟化氧	一氧化二氟	7783-41-7	1
3	二氧化氮		10102-44-0	1
4	二氧化硫	亚硫酸酐	7446-09-5	20
5	氟		7782-41-4	1
6	碳酰氯	光气	75-44-5	0.3
7	环氧乙烷	氧化乙烯	75-21-8	10
8	甲醛(含量≥90%)	蚁醛	50-00-0	5
9	磷化氢	磷化三氢、膦	7803-51-2	1
10	硫化氢		7783-06-4	5
11	氯化氢(无水)		7647-01-0	20
12	氯	液氯、氯气	7782-50-5	5
13	煤气(CO,CO 和 H_2、CH_4 的混合物等)			20
14	砷化氢	砷化三氢、胂	7784-42-1	1
15	锑化氢	三氢化锑、锑化三氢、䏲	7803-52-3	1

续表

序号	危险化学品名称和说明	别名	CAS 号	临界量/t
16	硒化氢		7783-07-5	1
17	溴甲烷	甲基溴	74-83-9	10
18	丙酮氰醇	丙酮合氰化氢、2-羟基异丁腈、氰丙醇	75-86-5	20
19	丙烯醛	烯丙醛、败脂醛	107-02-8	20
20	氟化氢		7664-39-3	1
21	1-氯-2,3-环氧丙烷	环氧氯丙烷（3-氯-1,2-环氧丙烷）	106-89-8	20
22	3-溴-1,2-环氧丙烷	环氧溴丙烷、溴甲基环氧乙烷、表溴醇	3132-64-7	20
23	甲苯二异氰酸酯	二异氰酸甲苯酯、TDI	26471-62-5	100
24	一氯化硫	氯化硫	10025-67-9	1
25	氰化氢	无水氢氰酸	74-90-8	1
26	三氧化硫	硫酸酐	7446-11-9	75
27	3-氨基丙烯	烯丙胺	107-11-9	20
28	溴	溴素	7726-95-6	20
29	亚乙基亚胺	吖丙啶、1-氮杂环丙烷、氮丙啶	151-56-4	20
30	异氰酸甲酯	甲基异氰酸酯	624-83-9	0.75
31	叠氮化钡	叠氮钡	18810-58-7	0.5
32	叠氮化铅		13424-46-9	0.5
33	雷汞	二雷酸汞、雷酸汞	628-86-4	0.5
34	三硝基苯甲醚	三硝基茴香醚	28653-16-9	5
35	2,4,6-三硝基甲苯	梯恩梯、TNT	118-96-7	5
36	硝化甘油	硝化丙三醇、甘油三硝酸酯	55-63-0	1
37	硝化纤维素[干的或含水(或乙醇)<25%]	硝化棉	9004-70-0	1
38	硝化纤维素(未改性的,或增塑的,含增塑剂<18%)			1
39	硝化纤维素(含乙醇≥25%)			10
40	硝化纤维素(含氮≤12.6%)			50
41	硝化纤维素(含水≥25%)			50
42	硝化纤维素溶液(含氮量≤12.6%,含硝化纤维素≤55%)	硝化棉溶液	9004-70-0	50
43	硝酸铵(含可燃物>0.2%,包括以碳计算的任何有机物,但不包括任何其他添加剂)		6484-52-2	5
44	硝酸铵(含可燃物≤0.2%)		6484-52-2	50
45	硝酸铵肥料(含可燃物≤0.4%)			200
46	硝酸钾		7757-79-1	1000
47	1,3-丁二烯	联乙烯	106-99-0	5
48	二甲醚	甲醚	115-10-6	50
49	甲烷、天然气		74-82-8(甲烷) 8006-14-2(天然气)	50
50	氯乙烯	乙烯基氯	75-01-4	50

续表

序号	危险化学品名称和说明	别名	CAS 号	临界量/t
51	氢	氢气	1333-74-0	5
52	液化石油气(含丙烷、丁烷及其混合物)	石油气(液化的)	68476-85-7 74-98-6(丙烷) 106-97-8(丁烷)	50
53	一甲胺	氨基甲烷、甲胺	74-89-5	5
54	乙炔	电石气	74-86-2	1
55	乙烯		74-85-1	50
56	氧(压缩的或液化的)	液氧、氧气	7782-44-7	200
57	苯	纯苯	71-43-2	50
58	苯乙烯	乙烯苯	100-42-5	500
59	丙酮	二甲基酮	67-64-1	500
60	2-丙烯腈	丙烯腈、乙烯基氰、氰基乙烯	107-13-1	50
61	二硫化碳		75-15-0	50
62	环己烷	六氢化苯	110-82-7	500
63	1,2-环氧丙烷	氧化丙烯、甲基环氧乙烷	75-56-9	10
64	甲苯	甲基苯、苯基甲烷	108-88-3	500
65	甲醇	木醇、木精	67-56-1	500
66	汽油(乙醇汽油、甲醇汽油)		86290-81-5(汽油)	200
67	乙醇	酒精	64-17-5	500
68	乙醚	二乙基醚	60-29-7	10
69	乙酸乙酯	醋酸乙酯	141-78-6	500
70	正己烷	己烷	110-54-3	500
71	过乙酸	过醋酸、过氧乙酸、乙酰过氧化氢	79-21-0	10
72	过氧化甲基乙基酮 (10%<有效氧含量≤10.7%, 含 A 型稀释剂≥48%)		1338-23-4	10
73	白磷	黄磷	12185-10-3	50
74	烷基铝	三烷基铝		1
75	戊硼烷	五硼烷	19624-22-7	1
76	过氧化钾		17014-71-0	20
77	过氧化钠	双氧化钠、二氧化钠	1313-60-6	20
78	氯酸钾		3811-04-9	100
79	氯酸钠		7775-09-9	100
80	发烟硝酸		52583-42-3	20
81	硝酸(发红烟的除外,含硝酸>70%)		7697-37-2	100
82	硝酸胍	硝酸亚胺脲	506-93-4	50
83	碳化钙	电石	75-20-7	100
84	钾	金属钾	7440-09-7	1
85	钠	金属钠	7440-23-5	10

表 2-14 未在表 2-13 中列举的危险化学品类别及其临界量

类别	符号	危险性分类及说明	临界量/t
健康危害	J（健康危害性符号）	—	
急性毒性	J1	类别1,所有暴露途径,气体	5
	J2	类别1,所有暴露途径,固体、液体	50
	J3	类别2、类别3,所有暴露途径,气体	50
	J4	类别2、类别3,吸入途径,液体(沸点≤35℃)	50
	J5	类别2,所有暴露途径,液体(除J4外)、固体	500
物理危害	W（物理危险性符号）	—	
爆炸物	W1.1	不稳定爆炸物 1.1项爆炸物	1
	W1.2	1.2、1.3、1.5、1.6项爆炸物	10
	W1.3	1.4项爆炸物	50
易燃气体	W2	类别1和类别2	10
气溶胶	W3	类别1和类别2	150(净重)
氧化性气体	W4	类别1	50
易燃液体	W5.1	—类别1 —类别2、类别3,工作温度高于沸点	10
	W5.2	类别2和类别3,具有引发重大事故的特殊工艺条件 包括危险化工工艺、爆炸极限范围或附近操作、操作压力大于1.6MPa等	50
	W5.3	不属于W5.1或W5.2的其他类别2	1000
	W5.4	不属于W5.1或W5.2的其他类别3	5000
自反应物质和混合物	W6.1	A型和B型自反应物质和混合物	10
	W6.2	C型、D型、E型自反应物质和混合物	50
有机过氧化物	W7.1	A型和B型有机过氧化物	10
	W7.2	C型、D型、E型、F型有机过氧化物	50
自燃液体和自燃固体	W8	类别1自燃液体 类别1自燃固体	50
氧化性固体和液体	W9.1	类别1	50
	W9.2	类别2、类别3	200
易燃固体	W10	类别1易燃固体	200
遇水放出易燃气体的物质和混合物	W11	类别1和类别2	200

危险化学品的纯物质及其混合物应按《危险化学品分类和标签规范》（GB 30000—2013）中 GB 30000.2（爆炸物）、GB 30000.3（易燃气体）、GB 30000.4（气溶胶）、GB 30000.5（氧化性气体）、GB 30000.7（易燃液体）、GB 30000.8（易燃固体）、GB 30000.9（自反应物质和混合物）、GB 30000.10（自燃液体）、GB 30000.11（自燃固体）、GB 30000.12（自热物质和混合物）、GB 30000.13（遇水放出易燃气体的物质和混合物）、GB 30000.14（氧化性液体）、GB 30000.15（氧化性固体）、GB 30000.16（有机过氧化物）、GB 30000.18（急性毒物）的规定进行分类。

3. 危险化学品重大危险源辨识流程

图 2-15 给出了危险化学品重大危险源新辨识流程。

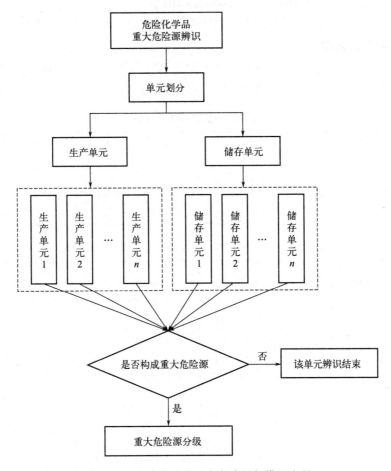

图 2-15 危险化学品重大危险源新辨识流程

四、重大危险源的分级

目前,按照重大危险源的种类和能量在意外状态下可能发生事故的最严重后果,重大危险源分为四级,重大危险源分级是对重大危险源进行科学监控和管理的基础,对于辨识的重大危险源由生产经营单位按要求上报县区级应急管理部门。危险化学品重大危险源的分级依据是《危险化学品重大危险源辨识》(GB 18218—2018)。

1. 分级指标

采用单元内各种危险化学品实际存在量与其相对应的临界量比值,经校正系数校正后的比值之和 R 作为分级指标。

2. 重大危险源分级指标的计算方法

重大危险源的分级指标按下式计算。

$$R=\alpha\left(\beta_1\frac{q_1}{Q_1}+\beta_2\frac{q_2}{Q_2}+\cdots+\beta_n\frac{q_n}{Q_n}\right)$$

式中　　　　R——重大危险源分级指标;

α——该危险化学品重大危险源厂区外暴露人员的校正系数；

$\beta_1, \beta_2, \cdots, \beta_n$——与每种危险化学品相对应的校正系数；

$q_1, q_2, \cdots, q_n$——每种危险化学品实际存在量，t；

$Q_1, Q_2, \cdots, Q_n$——与每种危险化学品相对应的临界量，t。

3. 校正系数 β 的取值

根据单元内危险化学品的类别不同，设定校正系数 β 值，在表 2-15 范围内的危险化学品，其 β 值按表 2-15 确定；未在表 2-15 范围内的危险化学品，其 β 值按表 2-16 确定。

表 2-15 校正系数 β 取值

名称	一氧化碳	二氧化硫	氨	环氧乙烷	氯化氢	溴甲烷	氯
β	2	2	2	2	3	3	4
名称	硫化氢	氟化氢	二氧化氮	氰化氢	碳酰氯	磷化氢	异氰酸甲酯
β	5	5	10	10	20	20	20

表 2-16 未在表 2-15 中列举的危险化学品校正系数 β 取值

类别	符号	校正系数 β	类别	符号	校正系数 β
急性毒性	J1	4	自反应物质和混合物	W6.1	1.5
	J2	1		W6.2	1
	J3	2	有机过氧化物	W7.1	1.5
	J4	2		W7.2	1
	J5	1	自燃液体和自燃固体	W8	1
爆炸物	W1.1	2	氧化性固体和液体	W9.1	1
	W1.2	2		W9.2	1
	W1.3	2	易燃固体	W10	1
易燃气体	W2	1.5	遇水放出易燃气体的物质和混合物	W11	1
气溶胶	W3	1			
氧化性气体	W4	1			
易燃液体	W5.1	1.5			
	W5.2	1			
	W5.3	1			
	W5.4	1			

4. 校正系数 α 的取值

根据危险化学品重大危险源的厂区边界向外扩展 500m 范围内常住人口数量，按照表 2-17 设定暴露人员校正系数 α 值。

表 2-17 校正系数 α 值

厂外可能暴露人员数量	α	厂外可能暴露人员数量	α
100人以上	2.0	1~29人	1.0
50~99人	1.5	0人	0.5
30~49人	1.2		

5. 重大危险源分级标准

根据计算出来的 R 值，按表 2-18 确定危险化学品重大危险源的级别。

表 2-18　重大危险源级别和 R 值的对应关系

危险化学品重大危险源级别	一级	二级	三级	四级
R 值	R≥100	100>R≥50	50>R≥10	R<10

能力提升训练

对于危险化学品重大危险源的辨识，辨识结果是否正确、是否科学、是否具备可操作性，很大程度上取决于辨识单元的划分。因此，对于科学划分辨识单元就显得尤为重要。

图 2-16 为某危险化学品生产企业的生产区，主要分为仓库区、产品储罐区和装置区三个区域。每个区域的间距如图中所示，仓库内储存的为危险化学品原料。

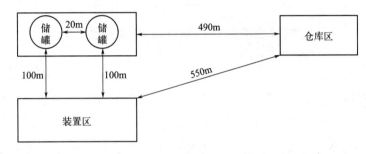

图 2-16　某危险化学品生产区平面布置图

请根据图 2-16 生产区布局情况，结合《危险化学品重大危险源辨识》（GB 18218—2018），对该生产区的重大危险源评价单元进行划分的方式有哪几种？

为了更好地开展危险化学品重大危险源的监控、管理和评价等工作，请合理划分危险化学品重大危险源的辨识单元，并就划分情况作出说明。

归纳总结提高

1. 阐述危险源和危险有害因素的关系。阐述危险源和事故隐患的关系。
2. 简述危险化学品重大危险源的辨识要点。
3. 某单元内存有 10t 硫化氢、2t 氯气、0.5t 光气，请问该单元是否构成重大危险源？若构成重大危险源，对重大危险源进行分级。
4. 如果仓库内储存有苯 20t，储罐区的两个储罐内分别储存有 98％的浓硫酸 25t 和 85％的浓硝酸 35t，请辨识该生产厂区是否构成危险化学品重大危险源，并做出详细的辨识过程。

安全评价师应知应会

1. 重大危险源辨识的依据是物质的（　　）及其（　　）。
（A）形态/数量　　　　　　　　　　（B）生产方式/储存类型
（C）协调性/干扰　　　　　　　　　（D）危险特性/数量

2. 根据《危险化学品重大危险源辨识》，按照重大危险源的种类和能量在意外状态下可能发生事故的最严重后果，可能造成重大事故的危险源为（　　）重大危险源。
（A）一级　　　　　　（B）二级　　　　　　（C）三级　　　　　　（D）四级
3. 危险化学品重大危险源是指按照（　　）标准辨识确定的。
（A）《危险化学品重大危险源辨识》（GB 18218）
（B）《危险化学品名录》
（C）《安全生产法》
（D）《危险化学品重大危险源安全管理办法》
4. 《危险化学品重大危险源辨识》标准不适用于核设施、军事设施、（　　）、危险化学品的厂外运输。
（A）采掘设施　　　　　　　　　　　　（B）石油加工设施
（C）制药设施　　　　　　　　　　　　（D）烟花爆竹生产设施

项目四　划分评价单元

 实例展示

以下为××化工有限公司"×吨/年改性聚氨酯涂饰剂、×吨/年对羟基苯"新建项目安全验收评价报告中的评价单元划分内容。请认真研读该评价报告，并思考如何划分安全评价单元？

F1 评价单元划分的原则和方法
1. 按照危险、有害因素的类别为主划分评价单元
① 关于工艺方案、总体布置及自然条件、社会环境等综合方面对系统的影响，可将整个系统看作一个评价单元；
② 按有害因素的类别划分，即将具有共性危险因素、有害因素的场所或装置划分为一个单元。
2. 按照装置和物质特征划分评价单元
① 按装置工艺功能划分；
② 按布置的相对独立性划分；
③ 按工艺条件划分；
④ 按储存、处理危险物质的数量划分。
F2 评价单元的划分
依据上述单元划分原则，根据危险、有害因素分析结果，按照《安全预评价导则》（AQ 8002—2007）和《危险化学品建设项目安全评价细则（试行）》（安监总危化〔2007〕255号）文件的要求，将该项目安全验收评价单元划分如下：
通过对公司资料、数据的收集和分析，现场的查看、询问，以及危险、有害因素的分析，将该公司×吨/年改性聚氨酯涂饰剂、×吨/年对羟基苯新建项目安全验收评价划分为5个单元：
① 建设项目选址安全条件单元。包括选址安全条件及总图运输与平面布置子单元。
② 生产工艺装置单元。包括×吨/年改性聚氨酯涂饰剂、×吨/年对羟基苯的主要生产装置过程子单元。

③ 危险化学品储存单元。包括储罐区、危险化学品储存仓库等子单元。
④ 辅助生产系统单元。包括供电、供水、供气、制冷、供热及废水处理系统等子单元。
⑤ 安全生产管理单元。包括组织机构设置、安全管理人员素质、从业人员的管理、安全生产责任制建立、安全管理制度的建立、安全投入与保障、安全管理制度的执行能力等子单元。

提出任务：什么是评价单元？评价单元划分的原则和方法是什么？

知识储备

一、评价单元的定义

评价单元就是在危险有害因素辨识与分析的基础上，根据评价目标和评价方法的需要，将系统分成若干有限的、确定范围的、可分别进行评价的、相对独立的单元。

二、评价单元划分的原则

在安全评价过程中，为了方便评价工作的具体实施，确定合适的评价方法，往往需要把评价对象按照一定的原则进行分解，把一个复杂的系统划分为数个相对独立、便于评价操作、灾害控制、安全管理的单元，然后评价各个单元的危险性，再综合为整个系统的评价结果，这种对评价对象的分解叫作评价单元的划分。

对被评价对象进行科学、合理的单元划分，不仅可以简化评价工作，减少评价工作量，保证评价工作的顺利实施，而且在评价过程中能够避免遗漏，有利于提高评价工作的准确性。

评价单元的划分应服务于评价目标和评价方法，而评价目标各有不同，各种评价方法又有各自的特点，再加上评价单元的具体划分与被评价对象的实际情况、评价人员的知识和经验、评价人员对评价对象的认知程度等有关，没有明确的、统一的、通用的"规则"，只要能达到评价目的即可。

总体来说，评价单元的划分应坚持以下原则：
① 符合科学、合理的原则；
② 可操作性强，便于实施的原则；
③ 如果一个单元包含内容太多，可以将一个单元再划分为若干子单元的原则。

对于安全预评价，评价单元的划分一般应包括：选址及总平面布置、生产工艺及设备、电气设施及自动控制、消防设施、公用工程及辅助设施等评价单元。

对于安全验收评价，评价单元的划分一般应包括：周边环境及总平面布置、生产工艺及设备、特种设备及强检设施、电气设施及自动控制、消防设施、公用工程及辅助设施、作业场所危险有害因素控制及常规防护、安全生产管理等评价单元。

三、评价单元划分的方法

1. 以危险、有害因素的类别为主划分评价单元

① 在进行工艺方案、总体布置及自然条件、社会环境对系统影响等方面的分析和评价时，可将整个系统作为一个评价单元。

② 将具有共性危险有害因素的场所和装置划分为一个评价单元，再按工艺、物料、作业特点划分成子单元分别评价。

2. 以装置和物质的特征划分评价单元

（1）按照装置工艺功能划分评价单元

① 原料储存区域。

② 反应区域。

③ 产品蒸馏区域。

④ 吸收或洗涤区域。

⑤ 中间产品储存区域。

⑥ 产品储存区域。

⑦ 运输装卸区域。

⑧ 催化剂处理区域。

⑨ 副产品处理区域。

⑩ 废液处理区域。

⑪ 通入装置区的主要配管桥区域。

⑫ 其他（过滤、干燥、固体处理、气体压缩等）区域。

（2）按布置的相对独立性划分评价单元

① 可以将以安全距离、防火墙、防火堤、隔离带等与其他装置隔开的区域或装置作为一个评价单元。

② 在储存区域内，可以将在一个共同的建（构）筑物内的储罐或储存空间作为一个评价单元。

（3）按工艺条件划分评价单元

① 可按操作温度、压力范围的不同来划分评价单元。

② 可按开车、加料、卸料、正常运转、加入添加剂、检修、停车等不同作业条件来划分评价单元。

（4）按所储存及处理危险物质的潜在化学能、毒性和危险物质的数量划分评价单元

① 在一个储存区域内储存不同危险物质时，为了能够正确识别其相对危险性，可按照危险物质的类别划分成不同的评价单元。

② 为避免夸大评价单元的危险性，评价单元内的可燃、易燃、易爆等危险物质应有最低限量。美国道化学公司《火灾、爆炸危险指数评价法》（第七版）中就要求：评价单元内可燃、易燃、易爆等危险物质的最低限量为 2270kg 或 2.27m³；小规模实验工厂上述物质的最低限量为 454kg 或 0.545m³。若低于该要求，不能列为评价单元。

（5）根据以往事故资料

① 可将发生事故时能导致停产、波及范围大、造成巨大损失和伤害的关键设备作为一个评价单元。

② 可将危险、有害因素大且资金密度大的区域作为一个评价单元。

③ 可将危险、有害因素特别大的区域、装置作为一个评价单元。

④ 可将具有类似危险性潜能的单元合并为一个大的评价单元。

3. 依据各种评价方法的有关具体规定划分评价单元

故障假设分析方法按问题分门别类，例如按照电气安全、消防、人员安全等问题分类划分评价单元；模糊综合评价法需要从不同角度（或不同层面）划分评价单元，再根据每个单元中多个制约因素对事物做综合评价，建立各评价集。

4. 以一个企业（或项目）主、辅关系划分评价单元

如安全验收评价一般包括周边环境及总平面布置、生产工艺及设备、特种设备及强检设施、电气设施及自动控制、消防设施、公用工程及辅助设施、作业场所危险有害因素控制及常规防护、安全生产管理等评价单元就属于这一种，也是常用的一种评价单元划分方法。

能力提升训练

科学划分评价单元对于安全评价的顺利实施、提高安全评价结果的准确性至关重要。因此，对于科学划分评价单元就显得尤为重要。

图 2-17 为某化肥生产企业的合成氨车间的工艺流程，图 2-18 为车间平面图，该生产单位主要以煤为原料，经过空分、气化、净化、压缩、合成、分离等主要的生产过程，最终产品为液氨。请根据所学知识，查阅合成氨工艺相关知识，合理划分该车间的安全评价单元。

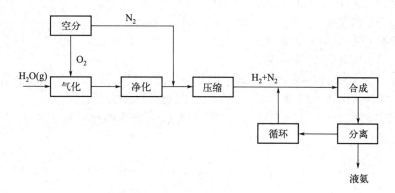

图 2-17 合成氨车间的工艺流程

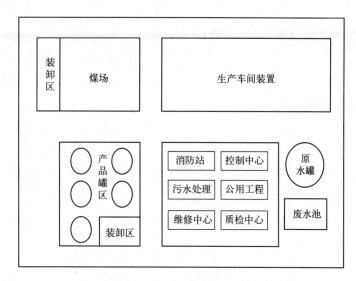

图 2-18 合成氨车间平面简图

归纳总结提高

1. 概述划分评价单元的方法有哪些。
2. 假设你所在的学校或者企业需要进行安全现状评价,请科学划分该评价单元。

安全评价师应知应会

1. 评价单元的划分属于安全评价程序中的（　　）。
(A) 准备阶段　　　　　　　　　　　　(B) 危险、有害因素的识别与分析
(C) 定性定量评价　　　　　　　　　　(D) 提出安全对策
2. 常用的评价单元划分原则和方法是（　　）。
(A) 以法律、法规等方面的符合性划分
(B) 以设施、设备、装置及工艺方面的安全性划分
(C) 以工艺条件划分
(D) 以物料、产品安全性能划分
(E) 以危险、有害因素的性质划分
3. 在评价单元划分时,以安全距离、防火墙、防火堤、隔离带等与其他装置隔开的距离或装置部分作为一个单元处理,是按（　　）进行单元划分的。
(A) 装置工艺功能　　　　　　　　　　(B) 布置的相对独立性
(C) 工艺条件　　　　　　　　　　　　(D) 重点危险

课题 三
安全评价方法

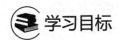 学习目标

知识目标：1. 了解安全评价方法的分类；了解常用的安全评价方法；了解事件树和其他分析技术的关系；了解 LEC 法特点及适用范围；了解危险度评价度表的编制方法；了解故障树分析法的目的及特点；了解 LOPA 分析的特点及适用范围；了解事故伤害后果及风险程度评价的特点及适用范围。
2. 熟悉安全检查法的操作步骤、故障类型及影响分析步骤、预先危险性分析步骤；熟悉道化学火灾、爆炸指数评价的程序；熟悉保护层分析过程。
3. 掌握安全评价方法的选择原则，安全检查表的编写方法，简单事件树的编制，简单过程故障类型及影响分析表的编制，简单工艺过程预先危险性分析表的编制，作业危险性分析各因素分值取值标准并提出事故隐患的判定依据，最小割集和最小径集在故障树分析中的应用，HAZOP 常用的引导词，HAZOP 分析报告的编写，LOPA 分析的基本程序，重大危险源区域定量风险与管理软件的应用。

能力目标：1. 能根据评价项目选择常用安全评价方法；能分析给定的故障树运用最小割集和最小径集判断结构重要度；能根据实际情况，熟练编制预先危险性分析表格；能运用作业危险性评价法，对具体实例进行分析取值并判定危险程度；能参照道化学火灾、爆炸指数评价法实例完成给定案例的评价；能说出常用的事故伤害与后果模型的类型。
2. 会编制安全检查表、编制和分析简单的事件树、编制简单过程的故障类型及影响分析表、编制简单工艺过程的危险度评价表、编制简单的 HAZOP 分析报告、进行简单工艺过程 LOPA 分析。
3. 会选择工艺单元，能确定物质系数、一般工艺危险系数、特殊工艺危险系数和工艺单元危险系数；会使用软件进行事故伤害后果及风险程度评价。

素质目标：1. 树立守法律法规、遵标准规范的规矩意识。
2. 培养诚实守信、谦虚谨慎的优良品质。
3. 培养实事求是、严谨细致、精益求精的工匠精神。
4. 增强开拓创新意识，培养团队合作能力。

项目一 认识安全评价方法

实例展示

认真研读下列实例，通过该实例你能得到哪些信息？

1. 项目简介

以××市××工业气体有限公司年分装液氧、气体氧、氩气、二氧化碳项目安全验收评价为例。该评价项目包括分装液氧 50t、气体氧 50t、氩气 5 万立方米、二氧化碳 150t 项目整体充装间（包括：氩气充装间、二氧化碳充装间、氧气充装间）、储罐区，生产工艺装置、设备及其配套建设的办公辅助设施等。

2. 安全方法的选择

结合该建设项目的特点，本次安全验收评价采用安全检查表法、作业条件危险性分析法、重大危险源辨识法、事故案例分析类比法等，见表 3-1。

表 3-1 各评价单元对应评价方法

序号	评价单元	评价方法
1	选址及周边环境单元	安全检查表法
2	总平面布置及建(构)筑物单元	安全检查表法
3	生产工艺及设备单元	安全检查表法、作业条件危险性分析法
4	特种设备及强检设施单元	安全检查表法
5	公用工程单元	安全检查表法
6	安全生产管理单元	安全检查表法

3. 安全评价方法的选择原因

采用作业条件危险性分析法评价人们在某种具有潜在危险的作业环境中进行作业的危险程度。该法简单易行，危险程度的级别划分比较清楚、醒目。

采用重大危险源辨识法对建设项目可能形成重大危险源的场所进行确认，以便于应急管理部门的安全监管与建设单位对安全工作的重视。

采用安全检查表法对企业是否符合国家现行标准规范进行评价，以便有针对性地选择对策措施。

采用事故案例分析类比法进行评价，依据事故案例教育从业人员重视安全工作，从事故中吸取教训。同时，也便于从安全技术方面采取有针对性的对策措施。

提出任务：安全评价方法有哪些分类方式？如何选择安全评价方法？

知识储备

安全评价方法是进行定性、定量安全评价的工具。安全评价的目的和对象不同，安全评价的内容和指标也不同。目前，安全评价方法有很多种，每种评价方法都有其适用范围和应用条件。在进行安全评价时，应根据安全评价对象和要达到的安全评价目标，选择适用的安全评价方法和应用条件。

一、安全评价方法分类

安全评价方法分类的目的是根据安全评价对象和要达到的评价目标选择适用的评价方法。安全评价方法的分类方法很多，常用的有按照评价结果的量化程度分类、按照评价的逻辑推理过程分类、按照评价要达到的目的分类等。

1. 按照评价结果的量化程度分类

按照安全评价结果的量化程度，安全评价方法可分为定性安全评价方法和定量安全评价方法。

（1）定性安全评价方法　定性安全评价方法主要是根据经验和直观判断能力对生产系统的工艺、设备、设施、环境、人员和管理等方面的状况进行定性的分析，安全评价的结果是一些定性的指标，如是否达到了某项安全指标、事故类别和导致事故发生的因素等。属于定性安全评价方法的有安全检查表法、专家现场询问观察法、作业条件危险性评价法（LEC法或格雷厄姆-金尼法，属于半定量安全评价方法）、故障类型和影响分析、危险与可操作性研究等。

定性安全评价方法的优点是容易理解、便于掌握、评价过程简单。目前定性安全评价方法在国内外企业安全管理工作中被广泛使用。但定性安全评价方法往往依靠经验，带有一定的局限性，安全评价结果有时会因参加评价人员的经验和经历等有相当的差异。同时，由于定性安全评价结果不能给出量化的危险度，所以不同类型的对象之间安全评价结果缺乏可比性。

（2）定量安全评价方法　定量安全评价方法是运用基于大量的实验结果和广泛的事故资料统计分析获得的指标或规律（数学模型），对生产系统的工艺、设备、设施、环境、人员和管理等方面的状况进行定量的计算，安全评价的结果是一些定量的指标，如事故发生的概率、事故的伤害（或破坏）范围、定量的危险性、事故致因因素的事故关联度或重要度等。

按照安全评价给出的定量结果的类别不同，定量安全评价方法还可以分为概率风险评价法、伤害（或破坏）范围评价法和危险指数评价法。

① 概率风险评价法。概率风险评价法是根据事故的基本致因因素的事故发生概率，应用数理统计中的概率分析方法，求取事故基本致因因素的关联度（或重要度）或整个评价系统的事故发生概率的安全评价方法。故障类型及影响分析、故障树分析、统计图表分析法等都可以由基本致因因素的事故发生概率计算整个评价系统的事故发生概率，都属于此类方法。概率风险评价法是建立在大量的实验数据和事故统计分析基础之上的，因此评价结果的可信程度较高。由于能够直接给出系统的事故发生概率，因此便于各系统可能性大小的比较。特别是对于同一系统，该类评价方法可以给出发生不同事故的概率、不同事故致因因素的重要度，便于对不同事故的可能性和不同致因因素重要性进行比较。但该类评价方法要求数据准确、充分，分析过程完整，判断和假设合理，因此概率风险评价法不适用于基本致因因素不确定或基本致因因素事故概率不能给出的系统。但是，随着计算机在安全评价中的应用，模糊数学理论、灰色系统理论和神经网络理论已经应用到安全评价之中，弥补了该类评价方法的一些不足，扩大了该类评价方法的应用范围。

② 伤害（或破坏）范围评价法。伤害（或破坏）范围评价法是根据事故的数学模型，应用数学计算方法，求取事故对人员的伤害范围或对物体的破坏范围的安全评价方法。如液体泄漏模型、气体泄漏模型、气体绝热扩散模型、池火火焰与辐射强度评价模型、火球爆炸伤害模型、爆炸冲击波超压伤害模型、蒸气云爆炸超压破坏模型、毒物泄漏扩散模型和锅炉

爆炸伤害 TNT 当量法都属于伤害（或破坏）范围评价法。伤害（或破坏）范围评价法只要计算模型以及计算所需要的初值和边值选择合理，就可以获得可信的评价结果。评价结果是事故对人员的伤害范围或（和）对物体的破坏范围，因此评价结果直观、可靠。其评价结果可用于危险性分类，也可用于进一步计算伤害区域内的人员及其人员的伤害程度、破坏范围内物体损坏程度和直接经济损失。但该类评价方法计算量较大，需要使用计算机进行计算，特别是计算的初值和边值选取往往比较困难，而且评价结果对评价模型、初值和边值的依赖性很强，评价模型或初值和边值选择稍有不当或偏差，评价结果就会出现较大的失真，对评价结果造成很大影响。因此，该类评价方法只适用于系统的事故模型及初值和边值比较确定的安全评价。

③ 危险指数评价法。危险指数评价法是应用系统的事故危险指数模型，根据系统及其物质、设备（设施）、工艺的基本性质和状态，采用推算的办法，逐步给出事故的可能损失、引起事故发生或使事故扩大的设备、事故的危险性以及采取安全措施的有效性的安全评价方法。常用的危险指数评价法有道化学公司火灾、爆炸危险指数评价法，蒙德火灾、爆炸毒性指数评价法，易燃、易爆、有毒重大危险源评价法等。这种安全评价方法由于采用了指数，使得系统结构复杂，难以用发生概率计算事故的可能性，但可通过划分为若干个评价单元的办法得到解决。这种评价方法一般将有机联系的复杂系统，按照一定的原则划分为相对独立的若干个评价单元，针对每个评价单元逐步推算事故可能损失和事故危险性以及采取安全措施的有效性，再比较不同评价单元的评价结果，确定系统最危险的设备和条件。评价指数值同时含有事故发生的可能性和事故后果两方面的因素，克服了事故概率和事故后果难以确定的缺点。但该类评价方法不足之处在于采用的安全评价模型对系统安全保障设施（或设备、工艺）的功能重视不够，评价过程中的安全保障设施（或设备、工艺）的修正系数，一般只与设施（或设备、工艺）的设置条件和覆盖范围有关，而与设施（或设备、工艺）的功能多少、优劣等无关。特别是该类评价方法忽略了系统中的危险物质和安全保障设施（或设备、工艺）间的相互作用关系，而且在给定各因素的修正系数后，这些修正系数只是简单地相加或相乘，忽略了各因素之间重要度的不同。因此，只要系统中危险物质的种类和数量基本相同，系统工艺参数和空间分布基本相似，即使不同系统服务年限有很大不同而造成实际安全水平已经有了很大的差异，采用该类评价方法所得评价结果也基本相同，因此该类评价方法的灵活性和敏感性较差。

2. 按照评价的逻辑推理过程分类

按照安全评价的逻辑推理过程，安全评价方法可分为归纳推理评价法和演绎推理评价法。

① 归纳推理评价法。归纳推理评价法是从事故原因推论结果的评价方法，即从最基本危险有害因素开始，逐渐分析出导致事故发生的直接因素，最终分析到可能的事故。

② 演绎推理评价法。演绎推理评价法是从结果推论事故原因的评价方法，即从事故开始，推论导致事故发生的直接因素，再分析与直接因素相关的间接因素，最终分析和查找出导致事故发生的最基本危险有害因素。

3. 按照评价要达到的目的分类

按照安全评价要达到的目的，安全评价方法可分为事故致因因素安全评价法、危险性分级安全评价法和事故后果安全评价法。

① 事故致因因素安全评价法。事故致因因素安全评价法是采用逻辑推理的方法，由事故推论最基本危险有害因素或由最基本危险有害因素推导事故的评价方法，该类方法适用于识别系统的危险有害因素和分析事故，一般属于定性安全评价法。

② 危险性分级安全评价法。危险性分级安全评价法是通过定性或定量分析给出系统危险性的安全评价方法，该类方法适用于系统的危险性分级，可以是定性的安全评价方法，也可以是定量的安全评价方法。

③ 事故后果安全评价法。事故后果安全评价法可以直接给出定量的事故后果，给出的事故后果可以是系统事故发生的概率、事故的伤害（或破坏）范围、事故的损失或定量的系统危险性等。

4. 按照研究对象的内容分类

① 工厂设计的危险性评审。在设计阶段，对新建企业和应用新技术中的不安全因素进行评价，使其消除。

② 安全管理的有效性评价。主要是对安全管理组织机构的效能、事故的伤亡率、损失率、投资效益等进行评价。

③ 生产设备的可靠性评价。对机器设备、装置和部件的故障和人机系统设计，应用系统工程方法进行安全、可靠性的评价。

④ 作业行为危险性评价。对人的不安全心理状态的发现和人体操作的可靠度，通过行为测定评价其安全性。

⑤ 作业环境和环境质量评价。作业环境对人的安全与健康的影响和工厂排放物对环境的影响。

⑥ 化学物质的物理化学危险性评价。主要是对化学物质在加工生产、运输、储存中存在的物理化学危险性，或已发生的火灾、爆炸、中毒等安全问题进行评价。

5. 按照评价对象的不同分类

按照评价对象的不同，安全评价方法可分为设备（设施或工艺）故障率评价法、人员失误率评价法、物质系数评价法、系统危险性评价法等。

二、安全评价方法选择

任何一种安全评价方法都有其适用条件和范围，在安全评价中合理选择安全评价方法十分重要，如果选择了不适用的安全评价方法，不仅浪费工作时间，影响评价工作的正常开展，而且可能导致评价结果严重失真，使安全评价失败。

1. 安全评价方法的选择原则

在进行安全评价时，应该在认真分析并熟悉被评价系统的前提下，选择适用的安全评价方法。安全评价方法的选择应遵循以下原则。

① 充分性原则。充分性是指在选择安全评价方法之前，应充分分析被评价系统，掌握足够多的安全评价方法，充分了解各种安全评价方法的优缺点、适用条件和范围，同时为开展安全评价工作准备充分的资料。

② 适应性原则。适应性是指选择的安全评价方法应该适用被评价系统。被评价系统可能是由多个子系统构成的复杂系统，对于各子系统评价重点可能有所不同，各种安全评价方法都有其适用条件和范围，应根据系统和子系统、工艺性质和状态，选择适用的安全评价方法。

③ 系统性原则。安全评价方法要获得可信的安全评价结果，必须建立真实、合理和系统的基础数据，被评价的系统应该能够提供所需的系统化数据和资料。

④ 针对性原则。针对性是指所选择的安全评价方法应该能够提供所需的结果。由于评价目的的不同，需要安全评价提供的结果也不相同。因此，应该选用能够给出所要求结果的安全评价方法。

⑤ 合理性原则。在满足安全评价目的、能够提供所需安全评价结果的前提下，应该选择计算过程最简单、所需基础数据最少和最容易获取的安全评价方法，使安全评价工作量和要获得的评价结果都是合理的。

2. 安全评价方法的选择过程

对不同的被评价系统，应选择不同的安全评价方法。不同安全评价方法的选择过程一般可按图 3-1 所示的步骤进行。

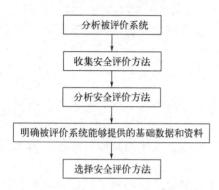

图 3-1　安全评价方法选择过程

选择安全评价方法时，应首先详细分析被评价系统，明确通过安全评价要达到的目标；然后收集尽可能多的安全评价方法，将安全评价方法进行分类整理，明确被评价系统能够提供的基础数据、工艺和其他资料；再根据安全评价要达到的目标以及所收集的基础数据、工艺过程和其他资料，选择适用的安全评价方法。

3. 选择安全评价方法应注意的问题

选择安全评价方法时应根据安全评价的特点、具体条件和需要，针对被评价系统的实际情况、特点和评价目标，认真地分析、比较。必要时，根据评价目标的要求，可选择几种安全评价方法同时进行评价，互相补充、分析综合和相互验证，以提高评价结果的可靠性。选择安全评价方法时应该特别注意以下几方面的问题。

① 充分考虑被评价系统的特点。根据被评价系统的规模、组成、复杂程度、工艺类型、工艺过程、工艺参数，以及原料、中间产品、产品、作业环境等，选择适用的安全评价方法。

随着被评价系统规模、复杂程度的增大，有些评价方法的工作量、工作时间和费用相应增大，甚至超过容许的条件，在这种情况下，有些评价方法即使很适合，也不能采用。

一般而言，对危险性较大的系统可采用系统的定性、定量安全评价方法，工作量也较大，如故障树、危险指数评价法等。反之，对危险性不大的系统可采用经验的定性安全评价方法或直接引用分级（分类）标准进行评价，如安全检查、直观经验法等。

被评价系统若同时存在多种类别危险有害因素，往往需要采用几种安全评价方法分别进行评价。对于规模大、复杂、危险性高的系统可先用简单的定性安全评价方法进行评价，然后再对重点部位（设备或设施）采用系统的定性或定量安全评价方法进行评价。

② 考虑评价的具体目标和要求的最终结果。在安全评价中，评价目标不同，要求的最终结果也不相同，如由危险有害因素分析可能发生的事故，评价系统事故发生的可能性，评价系统事故的严重程度，评价危险有害因素对发生事故的影响程度等，因此需要根据被评价目标选择适用的安全评价方法。

③ 考虑评价资料占有情况。如果被评价系统是正在设计的系统，则只能选择较简单的、需要数据较少的安全评价方法。如果被评价系统技术资料、数据齐全，可采用适用的定性或定量评价方法进行评价。

④ 安全评价人员。安全评价人员的经验、习惯和知识掌握程度，对于安全评价方法选择十分重要。如一个企业进行安全评价的目的是提高全体员工的安全意识，树立"以人为本"的安全理念，全面提高企业的安全管理水平，安全评价需要全体员工的参与，使其能够识别出与自己相关的危险有害因素，找出事故隐患，这时应采用简单的安全评价方法，并且要便于员工掌握和使用，同时还要能够提供危险性的分级，因此作业条件危险分析法是适用

的。若企业为了某项工作的需要，请专业的安全评价机构进行安全评价，参与安全评价的人员都是专业的安全评价人员，他们有丰富的安全评价工作经验，掌握很多安全评价方法，对于此类安全评价，可以使用定性或定量的安全评价方法对被评价系统进行深入分析和系统安全评价。

⑤ 在实际评价过程中，一般将定性安全评价方法和定量安全评价方法相结合，以便相互验证。

三、常用安全评价方法简介

在安全评价中，使用的安全评价方法很多，不同的安全评价方法适用范围不尽相同。

1. 安全检查

安全检查（safety review，SR）可以说是第一个安全评价方法，它有时也称为"工艺安全审查"、"设计审查"或"损失预防审查"。它可以用于建设项目的任何阶段。对现有装置（在役装置）进行评价时，传统的安全检查主要包括巡视检查、日常安全检查或专业安全检查，如当工艺尚处于设计阶段，项目设计小组可以对一套图纸进行审查。

安全检查方法的目的是辨识可能导致事故、引起伤害、重大财产损失或对公共环境产生重大影响的装置条件或操作规程。一般安全检查人员主要包括与装置有关的人员，即操作人员、维修人员、工程师、管理人员、安全员等，具体视安全检查项目、内容和组织情况而定。

安全检查的目的是提高整个装置的安全可靠程度，而不是干扰正常操作或对发现的问题进行处罚。安全检查完成后，评价人员对亟待改进的地方应提出具体的整改措施和建议。

2. 安全检查表法

安全检查表（safety checklist，SCL）法是一种最基础、最简便、最广泛使用的危险性评价方法，目前常用的安全检查表是定性安全检查表。

定性安全检查表是根据现场实际情况或设计内容，依据国家相关法律、法规和技术标准，列出检查要点逐项检查，检查结果以"符合"或"不符合"表示。

安全检查表一般格式见表3-2。

表3-2 安全检查表一般格式

序号	检查内容	依据标准	事实记录	结果

安全检查表法一般属于定性评价方法，可以适用于不同行业。当对每一个检查条款进行赋值时，可转化为半定量安全检查表。因此，从类型上来看，它可以划分为定性、半定量和否决型检查表。

进行安全评价时，可运用半定量安全检查表逐项检查、赋分，从而确定评价系统的安全等级。当安全检查表用于设计、维修、环境、管理等方面查找缺陷或隐患时，可利用定性安全检查表。

3. 危险指数方法

危险指数（risk rank，RR）方法是一种通过评价人员对几种工艺现状及运行的固有属性（以作业现场危险度、事故概率和事故严重度为基础），对不同作业现场的危险性进行鉴别、比较计算，确定工艺危险特性和重要性大小，并根据评价结果，确定进一步评价的对象或进行危险性排序的安全评价方法。危险指数评价方法可以运用在工程项目的可行性研究、设计、运行、报废等各个阶段,作为确定工艺操作危险性的依据。

此类方法使用起来可繁可简、形式多样,既可定性,又可定量。常用的危险指数评价方法有:

① 危险度评价法;
② 道化学火灾、爆炸危险指数法;
③ ICI 蒙德法;
④ 化工厂危险程度分级法等。

4. 预先危险性分析

预先危险性分析(preliminary hazard analysis,PHA)也称初始危险分析,该法是一种起源于美国军用标准的安全计划的方法。该法是在每项工作开始之前,特别是在设计的开始阶段,对危险物质和重要装置的主要区域等进行分析,包括设计、施工和生产前对系统中存在的危险性类别、出现条件和导致事故的后果进行概略分析,其目的是识别系统中的潜在危险,确定其危险等级,防止危险发展成事故。

预先危险性分析可以达到以下目的:

① 大体识别与系统有关的主要危险;
② 分析产生危险的原因;
③ 预测事故发生对人员和系统的影响;
④ 判别已识别的危险等级,提出消除或控制危险的对策措施。

预先危险性分析常用于对潜在危险了解较少和无法凭经验觉察的工艺项目的初始阶段,如初步设计或工艺装置的研究和开发阶段。当分析一个庞大的现有装置或当无法使用更为系统的评价方法时,常优先考虑 PHA 法。预先危险性分析是一种应用范围较广的定性评价方法,尤其在安全预评价过程中广泛应用。

5. 故障假设分析方法

故障假设分析(What⋯If,WI)是一种对系统工艺过程或操作过程的创造性分析方法。使用该方法的人员应熟悉工艺,通过提问(即故障假设)来发现可能潜在的事故隐患,即假想系统中一旦发生严重的事故,找出造成该假设事故的所有潜在因素,分析在最坏条件下潜在因素导致事故发生的可能性。

该方法要求评价人员了解有关的基本概念并将其用于具体的问题中。有关故障假设分析方法及应用的资料甚少,但是它在工程项目发展的各个阶段都可能会被经常采用。

故障假设分析方法一般要求评价人员用"如果⋯⋯"作为开头,对有关问题进行考虑。任何与工艺安全有关的问题,即使它与之不太相关,也可提出加以讨论。例如:

① 如果提供的原料不对,如何处理?
② 如果在开车时泵停止运转,怎么办?
③ 如果操作工打开阀 B 而不是阀 A,怎么办?

通常,评价人员要将所有的问题都记录下来,然后将问题分门别类,例如按照电气安全、消防、人员安全等问题分类,然后分头进行讨论。对正在运行的现役装置,则与操作人员进行交谈,所提出的问题要考虑到任何与装置有关的不正常的生产条件,而不仅仅是局限于设备故障或工艺参数的变化。

6. 故障假设分析/检查表分析方法

故障假设分析/检查表分析(What⋯If/checklist analysis,WI/CA)方法是由具有创造性的假设分析方法与安全检查表分析方法组合而成的,它弥补了各自单独使用时的不足。

安全检查表分析方法是一种以经验为主的方法,用它进行安全评价时,成功与否很大程度上取决于检查表编制人员的经验水平。如果检查表编制得不完整,评价人员就很难对危险性状况作出有效的分析。而故障假设分析方法鼓励评价人员思考潜在的事故和后果,它弥补了检查表编制时可能存在的经验不足;安全检查表则使故障假设分析方法更系统化。

故障假设分析/检查表分析方法可用于工艺项目的任何阶段。与其他大多数的评价方法相类似,这种方法同样需要由工艺经验丰富的人员来完成,常用于分析工艺中存在的最普遍的危险。虽然它也能够用来评价所有层次的事故隐患,但故障假设分析/检查表分析方法一般主要对过程危险作初步分析,然后再用其他方法进行更详细的评价。

7. 危险与可操作性研究

危险与可操作性研究(hazard and operability study,HAZOP)是一种定性的安全评价方法。其基本过程是以关键词为引导,找出过程中工艺状态的变化,即可能出现的偏差,然后分析偏差产生的原因、后果及可采取的安全对策措施。

危险与可操作性研究是基于这样一种原理,即背景各异的专家们若在一起工作,就能够在创造性、系统性和风格上互相影响和启发,能够发现和鉴别更多的问题,要比他们独立工作并分别提供工作结果更为有效。虽然危险与可操作性研究技术起初是专门为评价新设计和新工艺而开发的,但这种方法同样可以用于整个工程或系统项目生命周期的各个阶段。

危险与可操作性研究是通过各种专业人员按照规定的方法,通过系列会议对工艺流程图和操作规程进行分析,对偏离设计的工艺条件进行过程危险与可操作性研究。危险与可操作性研究与其他安全评价方法的明显不同之处是其他安全评价方法可由某人单独去做,而危险与可操作性研究必须由一个多方面的、专业的、熟练的人员组成的小组来完成。

8. 故障类型和影响分析

故障类型和影响分析(failure mode effects analysis,FMEA)是对系统各组成部分或元件进行分析的重要方法,根据系统可以划分为子系统、设备和元件的特点,按实际需要将系统进行分割,然后分析各自可能发生的故障类型及其产生的影响,以便采取相应的对策措施,提高系统的安全可靠性。

故障类型和影响分析可直接导出事故或对事故有重要影响的单一故障模式。在故障类型和影响分析中,不直接确定人的影响因素,但像人的失误操作影响通常作为某一设备的故障模式表示出来。一个FMEA不能有效地分析引起事故的详尽的设备故障组合。

9. 保护层分析

保护层分析(layer of protection analysis,LOPA)是在定性危害分析的基础上,进一步评估保护层的有效性,并进行风险决策的系统方法,其主要目的在于量化场景的风险度,并检查安全措施是否能满足要求。

LOPA可看作是一种改进的事件树分析方法,是对HAZOP得出的结果做半定量深入分析。FMEA始于故障原因,HAZOP始于偏差,LOPA始于结果,由于分析顺序存在差异,故而在各分析阶段所需和所提供的信息就会有所互补。三种方法之间具有关联性,运用FMEA对设备进行分析,并综合该设备运行历史记录,得到故障模式库等记录信息;运用HAZOP对设备之间节点进行分析,得到所有可能的偏差、原因、后果等经验信息;运用LOPA对前两者分析所得结果进行深入研究,得到分析信息。三种评价方法彼此之间提供着不同的信息。LOPA能够将FMEA和HAZOP所制定的措施进行半定量化分析,从而判断这些措施是否已经达到要求。

10. 故障树分析

故障树又称事故树,它是一种描述事故因果关系的具有方向的"树",是安全系统工程中重要的分析方法之一，是一种演绎的推理方法。故障树分析（fault tree analysis，FTA）能对各种系统的危险性进行识别评价，既可用于定性分析，又能进行定量分析，具有简明、形象化的特点，体现了以系统工程方法研究安全问题的系统性、准确性和预测性。故障树作为安全分析、评价和事故预测的一种先进的科学方法，已得到国内外的公认，并被广泛采用。

FTA不仅能分析出事故的直接原因，而且能深入提示事故的潜在原因，因此在工程或设备的设计阶段、事故查询或编制新的操作方法时，都可以使用FTA对它们的安全性作出评价。

11. 事件树分析

事件树分析（event tree analysis，ETA）是用来分析普通设备故障或过程波动（称为初始事件）导致事故发生的可能性的方法。事故是典型设备故障或工艺异常（称为初始事件）所引发的结果。与故障树分析不同，事件树分析使用的是归纳法，而不是演绎法。

事件树分析适合用来分析那些产生不同后果的初始事件。事件树强调的是事故可能发生的初始原因以及初始事件对事件后果的影响，事件树的每一个分支都表示一个独立的事故序列，对一个初始事件而言，每一独立事故序列都清楚地界定了安全功能之间的功能关系。

12. 人员可靠性分析

人员可靠性行为是人机系统成功的必要条件，人的行为受很多因素影响，这些"行为成因要素"（PSFs）可以是人的内在属性，如紧张、情绪、教养和经验，也可以是外在因素，如工作空间、环境、监督者的举动、工艺规程等。影响人员行为的行为成因要素数不胜数。尽管有些行为成因要素是不能控制的，但许多行为成因要素却是可以控制的，并且可以对一个过程或一项操作的成功或失败产生明显的影响。

人为因素研究是研究机器设计、操作、作业环境，以及它们与人的能力、局限和需求如何协调一致的学科。有许多不同的方法可供人为因素专家用来评估工作情况，如"作业安全分析"（job safety analysis，JSA）是一种常用的方法，但该方法的重点是作业人员的个人安全。作业安全分析是一个良好的开端，但就工艺安全分析而言，人员可靠性分析（human reliability analysis，HRA）方法则更为有用。人员可靠性分析技术可用来识别和改进行为成因要素，从而减少人为失误的机会。这种技术所分析的是系统、工艺过程和操作人员的特性，可以识别失误的源头。

在大多数情况下，建议将人员可靠性分析方法与其他安全评价方法结合使用。一般来说，人员可靠性分析技术应该在其他评价技术（如HAZOP、FMEA、FTA）之后使用，以便识别出具体的、有严重后果的人为失误。

13. 作业条件危险性评价法

美国的K.J.格雷厄姆（K.J.Graham）和G.F.金尼（G.F.Kinney）研究了人们在具有潜在危险环境中作业的危险性，提出了以所评价的环境与某些作为参考环境的对比为基础，将作业条件的危险性作因变量（D），事故或危险事件发生的可能性（L）、暴露于危险环境中的频率（E）及发生事故可能造成的后果（C）作自变量，确定了它们之间的函数式。根据实际经验，他们给出了3个自变量在各种不同情况的分数值，采取对所评价的对象根据情况进行"打分"的办法，然后根据公式计算出其危险性分数值，最后再将危险性分数值划分到危险程度等级表或图上，查出其危险程度的一种评价方法，即作业条件危险性评价法（job risk analysis，LEC）。这种评价方法简单易行。

14. 定量风险评价法

在识别危险分析方面，定性和半定量的评估是非常有价值的，但是这些定性的方法不能提供足够的定量化，特别是不能对复杂的并且存在危险的工业流程等提供决策依据和足够信息，在这种情况下，必须能够提供完全的定量计算和评价。定量风险评价（quantity risk analysis，QRA）可以将风险的大小完全量化，可以对事故发生的概率和事故的后果进行评价，并提供足够的信息，为业主、投资者、政府管理者提供有利的定量化的决策依据。

各种安全评价方法都有各自的特点和适用范围，在使用时应考虑安全评价对象的特点、具体条件和评价目的以及要达到的效果，必要时可以考虑使用多种评价方法评价同一对象，相互验证，提高评价结果的准确性，常见安全评价方法比较见表3-3。

表3-3 常见安全评价方法比较

评价方法	评价目标	定性/定量	方法特点	适用范围	应用条件	优缺点
类比法	危害程度分级、危险性分级	定性	利用类比作业场所检测、统计数据分级和事故统计分析资料类推	职业安全卫生评价作业条件、岗位危险性评价	类比作业场所具有可比性	简便易行，专业检测量大、费用高
安全检查表	危险有害因素分析、分析安全等级	定性、定量	按事先编制的有标准要求的检查表逐项检查，按规定赋分标准赋分、评定安全等级	各类系统的设计、验收、运行、管理、事故调查	事先编制的各类检查表及赋分、评级标准	简便、易于掌握，编制检查表难度及工作量大
预先危险性分析(PHA)	危险有害因素分析、分析危险性等级	定性	讨论分析系统存在的危险有害因素、触发条件、事故类型，评定危险性等级	各类系统设计、施工、生产、维修前的概略分析和评价	分析评价人员熟悉系统，有丰富的知识和实践经验	简便易行，受分析评价人员主观因素影响
故障类型和影响分析(FMEA)	故障(事故)原因及影响程度等级分析	定性	列表、分析系统(单元、元件)故障类型、故障原因、故障影响，评定影响程度等级	机械电气系统、局部工艺过程、事故分析	同PHA。有根据分析要求编制的表格	较复杂、详尽，受分析评价人员主观因素影响
故障类型和影响危险性分析(FME-CA)	故障原因、故障等级、危险指数分析	定性、定量	同FMEA。在FMEA基础上，由元素故障概率、系统重大故障概率计算系统危险性指数	机械电气系统、局部工艺过程、事故分析	同FMEA。有元素故障率、系统重大故障(事故)概率数据	较FMEA复杂、精确
事件树(ETA)	事故原因、触发条件、事故概率分析	定性、定量	归纳法，由初始事件判断系统事故原因及条件内各事件概率计算系统事故概率	各类局部工艺过程、生产设备、装置事故分析	熟悉系统、元素间的因果关系，有各事件发生概率数据	简便易行，受分析评价人员主观因素影响
事故树(FTA)	事故原因、事故概率分析	定性、定量	演绎法，由事故和基本事件逻辑推断事故原因，由基本事件概率计算事故概率	宇航、核电、工艺、设备等复杂系统事故分析	熟练掌握方法和事故、基本事件间的联系，有基本事件概率数据	复杂、工作量大、精确，事故树编制有误易失真
作业条件危险性评价	危险性等级分析	定性、半定量	按规定对系统的事故发生可能性、人员暴露状况、危险程序赋分，计算后评定危险性等级	各类生产作业条件	赋分人员熟悉系统，对安全生产有丰富的知识和实践经验	简便实用，受分析评价人员主观因素影响
道化学公司法(DOW)	火灾、爆炸危险性等级分析，事故损失预测	定量	根据物质、工艺危险性计算火灾、爆炸指数，判定采取措施前后的系统整体危险性，由影响范围、单元破坏系数计算系统整体经济、停产损失	生产、储存、处理燃烧、化学活泼性、有毒物质的工艺过程及其他有关工艺系统	熟练掌握方法、熟悉系统，有丰富的知识和良好的判断能力，需有各类企业装置经济损失目标值	大量使用图表，简洁明了，参数取位宽；因人而异，只能对系统整体宏观评价

续表

评价方法	评价目标	定性/定量	方法特点	适用范围	应用条件	优缺点
帝国化学公司蒙德法（ICI）	火灾、爆炸、毒性及系统整体危险性等级分析	定量	由物质、工艺、毒性、布置危险计算采取措施前后的火灾、爆炸、毒性和整体危险性指数，评定各类危险性等级	生产、储存、处理燃爆、化学活泼性、有毒物质的工艺过程及其他有关工艺系统	熟练掌握方法，熟悉系统，有丰富的知识和良好的判断能力	大量使用图表，简洁明了，参数取位宽；因人而异，只能对系统整体宏观评价
日本劳动省六阶段法	危险性等级分析	定性、定量	检查表法定性评价，危险度法定量评价，采取相应安全措施，用类比资料复评，1级危险性装置用ETA、FTA等方法再评价	化工厂和有关装置	熟悉系统，掌握有关方法，具有相关知识和经验，有类比资料	综合应用几种办法反复评价，准确性高；工作量大
单元危险性快速排序法	危险性等级分析	定量	由物质、毒性系数、工艺危险性系数计算火灾、爆炸指数和毒性指标，评定单元危险性等级	同DOW法的适用范围	熟悉系统，掌握有关方法，具有相关知识和经验	是DOW法的简化方法，简洁方便，易于推广
危险性与操作性研究（HAZOP）	偏离及其原因、后果、对系统的影响分析	定性	通过讨论，分析系统可能出现的偏离、偏离原因、偏离后果及对整个系统的影响	化工系统、热力、水力系统的安全分析	分析评价人员熟悉系统，有丰富的知识和实践经验	简便易行，受分析评价人员主观因素影响
保护层分析法（LOPA）	确定保护层降低风险的程度	半定量	在定性危害分析的基础上，进一步评估保护层的有效性，并进行风险决策	用于事故后果相对严重的风险	危害识别是前提，独立保护层逐项确认可靠性	能够对现有保护措施进行量化分析，准确性依赖于前置的危害识别结果和概率数据的准确性
模糊综合评价	安全等级分析	半定量	利用模糊矩阵运算的科学方法，对于多个子系统和多因素进行综合评价	各类生产作业条件	赋分人员熟悉系统，对安全生产有丰富的知识和实践经验	简便实用，受分析评价人员主观因素影响

 能力提升训练

1. 某化肥厂要新建一套30万吨/年化肥装置，按国家规定应做安全预评价，你在安全预评价时选用哪些方法？说明理由。

2. 该化肥厂的30万吨/年化肥装置的详细设计已经完成，若想了解该设计在技术和设计上存在什么风险，请问你选用什么方法？说明理由。

3. 该化肥厂的30万吨/年化肥装置已经建成，试运转一段时间后要申请安全验收，在进行验收评价时，请问你选用什么方法？说明理由。

安全评价师应知应会

1. 安全评价通常遵循的几个原则不包括（　　）。
（A）合法性　　　　（B）科学性　　　　（C）公正性　　　　（D）系统性

2. 故障假设分析方法是一种对系统工艺过程或操作过程的（   ）分析方法。
（A）经验性　　　　（B）创造性　　　　（C）系统性　　　　（D）权威性

3. 安全评价方法的分类方法有多种，常用的方法不包括（   ）。
（A）按评价结果的量化程度　　　　（B）按评价的逻辑推理过程
（C）按评价所针对的对象　　　　（D）按评价的经验判断

4. 确定安全评价方法时应注意的问题不包括（   ）。
（A）充分考虑被评价系统的特点　　　　（B）明确被评价系统的评价标准
（C）评价的具体目标和要求的最终结果　　　　（D）评价资料的占有情况

5. 选择安全评价方法的一般步骤为（   ）。
①收集安全评价方法；②选择安全评价方法；③分析被评价系统；④分析安全评价方法；⑤明确被评价系统能够提供的基础数据和资料。
（A）③①④⑤②　　（B）①③④⑤②　　（C）⑤①②③④　　（D）⑤①②④③

6. 下列安全评价方法中，有一种评价方法的目的在于识别潜在危险，考虑工艺或活动中可能发生事故的类型，定性评价事故的可能后果，确定现有的安全设施是否能够防止潜在事故的发生。这种方法是（   ）。
（A）作业条件危险性评价法　　　　（B）故障假设/检查表分析法
（C）故障类型及影响分析法　　　　（D）工作任务分析法

7. 下列安全评价方法中，有一种评价方法的目的是识别危险有害因素，并提出由此可能产生的意想不到的结果。这种方法是（   ）。
（A）作业条件危险性评价法　　　　（B）故障假设分析法
（C）故障类型及影响分析法　　　　（D）工作任务分析法

8. 下列安全评价方法中，有一种评价方法的目的是辨识设备或系统的故障模式及每种故障模式对系统或装置造成的影响。这种方法是（   ）。
（A）作业条件危险性评价法　　　　（B）故障类型及影响分析法
（C）故障类型分析法　　　　（D）故障假设/检查表分析法

9. 安全评价方法中，有一种是从事故发生的中间过程出发，以关键词为引导，找出生产过程中或工艺状态下具有潜在危险的偏差，然后分析找出这些偏差的原因、后果和现有的保护措施，最终提出应对风险的措施。这种评价方法是（   ）。
（A）危险与可操作性研究　　　　（B）作业条件危险性分析
（C）离差分析　　　　（D）事故引发和发展分析

10. 下面是关于故障假设分析方法和故障假设/检查表分析方法两种安全评价方法的几个说法。其中错误的说法是（   ）。
（A）故障假设分析是为了发现危险性、危险情况，试图分析和找到可能导致意想不到的结果的原因
（B）故障假设/检查表分析的目的是识别潜在危险，考虑工艺或活动中可能发生的事故类型，定性评价事故的可能后果，确定现有的安全设施是否能够防止潜在的事故发生
（C）故障假设分析评价过程简单，一般先提出一系列问题，然后再回答这些问题，是一种用表格形式显示结果的定性评价法
（D）故障假设/检查表分析评价结果一般是编制一张潜在事故类型、影响、安全措施及相应对策的表格

11. 常用安全评价方法中，有一种方法可用于准确辨识设备或系统的故障模式，准确地

分析判断每一类故障模式对系统或装置造成的影响。这种评价方法是（　　）。
(A) 安全检查表法　　　　　　　　　　(B) 因素图分析法
(C) 故障类型及影响分析法　　　　　　(D) 工作任务分析法

12. 安全评价的方法可大致分为定性和定量两类。下列评价方法中不属于定性评价方法的是（　　）。
(A) 安全检查表法　　　　　　　　　　(B) 故障树分析法
(C) 专家现场询问观察法　　　　　　　(D) 故障类型和影响分析法

13. 下列关于安全评价方法特点的描述中，不属于定性评价方法特点的是（　　）。
(A) 依靠经验，带有一定的局限性
(B) 不同类型对象之间的评价结果缺乏可比性
(C) 评价结果有时因参加评价人员的经验和经历不同而有一定的差异
(D) 运用基于大量的实验结果和物质的危险性资料进行分析

14. 在定性分析的基础上，进一步评估保护层的有效性，并进行风险决策的系统方法是（　　）。
(A) 预告危险性分析（PHA）　　　　　(B) 危险与可操作性研究（HAZOP）
(C) 故障类型与影响分析（FEMA）　　 (D) 保护层分析（LOPA）

15. 关于安全评价方法的适用性，下列说法中错误的是（　　）。
(A) 安全检查表法比较适用于安全验收评价和安全现状评价
(B) 安全预评价能对各个危险有害因素进行分析，有利于提出有针对性的对策措施
(C) 作业条件危险性方法是一种整体性的评价方法
(D) 风险矩阵评价方法是一种宏观性的评价方法

16. 下列评价方法中不属于按评价对象分类的方法是（　　）。
(A) 人员失误率评价法　　　　　　　　(B) 物质系数评价法
(C) 危险性分级安全评价法　　　　　　(D) 系统危险性评价法

17. 按评价的逻辑推理过程分类，安全评价方法可分为（　　）。
(A) 人员失误率评价法和物质系数评价法
(B) 归纳推理评价法和演绎推理评价法
(C) 设备故障率评价法和系统危险性评价法
(D) 事故致因因素安全评价法和事故后果安全评价法

18. 按评价结果的量化程度分类，安全评价方法分为（　　）。
(A) 归纳推理评价法和演绎推理评价法
(B) 物质系数评价法和系统危险性评价法
(C) 定性评价法和定量评价法
(D) 事故致因因素安全评价法

19. 定量安全评价不能得到的结果是（　　）。
(A) 危险有害因素的类别　　　　　　　(B) 事故发生的概率
(C) 事故伤害的范围　　　　　　　　　(D) 事故致因因素的事故关联度

20. 下列评价方法中，属于定性评价方法的有（　　）。
①安全检查表；②故障树分析法；③预先危险性分析；④危险与可操作性研究法。
(A) ①②③　　(B) ②③④　　(C) ①②④　　(D) ①③④

课外活动

通过本项目的学习，请你通过网络、参考书籍，总结还有哪些常用安全评价方法。

项目二 安全检查与安全检查表法

实例展示

请你结合本课题项目一"实例展示——项目简介",认真研读下列实例,研讨安全检查表法包括哪些内容?有哪些特点?

以下展示的是特种设备及强检设施单元、安全生产管理单元安全检查表。

1. 特种设备及强检设施单元安全检查表

(1) 项目概述

① 装置、设备和设施的运行情况。本建设项目生产装置、设备和设施投入试生产后,运行正常。

② 装置、设备和设施的法定检验、检测情况。低温液体储槽、安全阀、压力表、钢瓶等强检设施均已按要求进行检测。检验、检测报告情况见附件(附件略)。

(2) 特种设备及强检设施安全检查表

特种设备及强检设施安全检查表见表3-4。

表3-4 特种设备及强检设施安全检查表

序号	检查项目	检查结果	评价依据	实际情况	备注
1	压力容器使用单位应当按照《特种设备使用管理规则》的有关要求,对压力容器进行安全管理,设置安全管理机构,配备安全管理负责人、安全管理人员和作业人员,办理使用登记,建立各项安全管理制度,制定操作规程,并且进行检查	符合	《固定式压力容器安全技术监察规程》(TSG 21—2016)第7.1.1条	设置有安全管理机构,配备有专门安全管理负责人、安全管理人员,办理了使用登记,建立有钢瓶的安全管理规章制度和操作规程	固定式压力容器安全技术监察规程
2	使用单位应当按规定在压力容器投入使用前或者投入使用后30日内,向所在地负责特种设备登记的部门申请办理"特种设备使用登记证"	符合	《固定式压力容器安全技术监察规程》第7.1.2条	压力容器均按要求办理"特种设备使用登记证"	
3	压力容器的使用单位,应在工艺操作规程和岗位操作规程中,明确提出压力容器安全操作要求	符合	《固定式压力容器安全技术监察规程》第7.1.3条	编制有操作规程	
4	压力容器的安全阀,检验是否在校验有效期内;压力表,检验是否在检定有效期内	符合	《压力容器定期检验规则》第三十二条	安全阀、压力表已经检验,检验在有效期内	
5	气瓶外表面的颜色、字样和色环,应当符合GB/T 7144《气瓶颜色标志》的规定	符合	《气瓶安全技术规程》(TSG 23—2021)第1.8.1.3条 《气瓶颜色标志》(GB/T 7144—2016)第6.1条	氧钢瓶:淡酞蓝 二氧化碳气瓶:白 氩钢瓶:银灰	气瓶安全技术规程
6	使用单位应当采购取得相应制造资质的单位制造的、经监检合格的气瓶以及气瓶阀门,并且按照《特种设备使用管理规则》的有关规定办理气瓶使用登记	符合	《气瓶安全技术规程》第8.3条第(2)款	所用气瓶均由相应制造资质单位制造、经监检合格,并办理气瓶使用登记	

续表

序号	检查项目	检查结果	评价依据	实际情况	备注
7	应当负责对本单位办理使用登记的气瓶进行日常维护保养，更换超过设计使用年限的瓶阀等安全附件，涂敷使用登记标志和下次检验日期	符合	《气瓶安全技术规程》第8.3条第(4)款	有使用登记气瓶的日常保养记录，有更换瓶阀等安全附件记录，并涂敷使用登记标志和下次检验日期	
8	充装气瓶前应当取得安全生产许可证或者燃气经营许可证	符合	《气瓶安全技术规程》第8.4条第(1)款	安全生产许可证或者燃气经营许可证在有效期	
9	气瓶充装单位应当向气体使用者提供符合安全技术规范要求的气瓶，同时应当提供安全用气使用说明，对气体使用者进行气瓶安全使用指导，并且对所充装气瓶满足本规程所规定的基本安全	符合	《气瓶安全技术规程》第8.4条第(2)款	气瓶充装单位有安全用气使用说明书，有对气体使用者进行气瓶安全使用指导记录表	
10	气瓶充装单位应当为其所充装的气瓶建立充装电子档案，对充装前后检查情况以及充装情况进行记录，纳入充装电子档案记录	符合	《气瓶安全技术规程》第8.4条第(3)款	对所充装的气瓶建有电子档案，并按要求进行登记	
11	充装单位应当按照本规程关于气瓶质量安全追溯体系的要求，建立本单位气瓶充装信息平台，及时将充装前(后)检查情况、相关充装情况等信息上传到气瓶充装信息平台，充装信息平台追溯信息记录和凭证保存期限应当不少于气瓶的一个检验周期	符合	《气瓶安全技术规程》第8.4条第(4)款	建有气瓶充装信息平台，并将有关信息上传到信息平台	
12	充装单位只能充装本单位办理使用登记的气瓶以及使用登记机关同意充装的气瓶，严禁充装未经定期检验合格、非法改装、翻新以及报废的气瓶	符合	《气瓶安全技术规程》第8.4条第(5)款	按要求只充装本单位办理使用登记的气瓶以及使用登记机关同意充装的气瓶	
13	充装作业人员应当取得相应资格可从事气瓶充装以及检查工作，并且对其充装、检查工作的安全质量负责	符合	《气瓶安全技术规程》第8.4条第(6)款	充装人员均有特种设备作业人员证	
14	应当根据气瓶安全管理实际工作需要，建立健全并有效实施安全管理制度	符合	《气瓶安全技术规程》第8.5.1条	已建立健全并有效实施各项安全管理制度	
15	应当建立安全技术档案(含电子档案)	符合	《气瓶安全技术规程》第8.5.2条	已建立安全技术档案(包括电子档案)	
16	应当根据气瓶使用特点和充装安全要求，制定操作规程	符合	《气瓶安全技术规程》第8.5.3条	已制定相关的操作规程	
17	应当按照气瓶出厂资料、维护保养说明，对气瓶进行经常性检查、维护保养	符合	《气瓶安全技术规程》第8.5.4条	有气瓶检查、维护保养记录	
18	充装单位应当按照有关规定制定生产安全事故应急预案，并且每年至少组织一次事故应急演练并记录	符合	《气瓶安全技术规程》第8.5.7.1条	有生产安全事故应急预案和事故应急预案演练记录	
19	充装单位应当在充装检查合格的气瓶上，牢固粘贴充装产品合格标签，标签上至少注明充装单位名称和电话、气体名称、实际充装量、充装日期和充装检查人员代号	符合	《气瓶安全技术规程》第8.6.2条第(1)款	充装气瓶粘贴标签符合要求	
20	充装单位应当在充装气瓶上标示警示标签，气瓶警示标签的式样、制作方法和使用应当符合 GB/T 16804《气瓶警示标签》的要求。燃气气瓶警示标签上应当注明"人员密集的室内禁用"字样	符合	《气瓶安全技术规程》第8.6.2条第(2)款	气瓶上警示标签符合要求	

续表

序号	检查项目	检查结果	评价依据	实际情况	备注
21	充装前(后),应当逐只对气瓶进行检查,并且填写检查记录;气瓶充装过程中,应当逐只进行检查并且填写充装记录;检查记录和充装记录可以采用电子记录方式,并且应当由作业人员签字确认	符合	《气瓶安全技术规程》第8.6.3.1条	检查记录完整,符合要求	
22	充装单位应当以纸质印刷或者扫描二维码方式显示对气瓶的安全用气使用说明,对瓶装气体使用者进行安全常识教育,告知其应当遵守安全守则	符合	《气瓶安全技术规程》第8.6.9条	制作有气体安全用气使用说明二维码,并提供给气体使用单位	
23	特种设备使用单位应当建立特种设备安全技术档案。应当对在用特种设备进行经常性日常维护保养,并定期自行检查,作出记录	符合	《特种设备安全监察条例》第二十六、二十七条	有气瓶管理制度	特种设备安全监察条例
24	特种设备使用单位应当对特种设备作业人员进行特种设备安全、节能教育和培训,保证特种设备作业人员具备必要的特种设备安全、节能知识	符合	《特种设备安全监察条例》第三十九条	特种设备作业人员经过相关教育和培训	
25	特种设备使用单位,应当根据情况设置特种设备安全管理机构或者配备专职、兼职的安全管理人员	符合	《特种设备安全监察条例》第三十三条	有专职安全管理人员	
26	特种设备使用单位应当使用符合安全技术规范要求的特种设备。特种设备投入使用前,使用单位应当核对其是否附有本条例第十五条规定的相关文件	符合	《特种设备安全监察条例》第二十四条	使用符合安全技术规范要求的特种设备	

(3) 评价小结

依据《特种设备安全监察条例》《气瓶安全技术规程》《固定式压力容器技术监察规程》等有关法律、法规的规定,特种设备的设计、制造、安装、检验等单位实行许可制度;特种设备在投入使用前或者投入使用后30日内,使用单位应当向直辖市或者设区的市的特种设备安全监督管理部门登记;特种设备使用单位应当按照安全技术规范的定期检验要求,在安全检验合格有效期届满1个月向特种设备检测机构提出定期检验要求;使用单位已按照要求进行了监测检验及使用登记,并建立了完善的特种设备安全技术档案。

经现场检查并审查资料,各种特种设备由有资质单位进行设计、制造及安装,压力容器、安全附件(安全阀、压力表)均在检验有效期内。

2. 安全管理单元

(1) 安全投入

安全生产投入情况见表3-5。

表3-5 安全生产投入情况

序号	安全设施类别	安全生产投入/元
1	检测报警设施:安全阀、压力表、监控系统等设施	2000
2	设备安全防护设施:防护罩、防雷、防晒、防冻、防腐、防渗漏等设施,电器过载保护设施,静电接地设施	10000

续表

序号	安全设施类别	安全生产投入/元
3	防爆设施:防爆灯具、防爆电机	20000
4	安全教育培训:主要负责人、安全管理人员培训,特种作业人员培训,厂内安全教育培训,日常安全支付费用,应急预案演练费用	3000
5	安全警示标志	500
6	防止火灾蔓延设施:防爆墙、防火墙、灭火器	2000
7	劳动防护用品和装备:防护手套、棉质工作服	500
	总计	38000

(2) 安全生产管理单元安全检查表

安全生产管理单元安全检查表见表3-6。

表3-6 安全生产管理单元安全检查表

序号	检查项目	检查依据	实际情况	检查结果	备注
1	企业应按国家有关规定设置安全生产管理机构及配备专职安全生产管理人员	《安全生产法》第二十四条	设置有安全生产管理机构,配备有专职安全管理人员	符合	安全生产法
2	生产经营单位的主要负责人组织制定本单位安全生产规章制度	《安全生产法》第二十一条	制定了安全生产管理规章制度	符合	
3	生产经营单位的主要负责人建立健全并落实安全生产责任制加强安全生产标准化建设	《安全生产法》第二十一条	安全生产责任制健全	符合	
4	生产经营单位的主要负责人组织制定本单位安全生产操作规程	《安全生产法》第二十一条	制定了相关安全操作规程	符合	
5	煤矿、非煤矿山、危险化学品、烟花爆竹、金属冶炼等生产经营单位主要负责人和安全生产管理人员初次安全培训时间不得少于48学时,每年再培训时间不得少于16学时	《生产经营单位安全培训规定》第九条	主要负责人和安全生产管理人员均按规定完成培训,并获得相应培训学时证书	符合	
6	生产经营单位的特种作业人员,必须按照国家有关法律、法规的规定接受专门的安全培训,经考核合格,取得特种作业操作资格证书后,方可上岗作业	《生产经营单位安全培训规定》第十八条	特种设备作业人员已经取得特种设备操作证书	符合	
7	生产经营单位应当按照国家和××省的规定,为从业人员免费发放合格的劳动防护用品,并监督、教育从业人员按照使用规则佩戴、使用	《××省安全生产条例》第十五条	为从业人员免费发放合格的劳动防护用品,并监督、教育从业人员按使用规则佩戴、使用	符合	

续表

序号	检查项目	检查依据	实际情况	检查结果	备注
8	从事危险化学品经营的单位（以下统称申请人）应当依法登记注册为企业，并具备下列基本条件： （一）经营和储存场所、设施、建筑物符合《建筑设计防火规范》（GB 50016）、《石油化工企业设计防火标准》（GB 50160）、《汽车加油加气加氢站技术标准》（GB 50156）、《石油库设计规范》（GB 50074）等相关国家标准、行业标准的规定。 （二）企业主要负责人和安全生产管理人员具备与本企业危险化学品经营活动相适应的安全生产知识和管理能力，经专门的安全生产培训和应急管理部门考核合格，取得相应安全资格证书；特种作业人员经专门的安全作业培训，取得特种作业操作证书；其他从业人员依照有关规定经安全生产教育和专业技术培训合格。 （三）有健全的安全生产规章制度和岗位操作规程。 （四）有符合国家规定的危险化学品事故应急预案，并配备必要的应急救援器材、设备。 （五）法律、法规和国家标准或者行业标准规定的其他安全生产条件	《危险化学品经营许可证管理办法》第六条	①该项目经营和储存场所、设施、建筑物符合《建筑设计防火规范》（GB 50016）等相关国家标准、行业标准的规定。 ②该企业主要负责人和安全生产管理人员具备与本企业危险化学品经营活动相适应的安全生产知识和管理能力，取得安全培训证书；特种作业人员取得特种作业操作证书；其他从业人员经厂内培训合格。 ③该企业有健全的安全生产规章制度和岗位操作规程。 ④该企业编制有生产安全事故应急预案，并配备了应急救援器材、设备。 ⑤该企业具备安全生产条件	符合	

（3）评价小结

通过审核资料和现场检查，该公司设立安全生产管理机构并配备了专职安全管理人员，制定了安全生产责任制，健全了各项安全管理制度，制定了岗位的安全操作规程，编制了生产安全事故应急预案，主要负责人和安全管理人员完成了规定学时的培训并取得了安全培训证。同时安全投入能够满足安全生产的需要，能够保证安全生产投入的有效使用。制定有生产安全事故应急预案，并能够组织员工定期进行演练。综合安全管理符合国家安全生产的有关法律、法规要求。

 提出任务：安全检查和安全检查表有何特点？怎样编制安全检查表？

 知识储备

安全检查表微课

一、安全检查法

安全检查法（safety review，SR）用于对设计、装置、操作、维修等进行详细检查，以识别所存在的危险性。

1. 安全检查对象

安全检查对象是可能导致人员伤亡、重要财产损失或环境损害等事故的设计图纸、装置条件及操作、维修作业。

评价人员可针对正在进行设计的工艺过程、设计文件给出的图纸进行安全审查；也可对在役装置的工作条件、工作状态，以及作业人员的操作、维修作业的符合性及规范性进行安全检查。

2. 安全检查目的

① 警惕工艺过程可能发生的危险性；
② 审核评估控制系统和安全系统的设计依据；
③ 发现因新工艺或新设备带来的新危险；
④ 检验新兴安全技术对危险控制的可靠性。

3. 安全检查法操作步骤

（1）组成检查组、制定检查计划　检查组成员视检查项目和内容的具体情况而定，一般应由熟悉安全标准、了解工艺过程，具有建筑、电气、压力容器等特定专业知识和丰富实践经验的人员组成，如专职安全员、管理人员、工程技术人员以及具有安全监管职能部门的政府部门官员和安全评价机构的安全评价人员等。制定检查计划主要包括确立检查的主要目的、对象及安排检查日程等。

（2）进行资料收集与研究　检查组成员在检查前应完成相关工艺过程的资料收集，并进行资料研究。如对化工装置的安全检查，应收集研究的资料包括：相关规范及标准、工艺流程及带控制点的工艺流程图、工艺物料的安全技术特性、类似工艺的开停车及正常操作维修规程、类似工艺的安全分析与事故报告等。

（3）完成现场检查　检查组根据计划进行现场安全检查。安全检查的目的是提高装置整体的安全可靠度，更好地保证安全生产，检查人员不应在现场干扰正常操作或对发现的问题进行处罚。对于现场发现的安全操作隐患应以适度的、科学的方式予以纠正。

（4）编写检查结果文件　检查完毕后应编制安全检查报告，报告的内容应从以下三个方面着手：偏离设计工艺条件的安全隐患；偏离规定操作规程的安全隐患；发现的其他安全隐患。对隐患项目可下达《隐患整改通知书》，提供给被检查单位或部门，要求对隐患进行限期整改。对严重威胁安全生产及公共利益的重大隐患项目可下达《停业整改通知书》。

4. 安全检查法的适用性

安全检查法直观、现实，能及时发现并进行有效纠偏，防止事故的发生，是一种十分常用的评价方法。安全检查的类型有企业安全大检查、专业安全检查、专项安全检查、季节性安全检查等，可用于企业自身的安全管理，也可用于政府职能部门的安全监督。安全检查法的效果关键取决于检查组成员的综合素质以及检查的方法和手段。

二、安全检查表法

安全检查表（safety checklist，SCL）法是事先将要检查的项目编制成表，用以检查装置、储运、操作、管理和组织措施等各方面的不安全因素，以评价系统安全状态的方法。

安全检查表法是一种最通用的定性安全评价方法，可适用于各类系统的设计、验收、运行、管理阶段以及事故调查过程，应用十分广泛。

安全检查表法具有以下主要特点：检查表的编制系统全面，可全面查找危险、有害因素，避免了传统安全检查中易遗漏、疏忽的弊端；检查表中体现了法规、标准的要求，使检查工作法规化、规范化；针对不同的检查对象和检查目的，可编制不同的检查表，应用灵活广泛；检查表简明易懂，易于掌握，检查人员按表逐项检查，操作方便适用，能弥补其知识和经验不足的缺陷；编制安全检查表的工作量及难度较大，检查表的质量受制于编制者的知识水平及经验积累。

安全检查表法主要包括四个操作步骤：收集评价对象的有关数据资料；选择或编制安全检查表；现场检查评价；编写评价结果分析。

1. 编制安全检查表应收集研究的主要资料

① 有关标准、规程、规范及规定；
② 同类企业的安全管理经验及国内外事故案例；
③ 通过系统安全分析已确定的危险部位及其防范措施；
④ 装置的有关技术资料等。

2. 选择指导性或强制性的安全检查表

世界各国都较为重视安全检查表法，有关人员按照本国有关法律法规、标准、规范的要求，根据系统或经验分析的结果，把评价项目及环境的危险集中起来，编制了若干指导性或强制性的安全检查表。例如日本劳动省的安全检查表，美国杜邦公司的过程危险检查表，我国机械工厂安全性评价表、危险化学品经营单位安全评价现场检查表、加油站安全检查表、液化石油气充装站安全评价现场检查表、光气及光气化产品生产装置安全检查表等。

评价人员需熟知国家及地方的安全评价法规、标准中规定的各类安全检查表，根据评价对象正确选择适宜的安全检查表。

3. 编制安全检查表

当无适宜安全检查表可选用时，安全评价人员应根据评价对象正确选择评价单元，依据法规、标准要求编制安全检查表。

(1) 编制安全检查表应注意的问题 编制安全检查表是安全检查表法的重点和难点，编制时应注意以下问题：

① 检查表的项目内容应繁简适当、重点突出、有启发性；
② 检查表的项目内容应针对不同评价对象有侧重点，尽量避免重复；
③ 检查表的项目内容应有明确的定义，可操作性强；
④ 检查表的项目内容应包括可能导致事故的一切不安全因素，确保能及时发现和消除各种安全隐患。

(2) 编制安全检查表时评价单元的选择 安全检查表的评价单元确定是按照评价对象的特征进行选择的，例如编制生产企业的安全生产条件安全检查表时，评价单元可分为安全管理单元、厂址与平面布置单元、生产储存场所建筑单元、生产储存工艺技术与装备单元、电气与配电设施单元、防火防爆防雷防静电单元、公用工程与安全卫生单元、消防设施单元、安全操作与检修作业单元、事故预防与救援处理单元和危险物品安全管理单元等。

(3) 安全检查表的类型 为了使安全检查表法的评价能得到系统安全程度的量化结果，有关人员开发了许多行之有效的评价计值方法，根据评价计值方法的不同，常见的安全检查表有否决型检查表、半定量检查表和定性检查表三种类型。

① 否决型检查表。否决型检查表是给定一些特别重要的检查项目作为否决项，只要这些检查项目不符合，则将该系统总体安全状况视为不合格，检查结果就为"不合格"。这种检查表的特点是重点突出。

② 半定量检查表。半定量检查表是给每个检查项目设定分值，检查结果以总分表示，根据分值划分评价等级。这种检查表的特点是可以对检查对象进行比较，但对检查项目准确赋值比较困难。

③ 定性检查表。定性检查表是罗列检查项目并逐项检查，检查结果以"符合"、"不符合"或"不适用"表示，检查结果不能量化，但应作出与法律、法规、标准、规范中具体条

款是否一致的结论。这种检查表的特点是编制相对简单,通常作为企业安全综合性评价或定量评价以外的补充性评价。

《中国石油化工总公司石化企业安全性综合评价办法》中的检查表属于此类检查表。

4. 现场检查评价

根据安全检查表所列项目,在现场逐项进行检查,对检查到的事实情况如实记录和评定。

5. 编写评价结果分析

根据检查的记录及评定,按照安全检查表的评价计值方法,对评价对象给予安全程度评级。定性的分析结果随不同分析对象而变化,但需作出与标准或规范是否一致的结论。此外,安全检查表法通常应提出一系列的提高安全性的可能途径给管理者考虑。

三、应用举例

以××公司新建氧气空分装置验收评价中工艺生产过程安全检查表、特种设备安全检查表和安全管理检查表为例,说明安全检查表的使用情况。

1. 工艺生产过程安全检查表

(1) 工艺流程　略。

(2) 安全检查表评价　工艺生产过程安全检查表见表3-7。

表3-7　工艺生产过程安全检查表

序号	检查项目及内容	评价依据	检查记录	检查结果	备注
1	生产经营单位不得使用国家明令淘汰、禁止使用的危及生产安全的工艺、设备	《中华人民共和国安全生产法》第三十八条	非淘汰工艺、设备	符合	
2	仪表的选用应考虑安全、防火防爆的要求	《深度冷冻法生产氧气及相关气体安全技术规程》GB 16912—2008 第4.6.25条	采用了DCS/ESD控制系统和安装了在线分析仪	符合	深度冷冻法生产气体安全技术规程
3	空分装置应采取防爆措施。防止乙炔及其他烃类化合物和氮氧化物在液氧、液空中积聚、浓缩、堵塞引起燃爆	《深度冷冻法生产氧气及相关气体安全技术规程》第4.6.28条	安装了在线分析仪,及时分析、处理乙炔、烃类化合物、氮氧化物积聚情况	符合	
4	氧气放散时,在放散口附近严禁烟火。氧气的各种放散管均应引出室外,并放散至安全处	《深度冷冻法生产氧气及相关气体安全技术规程》第4.6.29条	氧气放散管口设置于室外安全处	符合	
5	主要生产车间、机器通道处及控制室、变电室入口处应设置应急照明灯	《深度冷冻法生产氧气及相关气体安全技术规程》第4.8.8条	设置有应急照明灯	符合	
6	凡与氧气接触的设备、管道、阀门、仪表及零部件严禁沾染油脂。氧气压力表必须设有禁油标志	《深度冷冻法生产氧气及相关气体安全技术规程》第5.2条	设备经过脱脂处理,氧气压力表有禁油标志	符合	
7	操作、维护、检修氧气生产系统的人员所用工具、工作服、手套等用品,严禁沾染油脂	《深度冷冻法生产氧气及相关气体安全技术规程》第5.3条	制定有相关规定并配有符合规定的工具和防护用品	符合	

续表

序号	检查项目及内容	评价依据	检查记录	检查结果	备注
8	生产现场不准堆放油脂和与生产无关的其他物品	《深度冷冻法生产氧气及相关气体安全技术规程》第5.6条	生产现场无油脂及其他物品	符合	
9	应定期检查校验系统中的压力表、安全阀、温度计等仪表和安全联锁装置	《深度冷冻法生产氧气及相关气体安全技术规程》第5.9条	制定有定期校验制度并有定期校验记录	符合	
10	禁止向室内排放除空气以外的各种气体	《深度冷冻法生产氧气及相关气体安全技术规程》第5.17条	各种排空管道均引出室外	符合	
11	空分装置、液氧罐周围和主控制室内严禁堆放易燃易爆物品,不准随便乱倒有害污染物质	《深度冷冻法生产氧气及相关气体安全技术规程》第5.7条	空分装置区无易燃易爆物品	符合	
12	放散氧气以及排放液氧、液空时,应通知周围严禁动火,并设专人监护	《深度冷冻法生产氧气及相关气体安全技术规程》第5.19条	制定有相关规定	符合	
13	为防止空分装置液氧中的乙炔积聚,宜连续从空分装置中抽取部分液氧,其数量不低于氧产量的1%	《深度冷冻法生产氧气及相关气体安全技术规程》第6.5.1条	制定有相关操作规定	符合	
14	应定期化验液氧中的乙炔、烃类化合物和油脂等有害杂质的含量,超过时应排放,并严格按设备操作说明书和生产单位安全技术操作规程的规定执行	《深度冷冻法生产氧气及相关气体安全技术规程》第6.5.2条	制定有相关操作规定	符合	
15	排放液氧、液氮、液空或液氩,应向空中汽化排放,并排放至安全处	《深度冷冻法生产氧气及相关气体安全技术规程》第6.5.3条	采用高空汽化排放	符合	
16	分子筛吸附器运行中应严格执行再生制度,不准随意延长吸附器工作周期。分子筛吸附器出口应设二氧化碳监测仪,宜设微量水分析仪	《深度冷冻法生产氧气及相关气体安全技术规程》第6.5.7条	制定有相关再生制度,设置了二氧化碳监测仪和露点仪	符合	
17	氮气管道不准敷设在通行地沟内	《深度冷冻法生产氧气及相关气体安全技术规程》第7.1.5条	氮气管道架空敷设	符合	
18	氧气管道应敷设在不燃烧体的支架上	《深度冷冻法生产氧气及相关气体安全技术规程》第8.1.1条	管架采用钢结构支架	符合	
19	架空氧气管道应在管道分岔处、与架空电缆的交叉处、无分岔管道每隔80～100 m处以及进出装置或设施等处,设置防雷、防静电接地措施	《深度冷冻法生产氧气及相关气体安全技术规程》第8.1.2条	防雷、防静电设施按照规定设置并检测,符合要求	符合	
20	氧气管道不应穿过生活间、办公室,也不宜穿过不使用氧气的房间	《深度冷冻法生产氧气及相关气体安全技术规程》第8.1.4条	氧气管道未穿过办公及其他房间	符合	

续表

序号	检查项目及内容	评价依据	检查记录	检查结果	备注
21	氧气管道不宜穿过高温及火焰区域，必须通过时，应在该管段增设隔热设施，管壁温度不应超过70℃。严禁明火及油污靠近氧气管道及阀门	《深度冷冻法生产氧气及相关气体安全技术规程》第8.1.5条	氧气管道未穿过高温和火焰区域	符合	
22	架空氧气管道与建(构)筑物特定地点的最小间距要求应按有关规定执行	《深度冷冻法生产氧气及相关气体安全技术规程》第8.1.9条	氧气管道与建(构)筑物间距符合相关规定	符合	
23	管道中氧气的最高允许流速，根据管道材质、工作压力，不应超过规程中表9规定($P \leq 3.0$MPa，采用不锈钢管材时，最高流速为25m/s)	《深度冷冻法生产氧气及相关气体安全技术规程》第8.2条	符合要求	符合	
24	氧气管道材质的选用应符合规程中表10规定	《深度冷冻法生产氧气及相关气体安全技术规程》第8.3条	采用不锈钢管材	符合	
25	氧气管道的弯头严禁采用折皱弯头，当采用冷弯或热弯制碳钢弯头时，弯曲半径不应小于公称直径的5倍；当采用压制对焊弯头时，宜选用长半径弯头	《深度冷冻法生产氧气及相关气体安全技术规程》第8.4.1条a	弯头符合要求	符合	
26	氧气管道上的法兰应按国家、行业有关的现行标准选用；管道法兰的垫片宜按规程中表11选用	《深度冷冻法生产氧气及相关气体安全技术规程》第8.4.2条	法兰、垫片符合要求	符合	
27	氧气管道的连接应采用焊接，但与设备、阀门连接处可采用法兰或螺纹。螺纹连接处，应采用聚四氟乙烯薄膜作为填料，严禁用涂铅红的麻、棉丝或其他含油脂的材料	《深度冷冻法生产氧气及相关气体安全技术规程》第8.4.3条	氧气管道采用焊接和法兰连接，无螺纹连接	符合	
28	氧气管道的阀门应选用专用氧气阀门，并应符合下列要求：①工作压力大于0.1MPa的阀门，严禁采用闸阀；②公称压力大于或等于1.0 MPa且公称直径大于或等于150 mm口径的手动氧气阀门，宜选用带旁通的阀门；③阀门的材料应符合规程中表12的要求	《深度冷冻法生产氧气及相关气体安全技术规程》第8.5.1条	阀门选型符合要求	符合	
29	氧气管道、阀门等与氧气接触的一切部件，安装前、检修后必须进行严格的除锈、脱脂	《深度冷冻法生产氧气及相关气体安全技术规程》第8.6.1条b	经过除锈、脱脂处理	符合	
30	氧气管道安装后应进行压力及泄漏性试验	《深度冷冻法生产氧气及相关气体安全技术规程》第8.6.3条	经过强度及严密性试验并符合要求	符合	

（3）评价小结　本评价单元共检查了30项，全部符合相关标准、规范的要求。

2. 特种设备安全检查表评价

（1）概述　该装置有压力容器、压力管道等特种设备及其安全附件，按照国家有关规定,这些设备必须经过验收检验和定期检验,取得使用证书。

(2)安全检查表评价　特种设备安全检查表见表3-8。

表 3-8　特种设备安全检查表

序号	检查项目及内容	评价依据	检查记录	检查结果	备注
压力容器检查表					
1	压力容器使用单位应当按照《特种设备使用管理规则》的有关要求,对压力容器进行安全管理,设置安全管理机构,配备安全管理负责人、安全管理人员和作业人员,办理使用登记,建立各项安全管理制度,制定操作规程,并且进行检查	《固定式压力容器安全技术监察规程》(TSG 21—2016)第7.1.1条	设置有安全管理机构,配备有安全管理负责人、安全管理人员和作业人员,办理了使用登记,建立有安全管理制度,制定有操作规程,并能进行检查	符合	
2	使用单位应当按规定在压力容器投入使用前或投入使用后30日内,向所在地负责特种设备使用登记的部门申请办理"特种设备使用登记证"	《固定式压力容器安全技术监察规程》第7.1.2条	已按要求办理"特种设备使用登记证",见附件资料	符合	
3	压力容器的使用单位,应当在工艺操作规程和岗位操作规程中,明确提出压力容器安全操作要求。操作规程至少包括以下内容:①操作工艺参数(含工作压力、最高或者最低工作温度);②岗位操作法(含开、停车的操作程序和注意事项);③运行中重点检查的项目和部位,运行中可能出现的异常现象和防止措施,以及紧急情况的处置和报告程序	《固定式压力容器安全技术监察规程》第7.1.3条	已建立工艺安全操作规程,内容具体	符合	
4	使用单位应当建立压力容器装置巡检制度,并且对压力容器本体及其安全附件、装卸附件、安全保护装置、测量调控装置、附属仪器仪表进行经常性维护保养。对发现的异常情况及时处理并且记录,保证在用压力容器始终处于正常使用状态	《固定式压力容器安全技术监察规程》第7.1.4条	建立有巡回检查制度,对发现的异常情况有及时处理记录	符合	
5	特种设备使用单位设置特种设备安全管理机构,配备相应的安全管理人员和作业人员,建立人员管理台账,开展安全与节能培训教育,保存人员培训记录	《特种设备使用管理规则》第2.2条第2款	设置有特种设备管理机构,配备有相应安全管理人员和作业人员,建立人员台账,保存有人员培训记录	符合	
6	特种设备作业人员应当取得相应的特种设备作业人员资格证书	《特种设备使用管理规则》第2.4.4.1条	特种设备作业人员取得相应的特种设备作业人员资格证书	符合	
7	使用单位应当保证压力容器使用前已经按照设计要求装设超压泄放装置(安全阀或爆破片装置)	《固定式压力容器安全技术监察规程》第9.1.2条第5款	压力容器上装有安全阀	符合	
8	超压泄放装置应当安装在压力容器液面以上的气相空间部分,或者安装在与压力容器气相空间相连的管道上;安全阀应铅直安装;超压泄放装置与压力容器之间一般不宜安装截止阀门;新安全阀应当校验合格后才能安装使用	《固定式压力容器安全技术监察规程》第9.1.3条	安全阀垂直安装,经过检验有铅封,安全阀与容器之间无截止阀	符合	

续表

序号	检查项目及内容	评价依据	检查记录	检查结果	备注
9	选用的压力表,应当与压力容器内的介质相适应;设计压力小于1.6MPa压力容器使用的压力表的精度不得低于2.5级,设计压力大于或者等于1.6MPa压力容器使用的压力表的精度不得低于1.6级;压力表盘刻度极限值应当为最大允许工作压力的1.5～3.0倍。压力表安装前应当进行检定,在刻度盘上应当画出指示工作压力的红线,注明下次检定日期,压力表检定后应当加铅封。压力表与压力容器之间,应当装设三通旋塞或者针形阀(三通旋塞或者针形阀上应当有开启标志和锁紧装置),并且不得连接其他用途的任何配件或接管	《固定式压力容器安全技术监察规程》第9.2.1条	压力表的选择、安装符合规程要求,并经校验、有铅封,部分压力表未标注最高工作压力红线	不符合	

压力管道检查表

序号	检查项目及内容	评价依据	检查记录	检查结果	备注
1	使用单位应当按照管道有关法规、安全技术规范及其相应标准,建立管道安全管理制度并且有效实施	《压力管道安全技术监察规程——工业管道》(TSG D0001—2009)第一百条	使用单位的安全管理规定中有压力管道管理内容且符合要求	符合	工业管道安全技术监察规程
2	使用单位的管理层应当配备一名人员负责压力管道安全管理工作,管道的安全管理人员应当具备管道的专业知识,熟悉国家相关法规标准,经过管道安全教育和培训,取得"特种设备作业人员证"后,方可从事管道的安全管理工作	《压力管道安全技术监察规程——工业管道》第九十八条	有负责压力安全管理工作的人员,并持有"特种设备作业人员证"	符合	
3	管道使用单位应当建立管道安全技术档案并且妥善保管	《压力管道安全技术监察规程——工业管道》第九十九条	已建立档案且档案完整	符合	
4	管道使用单位应当在工艺操作规程和岗位操作规程中,明确提出管道的安全操作要求	《压力管道安全技术监察规程——工业管道》第一百零一条	制定有工艺操作规程和岗位操作规程	符合	
5	使用单位应当按照本规程及其标准的有关规定,配备必要的资源和具备相应资格的人员从事压力管道安全管理、安全检查、操作、维护保养和一般改造、维修工作	《压力管道安全技术监察规程——工业管道》第九十六条	配备有相应资格的人员从事压力管道安全管理、安全检查、维护保养和一般改造、维修工作	符合	
6	使用单位应当对管道操作人员进行管道安全教育和培训,保证其具备必要的管道安全作业知识	《压力管道安全技术监察规程——工业管道》第一百零二条	管道操作人员均取得"特种设备作业人员证"	符合	
7	管道发生事故有可能造成严重后果或者产生重大社会影响的使用单位,应当制定应急救援预案,建立相应的应急救援组织机构,配置与之适应的救援装备,并且适时演练	《压力管道安全技术监察规程——工业管道》第一百零三条	制定有事故应急预案,建立有应急救援组织机构,配备有相应的救援装备	符合	
8	管道使用单位,应当按照《压力管道使用登记管理规则》的要求,办理管道使用登记,登记标志置于或者附着于管道的显著位置	《压力管道安全技术监察规程——工业管道》第一百零四条	办理有管道使用登记,登记标志附着于管道的显著位置	符合	

续表

序号	检查项目及内容	评价依据	检查记录	检查结果	备注
9	使用单位应当建立定期自行检查制度，检查后应当做出书面记录，书面记录至少应保存3年	《压力管道安全技术监察规程——工业管道》第一百零五条	检查书面记录完整	符合	
10	压力管道全面检验工作由国家市场监督管理总局核准的具有压力管道检验资格的检验机构进行	《压力管道安全技术监察规程——工业管道》第一百一十九条	本工程压力管道由××质量监督站检测	符合	
压力容器及管道色标					
1	工业管道应有基本识别色，水(艳绿)、水蒸气(大红)、气体(中黄)、空气(淡灰)、酸或碱(紫)、可燃液体(棕)、其他液体(黑)、氧(淡蓝)	《工业管道的基本识别色、识别符号和安全标识》(GB 7231—2003)第4.2条	部分管道未按标准涂相应色环	不符合	工业管道识别方式
2	管道上应漆有表示介质流动方向的白色或黄色箭头，底色浅的用黑色箭头	《深度冷冻法生产氧气及相关气体安全技术规程》(GB 16912—2008)第4.12.2条	部分管道上未标注介质流动方向的箭头	不符合	
3	球形及圆筒形储罐的外壁最外层宜刷银粉漆。球形储罐的赤道带应刷宽400~800mm的色带。圆筒形储罐的中心轴带应刷宽200~400mm的色带。色带的色标同规程中表5的规定	《深度冷冻法生产氧气及相关气体安全技术规程》(GB 16912—2008)第4.12.3条	氧气储罐、氮气储罐、氩气储罐为白色	符合	
4	物质名称的标识可用物质全称或化学分子式，如氮气、氧气或 N_2、O_2	《工业管道的基本识别色、识别符号和安全标识》(GB 7231—2003)第5.1条	储罐有物质名称标识	符合	

(3) 评价小结　本评价单元共检查了23项，其中20项符合相关标准、规范的要求，尚有下列3项需整改完善，具体见表3-9。

表3-9　评价结果

序号	不符合项内容	评价依据	标准要求	备注
1	压力表的选择、安装符合规程要求，并经校验、有铅封，部分压力表未标注最高工作压力红线	《固定式压力容器安全技术监察规程》第9.2.1条	选用的压力表，应当与压力容器内的介质相适应；设计压力小于1.6MPa压力容器使用的压力表的精度不得低于2.5级，设计压力大于或者等于1.6MPa压力容器使用的压力表的精度不得低于1.6级；压力表盘刻度极限值应当为最大允许工作压力的1.5~3.0倍。压力表安装前应当进行定定，在刻度盘上应当画出指示工作压力的红线，注明下次检定日期，压力表检定后应当加铅封。压力表与压力容器之间，应当装设三通旋塞或者针形阀(三通旋塞或者针形阀上应当有开启标志和锁紧装置)，并且不得连接其他用途的任何配件或接管	
2	部分管道上未采用色环标注	《工业管道的基本识别色、识别符号和安全标识》(GB 7231—2003)第4.2条	工业管道应有基本识别色，水(艳绿)、水蒸气(大红)、气体(中黄)、空气(淡灰)、酸或碱(紫)、可燃液体(棕)、其他液体(黑)、氧(淡蓝)	
3	部分管道上未标注介质流动方向	《深度冷冻法生产氧气及相关气体安全技术规程》(GB 16912—2008)第4.12.2条	管道上应漆有表示介质流动方向的白色或黄色箭头，底色浅的用黑色箭头	

3. 安全管理评价

（1）概述　××公司有健全的安全管理机构、完善的安全管理制度和丰富的气体生产安全管理经验。

（2）安全管理检查表评价　安全管理检查表见表 3-10。

表 3-10　安全管理检查表

序号	检查项目及内容	评价依据	检查记录	检查结果	备注
1	企业安全生产组织机构				
1.1	生产经营单位的主要负责人对本单位的安全生产工作全面负责	《安全生产法》第五条	企业安全生产责任制有相应规定	符合	
1.2	危险物品的生产、经营、储存、装卸单位，应当设置安全生产管理机构或者配备专职安全生产管理人员	《安全生产法》第二十四条	设置有安全管理部门，配备了专职安全管理人员	符合	
2	安全生产责任制的建立健全情况				
2.1	建立、健全全员安全生产责任制和安全生产规章制度	《安全生产法》第四条	有，见单位全员安全生产责任制	符合	
2.2	生产经营单位的全员安全生产责任制应当明确各岗位的责任人员、责任范围和考核标准等内容	《安全生产法》第二十二条	有，见单位全员安全生产责任制	符合	
3	安全生产管理制度、安全操作规程等				
3.1	生产单位主要负责人组织制定并实施本单位安全生产教育和培训计划	《安全生产法》第二十一条	有，见单位安全管理制度汇编	符合	
3.2	生产经营单位必须为从业人员提供符合国家标准或者行业标准的劳动防护用品，并监督、教育从业人员按照使用规则佩戴	《安全生产法》第四十五条	有，见单位安全管理制度汇编	符合	
3.3	企业应当制定劳动防护用品使用维护管理制度	《危险化学品生产企业安全生产许可证实施办法》第十四条	有，见单位安全管理制度汇编	符合	危化品生产企业安全生产许可证实施办法
3.4	企业应当制定动火、进入受限空间、吊装、高处、盲板抽堵、动土、断路、设备检维修等作业安全管理制度	《危险化学品生产企业安全生产许可证实施办法》第十四条	有，见单位安全管理制度汇编	符合	
3.5	应制定安全检查制度和隐患排查治理制度	《危险化学品生产企业安全生产许可证实施办法》第十四条	有，见单位安全管理制度汇编	符合	
3.6	应当制定生产安全事故或者重大事件管理制度	《危险化学品生产企业安全生产许可证实施办法》第十四条	有，见单位安全管理制度汇编	符合	
3.7	应当制定防火、防爆、防中毒、防泄漏管理制度	《危险化学品生产企业安全生产许可证实施办法》第十四条	有，见单位安全管理制度汇编	符合	
3.8	应当制定工艺、设备、电气仪表、公用工程安全管理制度	《危险化学品生产企业安全生产许可证实施办法》第十四条	有，见单位安全管理制度汇编	符合	

续表

序号	检查项目及内容	评价依据	检查记录	检查结果	备注
3.9	应制定安全生产奖惩制度	《危险化学品生产企业安全生产许可证实施办法》第十四条；《××市安全生产条例》第十三条	经单位批准实施	符合	
3.10	应制定安全管理制度及操作规程定期修订制度	《危险化学品生产企业安全生产许可证实施办法》第十四条	制定有岗位安全操作规程	符合	
3.11	生产经营单位的主要负责人组织制定并实施本单位安全生产规章制度和操作规程	《安全生产法》第二十一条(二)	制定有异常情况处理规定	符合	
3.12	应有生产操作数据记录	《化工企业安全管理规定》第17条	有操作记录	符合	
3.13	应有交接班记录	《化工企业安全管理规定》第17条	有交接班记录	符合	
4	安全生产管理人员和生产作业人员安全教育培训				
4.1	主要负责人应当由主管的负有安全生产监督管理职责的部门对其安全生产知识和管理能力考核合格	《安全生产法》第二十七条	经过培训,持证上岗	符合	
4.2	安全生产管理人员应当由主管的负有安全生产监督管理职责的部门对其安全生产知识和管理能力考核合格	《安全生产法》第二十七条	经过培训,持证上岗	符合	
4.3	电工作业人员应持证上岗	《安全生产法》第三十条	经过培训,持证上岗	符合	
4.4	压力容器作业人员应持证上岗	《安全生产法》第三十条	经过培训,持证上岗	符合	
4.5	组织制定并实施本单位安全生产教育和培训计划	《安全生产法》第二十八条	制定有安全生产教育培训计划和培训记录	符合	
4.6	未经安全生产教育和培训合格的从业人员,不得上岗作业	《安全生产法》第二十八条	经过培训,持证上岗	符合	
4.7	应制定新工艺、新技术、新设备、新产品投产前的专门安全生产教育和培训	《安全生产法》第二十九条	有培训记录	符合	
4.8	如实告知作业场所和工作岗位存在的危险因素、防范措施以及事故应急措施	《安全生产法》第四十四条	有告知书	符合	
5	安全生产监督检查				
5.1	生产经营单位的安全生产管理人员应当根据本单位的生产经营特点,对安全生产状况进行经常性检查	《安全生产法》第四十六条	有定期检查制度和记录	符合	
5.2	负有危险化学品安全监督管理职责的部门依法进行监督检查,可以采取下列措施:发现危险化学品事故隐患,责令立即消除或者限期消除	《危险化学品安全管理条例》第七条	有隐患整改制度和隐患整改记录	符合	

续表

序号	检查项目及内容	评价依据	检查记录	检查结果	备注
6	安全生产综合管理检查				
6.1	新、扩、改建项目的安全设施,必须与主体工程同时设计、同时施工、同时投入使用	《安全生产法》第三十一条	按规定设计、施工和投产,有执行"三同时"情况记录	符合	
6.2	生产经营单位必须对安全设备进行经常性维护、保养,并定期检测,保证正常运转。维护、保养、检测应当作好记录,并由有关人员签字	《安全生产法》第三十六条	安全设施按规定期限检验,有记录、签字	符合	
6.3	生产经营单位使用的危险物品的容器、运输工具必须按照国家有关规定,由专业生产单位生产,并经具有专业资质的检测、检验机构检测、检验合格,取得安全使用证或者安全标志,方可投入使用	《安全生产法》第三十七条	起重设备、压力容器等经过有资质单位检验合格	符合	
6.4	危险化学品生产企业应当提供与其生产的危险化学品相符的化学品安全技术说明书(MSDS),并在危险化学品包装(包括外包装件)上粘贴或者拴挂与包装内危险化学品相符的化学品安全标签	《危险化学品安全管理条例》第十五条	有专门的MSDS管理程序与管理系统,危险化学品包装上化学标签符合要求	符合	
6.5	生产经营单位使用被派遣劳动者的,应当将被派遣劳动者纳入本单位从业人员统一管理,对被派遣劳动者进行岗位安全操作规程和安全操作技能的教育和培训	《安全生产法》第二十八条	制定有相应制度,被派遣劳动者进厂经安全教育培训	符合	
7	事故应急预案				
7.1	生产经营单位应当根据有关法律、法规、规章和相关标准,结合本单位组织管理体系、生产规模和可能发生的事故特点,与相关预案保持衔接,确立本单位的应急预案体系,编制相应的应急预案,并体现自救互救和先期处置等特点	《生产安全事故应急预案管理办法》第十二条	制定有应急救援预案,格式不符合导则要求	不符合	应急预案管理办法
7.2	危险化学品单位应当制定本单位危险化学品事故应急预案,配备应急救援人员和必要的应急救援器材、设备,并定期组织应急救援演练	《危险化学品安全管理条例》第七十条	配备有相应人员和器材,并定期演练	符合	危化品安全管理条例
7.3	危险物品的生产、经营、储存单位应当建立应急救援组织	《安全生产法》第八十二条	单位设有专职消防队	符合	
7.4	生产、储存易燃易爆危险品的大型企业应当建立单位专职消防队,承担本单位的火灾扑救工作	《中华人民共和国消防法》第三十九、四十一条	单位设有专职消防队,员工手册中有志愿消防要求	符合	消防法
7.5	危险物品的生产、经营、储存、运输单位应当配备必要的应急救援器材、设备和物资,并进行经常性维护、保养,保证正常运转	《安全生产法》第八十二条	有器材清单、维护保养记录	符合	
7.6	应制定24小时值班制度	企业值班制度	设有领导和消防值班室	符合	

序号	检查项目及内容	评价依据	检查记录	检查结果	备注
7.7	符合国家规定的危险化学品事故应急预案和必要的应急救援器材、设备	《危险化学品安全管理条例》第三十条	设有应急器材柜	符合	
7.8	生产经营单位应当在应急预案公布之日起20个工作日内，按照分级属地原则，向安全生产监督管理部门和有关部门进行备案，并依法向社会公布	《生产安全事故应急预案管理办法》第二十六条	生产安全事故应急预案未在当地安全生产监督管理部门备案	不符合	

（3）评价小结　本评价单元共检查了40项，其中38项符合相关标准、规范的要求，2项需要整改完善，见表3-11。

表3-11　评价结果

序号	不符合项内容	评价依据	标准要求	备注
1	应急救援预案格式不符合导则要求	《生产安全事故应急预案管理办法》第十二条	生产经营单位应当根据有关法律、法规、规章和相关标准，结合本单位组织管理体系、生产规模和可能发生的事故特点，与相关预案保持衔接，确立本单位的应急预案体系，编制相应的应急预案，并体现自救互救和先期处置等特点	
2	生产安全事故应急预案未在当地安全生产监督管理部门备案	《生产安全事故应急预案管理办法》第二十六条	生产经营单位应当在应急预案公布之日起20个工作日内，按照分级属地原则，向安全生产监督管理部门和有关部门进行备案，并依法向社会公布	

4. 检查表评价结果

本评价对评价范围内的平面布置、工艺过程、设备、消防、防雷、电气、职业危害、储存、安全生产管理机构和各类人员持证情况、安全管理等方面，对照相关的法规、标准、规范进行了93项检查，其中88项符合或基本符合相关标准、规范的要求，5项需进一步改进完善。具体内容见表3-12。

表3-12　评价结果分析及整改措施

序号	不符合项内容	评价依据	检查情况	整改措施	备注
1	部分压力表未标注最高工作压力红线	《固定式压力容器安全技术监察规程》第9.2.1条	压力表经过校验，但部分压力表未用红线标注最高工作压力	应用红线标注压力表最高工作压力	
2	部分管道未采用色环标注	《工业管道的基本识别色、识别符号和安全标识》（GB 7231—2003）第4.2条	部分气体或液化气体管道未用色环标注	气体或液化气体管道应采用色环标注	
3	部分管道上未标注介质流动方向	《深度冷冻法生产氧气及相关气体安全技术规程》（GB 16912—2008）第4.12.2条	部分气体管道、液化气体管道上未用箭头标注介质流动方向	气体管道、液化气体管道应按照规定用箭头标注介质流动方向	

续表

序号	不符合项内容	评价依据	检查情况	整改措施	备注
4	应急救援预案格式不符合导则要求	《生产安全事故应急预案管理办法》第十二条	生产经营单位应当根据有关法律、法规、规章和相关标准,结合本单位组织管理体系、生产规模和可能发生的事故特点,与相关预案保持衔接,确立本单位的应急预案体系,编制相应的应急预案,并体现自救互救和先期处置等特点	按照编制导则对应急预案进行修订	
5	生产安全事故应急预案未在当地安全生产监督管理部门备案	《生产安全事故应急预案管理办法》第二十六条	生产经营单位应当在应急预案公布之日起20个工作日内,按照分级属地原则,向安全生产监督管理部门和有关部门进行备案,并依法向社会公布	应急预案修订经评审后报安全监管部门备案	

能力提升训练

通过本方法的学习,请你尝试列出学校某个实训室平面布置、安全管理安全检查表,并到现场进行检查。

归纳总结提高

1. 安全检查法和安全检查表法的主要区别是什么?
2. 常用的安全检查表主要有哪些类型?各有哪些特点?
3. 依据相关标准规范,编制本单位配电室(变压器室)安全检查表,并根据本单位实际情况,完成安全检查表法评价。注意:在对配电室(变压器室)进行安全检查时,必须有专业电工陪同。

安全评价师应知应会

1. 安全检查的内容不包括（　　）。
   （A）生产安全事故应急预案　　　　（B）安全管理制度
   （C）检查评定标准　　　　　　　　（D）安全教育、培训
2. 进行安全评价时,根据评价计值方法的不同可将安全检查表法分为四种。下列方法中评价计值方法中不属于上述四种方法之一的是（　　）。
   （A）逐项赋值法　　　　　　　　　（B）加权平均法
   （C）多项定性加权计分法　　　　　（D）单项否定计分法
3. 安全评价方法中,安全检查表法具有若干显著的优点。下列关于安全检查表法优点

的描述中，不正确的是（　　）。

(A) 只能适用于工程、系统的验收期

(B) 简明易懂，使用方便，易于掌握

(C) 对不同的检查对象、检查目的，可使用不同的检查表，应用范围广泛

(D) 检查人员依据安全检查表进行检查，结果是检查评价人员履行职责的凭证

4. 小王想用安全检查表对本厂实施检查，以下不可能实现的是（　　）。

(A) 利用检查结果对该厂危险性进行定性阐述

(B) 对同一工种的不同车间进行半定量打分比较

(C) 对不同危险场所进行定量分析，确定危险度分级

(D) 对该厂危险性进行定性分析

5. 安全检查是对工程及系统的设计、装置条件、实际操作、维修等进行详细检查以识别所存在的危险性。以下不能达到的是（　　）。

(A) 可以让操作人员对工艺危险保持警觉

(B) 审查操作规程的正确性、可行性

(C) 消除生产过程中的危险因素

(D) 对已变化或新增设备工艺的危险性进行识别

项目三　事件树分析法

实例展示

认真研读下列实例，研讨事件树分析法具有的特点。

油库输油管线投用一段时间后，由于应力、腐蚀或材料、结构及焊接工艺等方面的缺陷，在使用过程中会逐渐产生穿孔、裂纹等，并因外界其他客观原因导致渗漏。在改造与建设中也会根据需要，运用电焊、气焊等进行动火补焊、碰接及改造。动火作业（危险化学品企业特殊作业之一）是一项技术性强、要求高、难度大、颇具危险性的作业，为了避免发生火灾、爆炸、人身伤亡事故以及其他作业事故，动火作业必须采取一系列严格有效的安全防护措施。

油库输油管线作业流程和作业要求如下：

(1) 在实施动火施工作业前，业务领导和工程技术人员要认真进行实地勘察，特别要注意分析天气、风向、温度对作业的影响，应严格填写动火安全作业票，实施危险作业许可审批。

(2) 要针对不同的作业现场和焊、割对象，配备符合一定条件和数量的消防设备和器材，由消防班人员担任动火作业的消防现场值班，消防车停在作业现场担任警戒，消防水带延伸至作业现场，随时做好灭火准备。

(3) 实施动火施工过程中应注意油气浓度不在爆炸范围内，确认油气浓度在爆炸下限4%以下方可动火。

(4) 在清空的输油管线上动火，必须用隔离盲板断开所有与其他油罐（管）的连通，并

进行清洗和通风。

（5）使用电焊时，需断开待焊设备与其他储油容器、管道的金属连接。

（6）在清空的储油容器、输油管线上动火作业完毕后还必须进行无损检测，如进行水（气）压试验或超声波探伤。对检查出的焊接缺陷，及时补焊。

根据作业流程和事故分析，构造油库管线动火作业事件树。假定各事件的发生是相互独立的，通过风险辨识、故障树和专家经验分析，计算得出各分支链的后果事件概率，如图 3-2 所示。

 提出任务：事件树分析的步骤有哪些？事件树分析有何特点？

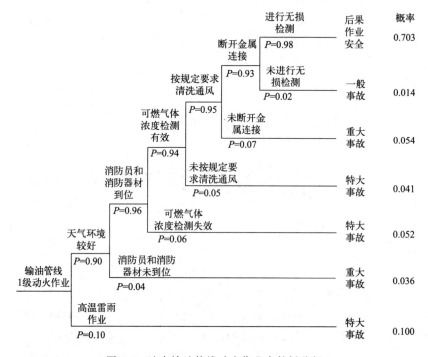

图 3-2　油库输油管线动火作业事件树分析

知识储备

事件树分析（event tree analysis，ETA）是系统安全工程的重要分析方法之一。1974 年美国耗资 300 万美元在对核电站进行风险评价中，事件树分析曾发挥重要作用，现在已有许多国家将事件树分析作为标准化的分析方法。事件树分析是我国国家标准局规定的事故分析的技术方法之一，《可信性分析技术　事件树分析（ETA）》（GB/T 37080—2018）确定 ETA 统一的基本原则，并为初始事件的后果建模和这些后果在可信性及风险相关量度方面的定性与定量分析提供指南。

事件树分析与故障树分析刚好相反，是一种从原因到结果的自下而上的分析方法。事件树分析是从一个初始事件开始，交替考虑成功与失败的两种可能性，然后再以这两种可能性为新的初因事件，如此继续分析下去，直至找到最后的结果为止。因此，事件树分析是一种归纳逻辑树，能够看到事故发生的动态发展过程。

一、事件树分析的目的和特点

事件树是判断树在灾害分析上的应用。判断树（decision tree）是以元素可靠性系数表示系统可靠程度的系统分析方法之一，是一种既能定性又能定量分析的方法。

事件树分析的主要目的有：①判断事故发生与否，以便采取直观的安全措施；②指出消除事故的根本措施，改进系统的安全状况；③从宏观角度分析系统可能发生的事故，掌握事故发生的规律；④找出最严重的事故后果，为确定初始事件提供依据。

事件树分析的主要特点有：①既可用于对已发生事故的分析，也可用于对未发生事故的预测；②事件树分析法在用于事故分析和预测时比较明确，寻求事故对策时比较直观；③事件树分析可用于管理上对重大问题的决策；④可以弄清初期事件到事故的过程，系统地用图展示出种种故障与系统成功、失败的关系；⑤对复杂问题可以用事件树分析法进行简化推理与归纳；⑥提供定义故障树初始事件的手段。

二、事件树分析的步骤

事件树分析通常包括确定初始事件、找出与初始事件有关的环节事件、编制事件树和说明分析结果四个步骤。

① 确定初始事件。初始事件是事件树中在一定条件下造成事故后果的最初原因事件。初始事件可以是系统故障、设备故障、人员误操作或工艺过程异常等。一般情况下选择最感兴趣的异常事件作为初始事件。

② 找出与初始事件有关的环节事件。环节事件是指出现在初始事件后的一系列可能造成事故后果的其他原因事件。

③ 编制事件树。把初始事件写在最左边，各环节事件按顺序写在右边；从初始事件画一条水平线到第一环节事件，在水平线末端画一条垂直线段，垂直线段上端表示成功，下端表示失败；再从垂直线两端分别向右画水平线到下个环节事件，同样用垂直线段表示成功和失败两种状态；依次类推，直到最后一个环节事件为止。如果某一个环节事件不需要往下分析，则水平线延伸下去，不发生分支。如此下去便编制出相应的事件树。

④ 说明分析结果。在事件树的最后写明由初始事件引起的各种事故结果或后果。为清楚起见，对事件树的初始事件和各环节事件用不同字母加以标记。

三、应用举例

某工厂有4台氯磺酸储罐，在检修失灵的紧急切断阀过程中氯磺酸罐发生爆炸，致使3人死亡，用事件树分析结果如图3-3所示。检修失灵的紧急切断阀一般按如下程序：①反应罐内的氯磺酸移至其他罐；②将水徐徐注入，使残留的浆状氯磺酸分解；③氯磺酸全部分解且烟雾消失以后，往罐内注水至满罐为止；④静置一段时间后，将水排出；⑤打开人孔盖，进入罐内检修。可是在这次检修时，负责人为了争取时间，在上述③项任务未完成的情况下，连水也没排净就命令检修工去开人孔盖。由于人孔盖螺栓锈死，两检修工用气割切断螺栓时，突然发生爆炸，负责人和两名检修工当场死亡。

分析这次事故的事件树图可以看出，紧急切断阀失灵会引起事故，对其修理时，会发生如图3-3所示的16种不同情况，这次爆炸事故属于图3-3中的第12种情况。

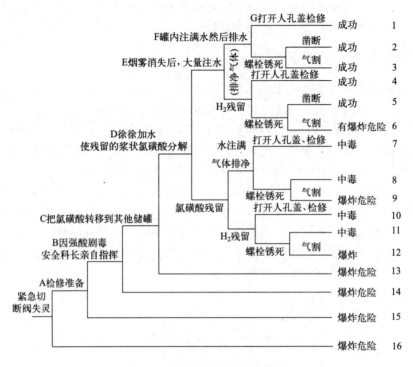

图 3-3　氯磺酸储罐爆炸事件树

能力提升训练

通过学习，请你尝试完成串联物料输送系统及并联物料输送系统的事件树。串联物料输送系统流程见图 3-4，并联物料输送系统流程见图 3-5。

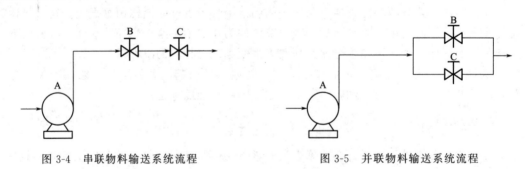

图 3-4　串联物料输送系统流程　　　　　图 3-5　并联物料输送系统流程

安全评价师应知应会

1. 事件树分析是利用逻辑思维的形式分析事故的形成过程。事件树分析的目的有多个，但是其中不包括（　　）。

（A）判断事故能否发生　　　　　　　（B）指出消除事故的安全措施
（C）确定最严重的事故后果　　　　　（D）确定最小割集

2. 事件树分析的目的包括（　　）。
(A) 能够判断出事故发生与否，以便采取直观的安全方式
(B) 能够指出消除事故的根本措施，改进系统的安全状况
(C) 从宏观角度分析系统可能发生的事故，掌握事故发生的规律
(D) 可以找出最严重的事故后果，为确定初始事件提供依据
3. 在事件树分析中，事故是（　　）引发的结果。
(A) 人的失误　　　　　　　　　　　(B) 设备故障或工艺异常
(C) 环境的不良　　　　　　　　　　(D) 管理缺陷
4. 事件树分析步骤不包括（　　）。
(A) 确定初始事件　　　　　　　　　(B) 分析事件原因
(C) 发展事件树和简化事件树　　　　(D) 分析事件树
5. 事件树分析法是按照事故发展的（　　）顺序分析的方法。
(A) 空间　　　　(B) 时间　　　　(C) 地点　　　　(D) 逻辑
6. 事件树分析法与事故树分析法采用（　　）逻辑分析方法。
(A) 相似的　　　(B) 相同的　　　(C) 相反的　　　(D) 无关的
7. 事件树分析是一种（　　）的方法。
(A) 系统地研究作为危险源的初始事件如何与后续事件形成时序逻辑关系而最终导致事故
(B) 在初始事件发生时，系统地判定安全功能，消除或减轻其影响以维持系统安全运行
(C) 从初始事件开始，按事件发展过程自左向右绘制事件树，用树枝代表事件发展途径
(D) 系统地研究如何采取措施预防事故发生

项目四　故障类型和影响分析

 实例展示

认真研读下列实例，研讨故障类型和影响分析有何特点？

沉降离心机是一种机电一体化的关键设备，该设备在满足核安全、远距离拆卸、料液分离等方面要求严格，它是一种非标设备，专业性较强，呈立式倒杯结构，主要用来处理核反应堆中含有一定数量的不溶物。该离心机结构复杂，发生故障时具有隐蔽性和偶然性，据不完全统计，转鼓、主轴和轴承发生的故障对离心机的可靠性影响较大。随着沉降离心机使用寿命的缩短，它不可避免会出现主轴、转鼓磨损等故障情况，导致沉降离心机的安全性和可靠性降低，同时其工作环境苛刻、系统运动部件多、振动大，直接影响着整机系统的工作效率和安全性。

故障及原因判断有以下几点：
(1) 转鼓的脆性破坏、裂纹，主要原因为转鼓所用材料晶粒粗大，组织不均匀；
(2) 轴承温度控制经常出现问题，主要原因为系统误报，轴承漏油；
(3) 主轴疲劳断裂，主要原因为强度和耐磨性不够，应力集中；
(4) 螺栓脱落，主要原因为离心振动偏心导致螺栓松动脱落；

（5）沉降离心机在空载和加水实验中出现振动、杂音、振幅偏大现象，主要原因为系统振动不平衡；

（6）离心机进料管频繁断裂，主要原因为高压积料堵塞；

（7）联轴器橡胶柱磨损，紧固件松动，密封圈磨损，排渣系统出现故障，主要原因为振动加剧；

（8）离心机机架松动，造成离心机系统运行振动加剧，主要原因为高速旋转造成整个机架筋板疲劳破坏。

对沉降离心机的各个零部件进行全面分析，得出沉降离心机的 FMEA 表，在此仅列举调心球轴承、轴、转鼓、机架四类主要零部件的故障模式与影响、设计改进措施、补偿措施等。沉降离心机的 FMEA 表见表 3-13。

表 3-13 沉降离心机 FMEA 表

代码	标志	功能	故障模式	故障原因	任务阶段	局部影响	高一层次影响	最终影响	故障等级	故障检测方法	设计改进措施	补偿措施
1	调心球轴承	支撑主轴作用	碎裂点蚀	超过极限强度	整个过程	变形	脆裂	离心机主轴卡住	Ⅲ（临界的）	振幅传感器	控制转速及其他动不平衡的影响	
2	转鼓	离心沉降	脆性破坏	晶粒粗大，组织分布不均	运行过程	出现裂纹	离心机脆裂	重大安全事故	Ⅱ（严重的）	速度传感器	改善加工性能	
3	轴	传递动力	疲劳断裂	承受弯矩和扭矩	运行过程	传递失效	转鼓无法运转	离心机报废	Ⅰ（致命的）	速度传感器	改善设计材料	提高其韧性、强度
4	机架	固定组件	支架断裂	弯曲应力反复冲击	在工作过程中	机架松动	电动机转动不平稳	主轴弯曲	Ⅳ（可忽略的）	电动机转速异常	装配保证主轴垂直	调整垂直度

具有Ⅰ、Ⅱ类故障且故障发生频率在 1% 以上的零部件为关键零部件，依据沉降离心机 FMEA 表得出：

（1）关键零部件为：机架、套筒、上轴、转鼓、轴承、座体、密封环、密封连接环、板毂、开槽平端紧定螺钉、密封套、底锥等。

（2）电动机运转通过调频加速的过程中，运转较为平衡，但开始加料时，振幅偏转较大，主要因为加料喷到转鼓及散液板表面导致系统不平衡，此外在一定的条件下，离心机径向最大速度和供料速度影响其温度的变化，而供料量对离心机轴向速度分布有着很大影响，同时整个离心机系统存在共振区，这些因素的存在一定程度上会导致振幅偏大的现象。

（3）电动机减速到一定转速的时候，振动的次数较多，振动频繁，主要原因为渣水和清液分离装置的高速旋转导致了转鼓质量分布不均，低速动载的动不平衡现象，可以通过改进清液分离装置来解决这一问题。

（4）依据 FMEA 分析结果，要重点改进关键零部件的设计，例如优化转鼓结构设计，增加系统的安全裕度，降低初始事件的发生概率。

提出任务：故障类型和影响分析表包括哪些基本内容？故障类型包括哪几个等级？

知识储备

美国于 1957 年最早将故障类型和影响分析（failure mode effects analysis，FMEA）法用于飞机发动机故障分析，因其容易掌握且实用性强，故得到了迅速推广。目前许多国家在核电站、化工、机械、电子、仪表工业中都有广泛应用，是安全系统工程中的重要分析方法之一。它采取系统分割的概念，根据实际需要把系统分割成子系统，或进一步分割成元件。然后对系统的各个组成部分进行逐个分析，寻求各组成部分中可能发生的故障、故障因素，以及可能出现的事故，可能造成人员伤亡的事故后果，查明各种故障类型对整个系统的影响，并提出防止或消除事故的措施。

FMEA 法能够对系统或设备部件可能发生的故障模式、危险因素，对系统的影响、危险程度、发生可能性大小或概率等进行全面的、系统的定性或定量分析，并可针对故障情况提出相应的检测方法和预防措施，因而具有较强的系统性、全面性和科学性。实践证明，FMEA 法用于工业系统中的潜在危险辨识和分析，具有良好的效果。

一、基本概念

① 故障。元件、子系统、系统在运行时，不能达到设计要求，因而不能实现预定功能的状态称为故障。

② 故障类型。系统、子系统或元件发生的每一种故障形式称为故障类型。一般可从五个方面考虑，即运行过程中的故障；过早启动；规定时间内不能启动；规定时间内不能停车；运行能力降级、超量或受阻。如一个阀门可能有内漏、外漏、打不开和关不严四种故障类型。

③ 故障等级。根据故障类型对系统或子系统影响程度的不同而划分的等级称为故障等级。通常人们根据故障造成影响的大小而采取相应的处理措施，因此评定故障等级非常必要，故障等级的评定可以从以下五个方面考虑：故障影响的大小；对系统造成影响的范围；故障发生的频率；防止故障的难易；是否重新设计。

二、故障类型及影响分析步骤

一般按照下述步骤进行故障类型及影响分析。

① 调查所分析系统的情况，收集整理资料。将所分析的系统或设备部件的工艺、生产组织、管理和人员素质、设备等情况，以及投产或运行以来的设备故障和伤亡事故情况进行全面调查分析，收集整理伤亡事故、设备故障等方面的有关数据和资料。

② 确定分析的基本要求。通常应满足以下四个方面：a. 分清系统主要功能和次要功能在不同阶段的任务；b. 逐个分析易发生故障的零部件；c. 关键部分要深入分析，次要部分分析可简略；d. 有切实可行的检测方法和处理措施。

③ 绘制系统图和可靠性框图。一个系统可以由若干个功能不同的子系统组成，如动力、设备、结构、燃料供应、控制仪表、信息网络系统等，其中还有各种接合面。为了便于分析，对复杂系统可以绘制各功能子系统相结合的系统图，以表示各系统间的关系。对简单系统可以用流程图代替系统图。从系统图可以继续画出可靠性框图，它表示各元件是串联或并联，以及输入和输出情况。由几个元件共同完成一项功能时用串联连接，元件有备用品时则用并联连接。可靠性框图内容应和相应的系统图一致。

④ 分析故障类型和影响。按照可靠性框图，根据过去的经验和有关的故障资料，列举

出所有的故障类型，填入 FMEA 表中。然后从其中选出对子系统以致系统有影响的故障类型，深入分析其影响后果、故障等级及应采取的措施。如果经验不足，考虑不周到，将会给分析带来影响，因此这是一项技术性较强的工作，最好由安全技术人员、生产人员和工人三者结合进行。

⑤ 将分析结果进行故障类型分级。故障类型的等级见表 3-14。

表 3-14　故障类型的等级

故障等级	影响程度	可能造成的损失
Ⅰ级	致命的	可能造成死亡或系统毁坏
Ⅱ级	严重的	可能造成重伤、严重职业病或主系统损坏
Ⅲ级	临界的	可能造成轻伤、轻度职业病或次要系统损坏
Ⅳ级	可忽略的	不会造成伤害和职业病，系统不会受到损坏

三、应用举例

空气压缩机的储罐属于压力容器，其功能是储存空气压缩机产生的压缩空气。对空气压缩机储罐的罐体和安全阀两个部件应用故障类型和影响分析，分析结果见表 3-15。

表 3-15　储气罐的故障类型及影响分析

元(部)件名称	功能	故障类型	故障的原因	故障的影响	故障的识别	校正措施
储气罐罐体	储存气体	轻微泄漏	接口不严	能耗增加	漏气噪声、空气压缩机频繁打压	巡检、保养
		严重泄漏	焊接裂缝	压力迅速下降，可能伤人	漏气噪声、压力表读数下降	停机修理
		破裂	材料缺陷、受冲压等	供气压力迅速下降，损伤人员和设备	破裂声响、压力表读数迅速下降	停机检修
安全阀	避免储气罐超压	漏气	接口不严、弹簧疲劳	能耗增加	漏气噪声、空气压缩机频繁打压	巡检、保养
		误开启	弹簧疲劳、折断	压力迅速下降	漏气噪声、压力表读数下降	停机检修
		不能开启	由锈蚀污物等造成	超压时失去安全功能，系统压力迅速增高	压力表读数升高	停机检修，更换安全阀

能力提升训练

请你尝试完成电机运行系统故障类型和影响分析。

一电机运行系统如图 3-6 所示，该系统是一种短时运行系统，如果运行时间过长则可能引起电线过热或电机过热、短路。对系统中主要元素进行故障类型和影响分析，请你尝试完成表 3-16。

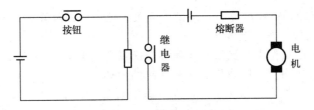

图 3-6 电机运行系统示意

表 3-16 电机运行系统故障类型和影响分析

元素	故障类型	可能的原因	对系统的影响
按钮			
继电器			
熔断器			
电机			

归纳总结提高

1. 简述故障类型及影响分析的适用范围。
2. 故障类型一般从哪几个方面来考虑？
3. 故障等级从哪几个方面考虑？

安全评价师应知应会

1. 在故障类型及影响分析方法中，风险即危险度。系统的危险度可根据生产系统中（　　）来确定。

　　（A）故障发生可能性与本质安全性　　（B）本质安全性与事故危险性
　　（C）事故危险性与隐患严重性　　（D）故障的可能性与后果的严重性

2. 关于故障类型及影响分析定性评价方法的"缺陷"的描述中，（　　）不属于元件故障的原因。

　　（A）设计上的缺陷　　（B）制造上的缺陷
　　（C）销售时的缺陷　　（D）使用上的缺陷

3. 使用故障类型及影响分析（FMEA）方法进行评价时，风险矩阵的故障概率定性分类法将故障概率分为Ⅰ级、Ⅱ级、Ⅲ级、Ⅳ级四个级别，其中Ⅲ级表示（　　）。

　　（A）故障概率高，元器件操作期间易于出现故障
　　（B）故障概率中等，元器件操作期间故障出现的机会为50%
　　（C）故障概率很低，元器件操作期间不易于出现故障
　　（D）故障概率很低，元器件操作期间故障出现的机会可忽略

4. 使用故障类型及影响分析法进行定性安全评价，定性分级的方法按故障类型一般将

对子系统或系统影响的严重程度分为4级。下列关于这4级的描述中，不正确的是（　　）。

(A) Ⅰ级可造成死亡或系统毁坏
(B) Ⅱ级可造成严重伤害、严重职业病或全部系统的毁坏
(C) Ⅲ级可造成轻伤、轻职业病或次要系统的损坏
(D) Ⅳ级不会造成伤害和职业病，系统不会受到损坏

5. 半定量故障等级划分法是故障类型分级方法之一，半定量故障等级划分的几个依据中，不包括（　　）。

(A) 损失的严重程度　　　　　　　(B) 故障的影响范围
(C) 故障的发生频率　　　　　　　(D) 故障的发生原因

6. 运用故障类型与影响分析方法进行评价时，最好有安全技术人员、（　　）和工人参与进行。

(A) 工艺技术人员　(B) 部门经理　(C) 安全管理人员　(D) 企业负责人

7. 下面的①～⑤项为在进行故障类型与影响分析时采取的若干步骤，使用故障类型及影响分析法进行安全评价时，正确的顺序为（　　）。

①确定分析程度和水平；②绘制系统图和可靠性框图；③明确系统本身的情况和目的；④列出造成故障的原因；⑤列出所有故障类型并先列出对系统有影响的故障类型。

(A) ①②③④⑤　(B) ③①②⑤④　(C) ③①②④⑤　(D) ④③①②⑤

8. 故障类型及影响分析是一种定性评价方法，便于掌握，侧重于建立上、下级的逻辑关系，其分析过程是（　　）。

(A) 从结果到原因　　　　　　　　(B) 从原因到结果
(C) 从整体到部分　　　　　　　　(D) 从部分到整体

项目五　预先危险性分析

实例展示

认真研读下列预先危险性分析实例，讨论该法包含哪些主要内容，并分析该法有何特点。

本实例展示的是××化工有限公司"新建的年产×万吨聚氨酯树脂生产线"安全预评价报告中甲苯储罐区单元采用预先危险性评价法分析的内容。

1. 甲苯储罐区单元预先危险性分析

甲苯储罐区单元预先性危险分析表见表3-17和表3-18。

表3-17　甲苯储罐区单元预先危险性分析表（一）

建设项目预先危险性分析表(A)	
系统：甲苯储罐区单元	制表：××安全有限公司
潜在事故	火灾、爆炸
危险因素	易燃液体泄漏造成火灾、爆炸
原因事件	1. 储罐进出料管线、法兰等破损、泄漏； 2. 进出料泵密封处泄漏； 3. 车辆撞击或人为损坏造成泵、管道泄漏； 4. 由自然灾害(如雷击、台风、地震)造成储罐、管道破裂泄漏； 5. 储罐超装造成液体物料漫溢

续表

发生条件	1. 易燃液体蒸气与空气形成爆炸性混合物,浓度达爆炸极限; 2. 易燃物质遇明火、电气火花、静电火花、高温物体等点火源
触发事件	1. 明火 ①违章动火;②外来人员带入火种;③点火吸烟;④他处火灾蔓延;⑤其他火源。 2. 火花 ①金属撞击(带钉皮鞋、工具碰撞等);②电气火花;③线路老化,引燃绝缘层;④短路电弧;⑤静电;⑥雷击;⑦焊、割、打磨产生火花等
事故后果	发生火灾、爆炸,人员伤亡、停产,造成严重经济损失
危险等级	Ⅲ~Ⅳ
火灾、爆炸防范措施	1. 控制与消除火源 ①加强门卫,严禁吸烟、带入火种; ②严格执行动火作业票制度,并加强防范措施; ③储罐区涉及爆炸危险场所使用防爆性电气设备; ④严禁钢质工具敲击、抛掷,不使用产生火花工具; ⑤按标准安装避雷设施,储罐、管道采用防静电措施; ⑥储罐按照规定安装呼吸阀、阻火器; ⑦储罐按照规定安装液位计、高液位报警装置并与泵联锁; ⑧易燃易爆物质储罐区安装可燃气体浓度监测报警装置。 2. 严格控制设备及其安装质量 ①对储罐、管线、泵、阀、报警器监测仪表定期检、保、修; ②防雷设施、防爆电器定期检测。 3. 加强管理、严格工艺,防止易燃液体泄漏 ①杜绝"三违"(违章作业、违章指挥、违反劳动纪律); ②坚持巡回检查,发现问题及时处理; ③检修时做好隔离、清空、通风,在监护下进行动火等作业; ④加强培训、教育、考核工作,经常性检查有无违章、违纪现象

表 3-18 甲苯储罐区单元预先危险性分析表(二)

建设项目预先危险性分析表(B)	
系统:甲苯储罐区单元	制表:××安全有限公司

潜在事故	中毒、窒息
危险因素	1. 甲苯泄漏、氮气泄漏; 2. 检修、抢修作业时接触有毒物料
原因事件	1. 储罐进出料管线、法兰等破损、泄漏; 2. 进、出料泵密封处泄漏; 3. 车辆撞击或人为损坏造成泵、管道泄漏; 4. 由自然灾害(如雷击、台风、地震)造成储罐、管道破裂泄漏; 5. 储罐超装造成液体物料漫溢; 6. 人员进入储罐检修时储罐未彻底清洗、置换干净; 7. 人员作业时未穿戴劳动防护用品
发生条件	1. 有毒物料超过容许浓度; 2. 毒物摄入体内,皮肤沾染
触发事件	1. 毒害性物质浓度超标; 2. 储存场所应急设施配备不当; 3. 缺乏泄漏物料的危险、有害特性及其应急预防方法的知识; 4. 不清楚泄漏物料的种类,应急不当; 5. 在有毒物现场无相应的防毒面具、空气呼吸器以及其他有关的防护用品; 6. 因故未戴防护用品; 7. 防护用品选型不当或使用不当; 8. 救护不当; 9. 在有毒场所作业时无人监护

续表

事故后果	人员中毒、物料损失
危险等级	Ⅲ
中毒、窒息 防范措施	1. 严格控制储罐、管道、泵安装质量，消除泄漏的可能性 ①防止毒害性物料的跑、冒、滴、漏； ②加强管理，严格装卸作业工艺； ③安全设施保持齐全、完好。 2. 泄漏后应采取相应措施 ①查明泄漏源点，切断相关阀门，消除泄漏源，及时报告； ②如泄漏量大，应疏散有关人员至安全处。 3. 进入储罐检修作业时，应对储罐彻底清洗干净，并检测有毒有害物质浓度、氧含量，合格后方可作业；作业时，穿戴劳动防护用品，有人监护并有抢救后备措施。 4. 要有应急预案，抢救时勿忘正确使用防毒面具、空气呼吸器及其他防护用品。 5. 组织管理措施 ①定期检查、检测有毒有害物质有无跑、冒、滴、漏； ②教育、培训职工掌握有关毒物的毒性，预防中毒、窒息的方法及其急救法； ③要求职工严格遵守各种规章制度、操作规程； ④设立危险、有毒、窒息性标志； ⑤设立急救点，其服务半径不应大于15m，配备相应的急救药品、器材； ⑥培训医务人员对中毒、窒息、灼烫等的急救处理能力

2. 预先危险性分析结果

由分析结果可见，火灾爆炸的危险性为Ⅲ～Ⅳ级，中毒的危险性为Ⅲ级。本建设项目甲苯储罐区单元存在的危险有害因素主要有以下几个方面：

① 易燃液体泄漏引起的火灾、爆炸危害；

② 人体接触或吸入、食入毒害性物质引起的中毒、窒息危害。

针对该建设项目存在的主要危险有害因素，提出的安全措施有以下几点：

① 储罐、反应设备、管道、泵密封处应采用耐相应温度、压力和腐蚀的垫片或填料，以保证密封状况良好。

② 爆炸危险场所禁止明火，爆炸危险场所电气设备应采用防爆型。

③ 储罐应设置液位计、高液位报警设施，储罐区和生产场所应设置可燃气体报警器。

④ 生产设备、储罐、管道应采用防雷接地、防静电接地措施，接地极应经过检测，接地电阻符合标准要求，并定期检查、检测接地状况。

⑤ 电器设备应可靠接地，接地电阻应符合标准要求。

⑥ 定期检测作业现场空气中有害物质浓度，浓度过高应及时采取措施，作业人员应佩戴个体防护器具，并做好防止皮肤污染的安全措施。操作区域应通风良好。

⑦ 当发生事故需要现场处理时，操作人员应着相应的防护器具，避免接触有毒的烟气。

⑧ 检修作业时人员进入设备前应将设备内有害物质清洗干净，并做好通风换气工作，取样分析合格，检修前应准备相应的个体防护器具。

⑨ 加强人员培训，严格按照设备内作业的相关要求作业。进设备前应用盲板将与之相连的管道隔离。设备检修人员在设备内作业时应监测设备内氧气浓度。

⑩ 对机器设备应经常进行维护保养，保证运转正常。联轴器、皮带传动装置等转动部位应设置防护罩。

⑪ 制定详细的操作规程，严格按规程操作，避免操作过程中造成人员的伤害等事故。

 提出任务：什么是预先危险性分析？预先危险性分析的步骤有哪些？

知识储备

预先危险性分析又称初步危险分析（preliminary hazard analysis，PHA），是在某项工作开始之前，为实现系统安全，而在开发初期阶段对系统进行初步或初始分析，包括设计、施工和生产前，先对系统中存在的危险类别、出现条件和导致事故的后果进行分析，以便识别系统中的潜在危险、有害因素，确定危险等级，防止这些危险、有害因素失控而导致事故发生。

一、预先危险性分析的步骤

1. 预先危险性分析的目的

通过预先危险性分析可达到如下目的：大体识别与系统有关的主要危险、有害因素；识别产生危险的原因；预测出现事故时对人体或系统产生的影响；划分危险性等级；制定消除或控制危险的措施。

2. 预先危险性分析的步骤

预先危险性分析一般有如下几个步骤。

（1）通过经验判断、技术诊断或其他方法，确定出危险源及危险源存在的地点。即识别出系统中存在的危险、有害因素，并确定出其存在的部位，充分详细地调查了解所需分析系统的情况，如生产目的、所用物料、生产装置及设备、工艺过程、操作条件以及周围环境等。

（2）依据过去的经验教训和同行业生产中曾经发生过的事故或灾害情况，对系统的影响和损坏程度，用类比推理的方法判断出所需分析系统中可能出现的情况，找出假设事故或灾害可能发生时，能够造成系统故障、物质损失和人员伤害的危险性，分析和确定事故或灾害的可能类型。

（3）对确定的危险源进行分类，编制预先危险性分析表。

（4）识别转化条件，研究危险、有害因素转变为危险状态的触发条件，危险状态转变为事故或灾害的必要条件，有针对性地寻求预防性的对策措施，并检查对策措施的有效性。

（5）进行危险性分级，列出重点和轻、重、缓、急次序，以便进一步处理。

（6）制定事故或灾害的预防性对策措施。

3. 预先危险性分析的等级划分

在进行预先危险性分析时，将各类危险性按照危险程度的不同划分为4个等级，以便衡量危险性的大小及其对系统的破坏程度。危险性等级划分见表3-19。

表 3-19 危险性等级划分

级别	危险程度	可能导致的后果
Ⅰ	安全的	不会造成人员伤亡及系统损坏
Ⅱ	临界的	处于事故的边缘状态,暂时还不至于造成人员伤亡、系统损坏或降低系统性能,但应予以排除或采取控制措施
Ⅲ	危险的	会造成人员伤亡和系统损坏,要立即采取防范对策措施
Ⅳ	灾难性的	造成人员重大伤亡及系统严重破坏的灾难性事故,必须予以果断排除并进行重点防范

4. 预先危险性分析要点

（1）充分考虑工艺特点，列出危险性和危险状态
① 生产原料、中间产品和最终产品特性，以及它们的反应活性；
② 生产操作环境；
③ 生产装置和设备；
④ 设备布置情况；
⑤ 操作活动，如测试、调试、维修等；
⑥ 系统与系统之间的连接；
⑦ 各个单元之间的联系；
⑧ 防火及安全设备、设施。

（2）需考虑的其他因素
① 具有危险的设备和物料。如燃料、有毒物质、高反应活性的物质、爆炸物质、高压系统、其他储运系统等。
② 设备与物料之间的安全隔离装置。如物料的相互作用，火灾、爆炸的产生、发展和控制，停车系统等。
③ 对设备和物料有影响的环境因素。如地震、振动、水灾、静电、放电、极端环境温度等。
④ 操作、测试、调试、维修及紧急处置规程。如人为失误的可能性，操作人员的作用，设备布置，可接近性，人员的安全保护等。
⑤ 相关辅助设备、设施。如储槽、测试设备、公用工程等。
⑥ 与安全有关的设备、设施。如调节系统、备用设备、灭火设施及人员防护设施等。

（3）所需资料　在使用预先危险性分析方法时，需要分析人员取得如下资料：装置设计标准、设备说明、材料说明及其他资料。预先危险性分析需收集装置或系统的各类有用资料，以及其他可靠资料。应尽可能从不同渠道收集任何相同或相似的装置，或者即使工艺过程不同但使用的设备和物料相同的装置或系统的有关资料，相似设备的危险性分析，相似设备的操作经验等，以便从中汲取相关经验。

预先危险性分析多数是用在项目开发的初期进行危险、有害因素的识别，因此能提供的资料是有限的。但为了让预先危险性分析能达到预期的效果，分析人员必须至少获取可行性研究报告或工艺过程的概念性设计说明书，必须知道过程所包含的主要化学物质、反应过程、工艺参数等，以及主要设备及其类型，说明装置需完成的基本操作和操作目标的有关资料，这些都有助于确定设备的危险类型和操作环境。

二、预先危险性分析的几种表格

预先危险性分析的结果多采用表格形式列出。表格的格式和内容可根据实际情况确定。

1. 预先危险性分析的表格内容

预先危险性分析的表格虽可根据实际应用情况来确定，但一般应能体现出以下内容。
① 了解系统的基本目的、工艺过程、控制条件及环境因素等。
② 将整个系统划分为若干个子系统，即分析单元。
③ 参照同类产品或类似的事故教训及经验，查明分析单元可能出现的危险、危害。
④ 确定危险、危害的起因。
⑤ 提出消除或控制危险、危害的对策，在危险、危害不能控制的情况下，提出最好的

损失预防方法。

2. 预先危险性分析的常用表格格式

预先危险性分析表格有如下几种基本的表格格式，见表 3-20～表 3-22。

表 3-20　PHA 工作表格

单元：　　　　　　　　编制人员：　　　　　　　　日期：

危险	原因	后果	危险等级	改进措施/预防方法

表 3-21　PHA 工作的典型格式

地区(单元)：_____　　　　　会议日期：_____
图号：_____　　　　　　　　小组成员：_____

危险/意外事故	阶段	原因	危险等级	对策
事故名称	危害发生的阶段,如生产、试验、运输、维修、运行等	产生危害的原因	对人员及设备的危害等级	消除、减少或控制危害的措施

表 3-22　预先危险性分析表通用格式

系统：1　子系统：2　状态：3　　　　预先危险性分析表(PHA)　　　　制表者：
编号：　　　日期：　　　　　　　　　　　　　　　　　　　　　　　制表单位：

潜在事故	危险因素	触发事件(1)	发生条件	触发事件(2)	事故后果	危险等级	防范措施	备注
4	5	6	7	8	9	10	11	12

表 3-22 中内容说明如下：

1——所分析子系统归属的车间或工段的名称；

2——所分析子系统的名称；

3——子系统处于何种状态或运行方式；

4——子系统可能发生的潜在危害；

5——产生潜在危害的原因；

6——可导致产生危险因素（5）的那些不希望事件或错误；

7——使危险因素（5）发展成为潜在危害的那些不希望发生的错误或事件；

8——导致产生发生条件（7）的那些不希望发生的事件及错误；

9——事故后果；

10——危害等级；

11——为消除或控制危害可能采取的措施，其中包括对装置、人员、操作程序等几方面的考虑；

12——有关必要的说明。

三、危险分析

根据危险的组成，一般从物质、能量和环境三个方面进行分析。

1. 物质

指生产系统中具有有毒、有害、易燃、易爆性质的原料、材料、燃料及工业排放废弃物等，包括：

① 污染物质。如烟气、粉尘、废气等大气污染物质，含有各类污染物的废水，工业排液，工业废弃物等。
② 腐蚀性物质。
③ 毒性物质。
④ 火灾危险性物质。如易燃、自燃、禁水性物质。
⑤ 爆炸性物质。
⑥ 物质泄漏。

2. 能量

① 电气装置。如漏电、电弧、电火花、静电放电、电气着火、触电等。
② 加速度。如高速、低速、速度变化。
③ 化学反应。如放热反应、吸热反应。
④ 冲击与振动。如冲撞、冲压、剪切、重物运动。
⑤ 压力。如高压、低压、压力变化。
⑥ 能源故障。如停电。
⑦ 结构损坏或故障。如倒塌、下沉等。

3. 环境

① 温度。如高温、低温、温度变化。
② 湿度。如潮湿、干燥。
③ 辐射。如 α 射线、β 射线、γ 射线、红外线、紫外线、高频电磁波、微波。
④ 振动波和噪声。
⑤ 气候环境。如暴风雨、大雪、大风、大雾、干旱、雷电等。

四、应用举例

1. 概况

液化石油气储配站涉及的主要物质是液化石油气，属易燃易爆物质，且具有一定的毒性，在卸车、倒罐、倒残液、灌瓶过程中因管理不当或设备故障极有可能造成火灾、爆炸、中毒事故。因此，根据石油化工有关规定和《石油化工企业设计防火标准》（GB 50160—2008）（2018年版），参照同类企业情况，将液化石油气火灾、爆炸、中毒确定为工艺过程中最主要的事故类型。同时，在工艺生产过程中还可能发生雷击及电气伤害、电气火灾、车辆伤害、物体打击、高处坠落和滑倒、水灾等事故。

依据上述确定的事故类型，分别对各事故类型产生原因和影响因素进行分析和归纳，分析并确定危险因素以及其转变为事故状态的触发事件，形成事故的原因和导致事故的后果等。在此仅列出主要事故类型火灾、爆炸的 PHA 分析结果。

2. PHA 分析表

PHA 分析表见表 3-23。

3. 液化石油气储配站预先危险性分析结果

（1）液化石油气储配站可能存在的事故类型有火灾、爆炸、中毒、雷击及电气伤害、电气火灾、车辆伤害、物体打击、高处坠落和滑倒、水灾等事故。

（2）通过对该工艺进行预先危险性分析，可知：级别为Ⅳ级，危险程度为灾难性的危险、有害因素有1项，即液化石油气火灾、爆炸；级别为Ⅲ级，危险程度为危险的危险、有

表 3-23 液化石油气储配站火灾、爆炸事故预先危险性分析表

潜在事故	危险因素	触发事件(1)	发生条件	触发事件(2)	事故后果	危险等级	防范措施
液化石油气火灾、爆炸	液化石油气及其残液泄漏,压力容器爆炸	(1)故障泄漏 ①储罐、汽化器、管线、阀门、法兰等泄漏;②管道破裂或破坏、设备、泵密封处泄漏、超装溢出;③机、泵破裂或转动设备连接处泄漏;④罐门、阀门、管道等加工质量不好;⑤罐车质量、材质、焊接（如制造加工质量、管道等）或安装不当泄漏;⑥撞击（如车辆撞击、物体倒落）或人为破坏造成罐、器及管线等破裂而泄漏;⑦由自然灾害（如雷击、台风等）造成的破裂泄漏。(2)运行泄漏 ①超温、超压;②安全阀操作不当;③垫片断裂损坏或泄漏;④骤冷、急冷造成裂造成泄漏;⑤液化石油气瓶压力容器未按规定及操作规程操作;⑥转动部分不洁、摩擦产生高温、物品	(1)液化石油气浓度达到爆炸极限;(2)液化油气及其残液遇明火;(3)存在点火源,静电火花等引燃,高温物体,引爆能量	(1)明火 ①吸烟;②抢修、检修时违章动火、焊接时未按"十不焊"及有关规定动火;③外来人员带入火种;④物质过热引起燃烧;⑤其他承冒烟着火（如其他火灾引发二次火灾等。(2)火花 ①穿带钉皮鞋;②击打管道、设备产生火花;③电器火花或设备受到超载,绝缘陈旧老化引起火、短路火花,或因超载,绝缘烧坏引起火花;④静电火花;⑤电线短路;⑥雷击（直接雷击、沿着管道侵入）;⑦进入车辆未带阻火器（一般要禁止驶入）;⑧焊、割、打磨产生火花等	液化石油气漏,人员伤亡,停产,造成严重经济损失	IV	(1)控制与消除火源 ①进入易燃易爆区严禁吸烟、携带火种,穿带钉皮鞋;②动火必须严格按动火手续办理动火作业票,并采取有效防范措施;③在易燃易爆场所要使用防爆型电器;④禁止工具敲打、撞击、抛掷;⑤按规定安装避雷装置;⑥加强静电措施;⑦加强石油气的车辆配备完好的阻火器,正确行驶,绝对防止发生任何故障和车祸。(2)严格控制设备质量及其安装 ①罐、器、管线、机、泵、阀等设备及其配套仪表要选用质量合格产品,并把好质量关,安装完毕,压力试压,管道要求按定期检验、检测、试压,管道要定期进行检查,保养、维护,保持完好状态;②按规定安装电气线路、仪表、报警器等要定期进行检查,维护,保养,保持完好状态;③对设备、电气线路、仪表报警器要定期进行检查、维护、保养,保持完好状态;④按规定安装液化石油气泄漏监测报警装置;⑤有液化石油气泄漏的场所,高温部位要采取隔热、密闭措施。(3)防止液化石油气及其残液残留的跑、冒、滴、漏。(4)加强管理,严格工艺纪律。化学品严格根据《危险化学品安全管理条例》张贴作业场所危险化学品安全标签;②杜绝"三违",严守工艺纪律,防止生产事故;参数发生变化,发现问题及时处理,如液位报警、联锁报警仪表、呼吸阀,自动调节阀等安全设施是否完好,消防通道、地沟是否畅通清洁;必须做好与生产岗位的分离监护及消防作业,特别是残液排漏,液位报警装置是否正常,在行动火作业的条件下,进行分析合格并有现场后方能进行动火作业,并且要彻底清理干净作业残液培训、教育、考核工作;⑥检查是否有违章、违纪等现象;⑦加强安全设施（如消防设施、遥控报警器齐全并保持完好;②防止车辆碰坏等设施 ⑤安全设施（如消防设施、遥控报警器;②储罐安装报警器;③易燃易爆场所安装可燃气体检测报警装置

害因素有4项，包括雷击及电气伤害、电气火灾、高处坠落和滑倒以及水灾；级别为Ⅱ级，危险程度为临界的危险、有害因素有3项，包括中毒、厂内车辆伤害和物体打击。

(3) 对于上述可能产生的各种危险、有害因素，在预先危险性分析表中已提出初步的防范对策措施，如果加强对生产过程这些危险点的有效控制，能满足安全生产的要求。

4. 建议

通过液化石油气储配站预先危险性分析，提出三点建议：

(1) 在"初步设计"中，应按生产工艺和安全生产的要求，同时考虑先进性、科学性、合理性和操作方便的原则，确定各个设备的型号、规格、材质、数量和管口方位等，力求一次性设计到位。

(2) 所有的计量、监测、报警的压力表、温度计、报警器和阀门、开关、安全附件等，应按规范要求配置齐全。还要注意到：厂房内的所有设备应每年自检或按国家规定，进行定期检测。

(3) 建议认真参考预先危险性分析所提出的生产过程中可能出现的危害以及对策措施，在"初步设计"中体现出来。

能力提升训练

喷漆作业场所作业人员在调漆、浸漆、喷漆或烘干等过程中，易燃有机溶剂极易挥发，并与空气混合形成爆炸性混合物，若作业场所无通风设施、通风设计不良，或喷漆作业场所电气不防爆、电气防爆不符合要求，未采取导除静电接地措施等，遇明火、电火花、静电火花、高热等，可导致火灾、爆炸事故的发生，造成人身伤亡和设备损坏，给企业带来经济损失，请你尝试对喷涂作业进行预先危险性分析，可参照表3-23完成预先危险性分析表（可从明火源、电火花、撞击火花、静电火花、高热等方面进行分析）。

归纳总结提高

1. 预先危险性分析方法能够鉴别系统产生危险的原因。
2. 进行预先危险性分析评价时一般有哪些步骤？
3. 预先危险性分析评价时危险性等级如何划分？
4. 进行预先危险性分析评价时一般从哪几个方面进行？如何分析？

安全评价师应知应会

1. 预先危险性分析要达到的基本目标是（　　）。
　（A）识别与系统有关的主要危险、危害　　（B）鉴别产生危害的原因
　（C）估计和鉴别危害对系统的影响　　（D）将危险、危害分级

2. 用预先危险性分析进行安全评价时，一般将危险性划分为4个等级。下列关于这4个等级的描述中，不正确的是（　　）。
　（A）安全的就不会造成人员伤亡及系统损坏
　（B）临界的是指处于事故的边缘状态，暂时还不至于造成人员伤亡

(C) 危险的是指会造成人员伤亡和系统损坏，宜酌情采取防范对策措施
(D) 灾难性的是指造成人员重大伤亡及系统严重破坏的灾难性事故，应予以果断排除
3. 预先危险性分析（PHA）主要适用于项目生命周期中的（   ）使用。
(A) 初期 (B) 中期 (C) 后期 (D) 验收期
4. 下列关于预先危险性分析法的描述中，不正确的是（   ）。
(A) 对导致灾害事故的各种因素及逻辑关系能做出全面、简洁和形象的描述
(B) 产品设计或系统开发时，可利用危险性分析结果，提出注意事项和规程
(C) 构思产品设计时可及时指出主要危险，便于采取措施排除、降低事故风险
(D) 结果可用于确定设计管理方法和技术责任，编制成安全检查表以保证实施
5. 预先危险性分析法将评价对象或单元的危险性划分为（   ）个等级。
(A) 3 (B) 4 (C) 5 (D) 6
6. 预先危险性分析法力求达到的目的有 4 个，下列不属于其中的是（   ）。
(A) 大体识别与系统有关的主要危险
(B) 鉴别产生危险的原因
(C) 预测事故出现对人体及系统产生的影响
(D) 分析、确定已识别的危险性等级，并消除或控制危险性
7. 预先危险性分析中属于"临界的"危险程度的级别是（   ）。
(A) Ⅰ (B) Ⅱ (C) Ⅲ (D) Ⅳ
8. 预先危险性分析包括（   ）。
(A) 单元划分 (B) 预先危险性等级划分
(C) 预先危险性分析过程 (D) 危险性指数评价
9. 预先危害分析（PHA）可以实现（   ）。
(A) 详尽的系统的安全风险和危险源识别结果
(B) 识别生产系统活动运行的安全风险和危险源识别结果
(C) 早期识别生产系统存在的安全风险和危险源
(D) 识别详细设计的系统的安全风险和危险源识别结果
10. 在进行预先危险性分析时，泵等噪声、振动的危险等级是（   ）。
(A) Ⅰ (B) Ⅱ (C) Ⅲ (D) Ⅳ

项目六　作业条件危险性分析

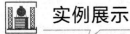
实例展示

请你认真研读下列 LEC 实例，观察该评价方法包含哪些基本要素？有何特点？
某涂料厂生产油漆和油墨车间内的相关作业点大致可分为：(1)配料搅拌；(2)砂磨机研磨；(3)调整稀释；(4)三辊机研磨；(5)过滤包装；(6)运输。
各作业点存在的主要危险可分为：(1)火灾爆炸；(2)职业中毒；(3)机械伤害。
生产车间各作业点和作业条件危险性评价方法的各因素分值标准，危险作业各因素赋值及危险性分值见表 3-24。

表 3-24　涂料厂作业条件危险性分析各因素赋值表

作业点	事故类型	L	E	C	D	危险程度
配料搅拌	火灾爆炸	3	6	3	54	一般危险,需要注意
	职业中毒	3	6	3	54	一般危险,需要注意
	机械伤害	1	6	7	42	一般危险,需要注意
砂磨机研磨	火灾爆炸	3	6	3	54	一般危险,需要注意
	职业中毒	1	6	3	18	稍有危险,可以接受
	机械伤害	1	6	3	18	稍有危险,可以接受
调整稀释	火灾爆炸	3	6	3	54	一般危险,需要注意
	职业中毒	3	6	3	54	一般危险,需要注意
	机械伤害	1	6	7	42	一般危险,需要注意
三辊机研磨	火灾爆炸	3	6	3	54	一般危险,需要注意
	职业中毒	3	6	3	54	一般危险,需要注意
	机械伤害	1	6	7	42	一般危险,需要注意
过滤包装	火灾爆炸	3	6	3	54	一般危险,需要注意
	职业中毒	3	6	3	54	一般危险,需要注意
	机械伤害	3	6	3	54	一般危险,需要注意
运输	火灾爆炸	3	6	3	54	一般危险,需要注意
	职业中毒	1	6	3	18	稍有危险,可以接受
	机械伤害	3	6	1	18	稍有危险,可以接受

通过对各作业点的作业条件危险性分析,得出以下结论:

(1) 各作业点暴露于危险环境中的频繁程度都比较大,这是共同的,也是正常生产状况下不可避免的。

(2) 配料搅拌作业、三辊机研磨作业、调整稀释作业的火灾爆炸和职业中毒的危险状态基本一致,这是由于这 3 个作业岗位的设备操作状态相差不太大,而且人员都处于一般危险中,需要注意劳动保护。在这 3 个作业岗位上,机械伤害的事故危险程度相对较大,若人员违章操作(不停机投料)或操作不慎,容易造成严重伤残。

(3) 砂磨机研磨作业岗位火灾爆炸危险状态与上述 3 个岗位差不多,也存在一般危险,但由于机械的防护性能较好,发生事故可能性相对较低,因此,属于稍有危险,可以接受的状况。

(4) 过滤包装作业岗位火灾爆炸和职业中毒的危险状态与配料搅拌岗位相似,人员接触的频繁程度、事故后果等也基本相同,由于包装时手工操作,机械化程度低,受伤的可能性稍微大一些,但受伤的严重程度低一些,仍处于一般危险,需要注意的状况。

(5) 运输(原料和成品)岗位与上述几个岗位有比较大的差异,在火灾爆炸的危险环境中的危险性完全一致。但职业中毒和机械伤害的危险性要相对低一些,属于稍有危险,可以接受的状况。

(6) 生产车间内要注意防火安全,配料搅拌、调整稀释、三辊机研磨、过滤包装等作业岗位要注意对人员的呼吸道防护,避免发生职业中毒。在旋转机械和手工灌装包装的岗位,要防止机械伤害,加强管理,禁止违章操作、野蛮作业,就能使作业条件达到可以接受的程度。

提出任务：LEC 法包括的基本参数有哪几个？L、E、C 如何取值？D 的分值与危险程度之间有何关系？

知识储备

LEC 法应用微课

作业条件危险性分析法是一种简便易行的衡量人们在某种具有潜在危险环境中作业的危险性的半定量评价方法。

一、方法介绍

对于一个具有潜在危险性的作业条件，美国安全专家 K.J. 格雷厄姆和 G.F. 金尼认为，影响危险性的主要因素有 3 个：

① 发生事故或危险事件的可能性；
② 暴露于这种危险环境的频率；
③ 事故一旦发生可能产生的后果。用公式来表示，则为：

$$D = LEC$$

式中　D——作业条件的危险性；
　　　L——事故或危险事件发生的可能性；
　　　E——暴露于危险环境的频率；
　　　C——发生事故可能造成的后果。

（1）发生事故或危险事件的可能性　事故或危险事件发生的可能性与其实际发生的概率有关。若用概率表示时，绝对不可能发生事故的概率为 0，而必然发生事故的概率为 1。但在考察一个系统的危险性时，绝对不可能发生事故是不确切的，即概率为 0 的情况不确切。所以，将实际上不可能发生的情况作为"打分"的参考点，定其分数值为 0.1。

此外，在实际生产条件中，事故或危险事件发生的可能性范围非常广泛，因而人为地将完全出乎意料、极少可能发生的情况规定为 1；能预料将来某个时候会发生事故的分值规定为 10；在这两者之间再根据可能性的大小相应地确定几个中间值，如将"不经常，但可能"的分值定为 3，"相当可能"的分值定为 6。同样，在 0.1～1 之间也插入了与某种可能性对应的分值。于是，将事故或危险事件发生可能性的分值从实际上不可能的事件为 0.1，经过完全意外有极少可能的分值 1，确定到完全会被预料到的分值 10 为止。事故或危险事件发生可能性分值见表 3-25。

表 3-25　事故或危险事件发生可能性分值（L）

分值	事故或危险事件发生可能性	分值	事故或危险事件发生可能性
10①	完全会被预料到	0.5	可以设想，但高度不可能
6	相当可能	0.2	极不可能
3	不经常，但可能	0.1①	实际上不可能
1①	完全意外，极少可能		

① 为"打分"参考点。

（2）暴露于危险环境的频率　作业人员暴露于危险作业条件的次数越多、时间越长，则受到伤害的可能性也就越大。为此，K.J. 格雷厄姆和 G.F. 金尼规定了连续出现在潜在危险环境的暴露频率分值为 10，一年仅出现几次非常稀少的暴露频率分值为 1。以 10 和 1 为参考点，再在其区间根据在潜在危险作业条件中暴露情况进行划分，并对应地确定其分值。例如，每月暴露一次的分值定为2，每周一次或偶然暴露的分值定为3。根本不暴露的分值应为0，但这种情况实际上是不存在的，是没有意义的，因此必须列出。关于暴露于潜在危险环境的分值见表3-26。

表3-26 暴露于潜在危险环境的分值（E）

分值	暴露于潜在危险环境的情况	分值	暴露于潜在危险环境的情况
10①	连续暴露于潜在危险环境	2	每月暴露一次
6	逐日在工作时间内暴露	1①	每年几次暴露在潜在危险环境
3	每周一次或偶然暴露	0.5	非常罕见暴露

① 为"打分"参考点。

（3）发生事故或危险事件的可能结果　造成事故或危险事故的人身伤害或物质损失可在很大范围内变化，以工伤事故而言，可以从轻微伤害到许多人死亡，其范围非常宽广。因此，K.J.格雷厄姆和G.F.金尼把需要救护的轻微伤害的可能结果分值规定为1，以此为一个基准点；而将造成许多人死亡的可能结果分值规定为100，作为另一个参考点。在两个参考点（1~100）之间，插入相应的中间值，列出如表3-27所示的可能结果的分值。

表3-27 发生事故或危险事件可能结果的分值（C）

分值	可能结果	分值	可能结果
100①	大灾难，许多人死亡	7	严重，严重伤害
40	灾难，数人死亡	3	重大，致残
15	非常严重，一人死亡	1①	引人注目，需要救护

① 为"打分"参考点。

（4）危险性　确定了上述3个具有潜在危险性的作业条件的分值，并按公式进行计算，即可得到危险性分值。据此，要确定其危险性程度时，则按下述标准进行评定。

由经验可知，危险性分值在20以下的环境属低危险性，一般可以被人们接受，这样的危险性比骑自行车通过拥挤的马路去上班之类的日常生活活动的危险性还要低。当危险性分值在20~70时，则需要加以注意；危险性分值在70~160时，则有明显的危险，需要采取措施进行整改。同样，根据经验，危险性分值在160~320的作业条件属高度危险的作业条件，必须立即采取措施进行整改。危险性分值在320以上时，则表示该作业条件极其危险，应该立即停止作业直到作业条件得到改善为止，详见表3-28。

表3-28 危险性分值（D）

分值	危险程度	分值	危险程度
>320	极其危险，不能继续作业	20~70	可能危险，需要注意
160~320	高度危险，需要立即整改	<20	稍有危险，可以接受
70~160	显著危险，需要整改		

上述等级是根据经验来划分的，难免带有局限性，所以在实际应用中仅作为参考，在处理具体情况时可以根据自己的经验适当修正，使之更加符合实际情况。当评价系统内不同作业条件的危险性以确定整改措施的轻重缓急时，可以把算得的风险值直接进行比较，哪部分风险值高，应该先整改哪部分。

根据上述表格和公式可以画出危险性评价诺模图，如图3-7所示。图中4条竖线分别表示风险值及其主要影响因素。将事故可能性与暴露于危险环境程度两点连线后，交于辅助线上。再从此点经可能结果外延，得到危险分数。

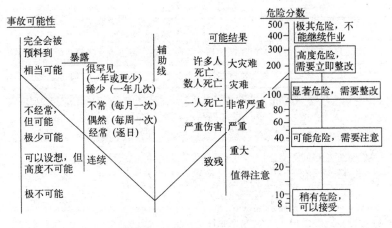

图 3-7 危险性评价诺模图

二、石化行业危险性评价

中国石化集团公司根据石化行业具体情况，确定了 LEC 分值和取值标准，并以此提出了事故隐患的判定依据，见表 3-29～表 3-32。

表 3-29 事故或危险事件发生的可能性分数（L 值）

分数值	事故或危险事件发生的可能性
10	绝对可能。实际情况已经极其严重地违反了安全规定,不采取紧急处理措施,事故马上就会发生,是一种极端特殊的情况,事故的发生完全被预料到
9	极有可能。实际情况已经比较严重地违反了安全规定,并且在同行业中极其相似的情况下发生过多起类似事故,容易预料到近期要发生事故
8	相当可能。实际情况已经违反了安全规定,并且历史上本行业曾发生过类似事故,其情况基本相似,但又不完全相同,预计在近期内可能会发生类似事故
7	非常可能。实际情况不符合安全管理标准或规定,甚至超出管理标准幅度较大,据统计,同行业在 1～2 年内曾经发生过类似事故
6	较大可能。实际情况已超出安全管理规定或规范,据统计,同行业在 2～3 年内曾发生过类似事故
5	可能。实际情况稍微超出安全管理规定或规范,据统计,同行业在 3～5 年内曾发生过类似事故
4	有可能。实际情况不符合新颁的安全管理规定或规范,但符合前几年的国家规定或标准,据统计,在近 10 年内曾有类似事故发生
3	可能性较小。国家或企业没有该专业的安全管理规定或规范,据统计,在过去的 10～20 年中曾有类似事故发生。属于不经常,但可能发生事故的情况
2	很少可能。实际情况基本符合国家安全管理规定或规范,在发生管理失误或由于人的不安全行为时可能诱发事故,未见有类似事故发生的报道
1	很少可能,完全意外

表 3-30 暴露于危险环境的频率分数（E 值）

分数值	人员暴露于危险环境的情况
10	大量人员(直接操作人员 50 人以上,波及福利生产设施人数 500 人以上),连续 24h 暴露在危险环境,而且人员完全无任何屏障和保护措施,属于一种极端情况,此值应较少采用
9	较多人员(30～50 人),连续 24h 暴露在危险环境,而且人员缺乏安全屏障和防护措施

续表

分数值	人员暴露于危险环境的情况
8	有 20～30 人 24h 在现场或控制室工作,人员离危险源不超过 50m,安全屏障和防护措施不够完善
7	有 10～20 人 24h 在现场或控制室工作,人员离危险源不超过 50m,安全屏障和防护措施不够完善
6	有 4～10 人 24h 在现场或控制室工作,人员离危险源不超过 50m,或常日班在工作时间内(8h)连续暴露,人员数量不超过 20 人,如人员较多,可考虑适当加 1 分
5	有 1～3 人 24h 在现场或控制室工作,常日班在工作时间里(8h 内)暴露,每隔 2h 有间断操作,人员数量较少(10～20 人)
4	仅常日班每隔 4h 才有少数人操作,并且人员较少(2～10 人)
3	每周一次或偶然地暴露,人员较少(1～3 人)
2	每月暴露一次,人员较少(1～3 人)
1	每年几次暴露在潜在危险环境,人员较少(1～2 人)

表 3-31　事故或危险事件可能后果的分数（C 值）

分数值	可能后果
5000	特大灾难;多人死亡(30 人以上);急性中毒(100 人以上);直接经济损失 500 万元以上
500	重大灾难;多人死亡(10 人以上);急性中毒(30 人以上);直接经济损失 100 万元以上
50	大灾难;3 人死亡;急性中毒(10 人以上);直接经济损失 10 万元以上
15	非常严重;1 人死亡
7	严重;多人重伤
3	重大;重伤 1 人
1	轻伤

表 3-32　危险分级

LEC 分值	危险程度	采取措施	隐患分级管理
>75000	极其危险	停产整改	国家级
7501～75000	高度危险	立即整改	总公司(集团)级
751～7500	很危险	及时整改	公司(总厂)级
321～750	可能危险	按期整改	厂(分厂)级
≤320	危险性不大	需要观察	车间(队)级

三、方法特点及适用范围

作业条件危险性分析法用于评价人们在某种具有潜在危险的作业环境中进行作业的危险程度,该法简单易行,危险程度的级别划分比较清楚、醒目。但是,由于它主要是根据经验来确定 3 个因素的分数值及划定危险程度等级,因此具有一定的局限性。而且它是一种作业的局部评价,故不能普遍适用。此外,在具体应用时,还可根据自己的经验、具体情况对该评价方法作适当修正。

四、应用举例

某 50000m^3 原油罐于 200×年建成投用,地处厂区北侧。西邻××南路,北邻××大道，东部为厂内铁路。在西部和北部，罐区与城市道路之间有一块村民的承包地，合计约 50000m²。从201×年×月开始，村民在此区域内建了大量房屋。这些建筑物倚罐区围墙而建，或拆墙重建，更有甚者，有些建筑物的门、窗就开在围墙上，村民进出原油罐区非常随意。

1. 确定3个因素的分值

（1）事故或危险事件发生的可能性（L）取值 原油罐火灾或爆炸事故在石油化工行业中是屡见不鲜的，自然因素、人的因素及设备因素等，均有可能引发原油罐火灾或爆炸。这虽属小概率事件，仍可能发生，但不经常，故取 $L=3$。

（2）暴露于危险环境的频率（E）取值 罐区周边的建筑物向密集型发展，人员数量越来越多，出现在危险环境中的时间越来越长，村民每天暴露于此环境中，故取 $E=6$。

（3）发生事故或危险事件的可能后果（C）取值 原油罐一旦起火燃烧，具有燃烧温度高、辐射热量大、油料流动扩散快、容易发生沸溢等特点，对人员和建筑物均形成严重威胁，极易造成人员死亡，故取 $C=15$。

2. 危险性分值的确定

危险性分值 $D=LEC=3\times6\times15=270$。

由表3-28，其危险性分值 $D=270$，处于160~320之间，其危险性等级属于"高度危险，需要立即整改"的范畴。由此可见，50000m³原油罐区风险较大，是必须立即采取措施进行整改的高度危险环境。

3. 整改措施

根据评估结论，必须限期采取措施进行治理，《石油化工企业设计防火标准》[GB 50160—2008（2018年版）]明确规定，甲、乙类工艺装置或设施与相邻工厂（围墙）的防火间距为50m，与居住区、公共福利设施、村庄的防火间距为100m。由此可见，以原油罐壁为起点，周边100m的区域是高度危险环境。对此，提出如下治理方式、治理期限和监控措施。

① 治理方式。将罐区周边，××南路向东至罐区西墙、××大道往南至罐区北墙之间的区域确定为高风险区域，该区域由公司征用，建立安全隔离区。

② 治理期限。20××年底前完成治理，治理完成前对周边单位及人员进行书面风险告知。

③ 监控措施。针对罐区周边环境和人员的变化，公司给予密切关注。要求油品车间人员认真操控，加强巡检，确保油罐运行良好。公司已编制完成了安全生产应急预案，一旦发生事故，能立即启动应急救援体系，将事故损失减到最小，防止风险外溢。

能力提升训练

通过该方法的学习，尝试采用LEC法完成表3-33、表3-34。

1. 某施工工地作业条件危险性分析

距某施工工地10m处有一座储量为50t的液化气储备站，每天进行分装，散发着刺激性气味，并且常有机动车通过，属易燃易爆区域。该施工项目与液化气储备站的距离远小于国家规定的安全距离，处于这样的环境中，一旦挥发的可燃气体浓度达到爆炸极限，加之机动车不带防火设施或电线短路、静电积聚、吸烟明火等都极可能引发重大火灾爆炸事故，造成人员伤亡。

表 3-33　某施工工地作业条件危险性分析各因素赋值表

作业点	事故类型	L	E	C	D	危险程度

对照表 3-28，属于 _____。

2. 没有安全防护装置的机械作业条件危险性分析

工人每天都操作一台没有安全防护装置的机械，有时不注意会将手挤伤，过去曾发生过工人一只手致残的事故，但不会使受害者死亡。为了评价这种生产作业条件的危险性，首先确定各评价项目的分数值。

表 3-34　没有安全防护装置机械的作业条件危险性分析各因素赋值表

作业点	事故类型	L	E	C	D	危险程度

对照表 3-28，属于 _____。

归纳总结提高

1. LEC 法包括的基本参数有哪几个？
2. 已知某作业岗位的事故发生可能性 L 分值为 6 分，暴露于作业环境的频率分值 E 为 10 分，发生事故或危险事件的可能后果 C 为 3 分。试进行作业条件危险性评价。

安全评价师应知应会

1. 作业条件危险性评价法（LEC）中影响作业条件危险性的主要因素有（　　）。
 （A）发生事故或危险事件的可能性　　（B）暴露于这种危险环境的情况
 （C）事故可能产生的后果　　　　　　（D）操作人员的素质

2. 作为定性安全评价方法中的一种，作业条件危险性评价又称为 LEC 评价法。该方法不涉及的内容是（　　）。
 （A）事件发生的可能性　　　　　　　（B）暴露于危险环境的频率
 （C）危险后果的严重程度　　　　　　（D）危险作业的类型

3. 针对一个具有潜在危险性的作业，格雷厄姆和金尼认为主要有三个因素影响该作业条件的危险性。下列诸因素中，不属于这三个因素的是（　　）。
 （A）导致事故发生的原因　　　　　　（B）事故或危险事件发生的可能性
 （C）暴露于危险环境的频率　　　　　（D）发生事故或危险事件的可能结果

4. 使用作业条件危险性评价方法实施评价时，如果暴露于潜在危险环境的分值为 6，则用于表达人们在危险环境中暴露频率的描述为（　　）。
 （A）连续暴露于潜在危险环境　　　　（B）逐日在工作时间内暴露
 （C）每周一次或偶然暴露　　　　　　（D）每月暴露一次

5. 安全评价方法中，作业条件危险性评价法有一些明显的特点。下列关于作业条件危险性评价法特点的描述中，不正确的是（　　）。
(A) 简单，可操作性强
(B) 有利于促进整改措施的实施
(C) 危险程度级别的划分比较清楚、醒目
(D) 该评价法的三种因素中事故发生的可能性既有定性概念，又有定量标准

6. 使用作业条件危险性评价法实施评价时，与生产作业条件危险性无关的因素是（　　）。
(A) 事故发生的可能性大小　　　　(B) 人员暴露频率
(C) 人员数量　　　　　　　　　　(D) 资金密度

7. 作业条件危险性评价法计算公式 $D=LEC$，其中 E 指（　　）。
(A) 作业条件的危险性　　　　　　(B) 事故或危险事件发生的可能性
(C) 暴露于这种危险环境的频率　　(D) 发生事故或危险事件的可能结果

8. 作业条件危险性评价表中，危险性分值>320的情况是（　　）。
(A) 可能危险，需要注意　　　　　(B) 稍有危险，可以接受
(C) 显著危险，需要整改　　　　　(D) 极其危险，不能继续作业

9. 作业条件危险性评价法中，"实际上不可能"发生危险事件的概率为（　　）。
(A) 0　　　　　(B) 0.1　　　　　(C) 0.5　　　　　(D) 1

项目七　危险度评价法

实例展示

请你研读下列评价实例，总结危险度评价法的特点。

1. 评价对象简介

某企业藻酸双酯钠生产的主要工艺反应分4步：水解、酯化、磺化和成盐。首先，原料海藻酸在盐酸的酸性环境下发生水解反应，将大分子的有机物分解成较小分子的有机物，降低黏度，得到水解物。其次，水解物与环氧丙烷在氯化钙作催化剂、甲醇作溶剂的环境中发生酯化反应，得到酯化物，酯化物再经沸腾干燥机干燥，去除水分。再次，干燥后的酯化物再与氯磺酸和甲酰胺的反应生成物反应，得到磺化物。最后，磺化物与氢氧化钠反应，再经过氧化氢脱色后即可得到藻酸双酯钠，再经结晶、干燥、混配后即可得到成品。

主要生产设备装置见表3-35。

表3-35　藻酸双酯钠主要生产设备一览表

设备名称	规格	数量	设备名称	规格	数量
水解罐	1000L	1	磺化罐	500L	2
酯化罐	1000L	1	成盐罐	500L	1
环氧丙烷计量罐	200L	1	氯磺酸储罐	3000L	1
环氧丙烷储罐	2000L	1	甲酰胺计量罐	200L	1
甲醇计量罐	1000L	2	环氧丙烷液下泵	DB25Y-16	1
回收甲醇承接罐	2000L	1	甲醇液下泵	25FY20-1.8	1
氯磺酸计量瓶	20L	1	离心机	SS-800	4

2. 藻酸双酯钠生产装置的危险度评价结果

利用危险度评价法对藻酸双酯钠生产装置进行危险等级分析，评价结果见表3-36。

表 3-36　藻酸双酯钠生产装置危险度评价表

单元名称	主要介质	分值	温度/℃	分值	压力/MPa	分值	容量/m³	分值	操作状态	分值	评分	危险等级
水解罐	甲醇、盐酸	5	96	0	常压	0	1	0	轻微放热	2	7	Ⅲ
酯化罐	环氧丙烷、甲醇	5	56	0	常压	0	1	0	中等放热	5	10	Ⅲ
磺化罐	甲酰胺、氯磺酸、甲醇	10	20～50	0	常压	0	0.5	0	剧烈放热	10	20	Ⅰ
成盐罐	氢氧化钠	0	28～50	0	常压	0	0.5	0	轻微放热	2	2	Ⅲ
环氧丙烷计量罐	环氧丙烷	5	常温	0	常压	0	0.2	0	计量容器	0	5	Ⅲ
环氧丙烷储罐	环氧丙烷	5	常温	0	常压	0	2	0	储存	0	5	Ⅲ
甲醇计量罐	甲醇	5	常温	0	常压	0	0.2	0	计量容器	0	5	Ⅲ
甲醇承接罐	甲醇	5	常温	0	常压	0	2	0	储存	0	5	Ⅲ
氯磺酸计量瓶	氯磺酸	10	常温	0	常压	0	0.02	0	计量容器	0	10	Ⅲ
氯磺酸计量罐	氯磺酸	10	常温	0	常压	0	3	0	储存	0	10	Ⅲ
甲酰胺计量罐	甲酰胺	2	常温	0	常压	0	0.2	0	计量容器	0	2	Ⅲ
环氧丙烷泵	环氧丙烷	5	常温	0	0.2	0	0.01	0	泵输	2	7	Ⅲ
甲醇泵	甲醇	5	常温	0	0.2	0	0.01	0	泵输	2	7	Ⅲ
离心机	甲醇	5	常温	0	常压	0	0.8	0	单批操作	5	10	Ⅲ

注：1. 根据《建筑设计防火规范》（GB 50016—2014）（2018年版）、《危险化学品目录》和《压力容器中化学介质毒性危害和爆炸危险程度分类标准》（HG/T 20660—2017）确定氯磺酸为极度危害介质。

2. 根据《石油化工企业设计防火标准》（GB 50160—2008）（2018年版）和物质本身的闪点确定甲醇和环氧丙烷为甲B类可燃液体，甲酰胺为丙类可燃液体。

3. 评价结果分析

由表3-36评价结果可知：藻酸双酯钠生产过程主要设备的危险度只有高度和轻度，其中物质、容量、温度、压力和操作5个参数仅有"物质"和"操作"两个参与了评价。

(1) 磺化罐危险度为20分，危险等级为Ⅰ级，为高度危险。危险性主要来自氯磺酸以及磺化反应的剧烈放热特点。因此，在日常生产运行中应当对磺化罐给予重点关注。

(2) 酯化罐、氯磺酸计量瓶、氯磺酸计量罐和离心机危险度为10分，危险等级为Ⅲ级，为轻度危险，但已接近中度。其中酯化罐的危险性主要来自物质甲醇和环氧丙烷的爆炸性以及酯化反应的中等放热过程；氯磺酸计量瓶和氯磺酸计量罐的危险性主要来自物质氯磺酸的遇火爆炸性和毒性；离心机的危险性主要来自物质甲醇的爆炸性以及设备本身的高速旋转及序批式操作过程。因此，在日常生产运行中也应当对酯化罐、氯磺酸计量瓶、氯磺酸计量罐和离心机给予一定的重视。

(3) 水解罐、环氧丙烷泵、甲醇泵危险度为7分，环氧丙烷计量罐、环氧丙烷储罐、甲醇计量罐和甲醇承接罐危险度为5分，成盐罐和甲酰胺计量罐危险度为2分。这些设备危险度为Ⅲ级，为轻度危险，危险性较小。

提出任务：危险度评价法分级的依据是什么？危险度评价法有何特点？

知识储备

一、方法介绍

危险度评价法是借鉴日本劳动省"六阶段"的定量评价表,结合我国国家标准《石油化工企业设计防火标准》(GB 50160—2008)(2018年版)、《压力容器中化学介质毒性危害和爆炸危险度分类标准》(HG/T 20660—2017)等技术规范标准,编制了"危险度评价取值表",见表3-37。该取值表规定了危险度由物质、容量、温度、压力和操作等5个项目共同确定,其危险度分别按A=10分,B=5分,C=2分,D=0分赋值计分,由累计分值确定单元危险度。危险度分级如图3-8、表3-38所示。

表3-37 危险度评价取值表

项目	分值			
	A(10分)	B(5分)	C(2分)	D(0分)
物质(指单元内危险、有害程度最大的物质)	1. 甲类可燃气体[①] 2. 甲A类物质及液态烃类 3. 甲类固体 4. 极度危害介质[②]	1. 乙类可燃气体 2. 甲B、乙A类可燃液体 3. 乙类固体 4. 高度危害介质	1. 乙B、丙A、丙B类可燃液体 2. 丙类固体 3. 中、轻度危害介质	不属于A、B、C项的物质
容量[③]	1. 气体1000m³以上 2. 液体100m³以上	1. 气体500~1000m³ 2. 液体50~100m³	1. 气体100~500m³ 2. 液体10~50m³	1. 气体<100m³ 2. 液体<10m³
温度	1000℃以上使用,其操作温度在燃点以上	1.1000℃以上使用,其操作温度在燃点以下 2. 在250~1000℃使用,其操作温度在燃点以上	1. 在250~1000℃使用,其操作温度在燃点以下 2. 在低于250℃时使用,其操作温度在燃点以上	在低于250℃时使用,其操作温度在燃点以下
压力	100MPa	20~100MPa	1~20MPa	1MPa以下
操作	1. 临界放热和特别剧烈的放热反应操作 2. 在爆炸极限范围内或其附近的操作	1. 中等放热反应(如烷基化、酯化、加成、氧化、聚合、缩合等反应)操作 2. 系统进入空气或不纯物质,可能发生的危险操作 3. 使用粉状或雾状物质,有可能发生粉尘爆炸的操作 4. 单批式操作	1. 轻微放热反应(如加氢、水合、异构化、烷基化、磺化、中和等反应) 2. 在精制过程中伴有化学反应 3. 单批式操作,但开始使用机械等手段进行程序操作 4. 有一定危险的操作	无危险的操作

① 见《石油化工企业设计防火标准》(GB 50160—2008)(2018年版)中的可燃物质的火灾危险性分类。
② 见《压力容器中化学介质毒性危害和爆炸危险程度分类标准》(HG/T 20660—2017)表1、表2、表3。
③ 有催化剂的反应,应去掉催化剂层所占空间;气液混合反应,应按其反应的形态选择上述规定。

表3-38 危险度分级

总分值	≥16分	11~15分	≤10分
等级	Ⅰ	Ⅱ	Ⅲ
危险程度	高度危险	中度危险	低度危险

$$\begin{Bmatrix}物质\\0\sim10\end{Bmatrix}+\begin{Bmatrix}容量\\0\sim10\end{Bmatrix}+\begin{Bmatrix}温度\\0\sim10\end{Bmatrix}+\begin{Bmatrix}压力\\0\sim10\end{Bmatrix}+\begin{Bmatrix}操作\\0\sim10\end{Bmatrix}=\begin{Bmatrix}16点以上\\11\sim15点\\1\sim10点\end{Bmatrix}$$

图 3-8 危险度分级

16 点以上为Ⅰ级，属高度危险；
11～15 点为Ⅱ级，需同周围情况与其他设备联系起来进行评价；
1～10 点为Ⅲ级，属低度危险。
物质：物质本身固有的点火性、可燃性和爆炸性的程度。
容量：单元中处理的物料量。
温度：运行温度和点火温度的关系。
压力：运行压力（超高压、高压、中压、低压）。
操作：运行条件引起爆炸或异常反应的可能性。

二、应用举例

某农药厂技改和搬迁改造工程装置各单元危险度评价，见表 3-39。

表 3-39 单元危险度基本评价

序号	装置单元		物 质	物质评分	容量评分	温度评分	压力评分	操作评分	总分	等级
1		甲醇计量槽单元	甲醇(99%)	5	2	0	0	2	9	Ⅲ
2		三氯化磷计量槽单元	三氯化磷(99%)	5	2	0	0	2	9	Ⅲ
3		酯化反应单元	甲醇、三氯化磷、亚磷酸二甲酯、氯化氢、氯代烷	10	0	0	0	5	15	Ⅱ
4		一级脱酸单元	亚磷酸二甲酯、氯化氢、甲醇、氯乙烷	5	0	0	0	2	7	Ⅲ
5		二级脱酸单元	亚磷酸二甲酯、氯化氢、甲醇、氯甲烷	5	0	0	0	2	7	Ⅲ
6		粗酯受槽单元	亚磷酸二甲酯、甲醇、亚磷酸	5	0	0	0	2	7	Ⅲ
7	亚磷酸二甲酯装置	蒸馏塔单元	亚磷酸二甲酯、甲醇、亚磷酸	5	0	0	0	2	7	Ⅲ
8		精酯受槽单元	亚磷酸二甲酯	2	0	0	0	0	2	Ⅲ
9		残液受槽单元	残液(甲醇、亚磷酸)	5	0	0	0	0	5	Ⅲ
10		成品储槽单元	亚磷酸二甲酯	2	10	0	0	0	12	Ⅱ
11		尾气吸收单元	氯化氢、氯甲烷、盐酸、碱液	10	0	0	0	2	12	Ⅱ
12		高浓盐酸储槽单元	盐酸	2	10	0	0	0	12	Ⅱ
13		浓盐酸储槽单元	盐酸	2	2	0	0	0	4	Ⅲ
14		稀盐酸循环槽单元	稀盐酸	2	0	0	0	2	4	Ⅲ
15		碱循环槽单元	TMP	2	0	0	0	0	2	Ⅲ
16		尾气真空吸送单元	氯甲烷	10	0	0	0	2	12	Ⅱ
17		稀盐酸储槽单元	稀盐酸	2	10	0	0	0	12	Ⅱ

续表

序号	装置单元		物 质	物质评分	容量评分	温度评分	压力评分	操作评分	总分	等级
18	合成盐酸装置	氯气缓冲器单元	氯气	5	0	0	0	0	5	Ⅲ
19		氢气分离器单元	氢气	10	0	0	0	0	10	Ⅲ
20		合成炉单元	氢气、氯气、氯化氢	10	0	10	0	5	25	Ⅰ
21		冷却单元	氯化氢	2	0	0	0	2	4	Ⅲ
22		吸收单元	氯化氢、盐酸	2	0	0	0	2	4	Ⅲ
23		盐酸储槽单元	盐酸	2	10	0	0	0	12	Ⅱ
24	回收盐酸装置	HCl缓冲单元	氯化氢	2	0	0	0	0	2	Ⅲ
25		盐酸呼吸单元	盐酸	2	0	0	0	2	4	Ⅲ
26		盐酸储槽单元	盐酸	2	5	0	0	0	7	Ⅲ
27	漂白液装置	水解单元	氧化钙	2	0	0	0	2	4	Ⅲ
28		氯化单元	氯气、氯乙烷、次氯酸钙	5	0	0	0	2	7	Ⅲ
29		压滤单元	滤渣	2	0	0	0	2	4	Ⅲ
30		浓碱槽单元	氢氧化钠	2	2	0	0	0	4	Ⅲ
31		废碱槽单元	氢氧化钠	2	0	0	0	0	2	Ⅲ
32		次氯酸钠氯化单元	次氯酸钠、氯气、氢氧化钠	5	0	0	0	2	7	Ⅲ
33		次氯酸钠储槽单元	次氯酸钠	2	0	0	0	2	2	Ⅲ

由危险度基本评价结果可以看出：

合成炉单元的危险等级为Ⅰ级（高度危险）；

亚磷酸二甲酯装置中酯化反应、成品储槽、尾气吸收、高浓盐酸储槽、尾气真空吸送、稀盐酸储槽单元和合成盐酸装置中的盐酸储槽单元共7个单元的危险程度为Ⅱ级（中等危险）；

其余的25个单元的危险程度为Ⅲ级（低度危险）。

不同危险度单元所占全部被分析单元的比例为：

高度危险：1/33＝3.0%。

中度危险：7/33＝21.2%。

低度危险：25/33＝75.8%。

可见，该企业总体危险度较低。

 能力提升训练

请你尝试采用危险度评价法完成聚氨酯泡沫填缝剂安全评价。

1. 概况

聚氨酯泡沫填缝剂是一种新型建筑安装材料，该产品是利用聚氨酯材料特性，采用气雾剂形式实现单组分发泡工艺的聚氨酯泡沫膨胀填充材料，专用于建筑构件的缝隙处理，可替代水泥砂浆、岩棉、毛条及硅胶等传统填缝材料，实现建筑构件缝隙处理的严密性，具有保温、隔热、密封、延缓火势蔓延扩大的作用。

2. 工艺流程

聚氨酯泡沫填缝剂以聚氨酯预聚体、发泡剂、喷射剂为原料，以单支压力罐形式储存，其主要原料有二甲醚、丙烷、丁烷、硅油、异氰酸酯、聚醚等。预聚体的主要原料是异氰酸酯，发泡剂的主要原料是二甲醚和丙丁烷，二甲醚和丙丁烷的比例对发泡剂有很大影响。聚氨酯泡沫填缝剂在750mL耐压马口铁罐中，用气雾剂罐装机准确灌入组合聚醚260g，异氰酸酯350g，丙丁烷和二甲醚共135g，让其发生化学反应，然后振摇10min，在室温放置24h即得成品。

3. 生产工艺火灾危险性分析

目前，聚氨酯泡沫填缝剂灌装生产存在的安全问题主要表现在以下3个方面：
(1) 生产原料引发的火灾危险性。
(2) 原料在储存和运输过程中发生火灾、爆炸。
(3) 生产工艺过程中引发的火灾、爆炸危险。

4. 评价过程

(1) 物质。聚氨酯泡沫填缝剂的主要原料二甲醚和丙丁烷属于_____类可燃气体，故物质项取表3-37中A=_____。

(2) 容量。750mL的聚氨酯泡沫填缝剂需要二甲醚和丙丁烷共_____g，一般的生产厂家具有日产1000罐的生产能力，由此可知，容量为_____L，取表中D=____。

(3) 压力。聚氨酯泡沫填缝剂要求罐（耐压气罐）体的变形压力不小于1.8MPa，爆破压力不小于1.4MPa，压力项取表中C=_____。

(4) 温度。聚氨酯泡沫填缝剂在常温下使用，但在罐装反应过程中温度持续升高，冷却不及时可能引发爆炸。操作温度在原料的燃点以上，故温度项取表中C=_____。

(5) 操作。聚氨酯泡沫填缝剂生产属于中等放热反应中的酯化反应，故操作项取表中B=_____。

(6) 总分值计算。
_____。

5. 评价结果分析

聚氨酯泡沫填缝剂生产工艺危险程度为_____。

归纳总结提高

1. 危险度评价取值与哪些因素有关？
2. 危险度分为哪几级？取值范围是多少？

安全评价师应知应会

1. 进行安全评价时，危险度可用生产系统中事故发生的（　　）确定。
(A) 可能性与本质安全性　　　　　　(B) 本质安全性与危险性
(C) 危险性与危险源　　　　　　　　(D) 可能性与严重性

2. 危险度评价法是借鉴（　　）的定量评价表，编制了"危险度评价取值表"。
(A) 日本劳动省"六阶段"
(B) 我国国家标准《石油化工企业设计防火标准》

(C)《压力容器中化学介质毒性危害和爆炸危险程度分类标准》
(D) 安全检查表

3. 危险度评价法考虑的因素有（　　）。
(A) 物质　　　　(B) 容量　　　　(C) 温度　　　　(D) 压力和操作

4. 在危险度评价法中，单元危险度分成（　　）级。
(A) 10　　　　(B) 3　　　　(C) 2　　　　(D) 5

5. 在危险度评价法危险度分组中，单元危险度由累计分值确定；当总分值为 16 点以上时，危险等级为（　　），属高度危险。
(A) Ⅰ　　　　(B) Ⅱ　　　　(C) Ⅲ　　　　(D) Ⅳ

项目八　故障树分析

实例展示

认真研读下列案例，观察故障树分析法的特点。

(1) 故障树的绘制　油库燃烧爆炸故障树如图 3-9 所示。

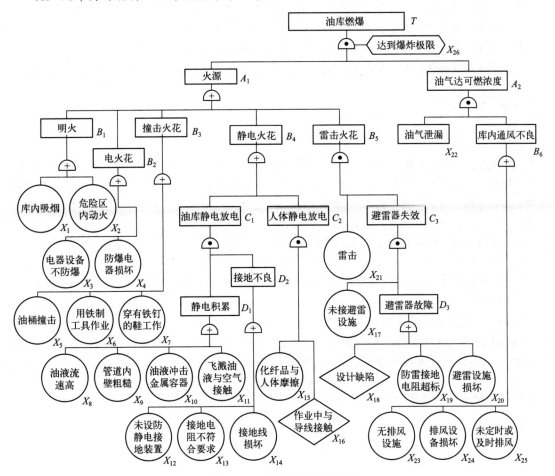

图 3-9　油库燃烧爆炸故障树

(2) 求最小径集

$T' = A'_1 + A'_2 + X'_{26}$

$= B'_1 B'_2 B'_3 B'_4 B'_5 + X'_{22} + B'_6 + X'_{26}$

$= X'_1 X'_2 X'_3 X'_4 X'_5 X'_6 X'_7 C'_1 C'_2 (X'_{21} + C'_3) + X'_{22} + X'_{23} X'_{24} X'_{25} + X'_{26}$

$= X'_1 X'_2 X'_3 X'_4 X'_5 X'_6 X'_7 (D'_1 + D'_2)(X'_{15} + X'_{16})(X'_{21} + X'_{17} D'_3) + X'_{22} + X'_{23} X'_{24} X'_{25} + X'_{26}$

$= X'_1 X'_2 X'_3 X'_4 X'_5 X'_6 X'_7 (X'_8 X'_9 X'_{10} X'_{11} + X'_{12} X'_{13} X'_{14})(X'_{15} + X'_{16})(X'_{21} + X'_{17} X'_{18} X'_{19} X'_{20}) + X'_{22} + X'_{23} X'_{24} X'_{25} + X'_{26}$

$= X'_1 X'_2 X'_3 X'_4 X'_5 X'_6 X'_7 X'_8 X'_9 X'_{10} X'_{11} X'_{15} X'_{21} + X'_1 X'_2 X'_3 X'_4 X'_5 X'_6 X'_7 X'_8 X'_9 X'_{10} X'_{11} X'_{16} X'_{21} + X'_1 X'_2 X'_3 X'_4 X'_5 X'_6 X'_7 X'_8 X'_9 X'_{10} X'_{11} X'_{15} X'_{17} X'_{18} X'_{19} X'_{20} + X'_1 X'_2 X'_3 X'_4 X'_5 X'_6 X'_7 X'_8 X'_9 X'_{10} X'_{11} X'_{16} X'_{17} X'_{18} X'_{19} X'_{20} + X'_1 X'_2 X'_3 X'_4 X'_5 X'_6 X'_7 X'_{12} X'_{13} X'_{14} X'_{15} X'_{21} + X'_1 X'_2 X'_3 X'_4 X'_5 X'_6 X'_7 X'_{12} X'_{13} X'_{14} X'_{16} X'_{21} + X'_1 X'_2 X'_3 X'_4 X'_5 X'_6 X'_7 X'_{12} X'_{13} X'_{14} X'_{15} X'_{17} X'_{18} X'_{19} X'_{20} + X'_1 X'_2 X'_3 X'_4 X'_5 X'_6 X'_7 X'_{12} X'_{13} X'_{14} X'_{16} X'_{17} X'_{18} X'_{19} X'_{20} + X'_{22} + X'_{23} X'_{24} X'_{25} + X'_{26}$

共得到 11 个最小径集：

$P_1 = \{X_1, X_2, X_3, X_4, X_5, X_6, X_7, X_8, X_9, X_{10}, X_{11}, X_{15}, X_{21}\}$

$P_2 = \{X_1, X_2, X_3, X_4, X_5, X_6, X_7, X_8, X_9, X_{10}, X_{11}, X_{16}, X_{21}\}$

$P_3 = \{X_1, X_2, X_3, X_4, X_5, X_6, X_7, X_8, X_9, X_{10}, X_{11}, X_{15}, X_{17}, X_{18}, X_{19}, X_{20}\}$

$P_4 = \{X_1, X_2, X_3, X_4, X_5, X_6, X_7, X_8, X_9, X_{10}, X_{11}, X_{16}, X_{17}, X_{18}, X_{19}, X_{20}\}$

$P_5 = \{X_1, X_2, X_3, X_4, X_5, X_6, X_7, X_{12}, X_{13}, X_{14}, X_{15}, X_{21}\}$

$P_6 = \{X_1, X_2, X_3, X_4, X_5, X_6, X_7, X_{12}, X_{13}, X_{14}, X_{16}, X_{21}\}$

$P_7 = \{X_1, X_2, X_3, X_4, X_5, X_6, X_7, X_{12}, X_{13}, X_{14}, X_{15}, X_{17}, X_{18}, X_{19}, X_{20}\}$

$P_8 = \{X_1, X_2, X_3, X_4, X_5, X_6, X_7, X_{12}, X_{13}, X_{14}, X_{16}, X_{17}, X_{18}, X_{19}, X_{20}\}$

$P_9 = \{X_{22}\}$

$P_{10} = \{X_{23}, X_{24}, X_{25}\}$

$P_{11} = \{X_{26}\}$

(3) 结构重要度分析　X_{22} 和 X_{26} 为单事件最小径集，所以 $I_\varphi(22) = I_\varphi(26)$ 最大。X_{23}、X_{24}、X_{25} 在同一个最小径集中；X_1、X_2、X_3、X_4、X_5、X_6、X_7 同在 8 个最小径集中；X_8、X_9、X_{10}、X_{11} 同在 4 个最小径集中；X_{17}、X_{18}、X_{19}、X_{20} 同在 4 个最小径集中。

根据判别结构重要度近似方法，得到：

$I_\varphi(1) = I_\varphi(2) = I_\varphi(3) = I_\varphi(4) = I_\varphi(5) = I_\varphi(6) = I_\varphi(7)$

$I_\varphi(8) = I_\varphi(9) = I_\varphi(10) = I_\varphi(11)$

$I_\varphi(12) = I_\varphi(13) = I_\varphi(14)$

$I_\varphi(17) = I_\varphi(18) = I_\varphi(19) = I_\varphi(20)$

$I_\varphi(23) = I_\varphi(24) = I_\varphi(25)$

X_{15}、X_{16}、X_{21} 与其他事件无同属关系。因此，只要判定 $I_\varphi(1)$、$I_\varphi(8)$、$I_\varphi(12)$、$I_\varphi(15)$、$I_\varphi(16)$、$I_\varphi(17)$、$I_\varphi(21)$、$I_\varphi(23)$ 大小即可。

根据结构重要度系数计算公式二得到：

$$I(1) = \frac{2}{2^{16-1}} + \frac{2}{2^{15-1}} + \frac{2}{2^{12-1}} + \frac{2}{2^{12-1}} = \frac{27}{2^{14}}$$

$$I(8) = \frac{2}{2^{16-1}} + \frac{2}{2^{13-1}} = \frac{9}{2^{14}}$$

$$I(12)=\frac{2}{2^{15-1}}+\frac{2}{2^{12-1}}=\frac{18}{2^{14}}$$

$$I(15)=\frac{2}{2^{16-1}}+\frac{2}{2^{15-1}}+\frac{2}{2^{13-1}}+\frac{2}{2^{12-1}}=\frac{13.5}{2^{14}}$$

$$I(16)=I(15)=\frac{13.5}{2^{14}}$$

$$I(17)=\frac{2}{2^{16-1}}+\frac{2}{2^{15-1}}=\frac{3}{2^{14}}$$

$$I(21)=\frac{2}{2^{13-1}}+\frac{2}{2^{12-1}}=\frac{24}{2^{14}}$$

$$I(23)=\frac{1}{2^{3-1}}=\frac{1}{4}$$

故结构重要顺序为：

$I_\varphi(22)=I_\varphi(26)>I_\varphi(23)=I_\varphi(24)=I_\varphi(25)>I_\varphi(1)=I_\varphi(2)=I_\varphi(3)=I_\varphi(4)=I_\varphi(5)=I_\varphi(6)=I_\varphi(7)>I_\varphi(21)>I_\varphi(12)=I_\varphi(13)=I_\varphi(14)>I_\varphi(15)=I_\varphi(16)>I_\varphi(8)=I_\varphi(9)=I_\varphi(10)=I_\varphi(11)>I_\varphi(17)=I_\varphi(18)=I_\varphi(19)=I_\varphi(20)$。

（4）结论　由油库燃烧爆炸故障树分析可知，火源与达到爆炸极限的混合气体构成了油库燃烧爆炸事故发生的要素。基本事件 X_{26}（达到爆炸极限）和油气泄漏是单事件的最小径集，其结构重要度系数最大，是油库燃烧爆炸事故发生的最重要条件。要求在设计及建库时采取针对措施，如采用气体报警器对油库内油气混合气的浓度进行监视，一旦接近爆炸极限即行报警，使管理人员及时采取预防措施，消除事故产生的因素。油气泄漏也是单事件的最小径集，结构重要度系数同样最大，可见油罐的密封在防止油气泄漏中起着至关重要的作用。

防止易燃气体达到可燃浓度，加强对油库的安全管理及监测，严格控制火源，严禁吸烟和动用明火，防止铁器撞击及静电火花产生，防止雷击，库内电气装置要符合防火防爆要求等，都是预防油库发生燃烧爆炸的措施。

提出任务：什么是故障树？最小割集与最小径集在故障树分析中有何意义？

知识储备

故障树是从结果到原因描述事故发生的有向逻辑树，对故障树进行演绎分析，寻求防止结果发生的对策，这种方法称为故障树分析（fault tree analysis，FTA），又称事故树分析。显然，故障树分析是从结果开始，寻求结果事件（通称顶上事件）发生的原因事件，是一种逆时序的分析方法。另外，故障树分析是一种演绎的逻辑分析方法，将结果演绎成构成这一结果的多种原因，再按逻辑关系构建故障树，寻求防止结果发生的措施。

20世纪60年代初期，很多高新产品在研制过程中，因对系统的可靠性、安全性研究不够，新产品在没有确保安全的情况下就投入市场，造成大量使用事故的发生，用户纷纷要求厂家进行经济赔偿，从而迫使企业寻求一种科学方法确保安全。1961年，为了评价民兵式导弹控制系统的安全，贝尔电话实验室的维森首次提出了故障树分析的概念。波音公司的分析人员改进了故障树分析技术，使之便于应用计算机进行定量分析。在随后的十年中，特别是在航天工业中，该项分析技术的精细化和应用取得了巨大进展。1974年美国原子能委员会发表了关于核电站灾害性危险性评价报告——拉斯姆逊报告，对故障树分析做了大量和有效的应用，引起全世界的关注。1998年，国防科工委发布了军用标准《故障树分析指南》（GJB/Z 768A—1998），该指南规定了产品（系统）故障树分析的一般程序和方法，适用于在产品的研制、生产、使用阶段进行故障树建造和对单调故障树进行定性、定量分析。2006年，CEI/IEC 发布了第二版《故障树分析》标准——61025：2006 Fault tree analysis（FTA）。目前这种方法已在许多工业部门得到运用。

故障树分析能对各种系统的危险性进行辨识和评价，不仅能分析出事故的直接原因，而且能深入地揭示出事故的潜在原因。用故障树描述事故的因果关系直观、明了，思路清晰，逻辑性强，既可定性分析，又能定量分析。现在Matlab等计算工具都有用于故障树定量分析的子程序（模块），其功能非常强大，而且使用方便。故障树分析已成为系统分析中应用最广泛的方法之一。

一、故障树分析的目的和特点

1. 故障树分析的目的

通过故障树的安全分析，达到以下目的。

① 识别导致事故的基本事件（基本的设备故障）与人为失误的组合，可以提供设法避免或减少导致事故基本原因的线索，从而降低事故发生的可能性。

② 对导致灾害事故的各种因素及逻辑关系能做出全面、简洁和形象的描述。

③ 便于查明系统内固有的或潜在的各种危险、有害因素，为设计、施工和管理提供科学依据。

④ 使有关人员、作业人员全面了解和掌握各项防灾要点。

⑤ 便于进行逻辑运算，进行定性、定量分析和系统评价。

2. 故障树分析的特点

故障树分析方法具有以下特点。

① 故障树分析是一种图形演绎方法，是故障事件在一定条件下的逻辑推理方法。它可以就某些特定的事故状态做深入层次的分析，分析各层次之间各因素的相互联系与制约关系，即输入（原因）与输出（结果）的逻辑关系，并且用专门符号标示出来。

② 故障树分析能对导致灾害或功能事故的各种因素及其逻辑关系做出全面、简洁和形象的描述，为改进设计、制定安全技术措施提供依据。

③ 故障树分析不仅可以分析某些元件、部件故障对系统的影响，而且可对导致这些元件、部件故障的特殊原因（人的因素、环境等）进行分析。

④ 故障树分析既可用于定性评价，也可定量计算系统的故障概率及其可靠性参数，为改善评价系统的安全性和可靠性提供定量分析的数据。

⑤ 故障树是图形化的技术资料，具有直观性，即使不曾参与系统设计的管理、操作和维修人员通过阅读也能全面了解和掌握各项防灾控制要点。

进行故障树分析的过程，也是对系统深入认识的过程，可以加深对系统的理解和熟悉，找出薄弱环节，并加以解决，避免事故发生。故障树分析除可作为安全性和可靠性分析外，还可在安全上进行事故分析及安全评价。另外，还可用于设备故障诊断与检修表的制定。

二、故障树分析的步骤

故障树分析是对既定的生产系统或作业中可能出现的事故条件及可能导致的灾害后果，按工艺流程、先后次序和因果关系绘成程序方框图，表示导致灾害、伤害事故（不希望事件）的各种因素间的逻辑关系。它由输入符号或关系符号组成，用以分析系统的安全问题或系统的运行功能问题，为判明灾害、伤害的发生途径及事故因素之间的关系，提供了一种最形象、最简洁的表达形式。

故障树分析的步骤常因被评价对象、分析目的的不同而不同，但一般可按图 3-10 所示程序进行。

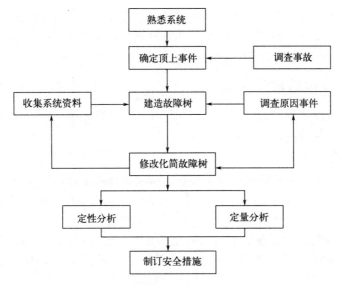

图 3-10　故障树分析的一般程序

① 熟悉系统。要求详细了解系统状态和各种参数、作业情况及环境状况等，必要时绘出工艺流程图和布置图。

② 调查事故。收集事故案例，进行事故统计，设想给定系统可能要发生的事故。

③ 确定顶上事件。要分析的对象事件即为顶上事件。对所调查的事故要进行全面分析，从中找出后果严重且较易发生的事故作为顶上事件。

④ 确定目标。根据以往的事故记录和同类系统的事故资料，进行统计分析，求出事故发生的概率，作为要控制的事故目标值。

⑤ 调查原因事件。调查与事故有关的所有原因事件和各种因素，包括设备故障、机械故障、操作者的失误、管理和指挥失误、环境因素等，尽量详细查清原因和影响。

⑥ 建造故障树。这是故障树分析的核心部分之一。根据上述资料，从顶上事件起，按照演绎法，运用逻辑推理，一级一级地找出直接原因事件，直到最基本的原因事件为止，按其逻辑关系，画出故障树。

⑦ 定性分析。根据故障树结构进行化简，求出故障树的最小割集和最小径集，确定各基本事件的结构重要度。根据定性分析的结论，按轻重缓急分别采取相应对策。

⑧ 计算顶上事件发生概率。确定所有原因事件发生的概率，标在故障树上，并进而求出顶上事件（事故）的发生概率。

⑨ 分析比较。要根据可维修系统和不可维修系统分别考虑。对可维修系统，把求出的概率与通过统计分析得出的概率进行比较，如果二者不符，则必须重新研究，看原因事件是否齐全，故障树逻辑关系是否清楚，基本原因事件的数值是否设定得过高或过低等。对不可维修系统，求出顶上事件发生的概率即可。

⑩ 定量分析。定量分析通常包括：当事故发生概率超过预定的目标值时，要研究降低事故发生概率的所有可能途径，可从最小割集着手，从中选出最佳方案；利用最小径集，找

出根除事故的可能性，从中选出最佳方案；求各基本原因事件的临界重要度系数，从而对需要治理的原因事件按临界重要度系数大小进行排队，或编出安全检查表，以求加强人为控制。

⑪ 制定安全措施。建造故障树的目的是查找隐患，找出薄弱环节，查出系统的缺陷，然后加以改进。在对故障树全面分析之后，必须制定安全措施，防止灾害发生。应在充分考虑资金、技术、可靠性等条件之后，选择最经济、最合理、最切合实际的安全措施。

在具体分析时可视具体问题灵活掌握，如果故障树规模很大，可借助计算机进行。目前我国 FTA 一般都考虑到第 7 步定性分析为止，也能取得较好效果。

三、故障树分析的数学基础

故障树的突出特点是可以进行定量分析和计算，在进行定量分析和计算时需要了解一些基本概念，如概率、集合等数学知识。

1. 集合的概念

具有某种共同属性的事故的全体称为集合。构成集合的事件称为元素。包含一切元素的集合称为全集，用符号 Ω 表示；不包含任何元素的集合称为空集，用符号 Φ 表示。

集合之间关系的表示方法如下：

① 集合以大写字母表示，集合的定义写在括号中，如 $A=\{2,4,6\}$。

② 集合之间的包含关系（即从属关系）用符号 $\in$ 表示。如子集 B_1 包含于全集，记为 $B_1 \in \Omega$。

③ 两个子集相交后，相交的部分为两个子集的共有元素的集合，称为交集。交集的关系用符号 $\cap$ 表示，如 $C_1 = B_1 \cap B_2$。

④ 把两个集合中的元素合并在一起，这些元素的全体构成的集合称为并集。并集的关系用符号 $\cup$ 表示，如 $C_2 = B_1 \cup B_2$。

⑤ 在全集中的集合 A 的余集为一个不属于 A 集的所有元素的集，余集又称为补集。集合 A 的补集符号记为 A'。

故障树分析就是研究一个故障树中各基本事件构成的各种集合，以及它们之间的逻辑关系，最后达到优化处理的一种演绎方法。

集合与概率的含义对照见表 3-40。

表 3-40 集合与概率的含义对照

符号	集合	概率
A	集合	事件
A'	A 的补集	A 的对立事件
$A \in B$	A 属于 B（即 B 包含 A）	事件 A 发生导致事件 B 发生
$A = B$	A 与 B 相等	事件 A 发生导致事件 B 发生
$A \cup B (A+B)$	A 与 B 的并集	事件 A 与事件 B 至少有一个发生
$A \cap B (A \cdot B)$	A 与 B 的交集	事件 A 与事件 B 同时发生

2. 布尔代数与主要运算法则

在故障树分析中常用逻辑运算符号（·）、（＋）将各个事件连接起来，这种连接式称为布尔代数表达式。在求最小割集时，要用布尔代数运算法则化简代数式。

常用的法则有如下几种。

① 结合律　　　　　　　$A+(B+C)=(A+B)+C$
　　　　　　　　　　　$A \cdot (B \cdot C)=(A \cdot B) \cdot C$
② 分配律　　　　　　　$A+B \cdot C=(A+B) \cdot (A+C)$
　　　　　　　　　　　$A \cdot (B+C)=A \cdot B+A \cdot C$
③ 交换律　　　　　　　$A+B=B+A$
　　　　　　　　　　　$A \cdot B=B \cdot A$
④ 等幂律　　　　　　　$A+A=A$
　　　　　　　　　　　$A \cdot A=A$
⑤ 吸收律　　　　　　　$A \cdot (A+B)=A$
　　　　　　　　　　　$A+A \cdot B=A$
⑥ 对合律　　　　　　　$(A')'=A$
⑦ 互补律　　　　　　　$A+A'=\Omega=1$
　　　　　　　　　　　$A \cdot A'=\Phi$
⑧ 对偶法则（狄摩根定律）　$(A \cdot B)'=A'+B'$
　　　　　　　　　　　$(A+B)'=A' \cdot B'$

在故障树分析中，等幂律和吸收律用得最多。
布尔代数运算规则关系如表 3-41 所示。

表 3-41　布尔代数运算规则

运算规则	并集(逻辑加)的关系式	交集(逻辑乘)的关系式
结合律	$A \cup (B \cup C)=(A \cup B) \cup C$	$A \cap (B \cap C)=(A \cap B) \cap C$
分配律	$A \cup (B \cap C)=(A \cup B) \cap (A \cup C)$	$A \cap (B \cup C)=(A \cap B) \cup (A \cap C)$
交换律	$A \cup B=B \cup A$	$A \cap B=B \cap A$
等幂律	$A \cup A=A$	$A \cap A=A$
吸收律	$A \cup (A \cap B)=A$	$A \cap (A \cup B)=A$
对合律	$(A')'=A$	
互补律	$A \cup A'=\Omega=1$	$A \cap A'=\Phi=0$
对偶法则	$(A \cup B)'=A' \cap B'$	$(A \cap B)'=A' \cup B'$

【例 3-1】利用布尔代数运算法则进行逻辑运算。
$$(A+B)(A+C)(D+B)(D+C)$$

解　由分配律得到 $(A+B)(A+C)=(A+B \cdot C)$ 和 $(D+B)(D+C)=(D+B \cdot C)$
故：
$$(A+B)(A+C)(D+B)(D+C)=(A+B \cdot C)(D+B \cdot C)$$
若用 E 来代替 $B \cdot C$，则有
$$(A+B \cdot C)(D+B \cdot C)=(A+E)(D+E)=(E+A)(E+D)$$
再由分配律得到
$$(E+A)(E+D)=E+A \cdot D=B \cdot C+A \cdot D$$
所以 $(A+B)(A+C)(D+B)(D+C)=B \cdot C+A \cdot D$

【例 3-2】利用布尔代数运算法则进行逻辑运算。
$$[(A \cdot B)+(A \cdot B')+(A' \cdot B')]'$$

解　方法一：

$$[(A \cdot B)+(A \cdot B')+(A' \cdot B')]'$$
$$=(A \cdot B)' \cdot (A \cdot B')' \cdot (A'B')'$$
$$=(A'+B') \cdot (A'+B) \cdot (A+B)$$
$$=(A'+B \cdot B') \cdot (A+B)$$
$$=(A'+\Phi) \cdot (A+B)$$
$$=A' \cdot (A+B)$$
$$=(A' \cdot A)+(A' \cdot B)$$
$$=\Phi+A' \cdot B$$
$$=A' \cdot B$$

方法二：
$$[(A \cdot B)+(A \cdot B')+(A' \cdot B')]'$$
$$=[A \cdot (B+B')+(A' \cdot B')]'$$
$$=[A \cdot \Omega+(A' \cdot B')]'$$
$$=[A+(A' \cdot B')]'$$
$$=[(A+A')(A+B')]'$$
$$=[\Omega \cdot (A+B')]'$$
$$=(A+B')'$$
$$=A' \cdot B$$

四、故障树的编制

1. 故障树符号的意义

故障树的符号详细内容可参阅《故障树名词术语和符号》（GB/T 4888—2009）。

（1）事件符号

① 矩形符号。见图3-11(a)。用它表示顶上事件或中间事件，即需要进一步往下分析的事件。将事件扼要记入矩形框内。必须注意，顶上事件一定要清楚明了，不要太笼统，如"油库静电爆炸""触电伤亡事故"等具体事故。

② 圆形符号。见图3-11(b)。它表示基本（原因）事件，可以是人的差错，也可以是设备机械故障、环境因素等。它表示最基本的事件，不能再继续往下分析了。将事故原因扼要记入圆形符号内。

③ 菱形事件。见图3-11(c)。它表示省略事件，即表示事前不能分析，或者没有再分析下去必要的事件。将事件扼要记入菱形符号内。

④ 屋形符号。见图3-11(d)。它表示正常事件，是系统在正常状态下发生的事件。将事件扼要记入屋形符号内。

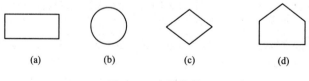

图 3-11 事件符号

（2）逻辑门符号　即连接各个事件，并表示逻辑关系的符号。其中主要有：与门、或门、条件与门、条件或门和限制门。

① 与门符号。与门表示输入事件 B_1、B_2 同时发生的情况下，输出事件 A 才会发生的

连接关系。二者缺一不可,表现为逻辑乘的关系。即 $A=B_1 \cap B_2$。在有若干输入事件时,也是如此,如图 3-12(a) 所示。

"与门"用与门电路图来说明更易理解,如图 3-12(b) 所示。

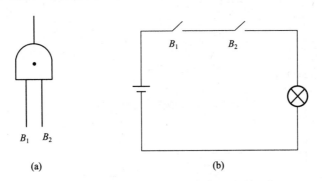

图 3-12 与门符号及与门电路图

当 B_1、B_2 都接通($B_1=1$,$B_2=1$)时,电灯才亮(出现信号),用布尔代数表示为 $X=B_1 \cdot B_2=1$。当 B_1、B_2 中有一个断开或都断开($B_1=1$,$B_2=0$;$B_1=0$,$B_2=1$ 或 $B_1=0$,$B_2=0$)时,电灯不亮(没有信号),用布尔代数表示为 $X=B_1 \cdot B_2=0$。

② 或门符号。或门连接表示输入事件 B_1 或 B_2 中,任何一个事件发生都可以使事件 A 发生,表现为逻辑加的关系,即 $A=B_1 \cup B_2$。在有若干输入事件时,情况也是如此,如图 3-13(a) 所示。

或门用或门电路来说明更容易理解,如图 3-13(b) 所示。

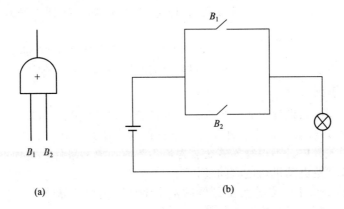

图 3-13 或门符号及或门电路图

当 B_1、B_2 断开($B_1=0$,$B_2=0$)时,电灯才不会亮(没有信号),用布尔代数表示为 $X=B_1+B_2=0$。当 B_1、B_2 中有一个连通或两个都接通(即 $B_1=1$,$B_2=0$;$B_1=0$,$B_2=1$ 或 $B_1=1$,$B_2=1$)时,电灯亮(出现信号),用布尔代数表示为 $X=B_1+B_2=1$。

③ 条件与门符号。表示只有当 B_1、B_2 同时发生(输入)时,且满足条件 α 的情况下,A 才会发生(输出)。相当于三个输入事件的与门,即 $A=B_1 \cap B_2 \cap \alpha$。将条件记入六边形内,如图 3-14 所示。

④ 条件或门符号。表示 B_1 或 B_2 任一事件单独发生(输入),且满足条件 α 时,A 事件才发生(输出)。将条件记入六边形内,如图 3-15 所示。

⑤ 限制门符号。表示 B 事件发生(输入)且满足条件 α 时,A 事件才发生(输出)。相反,如果不满足,则不发生输出事件,条件 α 写在椭圆形符号内,如图 3-16 所示。

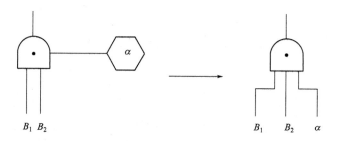

图 3-14 条件与门符号图

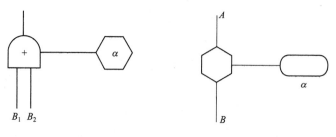

图 3-15 条件或门符号　　　图 3-16 限制门符号

（3）转移符号　当故障树规模很大时，需要将某些部分画在别的纸上，这就要用转出和转入符号，以标出向何处转出和从何处转入。

(a) 转出符号　　(b) 转入符号

图 3-17 转移符号

① 转出符号。表示这部分树由该处转移至他处，由该处转出（在三角形内标出向何处转移），如图 3-17（a）所示。

② 转入符号。表示在别处的部分树，由该处转入（在三角形内标出从何处转入）。如图 3-17（b）所示。

2. 故障树的编制

（1）故障树编制的启发性原则　根据以往的经验可归纳成以下几条。

① 事件符号内必须填写具体事件，每个事件的含义必须明确、清楚，不能把管理上的状况和人的状态写入其中，不得写入笼统、含糊不清或抽象的事件。例如不能用"电动机工作时间过长"代替"给电动机通电时间过长"。

② 尽可能地将一些事件划分为更具体的基本事件。例如"储罐爆炸"用"加注过量造成爆炸"或"反应失控造成爆炸"来代替。

③ 找出每一级中间事件（或顶上事件）的全部直接原因。

④ 将触发事件同"无保护动作"配合起来。例如"过热"用"冷却失灵"加上"系统未关机"来代替。

⑤ 找出相互促进的原因。例如"着火"用"可燃流体漏出"和"明火"来代替。

（2）故障树编制程序

① 确定顶上事件。顶上事件就是所要分析的事故。选择顶上事件，一定要在了解系统情况，有关事故发生的情况和发生的可能，以及事故的严重程度和事故发生的概率等资料的情况下进行，而且事先要仔细寻找造成事故的直接原因和间接原因。然后，根据事故的严重程度和发生的概率确定要分析的顶上事件，将其扼要地填写在矩形框内。顶上事件也可以是已经发生过的事故。通过编制故障树，找出事故原因，制定具体措施，防止事故再次发生。

② 调查或分析造成顶上事件的各种原因。顶上事件确定之后，为了编制好故障树，必须将造成顶上事件的所有直接原因事件找出来，尽可能不要漏掉。直接原因可以是机械故障、人的因素或环境因素等。要找出直接原因可以采取对造成顶上事件的原因进行调查，召开有关人员座谈会，也可以根据以往的经验进行分析，确定造成顶上事件的原因。

③ 绘制故障树。在确定了顶上事件并找出造成顶上事件的各种原因之后，就可以用相应事件符号和适当的逻辑门把它们从上到下分层连接起来，层层向下，直到最基本的原因事件，这样就构成了一个故障树。在用逻辑门符号连接上下层之间的事件原因时，若下层事件必须全部同时发生，上层事件才会发生，就用"与门"连接。逻辑门的连接问题在故障树中是非常重要的，含糊不得，它涉及各种事件之间的逻辑关系，直接影响以后的定性分析和定量分析。

④ 认真审定故障树。绘制的故障树是逻辑模型事件的表达，各个事件之间的逻辑关系要求相当严密、合理。否则在计算过程中将会出现许多意想不到的问题。因此，对故障树的绘制要十分慎重。在编制过程中，一般要反复推敲、修改，除局部更改外，有的甚至要推倒重来，有时还要反复进行多次，直到符合实际情况，比较严密为止。

(3) 故障树编制时的注意事项　故障树应能反映出系统故障的内在联系和逻辑关系，同时能使人一目了然，形象地掌握这种联系与关系，并据此进行正确的分析，为此，建造故障树时应注意以下几点：

① 熟悉分析系统。建造故障树由全面熟悉开始，必须从功能的联系入手，充分了解与人员有关的功能，掌握使用阶段的划分等与任务有关的功能，包括现有的冗余功能以及安全、保护功能等。此外，使用、维修状况也要考虑周全。这就要求广泛地收集有关系统的设计、运行、流程图、设备技术规范等技术文件及资料，并进行深入细致的分析研究。

② 循序渐进。故障树的编制过程是一个逐级展开的演绎过程。首先，从顶上事件开始分析其发生的直接原因，判断逻辑关系，给出逻辑门；其次，找出逻辑门下的全部输入事件；再分析引起这些事件发生的原因，判断逻辑关系，给出逻辑门；继续逐层分析，直至列出引起顶上事件发生的全部基本事件和上下逻辑关系。

③ 选好顶上事件。建造故障树首先要选定一个顶上事件，顶上事件是指系统不希望发生的故障事件。选好顶上事件有利于使整个系统故障分析相互联系起来，因此，对系统的任务、边界以及功能范围必须给予明确的定义。顶上事件在大型系统中可能不止一个，一个特定的顶上事件可能只是许多系统失效事件之一。顶上事件在很多情况下是用故障类型及影响分析、预先危险性分析或事件树分析得出的。一般考虑的事件有：对安全构成威胁的事件——造成人身伤亡，或导致设备财产的重大损失（火灾、爆炸、中毒、严重污染等）；妨碍完成任务的事件——系统停工，或丧失大部分功能；严重影响经济效益的事件——通信线路中断、交通停顿等妨碍提高直接收益的因素。

④ 合理确定系统的边界条件。所谓边界条件是指规定所建造故障树的状况，有了边界条件就明确了故障树建到何处为止。一般边界条件包括以下几项：

　a. 确定顶上事件。

　b. 确定初始条件。它是与顶上事件相适应的，凡具有不止一种工作状态的系统、部件都有初始条件问题。例如储罐内液体的初始量就有两种初始条件，一种是"储罐装满"，另一种是"储罐是空的"，必须加以明确规定。同时，也必须加以规定，例如，在启动或关闭条件下可能发生与稳态工作阶段不同的故障。

　c. 确定不许可的事件。不许可的事件指的是建树时规定不允许发生的事件，例如"由系统之外的影响引起的故障"。

⑤ 调查事故事件是系统故障事件还是部件故障事件。要对矩形符号的每个说明进行检查，并要问："这个故障能否由部件失效组成？"如果回答"能"，则这个事件归为"部件故障事件"，那么就在这个事件下面加一个"或门"，并寻找一次、二次失效和受控故障。如果回答"否"，则这个事件归为"系统故障事件"，这时就要寻找最简捷的、充分必要的直接原因。若是系统故障事件，在这个事件下面可用"或门"、"与门"或"条件门"，至于用哪种门，必须由必要而充分的直接原因事件来定。

⑥ 准确判明各事件间的因果关系和逻辑关系。对系统中各事件间的因果关系和逻辑关系必须分析清楚，不能有逻辑上的紊乱及因果矛盾。每一个故障事件包含的原因事件都是事故事件的输入，即原因——输入，结果——输出。逻辑关系应根据输入事件的具体情况来定，若输入事件必须全部发生时顶上事件才发生，则用"与门"；若输入事件中任何一个发生时顶上事件即发生，则用"或门"。

⑦ 避免门连门。为了保证逻辑关系的准确性，故障树中任何逻辑门的输出都必须也只能有一个结果，不能将逻辑门与其他逻辑门直接相连。

3. 故障树的建造方法

顶上事件确定以后，就要分析顶上事件是怎样发生的。由顶上事件出发循序渐进地寻找每一层事件发生的所有可能的直接原因，一直到基本事件为止。寻找直接原因事件可从三个方面考虑：机械（电器）设备故障或损坏、人的差错（操作、管理、指挥）以及环境不良等因素。下面用实例来说明故障树的建造方法与过程。

【例 3-3】 如图 3-18 所示的泵输送系统中，储罐在 10min 内注满，在 50min 内排空，即一次循环时间 1h。合上开关后，将定时器调整到使触点在 10min 内断开的位置。假如机构失效，报警器发出响声，操作人员断开开关，防止加注过量造成储罐破裂。根据以上描述建造故障树。

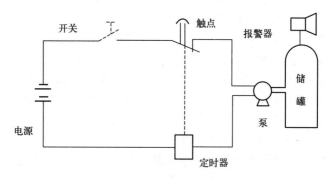

图 3-18　泵输送系统示意

解　(1) 确定顶上事件。确定以"储罐（在时刻 t）破裂"为故障树顶上事件，如图 3-19 所示，并设定初始条件为"储罐是空的"。

(2) 调查顶上事件发生的直接原因事件、事件性质和逻辑关系。根据建树的注意事项⑤，顶上事件失效由部件失效组成，故在顶上事件下面用"或门"，其一次、二次失效事件为储罐自然老化和过应力造成，而受控故障则是储罐受到过压。储罐受到过压含义不清，根据建树原则①，可改写成"电机工作时间过长"，更具体应写为"电机通电时间过长"。

(3) 调查"电机通电时间过长"的直接原因事件、事件性质和逻辑关系。根据建树的原则④，将"电机通电时间过长"用"触点闭合时间过长"和"开关闭合时间过长"联系起

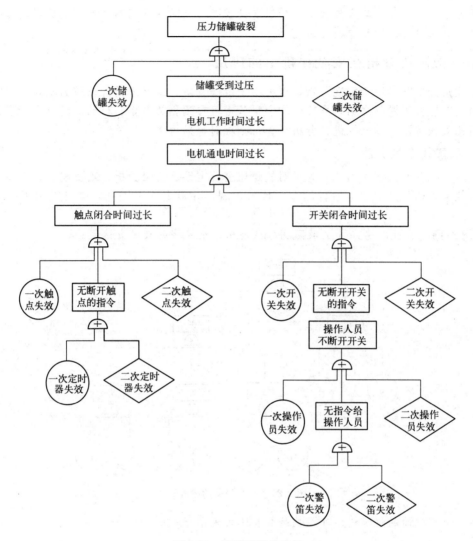

图 3-19 储罐破裂故障树

来,这两个事件都同时发生,"电机通电时间过长"才发生,故它们用"与门"连接。

(4) 调查"触点闭合时间过长"和"开关闭合时间过长"事件的直接原因事件。根据注意事项⑤,二者都由部件失效组成,故在其下面均用"或门"连接,一次、二次失效事件为触点和开关本身,受控故障则分别为"无断开触点的指令"和"无断开开关的指令",后者具体改写成"操作人员不断开开关"。

(5) 调查"无断开触点的指令"的直接原因事件,触点断开动作是由定时器控制的,定时器失效当然触点不断开,换言之,它是部件故障事件。故其下接"或门",一次、二次失效是定时器本身故障。至于受控故障在这里不再有可能出现,亦即对这一分支的分解过程就此结束。

(6) 调查"无断开开关的指令"的直接原因事件。开关是由操作人员操作的,在这个例子中的操作人员可认为是系统中的一个部件。因此,根据建树注意事项⑤进行分解,操作人员一次失效是指在设计技术条件内工作的操作人员未能在报警器报警时按下紧急停机按钮。二次失效是指例如"报警器报警时操作人员已被火烧死"这种事件。对于受控故障是"没有报警声"。"没有报警声"即"无指令给操作员",这是一个部件故障事件,根据建树注意事项⑤进行分解，一次、二次失效是报警器本身，受控故障在这里不再有可能出现，这一分支分解过程到此结束，即故障树建造完毕。

五、故障树分析在安全评价中的应用

故障树分析既可用于定性分析，也可用于定量分析。定量分析计算较为麻烦，在此仅就故障树的定性分析做一介绍，故障树的定量分析可参阅相关书籍。目前，已经出现多款故障树分析相关软件，借助软件进行分析计算，则相对容易得多。

1. 故障树定性分析

（1）故障树的数学表达式　为了对故障树进行定性、定量分析，需要建立数学模型，写出它的数学表达式。把顶上事件用布尔代数表现，并自上而下展开，就可得到布尔数学表达式。

【例 3-4】 如图 3-20 所示的故障树，试写出该故障树的数学表达式。

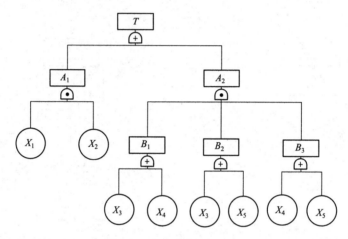

图 3-20　未经化简的故障树

解　未经化简的故障树，其结构函数表达式为：

$$T = A_1 + A_2$$
$$= A_1 + B_1 B_2 B_3$$
$$= X_1 X_2 + (X_3 + X_4)(X_3 + X_5)(X_4 + X_5)$$

（2）最小割集的概念和求法　如果故障树中的全部基本事件都发生，则顶上事件必然发生。但是，大多数情况下并不是一定要所有基本事件都发生，顶上事件才能发生，而是只要某些基本事件一起发生就可以导致顶上事件的发生。这些由于同时发生就能够导致顶上事件发生的基本事件集合称为割集。割集中的基本事件之间是逻辑"乘"的关系。

如果在某个割集中任意除去一个基本事件，就不再是割集了，这样的割集就称为最小割集，也就是导致顶上事件发生的最低限度的基本事件的集合。

最小割集常用布尔代数化简法来求。

【例 3-5】 求图 3-20 的最小割集。

解　$T = X_1 X_2 + (X_3 + X_4)(X_3 + X_5)(X_4 + X_5)$

$= X_1 X_2 + X_3 X_3 X_4 + X_3 X_4 X_4 + X_3 X_4 X_5 + X_4 X_4 X_5 + X_4 X_5 X_5 + X_3 X_3 X_5 + X_3 X_5 X_5 + X_3 X_4 X_5$

$= X_1 X_2 + X_3 X_4 + X_3 X_4 X_5 + X_4 X_5 + X_3 X_5$

$= X_1 X_2 + X_3 X_4 + X_4 X_5 + X_3 X_5$

得到四个最小割集 $\{X_1,X_2\}$、$\{X_3,X_4\}$、$\{X_4,X_5\}$、$\{X_3,X_5\}$，用最小割集表示的等效故障树如图 3-21 所示。

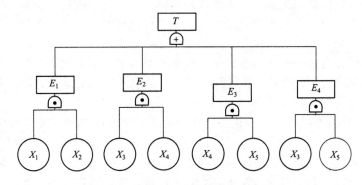

图 3-21　用最小割集表示的等效故障树

【例 3-6】　化简图 3-22 所示的故障树，并做出等效故障树。

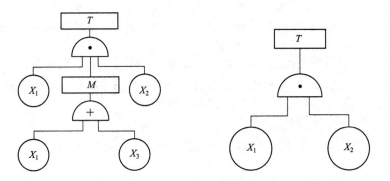

图 3-22　故障树示意　　　图 3-23　图 3-22 的等效故障树

解　根据图示，其结构式为：
$T = X_1 M X_2$
$\quad = X_1(X_1+X_3)X_2$
$\quad = X_1X_1X_2 + X_1X_3X_2$（分配律）
$\quad = X_1X_2 + X_1X_2X_3$（等幂律、交换律）
$\quad = X_1X_2$（吸收律）

经化简后得到一个最小割集 $\{X_1,X_2\}$，该故障树的结构式为 X_1X_2，由于是逻辑乘的关系，故用"与门"和顶上事件连接，其等效故障树如图 3-23 所示。

(3) 最小割集的作用

① 最小割集表示系统的危险性。最小割集的定义明确指出，每一个最小割集都表示顶上事件发生的一种可能，故障树中有几个最小割集，顶上事件发生就有几种可能。从这个意义上讲，最小割集数目越多，说明系统的危险性越大。

② 表示顶上事件发生的原因。事故发生必然是某个最小割集中几个事件同时存在的结果。求出故障树全部最小割集，就可掌握事故发生的各种可能，对掌握事故的规律，查明事故的原因大有帮助。

③ 为降低系统的危险性提出控制方向和预防措施。每个最小割集都代表了一种事故模式。由故障树的最小割集可以直观地判断哪种事故模式最危险，哪种次之，哪种可以忽略，以及如何采取措施使事故发生概率下降。若某故障树有三个最小割集，如果不考虑每个基本

事件发生的概率，或者假定各基本事件发生的概率相同，则只含一个基本事件的最小割集比含有两个基本事件的最小割集容易发生；含有两个基本事件的最小割集比含有五个基本事件的最小割集容易发生。依此类推，少事件的最小割集比多事件的最小割集容易发生。由于单个事件的最小割集只要一个基本事件发生，顶上事件就会发生；两个事件的最小割集必须两个基本事件同时发生，才能引起顶上事件发生。这样，两个基本事件组成的最小割集发生的概率比一个基本事件组成的最小割集发生的概率要小得多，而五个基本事件组成的最小割集发生的可能性相比之下可以忽略。由此可见，为了降低系统的危险性，对含基本事件少的最小割集应优先考虑采取安全措施。

④ 利用最小割集可以判定故障树中基本事件的结构重要度和方便地计算顶上事件发生的概率。

（4）最小径集的概念和求法　如果故障树中某些基本事件都不发生时，则顶上事件必然不发生，这些基本事件的集合称为径集。所以系统的径集也就代表了系统的正常模式，即系统成功的一种可能性。径集的基本事件之间是逻辑"加"的关系。

如果在某个径集中任意除去一个基本事件就不再是径集了，这样的径集就称为最小径集。换句话说，也就是不能导致顶上事件发生的最低限度的基本事件的集合。因此，研究最小径集，实际上是研究保证正常运行需要哪些基本环节正常发挥作用的问题，它表示系统不发生事故的几种可能方案，即表示系统的可靠性。

最小径集的求法是利用它与最小割集的对偶性，首先做出与故障树对偶的成功树，即把原来故障树的与门换成或门，而或门换成与门，各类事件发生换成不发生，利用上述方法求出成功树的最小割集，再转化成为故障树的最小径集。

【例 3-7】　求［例 3-4］的最小径集。

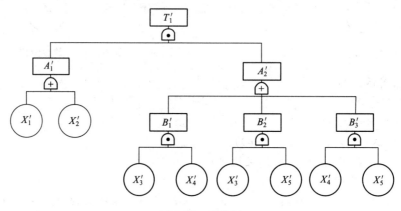

图 3-24　成功树

解　将故障树变成成功树。

用 T'、A_1'、A_2'、B_1'、B_2'、B_3'、X_1'、X_2'、X_3'、X_4'、X_5'表示事件 T、A_1、A_2、B_1、B_2、B_3、X_1、X_2、X_3、X_4、X_5 的补事件，即成功事件，逻辑门做相应转换，如图 3-24 所示。

利用布尔代数化简法求成功树的最小割集：

$$T' = A_1' A_2'$$
$$= A_1'(B_1' + B_2' + B_3')$$
$$= (X_1' + X_2')(X_3' X_4' + X_3' X_5' + X_4' X_5')$$
$$= X_1' X_3' X_4' + X_1' X_3' X_5' + X_1' X_4' X_5' + X_2' X_3' X_4' + X_2' X_3' X_5' + X_2' X_4' X_5'$$

得到成功树的六个最小割集 $\{X'_1, X'_3, X'_4\}$、$\{X'_1, X'_3, X'_5\}$、$\{X'_1, X'_4, X'_5\}$、$\{X'_2, X'_3, X'_4\}$、$\{X'_2, X'_3, X'_5\}$、$\{X'_2, X'_4, X'_5\}$，即故障树最小径集为 $\{X_1, X_3, X_4\}$、$\{X_1, X_3, X_5\}$、$\{X_1, X_4, X_5\}$、$\{X_2, X_3, X_4\}$、$\{X_2, X_3, X_5\}$、$\{X_2, X_4, X_5\}$。

如将成功树用布尔代数化简的最后结果变换为故障树结构，则表达式为：
$$T=(X_1+X_3+X_4)(X_1+X_3+X_5)(X_1+X_4+X_5)(X_2+X_3+X_4)(X_2+X_3+X_5)(X_2+X_4+X_5)$$

形成了6个并集的交集，用最小径集表示故障树则如图3-25所示。

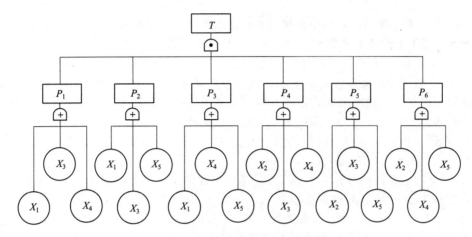

图 3-25　用最小径集表示的故障树

用最小割集表示的故障树等效图与用最小径集表示的故障树等效图进行比较可以看出，都有两层连接门，但门的次序恰好相反。

(5) 最小径集在故障树分析中的应用　最小径集在故障树分析中的作用与最小割集同样重要，主要表现在以下三个方面：

① 最小径集表示系统的安全性。最小径集表明，一个最小径集中所包含的基本事件都不发生，就可防止顶上事件发生。可见，每一个最小径集都是保证故障树顶上事件不发生的条件，是采取预防措施，防止发生事故的一种途径。从这个意义上来说，最小径集表示了系统的安全性。

② 提供了选取确保系统安全的最佳方案。每一个最小径集都是防止顶上事件发生的一个方案，可以根据最小径集中所包含的基本事件个数的多少、技术上的难易程度、耗费的时间以及投入的资金数量，来选择最经济、最有效的控制事故的方案。

③ 利用最小径集同样可以判定故障树中基本事件的结构重要度和计算顶上事件发生的概率。在故障树分析中，根据具体情况，有时应用最小径集更为方便。就某个系统而言，如果故障树中"与门"多，则其最小割集的数量就少，定性分析最好从最小割集入手。反之，如果故障树中"或门"多，则其最小径集的数量就少，此时定性分析最好从最小径集入手，从而可以得到更为经济、有效的结果。

2. 基本事件的结构重要度分析

结构重要度分析是分析基本事件对顶上事件影响的大小，是为改进系统的安全性提供重要信息的手段。

故障树中各基本事件对顶上事件影响程度是不同的。在不考虑各基本事件的发生概率或假定各基本事件发生概率相等的情况下，从故障树结构上分析各基本事件的重要度，分析各基本事件的发生对顶上事件发生的影响。结构重要度分析虽然是一种定性分析方法，但在目前缺乏定量分析数据的情况下，结构重要度分析就更显出其重要性。

结构重要度分析一般可采用两种方法，一种是精确求出结构重要度系数，另一种是用最小割集或最小径集排出结构重要度顺序。前者准确，但烦琐，后者简单，但不够精确。为简单起见，在此仅用最小割集或最小径集来分析结构重要度。

利用最小割集或最小径集分析判断方法进行结构重要度判断有以下几个原则：

① 由单个事件组成的最小割（径）集中，该基本事件结构重要度最大。例如某故障树有三个最小割集，分别为 $G_1=\{X_1\}$，$G_2=\{X_2, X_3\}$，$G_3=\{X_4, X_5, X_6\}$，根据此条原则，$I_\varphi(1)$ 最大。

② 仅在同一最小割（径）集中出现的所有基本事件，而且在其他最小割（径）集中不再出现，则所有基本事件结构重要度系数相等。如在 $\{X_1, X_2\}$、$\{X_3, X_4, X_5\}$、$\{X_6, X_7, X_8, X_9\}$ 中，$I_\varphi(1)=I_\varphi(2)$；$I_\varphi(3)=I_\varphi(4)=I_\varphi(5)$；$I_\varphi(6)=I_\varphi(7)=I_\varphi(8)=I_\varphi(9)$。

③ 若最小割（径）集包含的基本事件数相等，则在不同的最小割（径）集中出现次数多的基本事件结构重要度系数大，出现次数少者结构重要度系数小，出现次数相等者结构重要度系数相等。如在 $\{X_1, X_2, X_3\}$、$\{X_1, X_3, X_5\}$、$\{X_1, X_5, X_6\}$、$\{X_1, X_4, X_7\}$，X_1 出现4次，X_3、X_5 出现2次，X_2、X_4、X_6、X_7 各出现1次，所以 $I_\varphi(1) > I_\varphi(3)=I_\varphi(5) > I_\varphi(2)=I_\varphi(4)=I_\varphi(6)=I_\varphi(7)$。

④ 若两个基本事件在所有最小割（径）集中出现的次数相等，则在少事件最小割（径）集中出现的基本事件的结构重要度系数大。如在 $\{X_1, X_3\}$、$\{X_2, X_3, X_5\}$、$\{X_1, X_4\}$、$\{X_2, X_4, X_5\}$ 中，X_1 出现2次，X_2 也出现2次，但 X_1 所在的两个最小割集都含有两个基本事件，X_2 所在的两个最小割集都含有三个基本事件，所以 $I_\varphi(1) > I_\varphi(2)$。

⑤ 两个基本事件在少事件最小割（径）集中出现次数少，而在多事件最小割（径）集中出现次数多，以及其他更为复杂的情况，通常利用近似公式计算。常用的近似计算公式有下列3个：

公式一：
$$I_\varphi(i) = \frac{1}{k} \sum_{j=1}^{k} \frac{1}{n_j} \quad (j \in k_j)$$

式中 k——最小割集总数；
k_j——第 j 个最小割集；
n_j——第 k_j 个最小割集的基本事件数。

公式二：
$$I_\varphi(i) = \sum_{x_i \in k_j} \frac{1}{2^{n_j-1}}$$

式中 n_j-1——为第 i 个基本事件所在 k_j 中各基本事件总数减1；
$I_\varphi(i)$——第 i 个基本事件的结构重要度系数。

公式三：
$$I_\varphi(i) = 1 - \prod_{x_j \in k_j} \left(1 - \frac{1}{2^{n_j-1}}\right)$$

式中 $I_\varphi(i)$——第 i 个基本事件的结构重要度系数；
n_j——第 i 个基本事件所在 k_j 中各基本事件。

其中应用最多的为公式二。

【例3-8】 已知某故障树的最小割集 $K_1=\{X_1, X_2, X_3\}$、$K_2=\{X_1, X_2, X_4\}$，利用近似公式计算结构重要度系数。

解 (1) 利用公式一 $I_\varphi(i) = \frac{1}{k} \sum_{j=1}^{k} \frac{1}{n_j}$ 求解。由公式一得：

$$I_\varphi(1) = \frac{1}{2} \times \left(\frac{1}{3} + \frac{1}{3}\right) = \frac{1}{3}$$

$$I_\varphi(2) = \frac{1}{2} \times \left(\frac{1}{3} + \frac{1}{3}\right) = \frac{1}{3}$$

$$I_\varphi(3) = \frac{1}{2} \times \left(\frac{1}{3} + 0\right) = \frac{1}{6}$$

$$I_\varphi(4) = \frac{1}{2} \times \left(\frac{1}{3} + 0\right) = \frac{1}{6}$$

故 $I_\varphi(1) = I_\varphi(2) > I_\varphi(3) = I_\varphi(4)$。

(2) 利用公式二 $I_\varphi(i) = \sum\limits_{x_i \in k_j} \dfrac{1}{2^{n_j - 1}}$ 计算。由公式二得：

$$I_\varphi(1) = \frac{1}{2^2} + \frac{1}{2^2} = \frac{1}{2}$$

$$I_\varphi(2) = \frac{1}{2^2} + \frac{1}{2^2} = \frac{1}{2}$$

$$I_\varphi(3) = \frac{1}{2^2} = \frac{1}{4}$$

$$I_\varphi(4) = \frac{1}{2^2} = \frac{1}{4}$$

故 $I_\varphi(1) = I_\varphi(2) > I_\varphi(3) = I_\varphi(4)$。

(3) 利用公式三 $I_\varphi(i) = 1 - \prod\limits_{x_j \in k_j} \left(1 - \dfrac{1}{2^{n_j - 1}}\right)$ 计算。由公式三得：

$$I_\varphi(1) = I_\varphi(2) = 1 - \left(1 - \frac{1}{2^2}\right) \times \left(1 - \frac{1}{2^2}\right) = \frac{7}{16}$$

$$I_\varphi(3) = I_\varphi(4) = 1 - \left(1 - \frac{1}{2^2}\right) = \frac{1}{4}$$

故 $I_\varphi(1) = I_\varphi(2) > I_\varphi(3) = I_\varphi(4)$。

通过该例可以看出，利用三个公式求出的结构重要度排序结果是一致的。

应用上述原则判断基本事件结构重要系数大小时，必须从第①条至第⑤条逐条判断，而不能只选用其中某一条。不能单纯使用近似判别式，否则可能会得到错误的结果。

用最小割集或最小径集判断基本事件结构重要度顺序的结果应该是一样的。选用最小割集还是选用最小径集要视具体情况而定。一般来说，最小割集和最小径集哪一种数量少就选哪一种，这样对包含的基本事件就容易比较。

分析结构重要度，排出各种基本事件的结构重要度顺序，可以从结构上了解各基本事件对顶上事件发生的影响程度，以便按重要度顺序安排防护措施，加强控制，也可以作为制定安全检查表，找出日常管理和控制要点的依据。

3. 系统薄弱环节预测

对于最小割集来说，它与顶上事件用"或门"相连，显然最小割集的数量越少越安全，越多越危险。而每个最小割集中的基本事件与第二层事件为"与门"连接，因此割集中的基本事件越多越有利，基本事件少的割集就是系统的薄弱环节。对于最小径集来说，恰好与最小割集相反，径集越多越安全，基本事件多的径集是系统的薄弱环节。

根据以上分析，可以从以下四条途径来改善系统的安全性。

① 减少最小割集数，首先应消除含基本事件最少的割集。

② 增加割集中的基本事件数，首先应给基本事件少又不能清除的割集增加基本事件。

③ 增加新的最小径集，也可以设法将原有含基本事件较多的径集分成两个或多个径集。

④ 减少径集中的基本事件数，首先应着眼于减少含基本事件多的径集。

总之，最小割集与最小径集在事故预测中的作用不同。最小割集可以预示系统事故发生的途径；最小径集可以提供消除顶上事件最经济、最省事的方案。

在对故障树做薄弱环节预测时，要区别不同情况，采取不同做法。故障树中"或门"越多，得到的最小割集就越多，这个系统也就越不安全。对于这样的故障树最好从求最小径集着手，找出包含基本事件较多的最小径集，然后设法减少它的基本事件数，或者增加最小径集数，以提高系统的安全程度。故障树中"与门"越多，得到的最小割集的个数就越少，这个系统的安全性就越高。对于这样的故障树最好从求最小割集入手，找出少事件的最小割集，消除它或者设法增加它的基本事件数，以提高系统的安全性。

4. 几点认识

通过以上定性分析，可以归纳出以下两点基本认识。

① 从故障树的结构上看，距离顶上事件越近的层次，其危险性越大。换一个角度来看，如果监测保护装置越靠近顶上事件，则能起到多层次的保护作用。

② 在逻辑门结构中，"与门"下面所连接的输入事件必须同时全部发生才能有输出，因此，它能起到控制作用。"或门"下面所连接的输入事件，只要其中有一个事件发生，则就有输出，因此，"或门"相当于一个通道，不能起到控制作用。可见，故障树中"或门"越多，危险性也越大。

六、应用举例

以下为蒸汽锅炉缺水爆炸故障树分析。

蒸汽锅炉是工业生产中常用的设备，又是比较容易发生灾害性事故的设备。由于蒸汽锅炉实际运行的工作条件十分恶劣，造成受压元件失效的原因往往是错综复杂的。引起锅炉爆炸的主要事件有：锅炉结垢、炉壁腐蚀、缺水和超压。下面仅就锅炉缺水引起爆炸作为顶上事件进行分析。

（1）建造故障树

① 确定顶上事件：锅炉缺水。锅炉缺水的直接原因事件有：警报器失灵（基本事件）、水位下降（系统故障事件）、未察觉（系统故障事件）。各个事件用"与门"连接。

② 水位下降的直接原因事件有：给水故障（系统故障事件）、排污阀故障（部件故障事件）。各个事件之间用"或门"连接。

其中给水故障的直接原因事件包括：管道阀门故障（基本事件）、自动给水调节失灵（基本事件）、停水（基本事件）、给水泵损坏（基本事件）、没蒸汽泵（基本事件）、爆管（基本事件）。各个事件之间用"或门"连接。

其中排污阀故障的直接原因事件包括：阀关闭不严（基本事件）、未关阀（基本事件）。各个事件之间用"或门"连接。

③ 未察觉的直接原因事件有：判断失误（系统故障事件）、工作失误（系统故障事件）。各个事件之间用"或门"连接。

其中判断失误的直接原因事件包括：叫水失误（部件故障事件）、假水位（部件故障事件）。各个事件之间用"或门"连接。

而叫水失误的直接原因事件包括：忘记叫水（基本事件）、叫水不足（基本事件）。各个事件之间用"或门"连接。

其中假水位的直接原因事件有：水位计损坏（基本事件）、没定期冲洗（基本事件）、水位计安装不合理（基本事件）、汽水共腾（部件故障事件）。各个事件之间用"或门"连接。

假水位直接原因事件中的汽水共腾的直接原因事件有：碱度高（基本事件）、汽水旋塞关闭（基本事件）。各个事件之间用"或门"连接。

（2）绘制故障树　根据上述分析，蒸汽锅炉缺水爆炸故障树如图3-26所示。

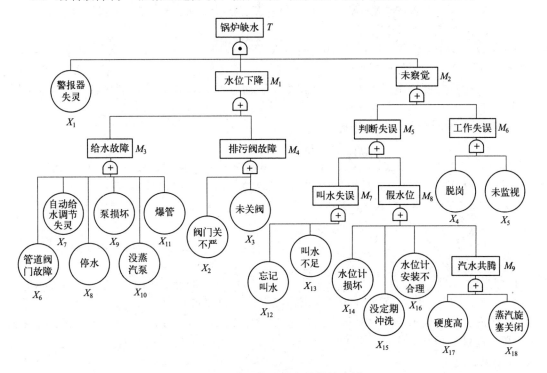

图3-26　蒸汽锅炉缺水爆炸故障树

（3）定性分析　该故障树"或门"较多，最小径集数量较少，应用最小径集分析更为方便。

① 画出故障树的成功树图，见图3-27。

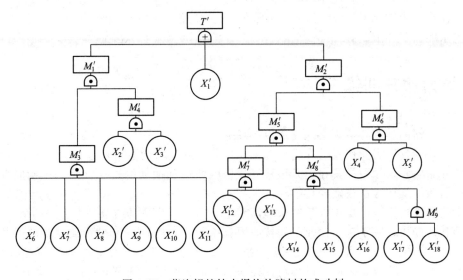

图3-27　蒸汽锅炉缺水爆炸故障树的成功树

② 求结构函数。

$$\begin{aligned}T' &= X_1' + M_1' + M_2' \\ &= X_1' + M_3'M_4' + M_5'M_6' \\ &= X_1' + X_6'X_7'X_8'X_9'X_{10}'X_{11}'X_2'X_3' + M_7'M_8'X_4'X_5' \\ &= X_1' + X_6'X_7'X_8'X_9'X_{10}'X_{11}'X_2'X_3' + X_{12}'X_{13}'X_{14}'X_{15}'X_{16}'X_{17}'X_{18}'X_4'X_5'\end{aligned}$$

得到 3 个最小径集，分别为：

$P_1 = \{X_1\}$，$P_2 = \{X_2, X_3, X_6, X_7, X_8, X_9, X_{10}, X_{11}\}$，$P_3 = \{X_4, X_5, X_{12}, X_{13}, X_{14}, X_{15}, X_{16}, X_{17}, X_{18}\}$。

③ 求结构重要度。由于该故障树比较简单，而且没有重复事件，利用最小径集来判断结构重要度。

X_1 是单事件的最小径集，因此

$$I_\varphi(1) > I_\varphi(i)\ (I = 2, 3, \cdots, 18)$$

X_2、X_3、X_6、X_7、X_8、X_9、X_{10}、X_{11} 共有 8 个事件同时出现在 P_2 中，因此

$$I_\varphi(2) = I_\varphi(3) = I_\varphi(6) = I_\varphi(7) = I_\varphi(8) = I_\varphi(9) = I_\varphi(10) = I_\varphi(11)$$

X_4、X_5、X_{12}、X_{13}、X_{14}、X_{15}、X_{16}、X_{17}、X_{18} 共有 9 个事件同时出现在 P_3 中，因此

$$I_\varphi(4) = I_\varphi(5) = I_\varphi(12) = I_\varphi(13) = I_\varphi(14) = I_\varphi(15) = I_\varphi(16) = I_\varphi(17) = I_\varphi(18)$$

所以结构重要度顺序为：

$$I_\varphi(1) > I_\varphi(2) = I_\varphi(3) = I_\varphi(6) = I_\varphi(7) = I_\varphi(8) = I_\varphi(9) = I_\varphi(10) = I_\varphi(11) > I_\varphi(4) = I_\varphi(5) = I_\varphi(12) = I_\varphi(13) = I_\varphi(14) = I_\varphi(15) = I_\varphi(16) = I_\varphi(17) = I_\varphi(18)$$

④ 结论。锅炉缺水故障树的最小割集有 72 个，最小径集有 3 个，即发生锅炉缺水事故有 72 种可能性，但从 3 个最小径集可得出，只要采取径集方案中的任何一个，锅炉缺水事故就可避免。

第一种方案是最佳方案，只要保证水位警报器灵敏可靠，锅炉缺水就可预防。其次是第二方案（X_2，X_3，X_6，X_7，X_8，X_9，X_{10}，X_{11}），为保证锅炉水位不发生异常情况，要求给水设备处于良好工作状态，并且管道阀门畅通。第三种方案是水位下降后操作人员未及时发现并进行判断的一些事件，操作人员的岗位工作占主要地位。

造成缺水的主要原因：在 18 个基本事件中，水位警报器失灵是最主要原因事件（X_1），其次是操作人员脱岗（X_4）及排污阀门故障（X_2），若抓住这 3 个关键环节，就抓住了预防锅炉缺水的主要环节。

能力提升训练

结合故障树的学习，请你尝试完成以下任务：

某公司车间，一名操作人员在进行起吊作业时未确认吊钩与吊具是否钩合牢固的情况下即凭感觉开始操作，导致吊具在上升后移过程中因惯性和摆动的作用突然与吊钩脱开坠落，致使另一名实习操作人员被砸身亡。

该事故的直接原因是操作人员在未确认起重吊钩与工装吊具结合是否良好的情况下，仅凭感觉即开始操作，属于违章作业。间接原因有以下 7 个方面：①吊钩缺少防滑脱落装置；②安全管理不到位，操作人员安全意识淡薄；③设备使用管理松懈，吊具横梁断面尺寸太厚，未安装吊钩保险卡，吊钩与吊具均存在问题却依然使用，且未上报；④工艺作业文件对吊具的使用没有明确并形成闭环；⑤人力资源管理和配置存在问题，不应将安全意识淡薄的实习操作人员分配到生产岗位进行长期实习；⑥安全生产意识的监督落实和执行不到位；

⑦安全生产管理体系不健全，规章制度不完善，没有从责任制入手完善各项管理制度形成整体的管理体系文件，没有真正做到全员管理，横向到边，纵向到底，各负其责。

根据实际调查和逻辑推理，逐层分析脱钩事故的原因，直到最基本事件，构建出故障树，见图 3-28。

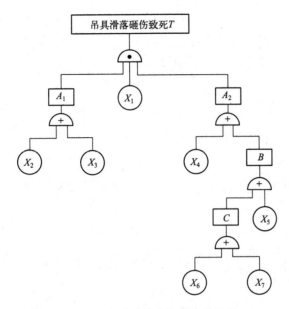

图 3-28　起重脱钩事故故障树示意

图 3-28 中，T 为吊具滑落砸伤致死事件，X_1 为被砸人员安全意识淡薄，A_1 为行车设备故障，X_2 为设备失修，A_2 为驾驶员操作失误，X_3 为吊具无防滑装置，B 为现场指挥监督未作用，X_4 为驾驶员违章操作，C 为现场指挥监督员失职，X_5 为现场无指挥监督员，X_6 为监督员看到违章未制止，X_7 为监督员未看到违章操作。

(1) 求该故障树的最小割集。
(2) 请你将该故障树转化为成功树，并求出成功树的最小径集。
(3) 请尝试完成结构重要度分析。
(4) 请尝试对该故障树进行简单分析。

归纳总结提高

1. 利用布尔代数运算法则进行逻辑运算。
(1) $X_1 X_1 X_2 + X_1 X_3 X_2$
(2) $X_4 + X_1 X_2 + X_1 X_4$
(3) $X_2 X_3 X_4 + X_2 X_3 X_1 X_2 + X_1 X_4 + X_1 X_1 X_2$
(4) $(X_1' X_2' + X_1' X_3' + X_2' X_4' + X_1' X_4')'$

2. 化简图 3-29 所示的故障树，并做出等效故障树。
3. 对图 3-30 所示的故障树，(1) 求其最小割集；(2) 画成功树；(3) 求成功树的最小割集；(4) 求原事故树的最小径集；(5) 画出以最小割集表示的事故树的等效图，画出以最小径集表示的事故树的等效图。

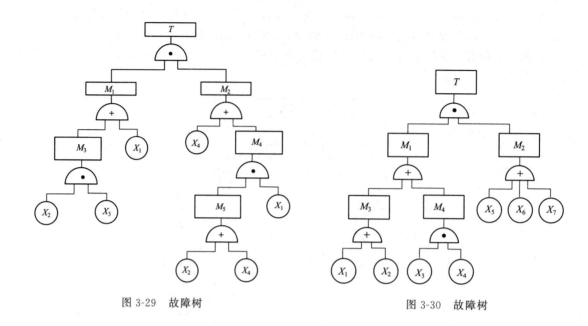

图 3-29　故障树　　　　　　　　　图 3-30　故障树

安全评价师应知应会

1. 下列关于"故障树法"说法正确的有（　　）。
(A) 在故障树中凡能导致顶上事件发生的基本事件的集合称为割集
(B) 在故障树中凡能导致顶上事件发生的基本事件的集合称为最小割集
(C) 在故障树中凡是不能导致顶上事件发生的最低限度基本事件的集合称为径集
(D) 在故障树中凡是不能导致顶上事件发生的最低限度基本事件的集合称为最小径集

2. 故障树法能实现（　　）功能。
(A) 识别导致事故的设备故障　　　　(B) 评估事故的后果严重程度
(C) 识别导致事故的人失误　　　　　(D) 为管理措施改进提供科学依据

3. 如果事件 A、B、C 都是基本事件，下列运算公式正确的是（　　）。
(A) $A+B+C=C+(B+A)$　　　(B) $A+AB=B$
(C) $AB+AC=B+C$　　　　　　(D) $AB+A'B=B$

4. 某故障树的割集有 5 个，分别为 $\{X_1, X_2, X_3\}$、$\{X_1, X_2, X_4\}$、$\{X_4, X_4\}$、$\{X_2, X_4\}$、$\{X_3\}$，则该故障树的最小割集有（　　）个。
(A) 2　　　　(B) 3　　　　(C) 4　　　　(D) 5

5. 某故障树的结构函数表达式为 $T=X_1+(X_2+X_3X_4)+X_3(X_5+X_6)$，则其最小割集有（　　）个。
(A) 3　　　　(B) 4　　　　(C) 5　　　　(D) 6

6. 某故障树的函数表达式为 $T=X_1+X_2(X_3+X_4X_5)+X_3X_5$，则故障树中结构重要度最小的基本事件为（　　）。
(A) X_2　　　(B) X_3　　　(C) X_4　　　(D) X_5

7. 在故障树分析中，反映基本事件发生概率的增减对顶上事件发生概率影响的敏感程度的参数是（　　）。
(A) 结构重要度　　(B) 临界重要度　　(C) 概率重要度　　(D) 最小径集

8. 下列关于故障树最小径集和最小割集的说法中，正确的说法是（　　）。
（A）最小割集越多，系统的危险性越大
（B）最小径集是引起顶上事件发生的充要条件
（C）事故树的最小径集不能用于估算顶上事件发生的概率
（D）一个最小径集中所有的基本事件都不发生，顶上事件仍有可能发生

9. 某故障树共有 2 个最小径集：$P_1=\{X_1,X_2\}$，$P_2=\{X_2,X_3\}$。已知各基本事件发生的概率为 $q_1=0.5$，$q_2=0.2$，$q_3=0.5$，则顶上事件发生的概率为（　　）。
（A）0.4　　　　　　　（B）0.25　　　　　　（C）0.45　　　　　　（D）0.3

10. 某故障树共有两个最小割集：$E_1=\{X_1,X_2\}$，$E_2=\{X_2,X_3\}$。已知各基本事件发生的概率为 $q_1=0.4$，$q_2=0.2$，$q_3=0.3$，则各基本事件的概率重要度的正确排序为（　　）。
（A）$I_\varphi(2)>I_\varphi(3)>I_\varphi(1)$　　　　　　（B）$I_\varphi(1)=I_\varphi(2)=I_\varphi(3)$
（C）$I_\varphi(1)<I_\varphi(2)<I_\varphi(3)$　　　　　　（D）$I_\varphi(2)>I_\varphi(1)>I_\varphi(3)$

项目九　道化学火灾、爆炸指数评价法

 实例展示

请你认真研读下列实例，研讨道化学火灾、爆炸指数评价法的特点。

本实例展示了××化工有限公司"新建的年产×万吨聚氨酯树脂生产线"安全预评价报告中甲苯储罐区单元采用道化学火灾、爆炸指数评价法的部分内容。

1　评价单元的选择

按照道化学第七版评价单元选择的原则和建设项目工艺流程，对本项目选择甲苯储罐区作为评价单元。

储罐区包括多种原料储罐，选取火灾危险性大的甲苯储罐作为计算对象，甲苯储罐总容量 100m³，甲苯量按最高限量 70t 计算。

2　物质系数（MF）的确定

储罐区内危险物质系数按照甲苯查得 MF＝16。

3　工艺单元危险系数（F_3）的计算

3.1　一般工艺危险系数（F_1）的计算

（1）物料处理和输送

甲苯储罐露天设置，设备内可燃液体，$N_F=3$，取危险系数 0.85。

（2）排放和泄漏控制

甲苯储罐区应按规范设置防火堤以防止泄漏液流到其他区域，防火堤内所有设备露天放置，取系数 0.50。

（3）一般工艺危险系数计算

$$F_1=1.00+0.85+0.50=2.35$$

3.2　特殊工艺危险系数（F_2）的计算

（1）毒性物质

本单元物质为甲苯，$N_H=2$，选取毒性系数为 0.40。

(2) 燃烧范围及附近操作

甲苯储罐在出料时可能吸入空气，选取系数0.5。

(3) 易燃和不稳定物质的数量

单元内物质燃烧的总热量（甲苯储罐总容量100m³，最高存量计70t）为：$Q=2.68\times 10^9$BTU，选取系数0.57。

(4) 腐蚀

腐蚀速率小于0.127mm/a，选取系数0.1。

(5) 泄漏

法兰、泵密封处可能产生泄漏，选取系数0.30。

(6) 特殊工艺危险系数的计算

$$F_2=1.00+0.40+0.50+0.57+0.10+0.30=2.87$$

3.3 单元工艺危险系数

$$F_3=F_1F_2=2.35\times 2.87=6.75$$

4 单元火灾、爆炸指数（F&EI）的计算

$$F\&EI=MF\times F_3=16\times 6.75=108$$

建设项目各单元的各项危险系数取值及计算结果见表3-42。

表3-42 甲苯储罐区单元火灾、爆炸指数（F&EI）

项目	甲苯储罐	取值说明
危险物质	甲苯	
物质系数(MF)	16	甲苯
1. 一般工艺危险		
基本系数(1.00)	1.0	
A. 放热反应(0.3~1.25)	—	未发生化学反应
B. 吸热反应(0.2~0.4)	—	未发生吸热反应
C. 物料处理与输送(0.25~1.05)	0.85	$N_F=3$，易燃液体露天存放
D. 封闭式结构(0.3~0.9)	—	未在室内或封闭区域内处理
E. 通道(0.2~0.35)	—	通道不影响消防活动
F. 排放与泄漏(0.25~0.5)	0.5	有防火堤
一般工艺危险系数 F_1	2.35	$F_1=1.00+0.85+0.5=2.35$
2. 特殊工艺危险		
基本系数(1.0)	1.00	
A. 毒性物质(0.2~0.8)	0.4	甲苯 $N_H=2$
B. 负压（小于500mmHg)(0.5)	—	常压操作
C. 燃烧范围内及附近操作		
(1)罐装可燃液体(0.5)	0.5	储罐出料时可能吸入空气
(2)事故状态时在燃烧极限(0.3)	—	
(3)一直在燃烧极限内(0.8)	—	
D. 粉尘爆炸(0.25~2)	—	无粉尘
E. 压力释放(查图)	—	常压操作
F. 低温(0.2~0.3)	—	常温操作

续表

项目	甲苯储罐	取值说明
G. 易燃物质和不稳定物质的量	0.57	70t 甲苯计
H. 腐蚀(0.1~0.75)	0.1	腐蚀速率小于 0.127mm/a
I. 泄漏-接头和填料(0.1~1.5)	0.30	法兰、泵密封连接处可能泄漏
J. 使用明火设备(查图)	—	明火设备不在工艺单元
K. 热油交换系统(0.15~1.15)	—	无热交换系统
L. 转动设备(0.5)	—	无>600 马力压缩机和>75 马力泵
特殊工艺危险系数 F_2	2.87	$F_2=1.0+0.4+0.5+0.57+0.1+0.3$
单元工艺危险系数 F_3	6.75	$F_3=F_1F_2$
火灾爆炸指数 $F\&EI=F_3\times MF$	108	$F\&EI=F_3\times MF=6.75\times 16=108$

注：无危险时系数用 0.00。

5 安全措施补偿系数（C）

（1）工艺控制（C_1）

① 应急电源

建设项目设有两路独立的供电电源，并能自动切换，取补偿系数 0.98。

② 装置冷却

储罐区应设计冷却水降温装置，满足此条件，取系数 0.98。

③ 紧急停车装置

储罐区设计有紧急切断阀，取系数 0.98。

④ 计算机控制

储罐区采用计算机控制系统，主要控制进出料操作，该单元取补偿系数 0.97。

⑤ 操作指南或操作规程

建设单位应根据过去的生产经验，结合本单元的特点，制定详细操作规程，内容包括开车、正常停车、正常运转、检修、发生故障时的应急方案、设备和管线的更换及增加、检修后重新开车、短时间停车后再开车等。满足上述要求，本单元补偿系数均取 0.94。

⑥ 其他工艺分析检查

企业应制定一份储罐区安全检查表，并经常按检查表要求，对储存区域进行检查，达到这个要求，本单元的补偿系数取 0.98。

（2）物质隔离（C_2）

① 远距离控制切断阀

储罐区设计有远距离控制阀，取系数 0.98。

② 联锁装置

本系统设计有联锁装置，取系数为 0.98。

（3）防火措施（C_3）

① 泄漏检测装置

建设项目应按照《石油化工可燃气体和有毒气体检测报警设计标准》（GB 50493—2019）的要求，在储罐区设置可燃气体检测报警仪并联锁，满足此要求，该单元取系数 0.94。

② 消防水供应

本项目厂区内消防水系统与循环水压力为 0.5MPa，设置专用的消防泵，有两路独立的电源，给予 0.94 补偿系数。

③ 喷洒水系统

本项目设计有喷洒水冷却灭火系统，取系数 0.97。

④ 泡沫装置

本项目储罐区应设计泡沫灭火系统，满足此要求，取系数 0.94。

⑤ 手提式灭火器、水枪

按规定在储罐区配置各种手提式灭火器，给予 0.98 的补偿系数。

⑥ 电缆防护

本系统电缆采用埋地敷设或阻燃材料桥架敷设，取系数 0.94。

(4) 安全措施补偿系数的计算

$$C_1 = 0.98 \times 0.98 \times 0.98 \times 0.97 \times 0.94 \times 0.98 = 0.84$$
$$C_2 = 0.98 \times 0.98 = 0.96$$
$$C_3 = 0.94 \times 0.94 \times 0.97 \times 0.94 \times 0.98 \times 0.94 = 0.74$$
$$C = C_1 C_2 C_3 = 0.60$$

上述各项取值及计算结果见表 3-43。

表 3-43 甲苯储罐区安全措施补偿系数

项目	采取补偿系数	取值说明
危险物质	甲苯	
1. 一般工艺 C_1		
A. 应急电源(0.98)	0.98	有自动应急电源
B. 装置冷却(0.97~0.99)	0.98	有冷却喷淋水
C. 抑爆装置(0.84~0.98)		
D. 紧急停车装置(0.96~0.99)	0.98	有紧急停车装置
E. 计算机控制(0.93~0.99)	0.97	有计算机控制
F. 惰性气体保护(0.94~0.96)		
G. 操作指南或操作规程(0.91~0.99)	0.94	制定了操作规程
H. 化学活性物质检查(0.91~0.98)	—	无此检查
I. 其他工艺危险分析(0.91~0.98)	0.98	采用现场检查
J. (A~I 之积)	0.84	
2. 物质隔离 C_2		
A. 远距离控制切断阀(0.96~0.98)	0.98	有远程操作的切断阀门
B. 备用泄料装置(0.96~0.98)	—	无备用泄料装置
C. 排放系统(0.91~0.97)	—	无排放系统
D. 联锁装置(0.98)	0.98	有联锁装置
E. (A~D 系数之积)	0.96	
3. 防火设施 C_3		
A. 泄漏检测装置(0.94~0.98)	0.94	有泄漏检测装置并联锁
B. 钢制结构(0.95~0.98)	—	无防火涂层
C. 消防供水系统(0.94~0.97)	0.94	消防水压符合要求
D. 特殊灭火系统(0.91)	—	无特殊安全措施
E. 喷洒水系统(0.74~0.97)	0.97	洒水灭火系统

续表

项目	采取补偿系数	取值说明
F. 水幕(0.97～0.98)	—	无自动喷水幕
G. 泡沫装置(0.92～0.97)	0.94	有泡沫灭火系统
H. 手提灭火器、水枪(0.93～0.98)	0.98	配备了灭火器和水枪
I. 电缆防护(0.94～0.98)	0.94	电缆埋地敷设
J. (A～I 系数之积)	0.74	
安全补偿系数 $C=C_1C_2C_3$	0.60	

注：1. 无安全补偿时，填入 1.00。
2. C_1、C_2、C_3 值为该类所采用安全措施补偿系数的乘积。

6 单元暴露区域的计算

暴露区域是指当单元发生火灾、爆炸事故后，可能影响的区域。
暴露区域的计算方法如下：
暴露区域的面积 $S=\pi R^2$ （m²）
式中，R 为暴露半径，$R=F\&EI\times0.84\times0.3048$（m）。
暴露半径及暴露区域面积计算如下：

$$R=108\times0.84\times0.3048=27.65 \text{（m）}$$

单元暴露区域的面积 S 为：

$$S=3.14\times27.65^2=2400 \text{（m}^2\text{）}$$

7 暴露区域内财产价值

暴露区域内财产价值可由区域内含有财产（包括存在的物料价值及设备价值）的更换价值来确定：更换价值＝原来价值×0.82×价格增长系数。

式中，系数 0.82 是考虑到事故发生时有些成本不会遭受损失或无须更换，如场地的平整、道路、地下管线和基础、工程费用等。

由于单元建设费用难以确切估算，价格增长系数也很难预计，故暴露区域内财产更换价值采用假设的方法。设甲苯储罐区单元的财产更换价值为 A。

8 危害系数的确定

危害系数代表了单元中物料泄漏或反应能量释放所引起的火灾、爆炸事故的综合效应。单元危害系数计算结果见表 3-44。

表 3-44 单元危害系数

单元名称	物质系数	单元工艺危险系数	危害系数
甲苯储罐区单元	16	6.75	0.70

9 基本最大可能财产损失

确定了暴露区域、暴露区域内财产价值和危害系数之后，可以计算按理论推断的暴露面积（实质是暴露体积）内基本最大可能财产损失。基本最大可能财产损失是假定没有任何一种安全措施来降低损失时发生火灾、爆炸事故可能造成的最大财产损失，它由暴露区域内财产更换价值和危害系数相乘得到。

10 实际最大可能财产损失

基本最大可能财产损失与安全措施补偿系数的乘积就是实际最大可能财产损失。它表示在采取适当的（但不完全理想）防护措施后事故造成的财产损失。计算得到的甲苯储罐区单元实际 MPPD 的值见表 3-45。

表 3-45 建设项目单元基本 MPPD 和实际 MPPD 汇总

单元名称	基本 MPPD	实际 MPPD
甲苯储罐区单元	$0.70A$	$0.42A$

11 评价结果及分析

(1) 评价结果

① 根据道化学公司第七版火灾、爆炸危险指数评价法的评价程序,对建设项目甲苯储罐区单元进行评价,评价结果汇总情况见表 3-46。

表 3-46 甲苯储罐区单元评价结果汇总

物质系数(MF)	16	暴露区域内财产更换价值/万元	A
单元工艺危险系数(F_3)	6.75	危害系数	0.70
火灾爆炸指数($F\&EI$)	108	基本 MPPD/万元	$0.70A$
暴露半径/m	27.65	安全措施补偿系数	0.60
暴露面积/m^2	2400	实际 MPPD/万元	$0.42A$

② 为了解单元火灾、爆炸危险的严重程度,将火灾、爆炸指数划分为五个等级。每个危险等级与 $F\&EI$ 之间的对应关系见表 3-59。

按照安全措施补偿前和补偿后的火灾、爆炸指数划分危险等级的结果汇总见表 3-47。

表 3-47 单元安全措施补偿前后的危险等级对比

单元	补偿前		补偿后	
	$F\&EI$	危险等级	$F\&EI$	危险等级
甲苯储罐区单元	108	中等	64.8	较轻

(2) 评价结果分析

由上述评价结果可见,在没有采取任何安全措施之前,甲苯储罐区单元的火灾、爆炸危险指数为 108,危险等级为"中等"级。经安全措施补偿后,甲苯储罐区单元的火灾、爆炸指数降到 64.8,危险等级降到"较轻"级。这说明建设项目存在的危险因素,通过设计中增加一些安全措施,在这些措施得到落实后,能有效地降低甲苯储罐单元潜在的火灾、爆炸危险性。

提出任务:道化学火灾、爆炸指数评价法的危险指数有哪些?道化学火灾、爆炸指数评价法的评价程序有哪些?

知识储备

道化学火灾、爆炸指数评价法是美国道化学公司自 1964 年开发的一种安全评价方法。道化学火灾、爆炸指数是对工艺装置及所含物料的实际潜在火灾、爆炸和反应性危险进行按步推算的客观评价,它是以物质系数为基础,同时考虑工艺过程中的其他因素,如操作方式、工艺条件、设备状况、物料处理量、安全装置情况等的影响,再计算每个单元的危险度数值,然后按数值大小划分危险度级别。其主要用来对化工生产过程中固有危险度的评价。

一、道化学火灾、爆炸指数评价的目的

1. 道化学火灾、爆炸指数评价的目的

① 能真实地量化潜在的火灾、爆炸和反应性事故的预期损失。

② 确定可能引起事故发生或使事故扩大的装置。
③ 向有关管理部门（包括政府部门）通报潜在的火灾、爆炸危险性。
④ 使有关人员了解各工艺部分一旦发生事故可能造成的损失，以此确定减轻潜在事故隐患的严重性和事故总损失的有效而又经济的途径。

2. 道化学火灾、爆炸指数评价对资料的要求

使用道化学火灾、爆炸指数评价法之前需要准备如下资料：
① 装置或工厂的设计方案；
② 火灾、爆炸指数危险分级表；
③ 火灾、爆炸指数计算表；
④ 安全措施补偿系数表；
⑤ 工艺单元风险分析汇总表；
⑥ 工厂风险分析汇总表；
⑦ 有关装置的更换费用数据。

二、道化学火灾、爆炸指数评价的程序

道化学道化学火灾、爆炸指数评价，在资料准备齐全和充分熟悉评价系统的基础上，按图 3-31 所示程序进行。

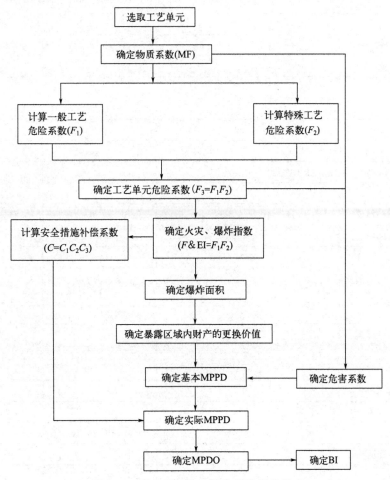

图 3-31　道化学火灾、爆炸指数评价程序

三、道化学火灾、爆炸危险指数及补偿系数

道化学火灾、爆炸危险指数及安全措施补偿系数等见表 3-48～表 3-51。

表 3-48　道化学火灾、爆炸指数（F&EI）

地区/国家：	部门：	场所：	日期：
位置：	生产单元：	工艺单元：	
评价人：	审定人(负责人)：	建筑物：	
检查人(管理部门)：	检查人(技术中心)：	检查人(安全和损失预防)：	

工艺设备中的物料：			
操作状态：设计—开车—正常操作—停车		确定 MF 的物质：	
操作温度：		物质系数：	
1. 一般工艺危险		危险系数范围	采用危险系数[①]
基本系数		1.00	1.00
A. 放热化学反应		0.30～1.25	
B. 吸热化学反应		0.20～0.40	
C. 物料处理与输送		0.25～1.05	
D. 密闭式或室内工艺单元		0.25～0.90	
E. 通道		0.20～0.35	
F. 排放和泄漏控制		0.20～0.50	
一般工艺危险系数(F_1)			
2. 特殊工艺危险			
基本系数		1.00	1.00
A. 毒性物质		0.20～0.80	
B. 负压(<500mmHg=66661Pa)		0.50	
C. 接近易燃范围的操作：惰性化、未惰性化			
a. 罐装易燃液体		0.50	
b. 过程失常或吹扫故障		0.30	
c. 一直在燃烧范围内		0.80	
D. 粉尘爆炸		0.25～2.00	
E. 压力：操作压力(绝对)/kPa 释放压力(绝对)/kPa			
F. 低温		0.2～0.30	
G. 易燃及不稳定物质量/kg 物质燃烧热 H_c/(J/kg)			
a. 工艺中的液体及气体			
b. 储存中的液体及气体			
c. 储存中的可燃固体及工艺中的粉尘			
H. 腐蚀与磨损		0.10～0.75	
I. 泄漏——接头和填料处		0.10～1.50	
J. 使用明火设备			

续表

K. 热油、热交换系统	0.15～1.15	
L. 转动设备	0.50	
特殊工艺危险系数(F_2)		
3. 工艺单元危险系数($F_3=F_1F_2$)		
4. 火灾、爆炸指数($F\&EI=F_3\times MF$)		

① 无危险时系数用 0.00。

表 3-49 安全措施补偿系数

项目	补偿系数范围	采用补偿系数①	项目	补偿系数范围	采用补偿系数①
1. 工艺控制			c. 排放系统	0.91～0.97	
a. 应急电源	0.98		d. 联锁装置	0.98	
b. 冷却装置	0.97～0.99		物质隔离安全补偿系数 $C_2$②		
c. 抑爆装置	0.84～0.98		3. 防火设施		
d. 紧急切断装置	0.96～0.99		a. 泄漏检验装置	0.94～0.98	
e. 计算机控制	0.93～0.99		b. 钢结构	0.95～0.98	
f. 惰性气体保护	0.94～0.96		c. 消防水供应系统	0.94～0.97	
g. 操作规程/程序	0.91～0.99		d. 特殊灭火系统	0.91	
h. 化学活泼性物质检查	0.91～0.98		e. 洒水灭火系统	0.74～0.97	
i. 其他工艺危险分析	0.91～0.98		f. 水幕	0.97～0.98	
工艺控制安全补偿系数 $C_1$②			g. 泡沫灭火装置	0.92～0.97	
2. 物质隔离			h. 手提式灭火器和喷水枪	0.93～0.98	
a. 遥控阀	0.96～0.98		i. 电缆防护	0.94～0.98	
b. 卸料/排空装置	0.96～0.98		防火设施安全补偿系数 $C_3$②		

① 无安全补偿措施时,填入 1.00。
② 所采用的各项补偿系数之积。
注:安全措施补偿系数=$C_1C_2C_3$。

表 3-50 工艺单元危险分析汇总

序号	内容	工艺单元
1	火灾、爆炸危险指数($F\&EI$)	
2	危险等级	
3	暴露区域半径	m
4	暴露区域面积	m²
5	暴露区域内财产价值	
6	破坏系数	
7	基本最大可能财产损失(基本 MPPD)	
8	安全措施补偿系数	
9	实际最大可能财产损失(实际 MPPD)	
10	最大可能停工天数(MPDO)	d
11	停产损失(BI)	

表 3-51 生产单元危险分析汇总

地区/国家		部门		场所			
位置		生产单元		操作类型			
评价人		生产单元总替换价值		日期			
工艺单元主要物质	物质系数	火灾爆炸指数 F&EI	影响区内财产价值	基本 MPPD	实际 MPPD	最大可能停工天数（MPPD）	停产损失（BI）

四、道化学火灾、爆炸指数评价法计算说明

1. 选择工艺单元

在进行火灾、爆炸指数计算时，必须选择合适的工艺单元，即恰当工艺单元。恰当工艺单元是指在计算火灾、爆炸危险指数时，只评价从预防损失角度考虑对工艺有影响的工艺单元，简称工艺单元。选择恰当工艺单元由 6 个参数来确定，参数值越大的工艺单元越需评价。

① 潜在的化学能（物质系数）；
② 工艺单元中危险物质的数量；
③ 资金密度（美元/m^2）；
④ 操作压力和温度；
⑤ 导致火灾、爆炸事故的历史资料；
⑥ 对装置起关键作用的单元。

在选择恰当工艺单元时，对以下几种情况应特别注意。

① 一般在应用火灾、爆炸危险指数评价法时，工艺单元的易燃、可燃或化学活性物质的最低限量为 2270kg 或 2.27m^3，假若工艺单元内的物料量较少，则有可能夸大评价结果。一般工艺单元的易燃、可燃或化学活性物质的量至少为 454kg 或 0.454m^3，评价结果才有意义。

② 如果几个设备串联布置且相互没有采取有效隔离，在划分单元时要仔细考虑。

③ 应仔细考虑操作时间及操作状态（例如开车、正常生产、停车、装料、卸料等）对 F&EI 有影响的特殊情况，判断是选择一个操作阶段还是几个操作阶段来确定重大火灾、爆炸危险。

④ 在确定哪些设备具有最大潜在火灾、爆炸危险时，可以向有经验的设备、工艺、安全等工程技术人员或专家请教。

2. 物质系数 MF 的确定

物质系数 MF 是表述物质在燃烧或发生其他化学反应而引起火灾、爆炸时释放能量大小的内在特性，是最基础的数值。

物质系数 MF 是由物质的燃烧性 N_F 和物质的化学活性 N_R 决定的，可在"物质系数和特性"附表中选取。一般 N_F 和 N_R 是在正常环境温度的取值。而当物质发生燃烧或随化学反应的进行，物质的危险性随温度的升高而急剧加大时，其危险程度也随之增加，所以温度超过 60℃时物质系数需要修正。

(1) 物质系数 N_F 的温度修正　若物质的闪点＜60℃或反应活性温度＜60℃时，该物质

系数不用修正。若工艺单元温度＞60℃时,对 MF 应做修正,其修正按表 3-52 进行。

表 3-52　物质温度系数修正表

MF 温度修正	N_F	S_t	N_R	备注
1. 填入 N_F(粉尘为 S_t),N_R				1. 储存物由于层叠放置和阳光照射,温度可达到 60℃ 2. 若工艺单元是反应器,则不必考虑温度修正
2. 若温度＜60℃,则转至"5"项				
3. 若温度高于闪点,或＞60℃,则在 N_F 栏内填"1"				
4. 若温度大于放热起始温度或自燃点,则在 N_R 栏内填"1"				
5. 各竖行数字相加,当总数≥5时,填"4"				
6. 用"5"栏数和表 3-48 确定 MF				

（2）"物质系数和特性"附表以外物质的物质系数的确定　附表提供了大量的化学物质系数,可基本满足大多数场合。在附表中未列出的物质,其 N_F、N_R 可以根据 NFPA325M 或 NFPA49 加以确定,并经温度修正后由表 3-53 确定其物质系数。

表 3-53　物质系数取值

挥发性固体、液体、气体的易燃性或可燃性	NFPA325M 或 NFPA49	反应性或不稳定性					备注
		$N_R=0$	$N_R=1$	$N_R=2$	$N_R=3$	$N_R=4$	
不燃物	$N_F=0$	1	14	24	29	40	暴露在 816℃ 的热空气中 5min 不燃烧
F.P.＞93.3℃	$N_F=1$	4	14	24	29	40	F.P. 为闭杯闪点
37.8℃＜F.P.≤93.3℃	$N_F=2$	10	14	24	29	40	
22.8℃≤F.P.＜37.8℃ 或 F.P.＜22.8℃ 且 B.P.≥37.8℃	$N_F=3$	16	16	24	29	40	B.P. 为标准温度和压力下的沸点
F.P.＜22.8℃ 且 B.P.＜37.8℃	$N_F=4$	21	21	24	29	40	
可燃性粉尘或烟雾							K_{st} 值是用带强点火源的 16L 或更大的密闭试验容器测定的,见 NFPA68
$S_t-1(K_{st}≤200bar·m/s)$①		16	16	24	29	40	
$S_t-2(K_{st}≤200\sim300bar·m/s)$①		21	21	24	29	40	
$S_t-3(K_{st}＞300bar·m/s)$①		24	24	24	29	40	
可燃性固体							
厚度＞40mm,紧密的	$N_F=1$	4	14	24	29	40	包括 50.8mm 厚的木板、镁锭、紧密的固体堆积物、紧密的纸张或废料薄膜卷
厚度＜40mm,紧密的	$N_F=2$	10	14	24	29	40	包括塑料颗粒、支架、木材平板架之类粗粒状材料,以及聚苯乙烯类不起尘的粉尘物料等
泡沫材料、纤维、粉状物等	$N_F=3$	16	16	24	29	40	包括轮胎、胶靴类橡胶制品等

① 1bar=10^5Pa。

可燃性粉尘在确定物质系数时用粉尘危险分级值 S_t 取代 N_F。

在确定"物质系数和特性"表、NFPA325M 和 NFPA49 中未列出的物质、混合物或化合物的物质系数时，必须确定其可燃性等级 N_F 或可燃性粉尘等级 S_t，即首先确定物质系数取值表 3-48 中最左栏的位置，选定 N_F 或 S_t 参数。液体和气体的 N_F 由闪点确定，粉尘或尘雾的 S_t 由粉尘爆炸试验确定，可燃固体的 N_F 值按其性质不同依表确定。

物质、混合物或化合物的反应性等级的 N_R 根据其在环境温度下的不稳定性或与水反应的剧烈程度按如下确定。

① $N_R=0$，指燃烧条件下仍能保持稳定的物质。包括：

a. 不与水反应的物质；

b. 在 $T>300\sim500℃$ 时用差热扫描量热计测量显示温升的物质；

c. 在用差热扫描量热计测量时，$T\leqslant500℃$ 时不显示温升的物质。

② $N_R=1$，稳定，但在加温加压条件下成为不稳定的物质。包括：

a. 接触空气、受光照射或受潮时发生变化或分解的物质；

b. 在 $T>150\sim300℃$ 时，用差热扫描量热计测量显示温升的物质。

③ $N_R=2$，在加温加压条件下发生剧烈化学变化的物质。包括：

a. 在 $T\leqslant150℃$，用差热扫描量热计测量显示温升的物质；

b. 与水发生剧烈反应或与水形成潜在爆炸混合物的物质。

④ $N_R=3$，在强引发源或引发前必须在密闭状态下被加热的条件下，本身能发生爆炸分解或爆炸反应的物质。包括：

a. 加温加热时对热机械冲击敏感的物质；

b. 加温加热或密闭时即与水发生爆炸反应的物质。

⑤ $N_R=4$，在常温、常压下易于引爆分解或发生爆炸反应的物质。

另外，物质的 N_R 指标若由差热分析仪或差热扫描量热计测量其温升的最低峰值温度来确定时，可按表 3-54 选取。但应注意如下几个附加条件：

a. 若该物质为氧化剂，则 N_R 再加 1，但不超过 4；

b. 对冲击敏感性物质，N_R 取 3 或 4；

c. 如得出的 N_R 值与物质的特性不相符，则应由反应性试验确定。

在确定了 N_F、N_R 的取值后，可按表 3-48 确定该物质的物质系数。

表 3-54 温升与 N_R 关系

温升/℃	N_R
300～500	0
150～300	1
≤150	2,3,4

（3）混合物的物质系数的确定　混合物的物质系数的确定原则为：按在实际操作过程中所存在的最危险的物质来确定。

① 可发生剧烈反应的两种物质，若生成物为稳定性的不燃物质，应按初始混合状态来确定。

② 混合溶剂或含有反应性物质溶剂的物质系数，需通过化学反应性试验数据求取；若无法得到时，可按混合组分中最大组分的物质系数，作为混合物的物质系数的近似值，但最大组分浓度必须≥5%。

③ 对由可燃性粉尘或易燃气体在空气中能够形成具有爆炸性质的混合物，其混合物的物质系数必须由化学反应性试验数据来确定。

（4）烟雾的物质系数的确定　易燃或可燃液体的微粒悬浮于空气中能形成易燃的混合物，它具有易燃气体与空气混合物的一些特性，同样具有爆炸性。因此，若形成烟雾，则需将该物质的物质系数提高1级。

3. 一般工艺危险系数 F_1 的确定

一般工艺危险是确定事故损害大小的主要因素，共有放热化学反应、吸热化学反应、物料处理与输送、封闭式或室内单元、通道、排放和泄漏控制六项，可根据实际情况，按需要选取。

（1）放热化学反应危险系数的确定（0.30～1.25）　若所分析的工艺单元有放热化学反应过程，需选取此项危险系数，因为所要评价物质的反应性危险已经被物质系数所包含。具体取值如下。

① 轻微放热反应的危险系数为0.30。包括：加氢、水合、异构化、磺化、中和等反应。

② 中等放热反应的危险系数为0.50。包括：烷基化、酯化、加成（无机酸为强酸时系数取0.75）、氧化（燃烧或使用强氧化剂时系数取1.00）、聚合、缩合等反应。

③ 剧烈放热反应的危险系数为1.00。指一旦反应失控有严重火灾、爆炸危险的反应，如卤化反应。

④ 特别剧烈放热反应的危险系数为1.25。指相当危险的放热反应。

（2）吸热化学反应危险系数的确定（0.20～0.4）　若所分析的工艺单元有吸热化学反应过程，需选取此项危险系数，具体取值如下。

① 在反应器中所发生的任何吸热反应，危险系数取0.25。

② 煅烧。加热物质使之除去结合水或易挥发性物质的过程，危险系数取0.40。

③ 电解。用电流离解离子的过程，危险系数取0.20。

④ 热解或裂解。在高温、高压和催化剂的作用下，将大分子裂解成小分子的过程。当用电加热或高温气体间接加热时，危险系数取0.20；当直接用明火加热时，危险系数取0.40。

（3）物料处理与输送危险系数的确定（0.25～1.25）　若所分析的工艺单元需处理、输送和储存物料时，需选取此项危险系数。

① 属于Ⅰ类易燃或液化石油气类的物料，在连接或未连接的管线上装卸，危险系数取0.50。

② 采用人工加料，加料时空气可随时进入设备内，并具有能引起燃烧或发生反应的危险，不论是否采取惰性气体置换，危险系数取0.50。

③ 可燃性物质存放于库房或露天。

a. 对 $N_F=3$ 或 $N_F=4$ 的易燃液体或气体，包括桶装、罐装、可移动挠性容器和气溶胶灌装，危险系数取0.85。

b. 对物质系数取值表中所列 $N_F=3$ 的可燃性固体，危险系数取0.50。

c. 对物质系数取值表中所列 $N_F=2$ 的可燃性固体，危险系数取0.40。

d. 对闭杯闪点大于37.8℃并低于60℃的可燃性液体，危险系数取0.25。

上述四类物质，若存放于货架上且未安装洒水装置，危险系数另加0.20。

（4）封闭式或室内单元危险系数的确定（0.25～0.90）　若所分析的工艺单元是处在封闭区域或室内时，需选取此项危险系数。封闭区域系指有顶且三面或多面有墙的区域，或无顶但四周有墙封闭的区域。

a. 封闭区域内安有粉尘过滤器或捕集器时,危险系数取 0.50。

b. 封闭区域内在闪点以上处理易燃液体时,危险系数取 0.30;若处理易燃液体量大于 4540kg 时,危险系数取 0.45。

c. 封闭区域内在沸点以上处理液化石油气或任何易燃液体时,危险系数取 0.60;若处理易燃液体量大于 4540kg 时,危险系数取 0.90。

d. 如果封闭区域安装了合理的通风装置,a、c 两项危险系数可减小 50%。

(5) 通道的危险系数的确定（0.20～0.35） 生产装置周围必须至少在两个方向上设有紧急救援车辆通道,且至少有一条通道必须是通向公路。发生火灾时的消防道路可以看作是第二条通道,但必须设有处于待用状态的监控水枪。

① 整个操作区面积 $>925m^2$,且通道不符合要求时,危险系数取 0.35;

② 整个库区面积 $>2315m^2$,且通道不符合要求时,危险系数取 0.35;

③ 整个操作区面积 $<925m^2$ 或整个库区面积 $<2315m^2$ 时,需分析对通道的具体要求,如果通道不符合要求,特别是影响消防时,危险系数取 0.20。

(6) 排放和泄漏控制的危险系数的确定（0.20～0.50） 此项主要是针对大量易燃、可燃液体溢出,可能危及周围设备而设定。此项系数只适于工艺单元内物料闪点小于 60℃ 或操作温度大于其闪点的场合。为了能准确确定此项危险系数,必须先估算易燃、可燃物的总量以及消防水量能否在发生事故时及时排放,以便对排放和泄漏控制是否合理做出判断。

① 工艺单元中排放量的确定遵循以下原则。

a. 对工艺和储存设备,取单元中最大储罐的储量加上第二大储罐 10% 的储量。

b. 使用 30min 的消防水量。

将 a、b 两项的水量相加即为工艺单元中的排放和泄漏量。

② 危险系数的确定。

a. 设有防止泄漏液流入其他区域的堤坝,但堤坝内所有设备都露天设置时,危险系数取 0.50。

b. 单元周围有可供泄漏液排放的平坦地段,但一旦失火会引起火灾时,危险系数取 0.50。

c. 单元的三面有堤坝,可以把泄漏液引到蓄液池的收集沟,并满足以下条件时,可以不取危险系数。

蓄液池或地沟的地面斜度,土质地面不小于 2%,硬质地面不小于 1%。

蓄液池或地沟的最外缘与设备之间的距离应大于 15m,若设有防火墙,可适当减少。

蓄液池的储液能力应大于①中 a、b 两项之和。

d. 蓄液池或地沟附近设有公用管线,或与管线的距离不符合相关要求,危险系数取 0.50。

(7) 一般工艺危险系数 F_1 的计算 在确定了所有的一般工艺危险系数值后,计算出基本系数和所有涉及的一般工艺危险系数的总和,并将计算值填入"火灾、爆炸指数计算表"的"一般工艺危险系数（F_1）"一栏中。

$$一般工艺危险系数 F_1 = 基本系数 + 所有选取的一般工艺危险系数之和$$

4. 特殊工艺危险系数 F_2 的确定

特殊工艺危险是影响事故发生概率的主要因素,共有毒性物质、负压操作、在危险范围内或其附近操作、粉尘爆炸、释放压力、低温、易燃和不稳定物质的数量、腐蚀、泄漏、明火设备、热油交换、转动设备 12 项特定的工艺条件,是造成火灾、爆炸事故发生的主要原因。可根据实际情况，按需要选取。

(1) 毒性物质的危险系数的确定　人如长期接触毒性物质可扰乱人机体的正常反应，从而可降低人们在事故中采取对策和减轻伤害的能力。毒性物质的危险系数一般取值为 $0.2N_H$。

N_H 是毒性物质的毒性系数，其数值可从附录一"物质系数和特性表"中查得，表中未列出的可以从 NFPA325M 或 NFPA49 中查取。对于混合物，应取混合物中最高的 N_H 值。

N_H 一般按如下分类：

① $N_H=0$。火灾时除一般可燃物的危险外，短期接触没有其他危险的物质。

② $N_H=1$。短期接触可引起刺激，致人轻微伤害的物质，包括要求使用适当空气净化呼吸器的物质。

③ $N_H=2$。高浓度或短期接触可致人暂时失去能力或残留伤害的物质，包括要求使用单独供给空气呼吸器的物质。

④ $N_H=3$。短期接触可致人严重暂时失去能力或残留伤害的物质，包括要求全身防护的物质。

⑤ $N_H=4$。短暂接触也能致人死亡或严重伤害的物质。

(2) 负压操作的危险系数的确定　负压操作系指在空气泄入系统时会引起危险的场合的操作。在易燃混合物中引入空气会导致危险发生，当空气与对湿度敏感性的物质或对氧敏感性的物质接触时也有可能引起危险发生。此系数只用于绝对压力 $<66.661 \text{kPa}$（500mmHg）的情况，危险系数取值为 0.50。

应注意的是，若已取该项系数，则后面的（3）和（5）两项中的系数就不能再选取，以避免重复。

(3) 在危险范围内或其附近操作的危险系数的确定　有些操作可能会导致空气被引入或被夹带进入系统中，由于空气的进入，很容易形成易燃混合物，从而导致危险的发生。若已按"负压操作"选取系数，此项不再选，否则按如下要求选取系数。

① 符合如下几种情况的操作，危险系数取值为 0.50。如果使用了惰性化的密闭蒸气回收系统，且能保证其气密性时，可不用选取此系数。

a. $N_F=3$ 或 $N_F=4$ 的易燃液体储罐，在从储罐泵出物料或突然冷却时可能会吸入空气；

b. 打开放气阀或在负压操作中未采用惰性气体进行保护；

c. 储有可燃液体，其温度在闭杯闪点以上，且无惰性气体进行保护。

② 符合如下几种情况的操作，危险系数取值为 0.30。

a. 只有当仪表或装置失灵时，工艺设备或储罐才处于燃烧范围内或其附近；

b. 任何靠惰性气体吹扫，使其处于燃烧范围之外的操作，包括装载可燃物的船舶和槽车。

③ 由于惰性气体吹扫系统不使用或未采取惰性气体吹扫措施，使操作始终处于燃烧范围内或其附近时，危险系数取值为 0.80。

(4) 粉尘爆炸的危险系数的确定　此项危险系数用于含有粉尘产生的工艺单元，如粉体输送、混合粉碎和粉体包装等。

所有粉尘都有一定的粒径分布范围。为了准确确定危险系数，规定采用 10% 粒径，即在某个粒径处有 90% 粗粒子，其余 10% 均为细粒子，然后根据表 3-55 确定合理的危险系数。

表 3-55　粉尘爆炸危险系数

粉尘粒径/μm	泰勒筛/网目	危险系数[①]
>175	60~80	0.25
150~175	80~100	0.50
100~150	100~150	0.75
75~100	150~200	1.25
<75	>200	2.00

① 在惰性气体气氛中操作时，上述系数减半。

若粉尘爆炸试验已证明没有粉尘爆炸危险，此项危险系数可不予考虑。

（5）释放压力的危险系数的确定　当操作压力高于大气压时，由于高压作用就有可能会引起高速率的泄漏，所以要考虑此项危险系数。但是否采用此系数，还取决于单元中的某些导致易燃物料泄漏的构件是否会发生故障。由于高压使泄漏的可能性大大增加，所以随着操作压力的提高更应注重设备的设计和保养。在特定情况下可增加压力容器的设计压力，以降低压力释放的可能性。

当压力为 0~6895kPa（表压）时，一般可根据操作压力确定出初始危险系数值。

初始危险系数可按下列公式计算。

$$Y = 0.16109 + 1.61503(X/1000) - 1.42879(X/1000)^2 + 0.5172(X/1000)^3$$

式中　Y——危险系数；

X——操作压力，lbf/in^2（$1 lbf/in^2 = 6894.76 kPa$）。

或按易燃、可燃液体的压力危险系数图查取（图 3-32）。

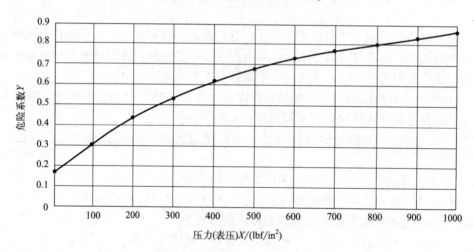

图 3-32　易燃、可燃液体的压力危险系数图

当压力大于 6895kPa（表压）时，按表 3-56 易燃、可燃液体的压力危险系数表选取。

表 3-56　易燃、可燃液体的压力危险系数

压力（表压）/kPa	危险系数	压力（表压）/kPa	危险系数
6895	0.86	17238	0.98
10343	0.92	20685~68950	1.00
13790	0.96	>68950	1.50

上述方法只能直接确定闪点低于60℃的易燃、可燃液体的危险系数，对其他物质可由上述方法确定出初始系数值，再用以下方法加以修正：

① 焦油、沥青、重润滑油和柏油等高黏性物质，用初始系数值乘以0.7作为危险系数取值；

② 单独使用压缩气或利用气体使易燃液体压力增至103kPa（表压）以上时，用初始系数值乘以1.2作为危险系数取值；

③ 液化的易燃气体（包括所有在其沸点以上储存的易燃物料），用初始系数值乘以1.3作为危险系数取值。

若已按"负压操作"选取系数，此项不再选取。

(6) 低温的危险系数的确定　此项系数主要是考虑碳钢或其他金属材料在其展延或脆化转变温度以下时，可能存在的脆性问题。若能确认在正常操作或异常情况下均不会低于转变温度，此项危险系数则不用选取。

① 采用碳钢结构的工艺装置，操作温度低于或等于转变温度时，危险系数取0.30。若没有转变温度数据，可假定转变温度为10℃。

② 装置为碳钢以外的其他材质，操作温度低于或等于转变温度时，危险系数取0.20。

③ 如果装置材质适于最低可能的操作温度，危险系数则不用取值。

(7) 易燃和不稳定物质的数量的危险系数的确定　易燃和不稳定物质的数量是用来确定单元中易燃和不稳定物质的数量与危险性的关系。将其分为工艺过程中的液体及气体、在工艺操作场所之外储存中的液体及气体、储存中的可燃固体及工艺中的粉尘三种类型。需用各自的计算公式或系数曲线进行危险系数的确定。对于每个所评价的单元，应依据已确定为单元物质系数代表的物质，选取其中某一类的一个系数作为该项危险系数取值。

① 工艺过程中的液体及气体。此类危险系数主要是考虑可能泄漏并引起火灾危险的物质数量，或因暴露在火中可能致使化学反应事故发生的物质数量。它适用于任何形式的工艺操作过程。适用于下列已被确定为单元物质系数代表的物质。

a. 易燃液体和闪点<60℃的可燃液体；

b. 易燃气体；

c. 液化易燃气体；

d. 闭杯闪点>60℃的可燃液体，且操作温度高于其闪点时；

e. 化学活性物质，不论其可燃性大小（N_R=2、3或4）。

确定该项危险系数时，按如下步骤进行：

首先，估算工艺中的物质数量（单位 kg）。此处物质数量系指在10min内从单元中或相连的管道中可能泄漏出来的可燃物的量。一般取工艺单元中的物料量和相连单元中的最大物料量两者之中的较大值作为可能泄漏的物料量，然后在"火灾、爆炸指数计算表"的"特殊工艺危险"中的"G"栏后的有关空格内填写易燃或不稳定物质的合适数量。

其次，在"物质系数和特性"附表或化学反应试验数据中，查取符合该物质的燃烧热H_C。对于N_R=2或N_R值更大的不稳定物质，其H_C值可取其分解热（可从化学反应试验数据中查得）或燃烧热中的较大值的6倍，然后在"火灾、爆炸指数计算表"的"特殊工艺危险"中的"G"栏后的有关空格处填入燃烧热N_C（单位 J/kg）值。

再次，将求出的工艺过程中的可燃或不稳定物质总量乘以燃烧热N_C得到工艺过程中的总能量（单位 J）。

最后，按下列计算公式计算或按工艺中的液体和气体的危险系数图（图3-33）查出此类危险系数。

$\lg Y = 0.17179 + 0.42988(\lg X) - 0.37244(\lg X)^2 + 0.17712(\lg X)^3 - 0.029984(\lg X)^4$

式中　　Y——危险系数；
　　　　X——工艺中总能量，$Btu \times 10^9$（$1Btu = 1.055 \times 10^3 J$）。

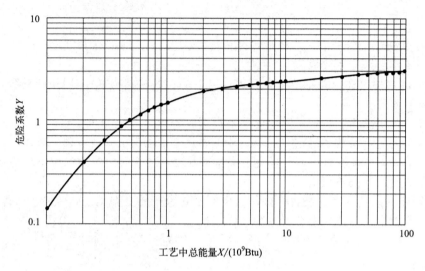

图 3-33　工艺中的液体和气体的危险系数

② 在工艺操作场所之外储存中的液体及气体。在操作场所之外储存的易燃和可燃液体、气体或液化气体，因为不包含工艺过程，所以其危险系数比工艺过程中的要小。此类危险系数主要包括桶或储罐中的原料、罐区中的物料以及可移动式容器或桶中的物料。

确定该项危险系数时按如下步骤进行：

首先，确定储存中的物料量。如果单元中储存有多种物质，则应分别确定其物料量，然后填入"火灾、爆炸指数表"中相应位置。

其次，查出储存物料的燃烧热 H_C。如果单元中储存有多种物质则应分别查出各种物质的燃烧热 H_C。对于储存有不稳定的物质，其 H_C 值同样取最大分解热或燃烧热的 6 倍作为其取值，然后填入"火灾、爆炸指数表"中相应位置。

再次，将求出的储存中的物料量乘以燃烧热 H_C 得到储存中的总能量。若为多个储存容器则将所有容器中的物料量相加后进行计算，若单元中的物质有几种，则应分别计算出各种物质的能量，然后将其相加得到单元内的总能量数值。

最后，按相应公式计算出危险系数，若为多种物质需按不同类型物质的计算公式分别计算后取其最大值即为该项系数的取值。或按储存中的液体和气体的危险系数图（图 3-34），找出总能量与每种物质对应的曲线中最高的一条曲线的交点，然后再查出与交点相对应的系数值。

a. 液化气
$$lgY = -0.289069 + 0.472171(lgX) - 0.074585(lgX)^2 - 0.018641(lgX)^3$$

b. Ⅰ类易燃液体（闪点<37.8℃）
$$lgY = -0.403115 + 0.378703(lgX) - 0.46402(lgX)^2 - 0.015379(lgX)^3$$

c. Ⅱ类可燃液体（37.8℃<闪点<60℃）
$$lgY = -0.558394 + 0.363321(lgX) - 0.057296(lgX)^2 - 0.010759(lgX)^3$$

式中　　Y——危险系数；
　　　　X——储存中总能量，$Btu \times 10^9$（$1Btu = 1.055 \times 10^3 J$）。

③ 储存中的可燃固体及工艺中的粉尘。该项包括储存中的固体和工艺单元中的粉尘。

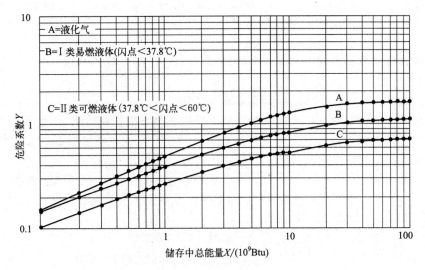

图 3-34 储存中的液体和气体的危险系数

可根据物质密度、点火难易程度及维持燃烧的能力来确定危险系数。可按如下步骤进行：

首先，确定储存固体总量或工艺单元中粉尘总量（单位 kg）。对于 $N_R=2$ 或 N_R 值更高的不稳定物质，同样用单元中的物质实际质量的 6 倍作为物质总量的取值。

其次，按下列公式计算出危险系数。或按储存中的可燃固体及工艺中的粉尘危险系数图（图 3-35）查取。

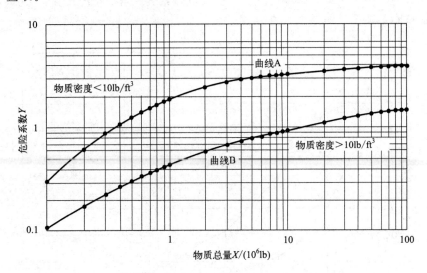

图 3-35 储存中的可燃固体及工艺中的粉尘危险系数
注：1lb=0.454kg，1ft=0.3048m

a. 物质的松密度<160.2kg/m³
$$\lg Y = 0.280423 + 0.464559(\lg X) - 0.28291(\lg X)^2 + 0.06218(\lg X)^3$$

b. 物质的松密度>160.2kg/m³
$$\lg Y = -0.358311 + 0.459926(\lg X) - 0.141022(\lg X)^2 + 0.02276(\lg X)^3$$

式中　Y——危险系数；

X——物质总量，lb（1lb=0.454kg）。

(8) 腐蚀的危险系数的确定　此项系数多按腐蚀速率进行选取，此处的腐蚀速率系指外部腐蚀速率与内部腐蚀速率之和，即考虑工艺物流中少量腐蚀可能产生的影响。按以下选取。

① 腐蚀速率（包括点腐蚀和局部腐蚀）<0.127mm/a，危险系数取 0.10；
② 腐蚀速率>0.127mm/a 并且<0.254mm/a，危险系数取 0.20；
③ 腐蚀速率>0.254mm/a，危险系数取 0.50；
④ 如果应力腐蚀裂纹有扩大的危险（一般是由氯气长期作用造成），危险系数取 0.75；
⑤ 要求用防腐衬里时，危险系数取 0.20，若衬里只是为了防止产品污染则危险系数不取值。

(9) 泄漏（连接头和填料处）的危险系数的确定　在垫片、接头或轴的密封处及填料处，都可能是易燃、可燃物质的泄漏点，特别是在热或压力有周期性变化的场所。应按工艺设计情况和采用的物质选取系数。

① 在泵和压盖密封处可能产生轻微泄漏时，危险系数取 0.10；
② 在泵、压缩机和法兰连接处可能产生正常的一般泄漏时，危险系数取 0.30；
③ 在承受热和压力周期性变化的场合，危险系数取 0.30；
④ 如果工艺单元的物料是有渗透性或腐蚀性的浆液，则可能会引起密封失效，或者在工艺单元中使用转动轴封或填料函时，危险系数取 0.40；
⑤ 在工艺单元中有玻璃视镜、波纹管或膨胀节时，危险系数取 1.50。

(10) 明火设备的使用危险系数的确定　当有易燃液体蒸气、可燃气体或可燃性粉尘泄漏时，工艺中明火设备的存在增加了引燃的可能性。一般分为明火设备设置在评价单元中和明火设备附近有各种工艺单元两种情况。在选取危险系数时可分情况按如下公式计算，或按明火设备的危险系数图（图 3-36）查取。

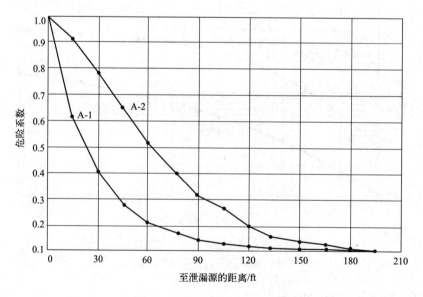

图 3-36　明火设备的危险系数

① $\lg Y = -3.3243\left(\lg \dfrac{X}{210}\right) - 3.75127\left(\lg \dfrac{X}{210}\right)^2 - 1.43523\left(\lg \dfrac{X}{210}\right)^3$

式中　Y——危险系数；
　　　X——评价单元可能发生泄漏点至明火设备空气进口的距离，ft。

此公式主要用于：
a. 确定为物质系数的物质可能在其闪点以上泄漏的任何工艺单元；
b. 确定为物质系数的物质是可燃性粉尘的任何工艺单元。

② $\lg Y = -0.3745 \left(\lg \dfrac{X}{210} \right) - 2.70212 \left(\lg \dfrac{X}{210} \right)^2 + 2.09171 \left(\lg \dfrac{X}{210} \right)^3$

式中　Y——危险系数；
　　　X——评价单元可能发生泄漏点至明火设备空气进口的距离，ft。

此公式主要用于：确定为物质系数的物质可能在其沸点以上泄漏的任何工艺单元。

除按上述对应公式计算出危险系数外，还应遵循以下几点。

a. 如果明火设备本身就是被评价的工艺单元，则到潜在危险源的距离应为 0，因此明火设备的使用系数不适用于明火炉。

b. 如果明火设备加热易燃或可燃物质，即使物质的温度不高于其闪点，危险系数也取 1.00。

c. 如果明火设备在工艺单元内，并且单元中选为物质系数的物质的泄漏温度可能高于其闪点，则不管距离是多少，危险系数至少取 0.10。

d. 对于带有压力燃烧器的明火设备，若空气进气孔直径为 3m 或更大，且不靠近如排放口之类的潜在的危险源时，危险系数取由标准燃烧器所确定危险系数的 50%。但当明火加热器本身就是评价单元时，则危险系数不能乘以 50%。

（11）热油交换系统的危险系数的确定　在热油交换系数中，多数交换介质都是可燃的，且操作经常在其闪点或沸点以上进行，这样必然增加了系统的危险性。该项危险系数是根据热交换介质的使用温度和数量来确定的，可以用表 3-57 确定其危险系数的取值。

表 3-57　热油交换系统危险系数

油量/m³	危险系数	
	大于闪点	等于或大于沸点
<18.9	0.15	0.25
18.9~37.9	0.30	0.45
37.9~94.6	0.50	0.75
>94.6	0.75	1.15

表中油量可取下列两项中较小者：油管破裂后 15min 的泄漏量；热油循环系统中的总油量。热交换系统中储备的油量不计入总油量中，除非它在多数时间里与单元保持联系。但应将运行状态下的油罐、泵、输油管及回流油管中的量计入总油量中。

若热交换介质为不可燃物质，或虽为可燃物质但使用温度总是低于其闪点时，可不取该项危险系数；若热油循环系统作为评价单元时，应按"明火设备的使用"中的有关规定选取危险系数。

（12）转动设备的危险系数的确定　工艺单元内大容量的转动设备会带来危险，如超过一定规格的压缩机、泵和搅拌器等转动设备很可能引起事故。在评价单元中使用以下转动设备，或评价单元本身就是以下转动设备时，其危险系数取 0.5。

① 大于 600 马力的压缩机（1 马力=735.5W）；
② 大于 75 马力的泵；
③ 在发生故障后因为混合不均、冷却不足或终止进行等原因，可能会导致反应温度升

高的搅拌器和循环泵；

④ 曾经发生过事故的大型高速转动设备。

(13) 特殊工艺危险系数 F_2 的计算　在确定了所有的特殊工艺危险系数值之后，计算出基本系数和所涉及的特殊工艺危险系数的总和，并将计算值填入"火灾、爆炸指数计算表"的"特殊工艺危险系数（F_2）"一栏中。

$$特殊工艺危险系数 F_2 = 基本系数 + 所有选取的特殊工艺危险系数之和$$

5. 工艺单元危险系数 F_3 的计算

工艺单元危险系数 F_3 包括一般工艺危险系数 F_1 和特殊工艺危险系数 F_2 两部分，在计算出一般工艺危险系数 F_1 和特殊工艺危险系数 F_2 数值后，按如下公式可计算出工艺单元危险系数 F_3 值，并将计算值填入"火灾、爆炸指数计算表"的"工艺单元危险系数（$F_3 = F_1 F_2$）"一栏中。

$$工艺单元危险系数 F_3 = 一般工艺危险系数 F_1 \times 特殊工艺危险系数 F_2$$

工艺单元危险系数 F_3 的取值范围为 $1 \sim 8$，若计算出的 $F_3 > 8$，则按 8 计。

6. 火灾、爆炸指数 F&EI 的计算

火灾、爆炸指数 F&EI 由物质系数 MF 和工艺单元危险系数 F_3 共同确定，在计算出物质系数 MF 和工艺单元危险系数 F_3 数值后，按如下公式可计算出火灾、爆炸危险指数 F&EI 值，并将计算值填入"火灾、爆炸指数表"的"火灾、爆炸指数（F&EI = $F_3 \times$ MF）"一栏中。

$$火灾、爆炸指数 F\&EI = 物质系数 MF \times 工艺单元危险系数 F_3$$

7. 安全措施补偿系数 C 的计算

任何化工厂或化工装置，在设计建造时就应考虑一些基本设计要求，使其符合各种规范、标准以及各级政府的要求，并应采取一些有效的安全预防措施。这样不仅能降低事故发生的频率和事故危害，也能预防严重事故的发生。这些安全措施可分为工艺控制、物质隔离和防火设施三类。由此可将安全措施补偿系数 C 分为工艺控制安全补偿系数 C_1、物质隔离安全补偿系数 C_2 和防火设施安全补偿系数 C_3。要求所选择的安全措施必须能切实有效地减少或控制工艺单元的危险，只有这样才能选择该项措施的补偿系数，否则不能选取。

(1) 工艺控制安全补偿系数 C_1 的确定　工艺控制安全补偿系数 C_1 由应急电源、冷却装置、抑爆装置、紧急切断装置、计算机控制、惰性气体保护、操作规程及程序、化学活泼性物质检查和其他工艺危险分析 9 个分项的安全补偿系数所构成。

① 应急电源补偿系数的确定。该项补偿系数只适应于仪表电源、控制仪表、搅拌器和泵等基本设施具有应急电源，且能从正常状态自动切换到应急状态。当应急电源与评价单元事故的控制有关时，该项补偿系数取 0.98。若有应急电源但与事故控制无关时，该项不应给予补偿，补偿系数取 1.00。

② 冷却装置补偿系数的确定。

a. 冷却系统难保证在出现故障时维持正常冷却 10min 以上时，补偿系数取 0.99；

b. 有备用冷却系统，且冷却能力为正常需要量的 1.5 倍，并可至少维持正常冷却 10min 时，补偿系数取 0.97。

③ 抑爆装置补偿系数的确定。

a. 粉体处理设备或蒸气处理设备上安装有抑爆装置，或者设备本身具有抑爆功能时，补偿系数取 0.84；

b. 采用防爆膜或泄爆口防止设备发生意外时，补偿系数取 0.98。

只能对那些在突然超压（如燃爆）时能够防止设备或建筑物遭受破坏的释放装置才能给

予补偿系数,而对于所有在压力容器上配备的常规超压释放装置(如压力容器上的安全阀、储罐的紧急排放口等),不应考虑补偿系数。

④ 紧急切断装置补偿系数的确定。

a. 出现异常情况时能够紧急停车并自动转换到备用系统时,补偿系数取 0.98;

b. 压缩机、透平机和鼓风机等重要转动设备上装有振动测定仪时,若振动测定仪在发生紧急情况时只能报警,补偿系数取 0.99;

c. 所装振动测定仪能使设备自动停车,补偿系数取 0.96。

⑤ 计算机控制补偿系数的确定。

a. 设置了可以帮助操作的在线计算机,但计算机不直接控制关键设备或不经常用计算机操作时,补偿系数取 0.99;

b. 用具有失效保护功能的计算机直接控制工艺操作时,补偿系数取 0.97;

c. 采用关键现场数据输入的冗余技术、关键数据输入的异常中止功能和备用的控制系统三项措施之一者,补偿系数取 0.93。

⑥ 惰性气体保护补偿系数确定。

a. 盛装易燃气体的设备,有连续的惰性气体保护时,补偿系数取 0.96。

b. 惰性气体系统有足够的容量并能自动吹扫整个单元时,补偿系数取 0.94。若惰性吹扫系统必须人工启动或控制时,不取补偿系数。

⑦ 操作规程及程序补偿系数的确定。正确的操作规程及操作程序是保证正常作业的重要因素。以下列出最重要的条款并规定分值:

a. 开车——0.5;

b. 正常停车——0.5;

c. 正常操作条件——0.5;

d. 低负荷操作条件——0.5;

e. 备用装置启动条件(单元循环或全回流)——0.5;

f. 超负荷操作条件——1.0;

g. 短时间停车后再开车规程——1.0;

h. 检修后的重新开车——1.0;

i. 检修程序(批准手续、清除污物、隔离、系统清扫)——1.5;

j. 紧急停车——1.5;

k. 设备、管线的更换和增加——2.0;

l. 发生故障时的应急方案——3.0。

将上述已经具备操作规程的各项分值相加代入下式中的 X,由该式计算出本项补偿系数:

$$补偿系数 = 1.0 - \frac{X}{150}$$

若上述操作规程全部具备,则补偿系数取 0.91。另外,也可以根据所掌握的操作规程的完善程度在 0.91~0.99 之间选取补偿系数值。

⑧ 化学活泼性物质检查补偿系数的确定。

a. 按活性化学物质大纲对现行工艺或新工艺进行检查是整个操作的一部分内容,补偿系数取 0.91;

b. 如果只在需要时才进行上述检查,补偿系数取 0.98。

至少每年向操作人员提供一份能应用于本职工作的活性化学物质指南是采用此项补偿系数的最低要求,如不能按期提供则不能选取补偿系数。

⑨ 其他工艺危险分析补偿系数的确定。其他工艺危险分析方法也同样可用来评价火灾、

爆炸危险，各种方法和相应的补偿系数如下。

  a. 定量风险评价，取 0.91；
  b. 详尽的后果分析，取 0.93；
  c. 故障树分析，取 0.93；
  d. 危险与可操作性研究，取 0.94；
  e. 故障类型和影响分析，取 0.94；
  f. 环境、健康、安全和损失的预防审查，取 0.96；
  g. 故障假设，取 0.96；
  h. 检查表评价，取 0.98；
  i. 工艺、物质等变更的审查管理，取 0.98。

  (2) 物质隔离安全补偿系数 C_2 的确定　物质隔离安全补偿系数 C_2 由遥控阀、卸料及排空装置、排放系统和联锁装置 4 个分项的安全补偿系数所构成。

  ① 遥控阀补偿系数的确定。
  a. 单元内备有在紧急情况下能迅速地将储罐、容器及主要输送管线隔离的遥控切断阀时，补偿系数取 0.98；
  b. 若该阀门能够至少每年更换一次，则补偿系数取 0.96。

  ② 卸料及排空装置补偿系数的确定。
  a. 备用储槽能安全地（有适当的冷却和通风）直接接受单元内的物料时，补偿系数取 0.98；
  b. 若备用储槽被设置在单元外，补偿系数取 0.96；
  c. 应急通风管能将气体、蒸气排放至火炬系统或密闭的接受槽，补偿系数取 0.96；
  d. 若正常的排气系统能够起到减少周围设备暴露于泄漏的气体、液体中的可能性时，或者与火炬系统或接受槽相连接的正常排气系统时，补偿系数取 0.98。

  ③ 排放系统补偿系数的确定。
  a. 为了自生产和储存单元中移走大量泄漏物，地面斜度至少要保持土质地面 2%、硬质地面 1%，以便将泄漏物流到尺寸合适的排放沟。排放沟的容量能容纳最大储罐内所有的物质量再加上第二大储罐 10% 的物料量以及消防水 1h 的喷洒量时，补偿系数取 0.91。
  b. 只要所设排放设施完善，能将储罐和设备下及附近的泄漏物排净，补偿系数取 0.91。
  c. 排放装置能汇集大量泄漏物，但只能处理少量物料（取最大储罐容量的一半）时，补偿系数取 0.97；有许多排放装置能处理中等数量的物料时，补偿系数取 0.95。
  d. 储罐四周有防护堤并可以容纳泄漏物时不予补偿。但若能把泄漏物引到一蓄液池内，且与蓄液池距离小于 15m 时；蓄液能力可容纳区域内最大储罐的所有物料量再加上第二大储罐 10% 的物料量以及消防水量时，补偿系数取 0.95。

  在上述取值中倘若地面斜度不理想，或与蓄液池距离小于 15m，则不予补偿。

  ④ 联锁装置补偿系数的确定。装有联锁保护系统用来避免出现错误的物料流向以及由此而引起的不需要的反应时，补偿系数取 0.98。

  (3) 防火设施安全补偿系数 C_3 的确定　防火设施安全补偿系数 C_3 由泄漏检测装置、钢质结构、消防水供应系统、特殊灭火系统、洒水灭火系统、水幕、泡沫灭火装置、手提式灭火器及水枪和电缆保护 9 个分项的安全补偿系数所构成。

  ① 泄漏检测装置补偿系数的确定。
  a. 已安装可燃气体检测器，但只能报警和确定危险范围时，补偿系数取 0.98；
  b. 既可以报警又可以在达到燃烧下限之前使保护系统动作，补偿系数取 0.94。

  ② 钢质结构补偿系数的确定。

a. 所有承重的钢质结构都采用防火涂层涂覆，且涂覆高度至少为 5m，补偿系数取 0.98；
b. 涂覆高度大于 5m 而小于 10m，补偿系数取 0.97；
c. 涂覆高度大于 10m，补偿系数取 0.95；
d. 有采用单独安装的大容量水喷洒系统来冷却钢质结构的防火措施的，补偿系数取 0.98。

钢筋混凝土结构采用和防火涂层一样的系数取值，防火涂层必须及时维护，否则不能取补偿系数。

③ 消防水供应系统补偿系数的确定。
a. 消防水压力大于或等于 690kPa（表压），补偿系数取 0.94；
b. 消防水压力小于 690kPa（表压），补偿系数取 0.97；
c. 消防水供应量能按计算的最大需水量保证连续 4h 以上，对危险不大的装置，供水量虽少于 4h，但能满足要求时，补偿系数取 0.97。

④ 特殊灭火系统补偿系数的确定。

特殊灭火系统包括二氧化碳灭火器、卤代烷灭火器、烟火探测器、防爆墙或防爆夹层等。该项补偿系数为 0.91。

⑤ 洒水灭火系统补偿系数的确定。
a. 有洒水灭火系统，补偿系数为 0.97；
b. 室内生产区和仓库使用的湿管、干管喷洒灭火系统的补偿系数，按表 3-58 选取。

表 3-58　室内生产区和仓库使用的湿管、干管喷洒灭火系统的补偿系数

危险等级	设计参数 /[L/(min·m²)]	补偿系数	
		湿管	干管
低危险	6.11~8.15	0.87	0.87
中等危险	8.56~13.6	0.81	0.84
非常危险	>14.3	0.74	0.81

⑥ 水幕补偿系数的确定。自动喷水幕设置在点火源和可能泄漏的可燃气体之间，以减少点燃可燃气体的危险。为了能有充足的时间进行自动检测并自动启动水幕，要求水幕到泄漏源之间的距离大于 23m。
a. 最大高度为 5m 的单排喷嘴，补偿系数取 0.98；
b. 采用在第一层喷嘴之上 2m 内设置第二层喷嘴的双排喷嘴时，补偿系数取 0.97。

⑦ 泡沫灭火装置补偿系数的确定。
a. 有远距离手动控制将泡沫注入标准喷洒系统的装置，补偿系数取 0.94。
b. 采用全自动泡沫喷射系统，补偿系数取 0.95。
c. 有为保护浮顶罐的密封圈设置的手动泡沫灭火系统，补偿系数取 0.97；当采用火焰探测器控制泡沫灭火系统时，补偿系数取 0.94。
d. 锥形顶罐配有地下泡沫系统和泡沫室，补偿系数取 0.95。
e. 可燃液体储罐的外壁设有泡沫灭火系统时，采用手动，补偿系数取 0.97；采用自动控制，补偿系数取 0.94。

⑧ 手提式灭火器及水枪补偿系数的确定。
a. 配备有与火灾危险相适应的手提式或移动式灭火器，补偿系数取 0.98。但如果单元内有大量泄漏可燃物的可能，而所配灭火器不能有效控制时，则不能取补偿系数。
b. 安装了水枪，补偿系数取 0.97；能在安全地点远距离控制水枪，补偿系数取 0.93。

⑨ 电缆保护补偿系数的确定。

a. 仪表、电缆及其支架采用带有喷水装置,且其下方有 14～16 号钢板金属罩加以保护时,或者在金属罩上涂有耐火涂料,用以取代喷水装置时,补偿系数取 0.98;

b. 将电缆管埋在地下的电缆沟内,补偿系数取 0.94。

(4) 安全措施补偿系数 C 的计算程序　安全措施补偿系数 C 按下列程序计算,并将计算结果填入"安全措施补偿系数表"中。

① 直接把所选取的合适系数填入"安全措施补偿系数表"的该项安全措施的"采用补偿系数"一栏。

② 将没有采取安全措施的项中"采用补偿系数"记为 1.00。

③ 每一类安全措施补偿系数是该类别中所有分项选取系数的乘积。

④ 总安全补偿系数 C 是三类安全补偿系数 C_1、C_2、C_3 的乘积。

$$C = C_1 C_2 C_3$$

⑤ 将总安全补偿系数 C 填入"工艺单元危险分析汇总表"的"安全措施补偿系数"一栏中。

8. 工艺单元危险分析汇总

"工艺单元危险分析汇总表"汇集了所有重要的单元危险分析资料。其中包括:火灾、爆炸指数 ($F\&EI$),危险等级,暴露区域半径,暴露区域面积,暴露区域内财产价值,危害系数,基本最大可能财产损失(基本 MPPD),安全措施补偿系数 C,实际最大可能财产损失(实际 MPPD),最大可能停工天数(MPDO)和停产损失(BI)共 11 项数据。"工艺单元危险分析汇总表"和"火灾、爆炸指数表"是制定生产单元风险管理程序的有效工具。

(1) 火灾、爆炸指数($F\&EI$)　火灾、爆炸指数可用来估计生产事故可能造成的破坏。可将前面计算出的火灾、爆炸指数值直接填入"工艺单元危险分析汇总表"的第一行。

(2) 危险等级的确定　利用火灾、爆炸指数可以估计出生产事故可能造成的破坏。各种危险因素(如反应类型、操作温度、压力和可燃物的数量等),可以表征事故发生概率,可燃物的潜能,以及由工艺控制故障、设备故障、振动或应力疲劳等导致的潜能释放的大小。

根据直接原因,易燃物一旦泄漏并被点燃后引起的火灾或燃料混合物爆炸的破坏情况分为四种类型:

① 冲击波或燃爆;

② 初始泄漏引起的火灾;

③ 容器爆炸引起的对管道与设备的撞击;

④ 引起二次事故(由于其他可燃物的释放)。

由此可见,随着单元火灾、爆炸指数和物质系数的增大,二次事故会变得愈加严重。因此,根据火灾、爆炸指数的值可以确定其相应的危险等级,按表 3-59 确定并将危险等级填入"工艺单元危险分析汇总表"的第二行。

表 3-59　$F\&EI$ 与危险等级

$F\&EI$ 值	1～60	61～96	97～127	128～158	>159
危险等级	最轻	较轻	中等	很大	非常大

(3) 暴露区域半径的计算　暴露区域半径表明了生产单元危险区域的平面分布。它是一个以工艺设备的关键部位为中心的圆的半径。其数值是按计算出的火灾、爆炸指数值乘以

0.256 来计算,并将计算出的数值填入"工艺单元危险系数汇总表"的第三行。

$$暴露半径 R = 0.256F\&EI （单位 m）$$

(4) 暴露区域面积的计算　暴露区域面积的大小是由暴露半径决定的,可按下式计算暴露区域的面积。

$$暴露区域面积 = \pi R^2 （单位 m^2）$$

但暴露半径 R 在实际计算时应注意:如果被评价工艺单元是一个小的设备,就以该设备的中心为圆心,以暴露半径画圆计算暴露区域面积;如果设备较大,则应从设备表面向外量取暴露半径,然后画圆计算暴露区域面积,即暴露区域面积加上评价单元的面积才是实际的暴露区域面积。然后将计算出的暴露区域面积填入"工艺单元危险分析汇总表"的第四行。

暴露区域还意味着在其内的设备将会暴露在该单元发生的火灾、爆炸环境中。为了评价这些设备在火灾、爆炸中所遭受的破坏,还要考虑实际影响的体积。该体积是一个围绕工艺单元的圆柱体体积。其面积是暴露区域面积,其高度相当于暴露半径,如图 3-37 所示。

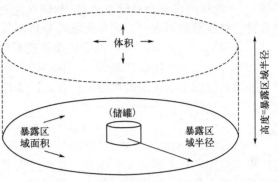

图 3-37　暴露区域半径、暴露区域面积、体积关系示意

(5) 暴露区域内财产价值的计算　暴露区域内财产价值可由区域内含有的财产(包括在存物料)的更换价值来确定:

$$暴露区域内财产价值 = 更换价值 + 在存物料价值$$

式中:

$$更换价值 = 原来成本 \times 0.82 \times 增长系数$$
$$在存物料价值 = 在存物料量 \times 在存物料的市场价格$$

将计算出来的暴露区域内财产价值填入"工艺单元危险分析汇总表"的第五行。

(6) 危害系数的确定　危害系数代表了单元中物料泄漏或反应能量释放所引起的火灾、爆炸事故的综合效应。由工艺单元危险系数 F_3 和物质系数 MF 按图 3-38 来确定。随着工艺

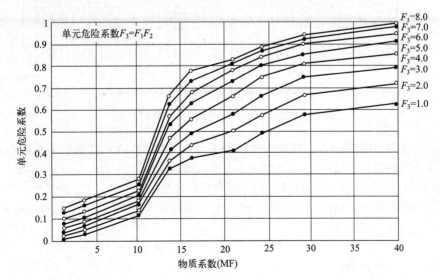

图 3-38　单元危害系数计算

单元危险系数 F_3 和物质系数 MF 的增加，单元危害系数从 0.01 增至 1.00。将危害系数填入"工艺单元危险分析汇总表"的第六行。

（7）基本最大可能财产损失（基本 MPPD）的计算 基本最大可能财产损失是由工艺单元危险分析汇总表中暴露区域内财产价值乘以危害系数计算求得，并将计算出的数值填入"工艺单元危险分析汇总表"的第七行。

$$基本 MPPD = 暴露区域内财产价值 \times 危害系数$$

（8）安全措施补偿系数 C 的计算 将"安全措施补偿系数表"中的工艺控制安全补偿系数 C_1、物质隔离安全补偿系数 C_2 和防火设施安全补偿系数 C_3 相乘即得到安全措施补偿系数值。将该数值填入"工艺单元危险分析汇总表"的第八行。

$$安全措施补偿系数 C = C_1 C_2 C_3$$

（9）实际最大可能财产损失（实际 MPPD）的计算 基本最大可能财产损失乘以安全措施补偿系数就是实际最大可能财产损失。将计算值填入"工艺单元危险分析汇总表"的第九行。

$$实际 MPPD = 基本 MPPD \times 总补偿系数 C$$

（10）最大可能停工天数（MPDO）的计算 估算最大可能停工天数（MPDO）是评价停产损失（BI）所必需的一个步骤。停产损失通常等于或超过财产损失，这取决于物料储存和产品的需求状况。最大可能停工天数可按图 3-39 查取，或根据公式计算求得。由于图中列出的实际 MPPD 是按 1980 年的美元价格给出的，因涨价因素应将其转换为现今价格。将得到的最大可能停工天数填入到"工艺单元危险分析汇总表"的第十行。

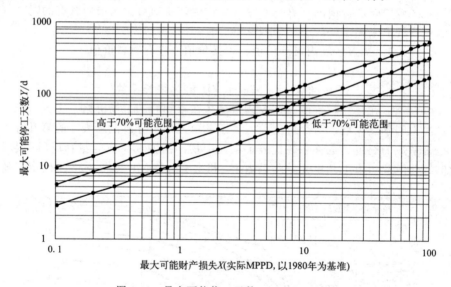

图 3-39 最大可能停工天数（MPDO）计算

图 3-39 中实际 MPPD（X）与最大可能停工天数 MPDO（Y）之间的关系式为：

上限 70% 的斜线为 $\lg Y = 1.550233 + 0.598416(\lg X)$

正常值的斜线为 $\lg Y = 1.325132 + 0.592471(\lg X)$

下限 70% 的斜线为 $\lg Y = 1.045515 + 0.610426(\lg X)$

（11）停产损失（BI）的计算

$$BI = MPDO/30 \times VPM \times 0.7$$

式中 VPM——每月产值；

0.7——固定成本和利润。

将计算出的停产损失值填入"工艺单元危险分析汇总表"的第十一行。

9. 生产单元危险分析汇总

"生产单元危险分析汇总表"记录了评价单元的基本的和实际的最大可能财产损失，以及停产损失。该汇总表由工艺单元及主要物质、物质系数、火灾爆炸指数 $F\&EI$、影响区域内财产价值、基本 MPPD、实际 MPPD、停工天数 MPDO 和停产损失 BI 共 8 项组成。表中第一栏内先填写工艺单元名称，名称之下填主要物质名称，其余数据可根据"火灾、爆炸指数表"和"工艺单元危险分析汇总表"中的数据填写。

所有有关的工艺单元都要单独列出"火灾、爆炸指数计算表"、"安全措施补偿系数表"和"工艺单元危险分析汇总表"。然后，再将各工艺单元中的关键信息填入"生产单元分析汇总表"中。

能力提升训练

通过学习，请你尝试采用道化学火灾、爆炸指数法完成某企业储存 4t 酒精桶装罐安全评价。

1. 物质系数的确定

本项目储存单元中的主要物料为_____，经查表，可确定其可燃性等级 $N_F=$_____，物质系数 MF=_____。

2. 工艺单元危险系数 F_3 及火灾、爆炸指数

（1）一般工艺危险系数

基本危险系数取给定值_____。

① 放热反应。本单元中_____放热反应，故危险系数为_____。

② 吸热反应。本单元中_____吸热反应，故危险系数为_____。

③ 物料处理与输送。酒精桶装罐存放于库房内，根据酒精 $N_F=$_____，系数取_____。

④ 封闭单元或室内单元。在封闭区域内，在闪点以上处理易燃液体，系数取_____。

⑤ 通道。在两个方向上设有通道，系数取_____。

⑥ 排放和泄漏控制。单元周围为一可排放泄漏液的平地，一旦失火，会引起火灾，系数取_____。

所以，一般工艺危险系数 $F_1=$_____。

（2）特殊工艺危险系数

基本危险系数取给定值_____。

① 毒性物质。酒精的 $N_H=$_____，故该项系数为_____。

② 负压操作。本单元无负压操作，系数取_____。

③ 爆炸极限范围内及其附近的操作。对储存 $N_F=$_____ 或 $N_F=$_____ 的易燃液体，在储罐泵出物料或者突然冷却时可能吸入空气，危险系数为_____，本单元为桶装罐，系数取_____。

④ 粉尘爆炸。本单元无粉尘，系数为_____。

⑤ 释放压力。本单元实际操作压力接近常压，可由压力释放危险系数 Y 与压力 X（lbf/in²）的关系 $Y=0.16109+1.61503(X/1000)-1.42879(X/1000)^2+0.5172(X/1000)^3$ 计算。

压力释放危险系数为_____。

⑥ 低温。本单元无低温操作，系数为_____。
⑦ 易燃和不稳定物质的量。本单元计约_____ t=_____ lb 的酒精，燃烧热 1.15×10^4 Btu/lb
$X = (8.8183 \times 10^3 \times 1.15 \times 10^4)/10^9 = 0.1014$
再根据公式
$\lg Y = -0.403115 + 0.378703 \lg X - 0.046402(\lg X)^2 - 0.015379(\lg X)^3$
故 $Y =$_____。
⑧ 腐蚀。系数取_____。
⑨ 轴封和接头处的泄漏。压盖密封处可能产生轻微泄漏，系数取_____。
⑩ 明火设备的使用。本单元无明火设备的使用，系数取_____。
⑪ 热油交换系统。本单元无热油交换系统，系数取_____。
⑫ 转动设备。本单元无转动设备，系数取_____。
所以，本单元特殊工艺危险系数 $F_2 =$_____。

(3) 工艺危险系数 F_3

工艺危险系数 $F_3 = F_1 F_2 =$_____。

(4) 根据上述评价过程，填写火灾、爆炸指数（F&EI）表 3-60。

表 3-60 火灾、爆炸指数（F&EI）表

评价单元		
工艺设备中的物料		
确定 MF 的物质		
物质系数		
1. 一般工艺危险系数	危险系数范围	采用危险系数
基本危险系数	1.00	1.00
①放热反应	0.30～1.25	
②吸热反应	0.20～0.40	
③物料处理与输送	0.25～1.05	
④封闭单元或室内单元	0.25～0.90	
⑤通道	0.20～0.35	
⑥排放和泄漏控制	0.20～0.50	
一般工艺危险系数(F_1)		
2. 特殊工艺危险系数	危险系数范围	采用危险系数
基本危险系数	1.00	1.00
①毒性物质	0.20～0.80	
②负压操作(<500mmHg=66661Pa)	0.50	
③爆炸极限范围内及其附近的操作:惰性化、未惰性化		
a. 罐装易燃液体	0.50	
b. 过程失常或吹扫故障	0.30	

续表

c. 一直在燃烧范围内	0.80	
④粉尘爆炸	0.25～2.00	
⑤释放压力:操作压力(绝对)/kPa 　　　　释放压力(绝对)/kPa		
⑥低温	0.2～0.30	
⑦易燃和不稳定物质的量/kg 燃烧热 H_c/(J/kg)		
a. 工艺中的液体及气体		
b. 储存中的液体及气体		
c. 储存中的可燃固体及工艺中的粉尘		
⑧腐蚀	0.10～0.75	
⑨轴封和接头处的泄漏	0.10～1.50	
⑩明火设备的使用		
⑪热油交换系统	0.15～1.15	
⑫转动设备	0.50	
特殊工艺危险系数(F_2)		
3. 工艺单元危险系数($F_3=F_1F_2$)		
4. 火灾、爆炸指数($F\&EI=F_3\times MF$)		
危险等级		

3. 确定安全补偿系数

(1) 工艺控制补偿系数 (C_1)

① 应急电源。无应急电源，补偿系数为_____。

② 冷却装置。补偿系数为_____。

③ 抑爆装置。无抑爆装置，补偿系数为_____。

④ 紧急停车装置。无紧急停车装置，补偿系数为_____。

⑤ 计算机控制。无计算机控制，补偿系数为_____。

⑥ 惰性气体保护。无惰性气体保护，补偿系数为_____。

⑦ 操作规程。根据制定的操作规程的完善程度，补偿系数为_____。

⑧ 化学活泼性检查。补偿系数为_____。

⑨ 其他工艺过程危险分析。补偿系数为_____。

(2) 物质隔离补偿系数 (C_2)

① 遥控阀。无遥控阀，补偿系数为_____。

② 卸料/排空装置。补偿系数为_____。

③ 排放系统。无排放系统，补偿系数为_____。

④ 联锁装置。无联锁装置，补偿系数为_____。

(3) 防火设施补偿系数 (C_3)

① 泄漏检测装置。无泄漏检测装置，补偿系数为_____。

② 钢结构。无钢结构，补偿系数为_____。

③ 消防水供应系统。以最大供水量连续 4h 供应，补偿系数为_____。

④ 特殊灭火系统。无特殊灭火系统，补偿系数为_____。
⑤ 喷淋灭火系统。无喷淋灭火系统，补偿系数为_____。
⑥ 水幕。无水幕，补偿系数为_____。
⑦ 泡沫灭火装置。无泡沫灭火装置，补偿系数为_____。
⑧ 手提式灭火器材。配备了手提式灭火器材，补偿系数为_____。
⑨ 电缆保护。无电缆保护，补偿系数为_____。

（4）安全措施补偿系数 C

安全措施补偿系数 $C=C_1 C_2 C_3=$ _____。

根据上述评价过程，完成安全措施补偿系数表 3-61。

表 3-61　安全措施补偿系数表

项目	补偿系数范围	采用补偿系数	项目	补偿系数范围	采用补偿系数
1. 工艺控制			③排放系统	0.91～0.97	
①应急电源	0.98		④联锁装置	0.98	
②冷却装置	0.97～0.99		物质隔离安全补偿系数 C_2		
③抑爆装置	0.84～0.98		3. 防火设施		
④紧急停车装置	0.96～0.99		①泄漏检测装置	0.94～0.98	
⑤计算机控制	0.93～0.99		②钢结构	0.95～0.98	
⑥惰性气体保护	0.94～0.96		③消防水供应系统	0.94～0.97	
⑦操作规程	0.91～0.99		④特殊灭火系统	0.91	
⑧化学活泼性检查	0.91～0.98		⑤喷淋灭火系统	0.74～0.97	
⑨其他工艺过程危险分析	0.91～0.98		⑥水幕	0.97～0.98	
工艺控制安全补偿系数 C_1			⑦泡沫灭火装置	0.92～0.97	
2. 物质隔离			⑧手提式灭火器材	0.93～0.98	
①遥控阀	0.96～0.98		⑨电缆保护	0.94～0.98	
②卸料/排空装置	0.96～0.98		防火设施安全补偿系数 C_3		

补偿后火灾爆炸危险指数 $=F\&EI \cdot C=$ _____。

补偿后火灾、爆炸危险等级：_____。

4. 危害程度计算

（1）暴露面积计算

暴露区域半径 $R=$ _____ m。

暴露区域面积 $S=$ _____ m^2。

（2）暴露区域内财产的更换价值

由于单元暴露区域的具体财产难以确定，本报告中以 A 代替实际的财产价值。

（3）危害系数的确定

通过图 3-38，查得单元危险系数 $=$ _____。

（4）基本最大可能财产损失（基本 MPPD）

基本 MPPD $=$ _____。

（5）实际最大可能财产损失（实际 MPPD）

实际 MPPD＝_____。

根据上述评价结果，填写工艺单元危险分析汇总表 3-62 及补偿结果汇总表 3-63。

表 3-62　工艺单元危险分析汇总表

(1)火灾、爆炸指数(F&EI)	
(2)暴露半径/m	
(3)暴露面积/m²	
(4)暴露区域内财产的更换价值	
(5)危害系数	
(6)基本最大可能财产损失	
(7)安全措施补偿系数($C=C_1C_2C_3$)	
(8)实际最大可能财产损失	

表 3-63　补偿结果汇总表

项目		储存
补偿前	F&EI	
	危险等级	
补偿后	F&EI	
	危险等级	

5. 结论

采用道化学火灾、爆炸指数评价法得出该企业储存区的火灾、爆炸指数为_____，危险等级属于_____，一旦发生火灾、爆炸事故，以桶装罐为中心，半径为_____ m 区域内的人员、财产都可能受到损害，_____%的建（构）筑物毁坏、财产损失。采取了相应的安全防范措施后，危险指数降为_____，危险等级属于_____，降低了_____%。

归纳总结提高

1. 简要说明道化学火灾、爆炸危险指数法的评价程序。
2. 如何确定物质系数 MF？
3. 安全措施补偿系数包括哪几类？

安全评价师应知应会

1. 道化学方法评价过程中的依据是（　　）。
　（A）以往的事故统计资料　　　　　　（B）装置的工艺条件
　（C）物质的潜在能量　　　　　　　　（D）现行安全措施的状况
2. 应用道化学火灾、爆炸危险指数法进行评价时，如果工艺单元温度高于 60℃，需要对某些装置的物质系数 MF 进行修正，无须修正的装置或设施是（　　）。
　（A）操作温度为 62℃的储罐　　　　　（B）操作温度为 62℃的管道

(C) 操作温度为62℃的保温罐 (D) 操作温度为62℃的反应器

3. 使用道化学火灾、爆炸危险指数评价法时，基本最大可能财产损失MPPD与下列因素中的（　　）无关。
(A) 物质系数MF (B) 操作压力
(C) 可燃物料的数量 (D) 紧急切断装置

4. 使用道化学火灾、爆炸危险指数评价法确定考虑安全补偿系数时，下列因素中，属于防火设施范围的项目是（　　）。
(A) 泄漏检测装置　(B) 紧急切断装置　(C) 遥控阀　(D) 联锁装置

5. 使用道化学火灾、爆炸危险指数评价法，计算工艺过程中的液体或气体的物质量的危险系数时，对其有显著影响的因素是（　　）。
(A) 操作温度 (B) 危险物质的沸点
(C) 危险物质的闪点 (D) 危险物质的不稳定性

6. 在道化学火灾、爆炸危险指数评价法中，对特殊工艺危险系数 F_2 产生影响的因素是（　　）。
(A) 放热化学反应 (B) 密闭式或室内工艺单元
(C) 通道 (D) 转动设备

7. 在道化学火灾、爆炸指数评价法中，通过某物质的物质系数取值表查得了 N_R，若此物质为氧化剂，则 N_R 的取值不超过（　　）。
(A) 6　(B) 5　(C) 4　(D) 3

8. 在道化学火灾、爆炸指数评价法中，腐蚀速率（包括点腐蚀和局部腐蚀）大于0.127mm/a，并小于0.254mm/a时，危险系数应取（　　）。
(A) 0.10　(B) 0.20　(C) 0.50　(D) 0.75

9. 在道化学火灾、爆炸指数评价法中，特定的工艺条件是导致火灾、爆炸事故的主要原因之一，而特殊工艺危险系数是影响事故（　　）的主要因素。
(A) 规模　(B) 发生时间　(C) 发生概率　(D) 后果

10. 道化学火灾、爆炸指数评价法中，液体和气体的可燃性等级（N_F）主要由参数（　　）确定。
(A) 沸点　(B) 自燃点　(C) 闪点　(D) 稳定性

11. 在道化学火灾、爆炸指数评价法中，当 $F_3 \leq 8$ 时，单元的工艺危险系数应取（　　）。
(A) $F_1 F_2$　(B) $F_1 + F_2$　(C) F_1/F_2　(D) F_2/F_1

12. 在道化学火灾、爆炸指数评价法中，影响事故发生概率的主要因素是（　　）。
(A) 一般工艺危险系数 F_1 (B) 特殊工艺危险系数 F_2
(C) 易燃危险性系数 N_F (D) 反应危险性系数 N_R

13. 道化学火灾、爆炸指数评价法中，物质的燃烧性 N_F 和化学活性 N_R 是针对正常温度环境而言的，因此温度超过（　　）时，需要对物质系数MF进行修正。
(A) 40℃　(B) 60℃　(C) 80℃　(D) 100℃

14. 道化学火灾、爆炸指数评价法中，喷洒（水）系统补偿系数的修正系数随着火面积的增大而增大，补偿系数亦增大，这将使MPPD（　　）。
(A) 减小　(B) 不变　(C) 增大　(D) 呈级数增大

15. 在计算 $F\&EI$ 时，只从损失预防角度看对工艺有影响的单元，一般称为恰当工艺单元。下列参数中，属于恰当工艺单元重要参数的有（　　）。
(A) 潜在化学能 (B) 工艺中危险物质的数量
(C) 资金密度 (D) 操作温度与操作压力

项目十 危险与可操作性研究

实例展示

认真研读下列实例,讨论HAZOP分析记录表包括的基本内容,并研讨该方法的特点。

假设一个简单的工厂生产过程,如图3-40所示。物料A和物料B通过泵连续地从各自的供料罐输送至反应器,在反应器中合成并生成产品C。假定为了避免爆炸危险,在反应器中A总是多于B。完整的设计描述将包括很多其他细节,如压力影响、反应和反应物的温度、搅拌、反应时间、泵A和泵B的匹配性等,但为简化,这些因素将被忽略。工厂中待分析的部分用粗线条表示。

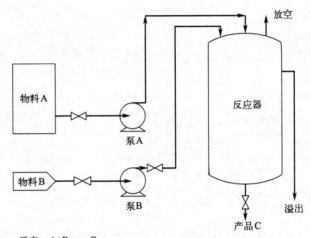

反应:A+B══C
反应器中组分A必须总是多于组分B,以避免爆炸

图3-40 简化流程

分析部分是从盛有物料A的供料罐到反应器之间的管道,包括泵A。这部分的设计目的是连续地把物料A从罐中输送到反应器,物料A的输送速率(流量)应大于物料B的输送速率。设计目的可通过表3-64给出:

表3-64 设计目的

物料	活动	来源	目的地
A	输送(转移) (A速率>B速率)	盛有物料A的供料罐	反应器

将各个引导词(加上分析准备期间确定的其他引导词)依次用于这些要素,结果记录在HAZOP工作表中。其中,使用了"问题记录"样式,仅记录了有意义的偏差。在分析完与系统这部分相关的每个要素的每个引导词后,可以再选取另一部分(如:物料B的输送管路),重复该过程。最终,该系统的所有部分都会通过这种方式分析完毕,并对结果进行记录,见表3-65。

表 3-65 过程的 HAZOP 工作表

分析题目:过程			表页:1/2
图纸编号:	修订号:		日期:2015年12月17日
小组成员:劳伦斯、狄克、艾略特、尼克、马科斯、贾斯汀			会议日期:2015年12月15日
分析部分:从供料罐A到反应器的输送管道			
设计目的: 物料:A 功能:以大于物料B的输送速率连续输送 来源:装有原料A的供料罐 目的地:反应器			

序号	引导词	要素	偏差	可能原因	后果	安全措施	注释	建议安全措施	执行人
1	无 NO	物料A	无物料A	A供料罐是空的	没有A流入反应器 爆炸	无显示	情况不能被接受	考虑在A供料罐安装一个低液位报警器外加液位低/低联锁停止泵B	马科斯
2	无 NO	输送物料A(以大于输送B的速率)	没有输送物料A	泵A停止 管路堵塞	爆炸	无显示	情况不能被接受	物料A流量的测量,外加一个低流量报警器以及当A低流量时联锁停泵B	贾斯汀
3	多 MORE	物料A	物料A过量使罐溢出	当没有足够的容量时,向罐中加料	物料从罐中溢出到边界区域	无显示	可以通过对罐的检测加以识别	如果没有预先被识别出来,考虑高液位报警	艾略特
4	多 MORE	输送A	输送过多物料A 流速增大	叶轮尺寸选错 泵选型不对	产量可能减少 产品中将含过量的A	无		在试车时检测泵的流量和特性 修改试车程序	贾斯汀
5	少 LESS	物料A	更少的A	A供料罐液位低	不适当的吸入压头 可能引起涡流并导致爆炸 流量不足	无	同1,不可接受	同1,在A供料罐安装一个低液位报警器	马科斯
6	少 LESS	输送物料A(以大于输送B的速率)	A的流速降低	管线部分堵塞 泄漏 泵工作不正常	爆炸	无显示	不可接受	同2	贾斯汀
7	伴随 AS WELL AS	物料A	在供料罐中除了物料A还有其他流体物料	供料罐被污染	未知	所有罐车装的物料在卸入罐前应接受检查和分析	认为是可接受的	检查操作程序	劳伦斯
8	伴随 AS WELL AS	输送A	输送A的过程中,可能发生侵蚀、腐蚀、结晶或分解	根据更具体的细节,对每种潜在的可能都应该加以考虑					尼克

续表

序号	引导词	要素	偏差	可能原因	后果	安全措施	注释	建议安全措施	执行人
9	伴随 AS WELL AS	目的地反应器	外部泄漏	管线、阀门或密封泄漏	环境污染可能爆炸	采用可接受的管道规范或标准	接受合格品	将能联锁跳车的流量传感器尽可能靠近反应器安装	狄克
10	相反 REVERSE	输送A	反向流动原料从反应器流向供料罐	反应器压力高于泵出口压力	装有反应物料的供料罐被返回的物料污染	无显示	情况不令人满意	考虑管线上安装一个止逆阀	贾斯汀
11	异常 OTHER THAN	物料A	原料A异常 供料罐内物料不是A物料	供料罐内原料错误	未知,将取决于原料	在供给物料前对物料进行检验分析	情况可以接受		
12	异常 OTHER THAN	目的地反应器	外部泄漏 反应器无物料进入	管线破裂	环境污染可能爆炸	管道完整性	检查管道设计	建议规定流量联锁跳车应有足够快的响应时间以阻止发生爆炸	贾斯汀

提出任务:HAZOP法有何特点?HAZOP法引导词有哪些?HAZOP法常见的节点有哪些?

知识储备

HAZOP分析应用微课

危险与可操作性研究(hazard and operability study,HAZOP)是英国帝国化学工业公司(ICI)于1974年针对化工装置开发的一种危险性评价方法。

危险与可操作性研究的基本过程是以引导词为引导,找出系统中工艺过程的状态参数(如温度、压力、流量等)的变化(即偏差),然后再继续分析造成偏差的原因、后果及可以采取的对策。通过危险与可操作性研究的分析,能够探明装置及过程存在的危险有害因素,根据危险有害因素导致的后果,明确系统中的主要危险有害因素。如果需要,可以用故障树对主要危险有害因素继续分析,因此它又是确定故障树"顶上事件"的一种方法。在进行危险与可操作性研究过程中,分析人员对单元中的工艺过程及设备状况要深入了解,对于单元中的危险及应采取的措施要有透彻的认识,因此,危险与可操作性研究还被认为是对工人培训的有效方法。

在国外,危险与可操作性研究方法是许多安全规范中推荐应用的危险辨识方法。英国石化有限公司制定的《健康、安全和环境标准与程序》中明确规定,在项目设计阶段必须进行设计方案的HAZOP分析;德国拜尔公司1997年制定的《过程与工厂安全指导》中规定,其所属工厂必须进行HAZOP分析并形成安全评估报告;美国政府颁布的《高度危险化学品处理过程的安全管理》法规中也建议采用HAZOP方法对石油化工装置进行危险评估。HAZOP分析也可为企业开展LOPA分析及SIL定级提供分析依据。

近年来，我国有关主管部门陆续出台了相关文件，对 HAZOP 分析的推广应用提出了明确要求和指导性意见。《国家安全监管总局关于加强化工过程安全管理的指导意见》（安监总管三〔2013〕88 号）指出："对涉及重点监管危险化学品、重点监管危险化工工艺和危险化学品重大危险源（统称'两重点一重大'）的生产储存装置进行风险辨识分析，要采用危险与可操作性分析（HAZOP）技术，一般每 3 年进行一次。对其他生产储存装置的风险辨识分析，针对装置不同的复杂程度，选用安全检查表、工作危害分析、预先危险性分析、故障类型和影响分析（FMEA）、HAZOP 技术等方法或多种方法组合，可每 5 年进行一次。"2008 年中国石油化工股份有限公司青岛安全工程研究院编著出版了《HAZOP 分析指南》，随后，国家有关部门先后发布了《危险与可操作性研究分析（HAZOP 分析）应用导则》（AQ/T 3049—2013）和《危险与可操作性研究分析（HAZOP 分析）应用指南》（GB/T 35320—2017），标志着 HAZOP 已成为我国目前安全评价重要方法之一。

HAZOP 分析应用导则

《化工危险与可操作性（HAZOP）分析职业技能等级标准》的颁布，标志着化工危险与可操作性分析"1+X"证书正式面向化工企业技术人员、基层管理人员、专业设计和管理人员的普及。

一、适用范围和方法特点

危险与可操作性研究既适用于设计阶段，也适用于现有生产装置。对现有生产装置分析时，如能吸收有操作经验和管理经验的人员共同参加，会收到很好的效果。

ICI 公司的危险与可操作性研究主要应用于连续的化工生产过程。在连续过程中管道内物料工艺参数的变化反映了各单元设备的状况，因此，在连续过程中分析的对象确定为管道。通过对管道内物料状态与工艺参数产生偏差的分析，查找系统存在的危险有害因素以及可能产生的危险。对所有管道分析之后，整个系统存在的危险也就一目了然。

危险与可操作性研究经改进以后，也能很好地应用于间歇化工生产过程危险性分析。在进行间歇化工生产工艺过程评价中，分析的对象不再是管道，而是主体设备，如反应器等。根据间歇生产分成进料、反应和出料三个阶段的特点，分别对反应器进行分析。同时，在这三个阶段内不仅要按照引导词来确定工艺状态及参数产生的偏差，还需考虑操作顺序等因素可能出现的偏差。这样就可对间歇化工生产工艺过程进行全面、系统地考察。

危险与可操作性研究的特点主要有：

① 它是从生产系统中的工艺状态参数出发来研究系统中的偏差，运用启发性引导词来研究因温度、压力、流量等状态参数的变动可能引起的各种故障的原因、存在的危险以及采取的对策。

② 研究结果既可用于设计阶段的评价，也可用于操作阶段的评价；既可用来编制、完善安全规程，又可作为操作的安全教育资料。

③ 该法不需要可靠性的专业知识，因而很容易掌握。使用引导词进行分析，既可启发思维、扩大思路，又可避免漫无边际地提出问题。

④ 该法是故障类型和影响分析的发展。它研究的是和运行状态参数有关的因素。从中间过程出发，向前分析其原因，向后分析其结果。向前分析是故障树分析，向后分析是故障类型和影响分析，兼有两种分析方法的特长，因为前两种分析方法都有中间过程。中间过程可以理解为故障类型和影响分析中的故障模式对子系统的影响，或者是故障树分析的中间事件。它承上启下，既表达了元件故障包括人的失误相互作用状态，又表达了接近顶上事件更直接的原因。因此，该法不仅直观有效，而且更容易查找事故的基本原因和发展结果。

⑤ 该法研究的状态参数正是操作人员控制的指标，针对性强，有利于提高安全操作能力。

二、HAZOP 术语

① 分析节点（或称工艺单元）。指具有确定边界的设备（如两容器之间的管线）单元，对单元内工艺参数的偏差进行分析。

② 操作步骤。单元过程的不连续动作，或者由 HAZOP 分析组分析的操作步骤；可能是手动、自动或计算机自动控制的操作，间歇过程每一步使用的偏差可能与连续过程不同。

③ 引导词。用于定性或定量设计工艺指标的简单词语，引导识别工艺过程的危险。

④ 工艺参数。与过程有关的物理和化学特性，包括概念性的项目（如反应、混合、浓度、pH 值）及具体项目（如温度、压力、相数及流量等）。

⑤ 工艺指标。确定装置如何按照希望的操作而不发生偏差，即工艺过程的正常操作条件。

⑥ 偏差。分析组使用引导词系统地对每个节点的工艺参数（如流量、压力等）进行分析发现的系列偏离工艺指标的情况；偏差的形式通常是"引导词＋工艺参数"。

⑦ 原因。发生偏差的原因。一旦找到发生偏差的原因，就意味着找到了对付偏差的方法和手段，这些原因可能是设备故障、人为失误、不可预料的工艺状态（如组成改变）、外界干扰（如电源故障）等。

⑧ 后果。偏差所造成的后果，后果分析时假定发生偏差时已有安全保护系统失效；不考虑那些细小的与安全无关的后果。

⑨ 安全措施。指设计的工程系统或调节控制系统，用以避免或减轻偏差发生时所造成的后果（如报警、联锁、操作规程等）。

⑩ 补充措施。修改设计、操作规程，或者进一步进行分析研究（如增加压力报警、改变操作步骤的顺序）的建议。

三、HAZOP 分析原则

1. 概述

HAZOP 分析是对危险与可操作性问题进行详细识别的过程，由一个小组完成。HAZOP 分析包括辨识潜在的偏离设计目的的偏差，分析其可能的原因并评估相应的后果。

HAZOP 分析的主要特征包括：

① HAZOP 分析是一个创造性过程。通过应用一系列引导词来系统地辨识各种潜在的偏差，对确认的偏差，激励 HAZOP 小组成员思考该偏差发生的原因以及可能产生的后果。

② HAZOP 分析是在一位训练有素、富有经验的分析组长引导下进行的，组长需通过逻辑分析思维确保对系统进行全面的分析。分析组长宜配有一名记录员，记录识别出来的各种危险和（或）操作扰动，以备进一步评估和决策。

③ HAZOP 分析小组由多专业的专家组成，他们具备适合的技能和经验，有较好的直觉和判断能力。

④ HAZOP 分析应在积极思考和坦率讨论的氛围中进行。当识别出一个问题时，应做好记录以便后续的评估和决策。

⑤ 对识别出的问题提出解决方案并不是 HAZOP 分析的主要目标，但是一旦提出解决

方案，应做好记录供设计人员参考。

2. HAZOP 分析程序

危险与可操作性研究分析法全面考查分析对象，对每一个细节提出问题，如在工艺过程的生产运行中，要了解工艺参数（温度、压力、流量、浓度等）与设计要求不一致的地方（即发生偏差），继而进一步分析偏差出现的原因及其产生的后果，并提出相应的对策措施。HAZOP 分析的基本程序见图 3-41。

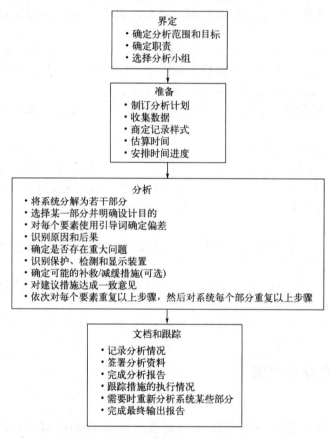

图 3-41 危险与可操作性研究分析程序

（1）分析启动　分析通常由项目负责人（项目经理）启动。项目经理应确定开展分析的时间，指派 HAZOP 分析组长，并提供开展分析必需的资源。由于法律规定或用户政策要求，通常在正常的项目计划期间已确定需要开展此类分析。在 HAZOP 分析组长的协助下，项目经理应明确分析的范围和目标。分析开始前，项目经理应指派具有适当权限的人负责确保分析得出的建议或措施得以执行。

（2）确定分析范围　分析范围取决于多种因素，主要包括：
① 系统的物理边界；
② 可用的设计描述及其详细程度；
③ 系统已开展过的任何分析的范围，不论是 HAZOP 分析还是其他相关分析；
④ 适用于该系统的法规要求。

（3）分析目标　通常，HAZOP 分析追求识别所有危险与可操作性问题，不考虑这些问题的类型或后果大小。将 HAZOP 分析的焦点严格地集中于辨识危险，能够节省精力，并在较短的时间内完成。

在确定分析目标时应考虑以下因素:
① 分析结果的应用目的;
② 分析处于系统生命周期的哪个阶段;
③ 可能处于风险中的人或财产,如员工、公众、环境、系统;
④ 可操作性问题,包括影响产品质量的问题;
⑤ 系统所要求的标准,包括系统安全和操作性能两个方面的标准。

3. 分工和职责

安排 HAZOP 分析工作时,项目经理应明确规定 HAZOP 小组的分工和职责,并得到 HAZOP 分析组长的同意。HAZOP 分析组长应检查设计,确定可用的项目信息和 HAZOP 分析小组成员所需的技能。分析组长应制定项目 HAZOP 活动计划,做好项目进度安排,确保 HAZOP 各项建议能及时执行。

分析组长负责建立一个适当的交流机制,用于传递 HAZOP 分析的结果。项目经理负责对分析结果进行跟踪调查,并对设计小组的执行决策结果进行妥善存档。

项目经理和分析组长应确定 HAZOP 分析是仅限定于识别危险和问题(这些问题随后将反馈给项目经理和设计团队进行解决),还是 HAZOP 分析需要提出可能的补救/减缓措施。若是后一种情况,需要协定以下两方面的责任和机制:
① 补救/减缓措施的优先选择;
② 采取行动的适当授权。

HAZOP 分析需要小组成员的共同努力,每个成员均有明确的分工。只要小组成员具有分析所需要的相关技术、操作技能以及经验,HAZOP 小组应尽可能小。通常一个分析小组至少 4 人,很少超过 7 人。小组越大,进度越慢。小组成员的分工建议如下:

① 分析组长。与设计小组和本工程项目没有紧密关系;在组织 HAZOP 分析方面受过训练、富有经验;负责 HAZOP 小组和项目管理人员之间的交流;制定分析计划;同意分析小组的人员构成;确保有足够的设计描述和资料提供给分析小组;建议分析中使用的引导词,并解释引导词-要素/特性;引导分析;确保分析结果的记录。

② 记录员。进行会议记录;记录识别出的危险和问题、提出的建议以及进行后续跟踪的行动;协助分析组长编制计划,履行管理职责;某些情况下,分析组长可兼任记录员。

③ 设计人员。解释设计及其设计描述。解释各种偏差产生的原因以及相应的系统响应。

④ 业主(用户)。说明分析要素的操作环境、偏差的后果、偏差的危险程度。

⑤ 专家。提供与系统和分析相关的专业知识。可邀请专家协助分析小组进行部分分析。

⑥ 维护人员。维护人员代表(若需要)。

HAZOP 分析通常需要考虑设计者和业主(用户)的观点。然而,在系统生命周期不同阶段,适合 HAZOP 分析的小组成员可能是不同的。

对 HAZOP 小组的人员应进行 HAZOP 培训,使 HAZOP 小组所有成员具备开展 HAZOP 分析的基本知识,以便高效地参与 HAZOP 分析。

4. 准备工作

(1) 概述   HAZOP 分析组长负责以下准备工作:
① 获得系统信息;
② 将信息转换成适当的形式;
③ 计划 HAZOP 会议的顺序;

④ 安排必要的 HAZOP 会议。

此外，分析组长可以安排人员对相关数据库进行查询，收集采用相同或相似的技术出现过的事故案例。

HAZOP 分析组长负责确保具有可用的、充分的系统设计描述。如果设计描述有缺陷或不完整，分析开始前应进行修正补充。在分析的计划阶段，熟悉系统设计的人应在设计描述中确定系统各个部分、要素及其特性。

分析组长负责制定 HAZOP 分析计划，应包括以下内容：

① 分析目标和范围。
② 分析成员的名单。
③ 详细的技术资料：

a. 设计描述。该设计描述按照明确的设计目的将分析对象划分为多个部分和要素，对于每个要素，具有构成元件、物料和活动及它们特性的清单。

b. 建议引导词的清单，以及引导词-要素/特性组合的解释。

④ 参考资料的清单。
⑤ 管理安排、HAZOP 会议日程，包括参会人员、时间和地点。
⑥ 要求的记录形式。
⑦ 分析中可能使用的模板。

应提供合适的房间设施、可视设备及记录工具，以便会议有效地进行。

第一次会议前，宜对分析对象开展现场调查，分析组长应将包含分析计划及必要参考资料的简要信息包分发给分析小组成员，便于他们提前熟悉内容。

HAZOP 分析的成功很大程度上依赖于小组成员的机敏和专注度，因此，分析组长应负责限制每节 HAZOP 会议持续时间以及安排适当的会议时间间隔。

(2) 设计描述　通常，设计描述文件是下列具有清晰且唯一的审批签署和日期标识的文件：

① 对于所有系统。设计要求和描述、流程图、功能块图、控制图、电路图表、工程数据表、布置图、公用工程说明、操作和维护要求。

② 对于过程流动系统。管道和仪表流程图（P&ID）、材料规格和标准设备、管道和系统的平面布置图。

③ 对于可编程的电子系统。数据流程图、面向对象的设计图、状态转移图、时序图、逻辑框图。

此外，也应提供如下信息：

① 分析对象的边界以及各个边界的分界面；
② 系统运行的环境条件；
③ 操作和维护人员的资质、技能和经验；
④ 程序和（或）操作规程；
⑤ 操作和维护经验、类似系统存在的已知危害。

(3) 引导词和偏差　为了保证分析详尽而不发生遗漏，分析时应按照引导词表逐一进行，引导词可以根据研究的对象和环境确定，表 3-66 和表 3-67 为两个引导词定义表。

表 3-66　基本引导词及其含义

引导词	含义	说明
无,空白(NO 或者 NOT)	设计目的的完全否定	设计或操作要求的指标或事件完全不发生
多,过量(MORE)	量的增加	同标准比较,数量偏大

续表

引导词	含义	说明
少,减量(LESS)	量的减少	同标准比较,数量偏小
伴随(AS WELL AS)	性质的变化/增加	在完成既定功能的同时,伴随多余事件发生
部分(PART OF)	性质的变化/减少	只完成既定功能的一部分
相反(REVERSE)	设计目的的逻辑取反	出现和设计要求完全相反的事或物
异常(OTHER THAN)	完全替代	出现和设计要求不相同的事或物

表 3-67 与时间和先后顺序（或序列）相关的引导词及其含义

引导词	含义	引导词	含义
早(EARLY)	相对于给定时间早	先(BEFORE)	相对于顺序或序列提前
晚(LATE)	相对于给定时间晚	后(AFTER)	相对于顺序或序列延后

在 HAZOP 分析的计划阶段，HAZOP 分析组长应提出要使用的引导词的初始清单。分析组长应针对系统所提出的引导词进行验证并确认其适宜性。应仔细考虑引导词的选择，如果引导词太具体可能会影响审查思路或讨论，如果引导词太笼统可能又无法有效地集中到 HAZOP 分析中。不同类型的偏差和引导词及其示例见表 3-68。

表 3-68 偏差及其相关引导词的示例

偏离类型	引导词	过程工业实例	可编程电子系统实例(PES)
否定	无,空白(NO)	没有达到任何目的,如无流量	无数据或控制信号通过
量的改变	多,过量(MORE)	量的增多,如温度高	数据传输比期望的快
	少,减量(LESS)	量的减少,如温度低	数据传输比期望的慢
性质的改变	伴随(AS WELL AS)	出现杂质 同时执行了其他的操作或步骤	出现一些附加或虚假信号
	部分(PART OF)	只达到一部分目的,如只输送了部分流体	数据或控制信号不完整
替换	相反(REVERSE)	管道中的物料反向流动以及化学逆反应	通常不相关
	异常(OTHER THAN)	最初目的没有实现,出现了完全不同的结果,如输送了错误物料	数据或控制信号不正确
时间	早(EARLY)	某事件的发生较给定时间早,如冷却或过滤	信号与给定时间相比来得太早
	晚(LATE)	某事件的发生较给定时间晚,如冷却或过滤	信号与给定时间相比来得太晚
顺序或序列	先(BEFORE)	某事件在序列中过早的发生,如混合或加热	信号在序列中比期望来得早
	后(LATE)	某事件在序列中过晚的发生,如混合或加热	信号在序列中比期望来得晚

引导词-要素/特性组合在不同系统的分析中，在系统生命周期的不同阶段，以及当用于不同的设计描述时可能会有不同的解释。有些组合在既定系统的分析中可能没有意义，应不予考虑。应明确并记录所有引导词-要素/特性组合的解释。如果某组合在设计中有多种解释，应列出所有解释。另外，有时会出现不同的组合具有相同的解释。在这种情况下，应进行适当的相互参考。

（4）分析节点划分 对于连续的工艺操作过程，HAZOP 分析节点为工艺单元；而对于间歇操作过程来说，HAZOP 分析节点为操作步骤。工艺单元是指具有确定边界的设备（如两容器之间的管线）单元；操作步骤是指间歇过程的不连续动作，或者是由 HAZOP 分析组分析的操作步骤。

为了逻辑地、有效地进行HAZOP分析，首先要将工艺流程图或操作程序划分为分析节点或操作步骤。如果分析节点分得太小，会加大工作负荷，导致大量重复工作；如果分析节点分得太大，会使HAZOP的结果产生重大的偏差，甚至会遗漏部分结果。对于连续工艺过程，分析节点划分的基本原则如下：

一般按照工艺流程进行，从进入的PID管线开始，继续直至设计意图的改变，继续直至工艺条件的改变，或继续直至下一个设备。

上述状况的改变作为一个节点的结束，另一个节点的开始。常见节点类型见表3-69。

表3-69 常见节点类型

序号	节点类型	序号	节点类型	序号	节点类型
1	管线	7	压缩机	13	步骤（三引导词法）
2	泵	8	鼓风机	14	作业详细分析
3	分批反应器	9	熔炉、炉子	15	公用工程和服务设施
4	连续反应器	10	热交换器	16	其他
5	罐/槽/容器	11	软管	17	以上基本节点的合理组合
6	塔	12	步骤（八引导词法）		

在选择分析节点以后，分析组组长应确认该分析节点的关键参数，如设备的设计能力、温度和压力、结构规格等，并确保小组中的每一个成员都知道设计意图。如果有可能最好由工艺专家做一次讲解与解释。

（5）偏差确定方法　偏差确定方法通常用引导词法，即偏差＝引导词＋工艺参数。

常用的HAZOP分析工艺参数包括：流量、温度、时间、pH值、频率、电压、混合、分离、压力、液位、组成、速度、黏度、信号、添加剂、反应。

工艺参数分为两类，一类是概念性的工艺参数（如反应、转化）；另一类是具体（专业）工艺参数（如温度、压力）。对于概念性的工艺参数，当用引导词组合成偏差时，常发生歧义，如"过量＋反应"可能是指反应速率快，或者说是指生成了大量的产品。对具体的工艺参数，有必要对一些引导词进行修改，因为有些引导词与工艺参数组合后可能无意义或不能称为"偏差"，如"伴随＋压力"，或者有些偏差的物理意义不确切，应拓展引导词的外延和内涵，如：

① 对"时间＋异常"，引导词"异常"就是指"快"或"慢"；
② 对"位置""来源""目的"而言，引导词"异常"就是指"另一个"；
③ 对"液位""温度""压力"而言，引导词"过量"就是指"高"。

应注意的是：当工艺参数包括一系列的工艺参数（如温度、压力、反应速率、组成等）时，最好是对每一个工艺参数顺序使用所有的引导词，即"｛引导词｝＋工艺参数"方式，而不是每个引导词用于工艺参数组，即"引导词＋｛工艺参数｝"。而且，当将引导词用于对操作规程进行分析时也应按照这种规则。

用引导词来描述要分析的问题可以确保HAZOP方法的统一性，同时能够将要分析的问题系统化，应用一套完整的引导词，可以导出每个具有实际意义的偏差，而不致被遗漏。

5. HAZOP分析

按照HAZOP分析计划，组织分析会议，在分析组长领导下组织讨论。HAZOP分析会

议开始时,分析组长或熟悉分析系统的过程及问题的小组成员应进行以下工作:

① 概述 HAZOP 分析计划,确保 HAZOP 分析成员熟悉系统以及分析目标和范围;
② 概述系统设计描述,解释会议中要使用的分析要素和引导词;
③ 审查已知的危险和操作性问题及潜在的关注区域。

分析应沿着与分析主题相关的流程或顺序,并按逻辑顺序从输入到输出进行。HAZOP 等危险识别技术的优势源自规范化的逐步分析过程。分析顺序有两种:"要素优先"和"引导词优先",分别见图 3-42 和图 3-43。"要素优先"顺序可描述如下:

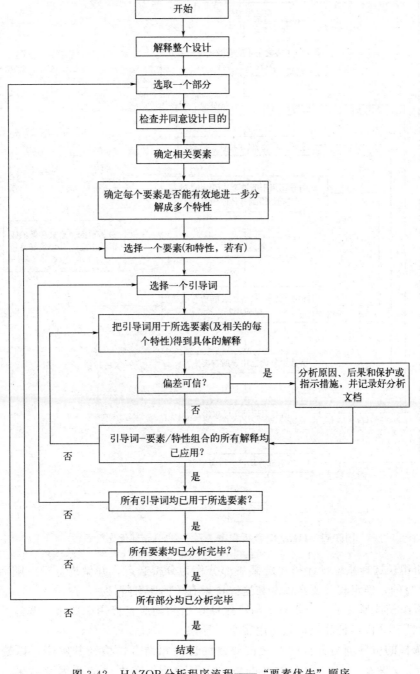

图 3-42 HAZOP 分析程序流程——"要素优先"顺序

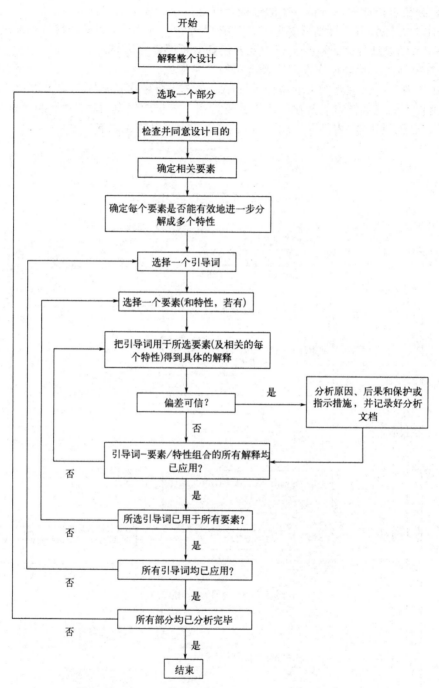

图 3-43 HAZOP 分析程序流程——"引导词优先"顺序

① 分析组长选择系统设计描述的某一部分作为分析起点,并做出标记。随后,解释该部分的设计目的,确定相关要素以及与这些要素有关的所有特性。

② 分析组长选择其中一个要素,与小组商定引导词应直接用于要素本身还是用于该要素的单个特性。分析组长确定首先使用哪个引导词。

③ 将选择的引导词与分析的要素或要素的特性相结合,检查其解释,以确定是否有合理的偏差。如果确定了一个有意义的偏差,则分析偏差发生的原因及后果。有些应用

中会发现，按照后果的潜在严重性或根据风险矩阵得到的相对风险等级对偏差进行分类是有用的。

④ 分析小组应识别系统设计中对每种偏差现有的保护、检测和显示装置（措施），这些保护措施可能包含在当前部分或者是其他部分设计目的的一部分。在识别危险或可操作性问题时，不应考虑已有的保护措施及其对偏差发生的可能性或后果的影响。

⑤ 分析组长应对记录员记录的文档结果进行总结。当需要进行相关后续跟踪工作时，也应记录完成该工作的负责人的姓名。

⑥ 对于该引导词的其他解释，重复以上③~⑤过程；然后依次将其他引导词和要素的当前特性相结合，进行分析；接着对要素的每个特性重复③~⑤过程（前提是对要素当前特性的分析达成了一致意见）；然后是对分析部分的每个要素重复②~⑤过程。一个部分分析完成后，应标记为"完成"。重复进行该过程，直到系统所有部分分析完毕。

引导词应用的另一种方法是将第一个引导词依次用于分析部分的各个要素。这一步骤完成后，进行下一个引导词分析，再一次把引导词依次用于所有要素。重复进行该过程，直到全部引导词都用于分析部分的所有要素，然后再分析系统下一部分，见图3-43。

在进行某一分析时，分析组长及其HAZOP小组成员应决定选择"要素优先"还是"引导词优先"。HAZOP分析的习惯会影响分析顺序的选择。此外，影响这一决定的其他因素还包括：所涉及技术的性质，分析过程需要的灵活性，以及小组成员接受过的培训。

6. 分析文档

HAZOP的主要优势在于它是一种系统、规范且文档化的方法。为从HAZOP分析中得到最大收益，应做好分析结果记录、形成文档并做好后续管理跟踪。HAZOP分析组长负责确保每次会议均有适当的记录并形成文件。记录员应了解与HAZOP分析主题相关的技术知识，具备语言才能、良好的听力与关注细节的能力。

（1）记录样式 HAZOP记录有两种基本样式：完整记录和问题记录。应在会议前确定好记录方法，记录员随后据此进行记录。

① 完整记录指将每个引导词-要素/特性组合应用于设计描述每个部分或要素，对得到的所有结果进行记录。这种方法虽然繁琐，但分析非常彻底，能够符合最严格的审查要求。

② 问题记录只记录识别出的危险与可操作性问题以及后续行动。问题记录会使记录文件更容易管理。但是，这种记录方法不能彻底地记录分析过程，因此在审核时作用较小。此外，在以后的某些研究中，还会再次进行相同的分析。因此，问题记录法是HAZOP记录的最低要求，使用时应谨慎。

在确定采取的记录样式时，应考虑以下因素：
① 规章要求；
② 合同要求；
③ 用户政策；
④ 跟踪和审核需要；
⑤ 所关注系统的风险等级；
⑥ 可用的时间和资源。

（2）分析报告 HAZOP分析报告应包括以下内容：
① 识别出的危险与可操作性问题的详情，以及已有的探测和（或）减缓措施的细节；
② 如果有必要，对需要采取不同技术进行深入研究的设计问题提出建议；

③ 对分析期间所发现的不确定情况的处理；
④ 基于分析小组具有的系统相关知识，对发现的问题提出的减缓措施建议（若在分析范围内）；
⑤ 对操作和维护程序中需要阐述的关键点的提示性记录；
⑥ 参加每次会议的小组成员名单；
⑦ 系统中已做 HAZOP 分析的内容说明及未做 HAZOP 部分的原因；
⑧ 分析小组使用的所有图纸、说明书、数据表和报告等的清单（包括引用的版本号）。

使用"问题记录"法时，上述 HAZOP 报告的内容将非常简明地包含于 HAZOP 工作表中。使用"完整记录"法时，HAZOP 报告的内容需要从整个 HAZOP 分析工作表中"提取"。

(3) 报告要求　记录的信息应符合以下要求：
① 应分条记录每一个危险与可操作性问题；
② 应记录所有的危险和可操作性问题以及它们产生的原因，不考虑系统中已有的保护或报警装置；
③ 应记录分析小组提出的需要会后研究的每个问题以及负责答复这些问题的人员姓名；
④ 应采用一种编号系统以确保每个危险、可操作性问题、疑问和建议等有唯一的标示；
⑤ HAZOP 分析文件应存档以备需要时检索，并可作为系统危险日志（若存在）的参考。

HAZOP 最终报告的发送对象取决于业主的内部政策或规章要求，但一般应包括项目经理、分析组长以及后续行动/建议的负责人。

(4) 文档签署　HAZOP 分析结束时，应生成 HAZOP 分析报告并经小组成员一致同意。若 HAZOP 小组不能达成一致意见，应记录原因。

(5) 后续跟踪和职责　HAZOP 分析的目的并非要对系统进行重新设计。通常，分析组长没有权限要求 HAZOP 分析小组提出的建议能得到执行。

依据 HAZOP 报告提出的危害辨识结果，项目经理应在完成系统的重大设计变更（修订）文件后，在执行设计变更前，考虑再召集 HAZOP 小组对重大的设计变更进行分析，以确保不会出现新的危险与可操作性问题或维护问题。

在某些情况下，项目经理可授权 HAZOP 小组提出建议并开展设计变更。在这种情况下，可要求 HAZOP 小组完成以下工作：
① 在关键问题上达成一致意见，以修改设计或操作和维护程序；
② 核实将进行的修改和变更，并向项目管理人员通报，申请批准；
③ 对将进行的修改部分（包括系统界面）开展进一步的 HAZOP 分析。

7. 审查

HAZOP 分析的程序和分析结果可接受业主（用户）内部或法律规定的审查。需审查的标准和事项应在业主（用户）的程序文件中列明，其中包括：人员、程序、准备工作、记录文档和跟踪情况。审查还应包括对技术方面的全面检查。

四、HAZOP 的应用

1. 概述

HAZOP 技术最初是化工行业用来分析流体介质处理和物料输送中的安全问题所开发的技术。但是近几年，它的应用范围逐步扩大，例如：
① 软件应用，包括可编程电子系统；

② 人员输送系统，如公路、铁路；
③ 检查不同的操作顺序和操作程序；
④ 评价不同行业的管理程序；
⑤ 评价特定的系统，如医疗设备。

HAZOP 尤其适用于识别系统（现有或拟建）的缺陷，包括物料输送、人员流动或数据传输，按预定工序运行的事件和活动或该工序的控制程序。HAZOP 还是新系统设计和开发所需的重要工具，也可以有效地用于分析一个给定系统在不同运行状态下的危险和潜在问题，如：开车、备用、正常运行、正常停车和紧急停车等。HAZOP 不仅能运用到连续过程，也可用于间歇和非稳态过程及工序。HAZOP 可视为价值工程和风险管理整个过程不可分割的一部分。

2. 与其他方法的关系

HAZOP 可以和其他可靠性分析方法联合使用，如 FMEA（失效模式和影响分析，参见 GB/T 7826—2012）和 FTA（故障树分析，参见 GB 7829—1987）。这种联合使用方式可用于下列情况：

① 当 HAZOP 分析明确表明设备某特定部分的性能至关重要，需要深入研究时，采用 FMEA 对该特定部分进行研究，有助于对 HAZOP 分析进行补充；
② 在通过 HAZOP 分析完单个要素/单个特性的偏差后，决定使用 FTA 评价多个偏差的影响或使用 FTA 量化失效的可能性。

HAZOP 本质上是以系统为中心的分析方法，而 FMEA 是以元件为中心的分析方法。FMEA 由一个元件可能发生的故障开始，进而分析整个系统的故障后果，因此，FMEA 是从原因到后果的单向分析。HAZOP 分析的理念则不同，它是识别偏离设计目的的可能偏差，然后从两个方向进行分析，一个方向查找偏差的可能原因，一个方向推断其后果。

3. HAZOP 的局限性

尽管已证明 HAZOP 在不同行业都非常有用，但该技术仍存在局限性，在考虑潜在应用时需要注意：

① HAZOP 作为一种危险识别技术，它单独地考虑系统各部分，系统地分析每项偏差对各部分的影响。有时，一种严重危险会涉及系统内多个部分的相互作用。在这种情况下，需要使用事件树和故障树等分析技术对该危险进行更详细的研究。
② 与任何识别危险与可操作性问题所用的技术一样，HAZOP 分析也无法保证能识别所有的危险或可操作性问题。因此，对复杂系统的研究不应完全依赖 HAZOP，而应将 HAZOP 与其他合适的技术联合使用。在全面而有效的安全管理系统中，将 HAZOP 与其他相关分析技术进行协调使用是必要的。
③ 很多系统是高度关联的，某一系统产生某个偏差的原因可能源于其他系统。这时，仅在一个系统内采取适当的减缓措施可能不一定消除其真正的原因，事故仍会发生。很多事故的发生是因为一个系统内做小的局部修改时未预见到由此可能引发的另一系统的连锁效应。这种问题可通过从系统的一个部分的各种偏差对应到另一个部分的潜在影响进行分析得以解决，但实际上很少这样做。
④ HAZOP 分析的成功很大程度上取决于分析组长的能力和经验，以及小组成员的知识、经验和合作。
⑤ HAZOP 仅考虑出现在设计描述上的部分，无法考虑设计描述中没有出现的活动和操作。

五、HAZOP 分析报告

1. HAZOP 分析表

分析记录是 HAZOP 分析的一个重要组成部分,负责会议记录的人员应根据分析讨论过程提炼出恰当的结果,不可能把会议上说的每一句话都记录下来(也没有这个必要),但是必须记录所有重要的信息。有些分析人员为了减少编制分析文件的精力,对那些不会产生严重后果的偏差不予深究或不写入文件中,但一定要慎重。也可以举行分析报告审核会,让分析组对最终报告进行审核和补充。通常的 HAZOP 分析记录表格形式见表3-70。

表 3-70 HAZOP 分析记录表

分析人员:		图纸号:		
会议日期:		版本号:		
分析节点或操作步骤说明,确定设计工艺指标				

从本质上说,HAZOP 分析是用于工艺过程危险识别的行动,这就决定了其内涵是一致的。但从分析结果的表现形式上,HAZOP 分析可分为以下四种方法:

(1) 原因到原因分析法　在原因到原因分析法中,原因、后果、安全保护、建议措施之间有准确的对应关系。分析组可以找出某一偏差的各种原因,每种原因对应着某个(或几个)后果及其相应的保护设施。该法具有分析准确、减少歧义等特点,如表3-71所示。

表 3-71 HAZOP 分析表

偏差	原因	后果	安全保护	建议措施
偏差1	原因1	后果1 后果2	安全保护1 安全保护2 安全保护3	不需要
	原因2	后果1	安全保护1	措施1
	原因3	后果2	无	措施2

(2) 偏差到偏差分析法　在偏差到偏差分析法中,所有的原因、后果、安全保护、建议措施都与一个特定的偏差联系在一起,但该偏差下单个的原因、后果、保护装置之间没有关系,因此,对某个偏差所列出的所有原因并不一定产生所列出的所有后果,即某偏差的原因/后果/保护设施之间没有对应关系,见表3-72。

表 3-72 HAZOP 分析表

偏差	原因	后果	安全保护	建议措施
偏差1	原因1 原因2 原因3	后果1 后果2	安全保护1 安全保护2 安全保护3	措施1 措施2

该法得到的 HAZOP 分析文件表需要阅读者自己推断原因、后果、保护设施及建议措施之间的关系,特点是省时、文件简短。

(3) 只有异常情况的 HAZOP 分析表　在这种方法中，表中包含那些分析组认为原因可靠、后果严重的偏差。优点是分析时间及表格长度大大缩短，缺点是分析不完整。

(4) 只有建议措施的 HAZOP 分析表　只记录分析组做出的提高安全的建议措施，这些建议措施可供风险管理决策使用。这种方法能最大限度地缩短 HAZOP 分析文件的长度，节省大量时间，但无法显示分析的质量。

2. HAZOP 分析报告

在上述工作的基础上，将会议记录结果进行整理、汇总，提炼出恰当的结果，形成 HAZOP 分析报告文件，可能的话，可以举行分析报告审核会，让小组成员对最终报告进行评议。

六、常见设备 HAZOP 分析结果举例

通过大量的 HAZOP 分析，对罐/槽/容器类设备 HAZOP 分析的偏差、原因、后果和安全措施进行了汇总，表 3-73 为常见节点类型的 HAZOP 分析表。

表 3-73　罐/槽/容器的 HAZOP 分析表

偏差	原因	后果	安全措施
液位高	(1)控制阀失效 (2)上游流速大 (3)下游流速小 (4)公用系统的物料泄漏进容器 (5)前一批物料遗留在容器内 (6)操作人员加入物料太多	压力高	(1)高液位报警器 (2)液位指示器
液位低	(1)控制阀失效 (2)下游流速高 (3)上游流速低 (4)物料泄漏入公用系统 (5)在需要加料时由于操作人员的失误未加料	向下游设备的物料可能停止	(1)液位指示器 (2)低液位报警器
界面液位高	(1)由上游设备界面液位而致 (2)界面液位控制阀关闭 (3)下游流速大	重组分物质过量	(1)高界面液位报警器 (2)界面液位指示器
界面液位低	(1)下游流速高 (2)界面液位控制阀打开	(1)水流被烃类物质污染 (2)轻组分下溢	(1)界面液位指示器 (2)低界面液位报警器
温度高	(1)环境温度高 (2)上游温度高 (3)冷却失效 (4)蒸汽流控制阀打开 (5)温度控制器故障	高压	(1)高温报警器 (2)温度指示器
温度低	(1)环境温度低 (2)蒸汽控制阀关闭	(1)水冻结 (2)压力低	(1)低温报警器 (2)温度指示器
压力高	(1)液位高 (2)温度高 (3)由上游设备承接而来 (4)被渗入介质堵塞 (5)上游设备压力高 (6)压力控制阀失效	(1)可能通过释放阀释放 (2)泄漏(如果压力超过了设备的压力等级)	(1)高压报警器 (2)压力指示器

续表

偏差	原因	后果	安全措施
压力低	(1)过分冷却 (2)惰性保护失效 (3)压力控制阀失效 (4)泵抽气时通气孔关闭 (5)温度低	容器损坏	(1)压力指示器 (2)真空断路器 (3)低压报警器
污染物浓度高	(1)上游污染物浓度太高 (2)由其他系统泄漏而入 (3)操作者错误——阀未对齐 (4)操作者在切换物料时发生错误 (5)上游操作程序颠倒 (6)原材料错误		(1)有指定阀对应的检查程序 (2)确保物料的交付过程正确 (3)物料在卸货/使用前进行检验
内部盘管泄漏或破裂	(1)腐蚀/侵蚀 (2)温度高 (3)不适宜的维护程序 (4)不适宜的停止操作的程序(闪蒸物料使水冻结) (5)材料缺陷 (6)内部混合时的机械磨损 (7)盘管塞子的热膨胀	(1)会污染压力低的一侧 (2)低压一侧如果是封闭将会产生超压现象	(1)有冷凝系统分析器 (2)冷凝罐有排气孔 (3)有传导监控器 (4)腐蚀检测器 (5)冷却塔中有烃类物质监测器 (6)冷却塔中有烃类物质排气孔 (7)操作/维护及必须隔离时应按要求进行 (8)pH监控器 (9)释放阀 (10)防爆膜
失去密封	(1)设备塞子热膨胀 (2)真空 (3)排放或排污阀泄漏 (4)高压(如果压力超过设备的额定压力等级) (5)腐蚀/侵蚀 (6)外部火灾 (7)外部撞击 (8)积聚的液体在低点冻结 (9)垫片、填料、密封阀失效 (10)不适宜的维护程序 (11)设备或设备衬里损坏 (12)材料缺陷 (13)取样点阀泄漏 (14)观察容器损坏	小/大泄漏	(1)具备遥控或手动隔离该容器的能力 (2)止逆阀 (3)腐蚀检测器 (4)无损检测 (5)操作/维护及必须隔离时应按要求进行 (6)释放阀 (7)防爆膜

七、应用举例

某反应系统如图 3-44 所示。该化工产品生产工艺过程属于放热反应，为保证反应正常进行，在反应器外面安装了夹套冷却水系统。当冷却能力下降时，反应器温度会上升，导致反应速率加快、反应器压力升高。若反应器内压力超过反应器的承受压力，就会发生反应器爆炸事故。为了控制反应温度，在反应器上安装了温度测量仪，并与冷却水进口阀门形成联锁系统，根据温度的高低控制冷却水的流量。

该反应系统的安全性主要取决于温度的控制，而

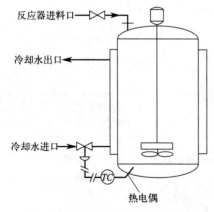

图 3-44　放热反应器的温度控制

温度又与冷却水流量有关，因此生产过程中冷却水流量的控制至关重要。对该反应器冷却水流量进行危险与可操作性研究，结果见表 3-74。

表 3-74 反应器冷却水系统危险与可操作性研究

引导词	偏差	可能原因	后果	对策措施
空白	无冷却水	①控制阀失效使阀门关闭 ②冷却管线堵塞 ③冷却水源断水 ④控制器失效使阀门关闭 ⑤气压使阀门关闭	①反应器内温度升高，压力升高 ②反应失控，放热量太多，反应器爆炸	①安装备用控制阀或手动旁路阀 ②安装过滤器，防止杂质进入管线 ③设置备用冷却水源 ④安装备用控制器 ⑤安装高温报警器 ⑥安装高温紧急关闭系统 ⑦安装冷却水流量计和低流量报警器
多	冷却水流量偏高	控制阀失效使阀门开度过大	反应器温度降低，反应速率减慢，保温失控	安装备用控制阀
少	冷却水流量偏低	①控制阀失效使阀门关小 ②冷却水管部分堵塞 ③水源供水不足 ④控制器失效使阀门关小	①反应器内温度升高，压力升高 ②反应失控，放热量太多，反应器爆炸	①安装备用控制阀或手动旁路阀 ②安装过滤器，防止杂质进入管线 ③设置备用冷却水源 ④安装备用控制器 ⑤安装高温报警器 ⑥安装高温紧急关闭系统 ⑦安装冷却水流量计和低流量报警器
伴随	冷却水进入反应器	反应器壁破损，冷却水压力高于反应器压力	①反应器内物质被稀释 ②产品报废 ③反应器过满	①安装高位和(或)压力报警器 ②安装溢流装置 ③定期检查维修设备
伴随	产品进入夹套	反应器壁破损，反应器压力高于冷却水压力	①产品进入夹套 ②生产能力降低 ③冷却能力下降 ④水源可能被污染	①定期检查维修设备 ②在冷却水管上安装止逆阀，防止逆流
部分	只有一部分冷却水	同冷却水流量偏低	同冷却水流量偏低	同冷却水流量偏低
相反	冷却水反向流动	①水泵失效导致反向流动 ②由于背压而倒流	冷却不正常，可能引起反应失控	①在冷却水管上安装止逆阀 ②安装高温报警器
其他	除冷却水外的其他物质	①水源被污染 ②污水倒流	冷却能力下降，可能引起反应失控	①隔离冷却水源 ②安装止逆阀，防止污水倒流 ③安装高温报警器

根据上述危险与可操作性研究分析，对该反应系统应增加如下安全措施：
① 安装温度报警系统，当反应器温度超过规定温度时，发出报警信号，提醒操作人员。
② 安装高温紧急关闭系统，当反应温度达到规定温度时，自动关闭整个过程。
③ 在冷却水进水管和出水管上分别安装止逆阀，防止物料漏入夹套内时污染水源。
④ 确保冷却水水源，防止污染和供应中断。
⑤ 安装冷却水流量计和低流量报警器，当冷却水流量小于规定流量时及时发出报警信号。

另外，应加强管理，制定严格的维护、检查制度，并严格执行；定期进行设备检查和维修，保持系统各部件的完好，没有渗漏；对操作人员加强教育，并制定一套完整的操作规程，必须认真遵守、严格执行操作规程，杜绝违章作业。

能力提升训练

通过本项目的学习，请你尝试完成下列工艺过程 HAZOP 分析表。

氨与磷酸混合反应生成磷酸氢二铵（DAP）HAZOP 分析。

DAP 工艺流程见图 3-45。

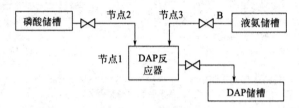

图 3-45　DAP 工艺流程

请你尝试完成表 3-75 所对应的 HAZOP 表格。

表 3-75　DAP 工艺过程 HAZOP 分析结果表（部分）

节点	偏差	原因	后果	安全保护	建议措施
	无搅拌				
	无/低流量				
	高流量				

归纳总结提高

1. 常见的引导词有哪些？
2. 简述危险与可操作性研究法的分析步骤。

安全评价师应知应会

1. 在 HAZOP 分析的准备阶段应获取必要的分析评价资料，下列选项中不属于 HAZOP 分析实施项目管理资料范围的是（　　）。

　　(A) 项目工作计划　　　　　　　　(B) 管道数据表
　　(C) 项目管理实施细则　　　　　　(D) 会议记录管理

2. HAZOP 分析表中，包含（　　）。
(A) 偏差、原因、后果、安全防护、建议措施
(B) 偏差、原因、后果、危险等级、建议措施
(C) 偏差、原因、后果、建议措施
(D) 偏差、原因、危险等级、建议措施
3. HAZOP 分析中，分析节点的划分是由分析组（　　）来完成。
(A) 组长　　　　　　　　　　　　(B) 设备技术人员
(C) 工艺技术人员　　　　　　　　(D) 安全技术人员
4. 使用危险与可操作性研究分析方法进行安全评价可选用的偏差确定方法包括（　　）。
(A) 引导词法　　　　　　　　　　(B) 基于偏差的方法
(C) 基于事故后果的方法　　　　　(D) 基于知识的方法
5. 使用危险与可操作性研究方法进行评价时，应由工艺技术人员完成的工作是（　　）。
(A) HAZOP 分析节点的划分
(B) 确定设备的条件数据和历史数据
(C) 控制工作进度
(D) 将资料变成适当的表格并拟定分析顺序
6. 对 HAZOP 方法描述正确的是（　　）。
(A) HAZOP 分析结果是否正确，主要取决于组长的知识和水平
(B) HAZOP 一般得到的是定性的分析结果
(C) 运用 HAZOP 方法进行分析时，主要通过一系列现场操作和验证得到结果
(D) 该方法成败的关键是工艺单元是否选择合理和正确
7. 在运用 HAZOP 方法进行安全分析时，以下错误的描述是（　　）。
(A) 该方法的理论基础是头脑风暴
(B) 该方法的本质是通过一系列会议对工艺图纸和操作规程进行解析
(C) 该方法的分析结果一般不能体现故障后果
(D) 该方法可以采用引导词法确定偏差
8. 参与 HAZOP 分析的人员一般不包括（　　）。
(A) 工艺技术专家　　　　　　　　(B) 设备专家
(C) 公用工程及安全专家　　　　　(D) 被分析企业的主要负责人
9. 以下图纸资料中，属于 HAZOP 分析必需的基础资料的是（　　）。
(A) 总平面布置图　　　　　　　　(B) 设备安装图
(C) 逃生路线布置图　　　　　　　(D) 管道仪表流程图
10. 以下不属于 HAZOP 分析小组职责的是（　　）。
(A) 划分节点　　　(B) 后果评价　　　(C) 提出建议　　　(D) 回复建议

项目十一　保护层分析法（LOPA 法）

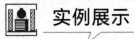
实例展示

认真研读下列实例，研讨保护层分析法具有哪些特点。
图 3-46 是化工危险与可操作性分析"1+X"证书中所列某化工企业在役装置甲醇储罐

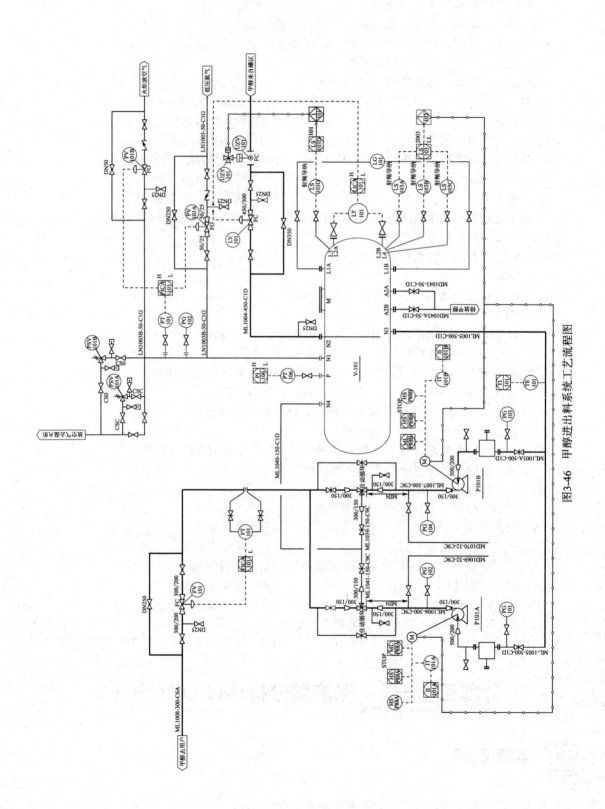

图3-46 甲醇进出料系统工艺流程图

进出料系统 P&ID 工艺流程图，该甲醇储罐周围设置有围堰，生产现场有巡检人员每 2h 对现场进行巡检，该系统已设置有自动化控制系统 BPCS、SIS 系统，结合该工艺流程图进行 HAZOP 分析，并在此基础上对现有保护层进行 LOPA 分析。

分析目的是辨识工艺系统中存在的、可能导致人员伤害和装置严重破坏的危害，以及各种安全措施失效时，该危害所可能导致的事故后果及出现该后果的可能性。

辨识工艺系统中现有的安全措施，并评估在现有安全措施下，各种值得关注的事故情形的风险程度。

为提高装置的本质安全而对工艺设计进行可能的改进；提出增加的保护措施或可降低危险/可操作性问题的建议。

结合以上工艺流程图采用表 3-76 中所列风险矩阵，首先进行 HAZOP 分析，其中本实例选择部分偏差及引导词进行的 HAZOP 分析记录表见表 3-76。

表 3-76　V101 甲醇储罐 HAZOP 分析记录表（节选）

引导词	偏差	可能原因	可能性	后果	严重程度	风险等级	对策措施
多	液位高	①控制阀失效使阀门开度过大或全开；②储罐液位计损坏	5	持续进料造成储罐超压、管道泄漏	3	较大风险	①进料管道采用调节阀与切断阀双阀；②储罐设置现场液位计及远传液位计；③储罐设置超压泄放安全阀
少	液位低	①储罐或管道泄漏；②用户甲醇用量过大；③上游进料管道泄漏供料不足	5	①物料大量泄漏，严重时造成火灾爆炸，引起周围巡检人员伤亡；②影响下游生产	5	重大风险	①安装低液位报警器，低液位连锁出料泵 P101A/B 停泵；②设置出料流量计和调节阀控制甲醇出料量；③储罐周围设置有围堰
高	压力高	①控制阀失效使阀门开度过大或全开，造成持续进料；②氮气系统调节阀故障造成氮气持续进入	3	持续进料或持续通入氮气造成储罐超压、管道泄漏	3	一般风险	①进料管道采用调节阀与切断阀双阀，避免进料量过多；②储罐设置现场压力表及远传压力表；③储罐设置超压泄放安全阀
低	压力低	进料系统关闭，且氮气系统故障不通入氮气，外输泵持续抽料，造成储罐压力低	3	严重时可能造成储罐变形	3	一般风险	定期检查氮封系统，设置液位低报警连锁停泵措施
略							
略							

对其中部分重大风险和较大风险偏差进行 LOPA 分析，以确定重大风险和较大风险偏差现有保护措施是否能将风险降低到可接受范围之内。LOPA 分析示例见表 3-77、表 3-78。

表 3-77 LOPA 分析示例 1

场景编号:01	设备编号		场景名称:甲醇储罐液位高	
日期:	场景描述与背景: 甲醇储罐液位高持续进料造成储罐超压、管道泄漏		概率	频率/年$^{-1}$
后果描述/分类				
可容许风险 (分类/频率)	不可接受(大于)			$1×10^{-4}$
	可以接受(小于或等于)			
初始事件 (一般给出频率)				$1×10^{-1}$
条件修正 (如果适用)	点火概率			—
	影响区域人员存在概率			—
	致死概率			—
	其他			
减缓前的后果频率				$1×10^{-1}$
独立保护层				
基本过程控制系统	甲醇储罐设置有DCS系统,设置高液位报警			$1×10^{-1}$
人为缓解	操作人员在10分钟内能够手动关闭进料阀			$1×10^{-1}$
安全仪表功能	甲醇储罐设置有SIS系统,液位高联锁关闭进料阀回路为SIL1			$1×10^{-1}$
其他保护层(应判别)	甲醇储罐设置有超压安全阀			$1×10^{-1}$
其他保护措施 (非独立保护层)	设置现场液位计			—
原有独立保护层总PFD				$1×10^{-4}$
减缓后的后果频率				$1×10^{-5}$

是否满足可容许风险?(是/否):是
满足可容许风险需要采取的行动:作业人员需经过专门培训上岗
备注:
参考交流(PHA报告、P&ID)
LOPA分析人员:张××、白××、王××

表 3-78 LOPA 分析示例 2

场景编号:02	设备编号		场景名称:甲醇储罐液位低	
日期:	场景描述与背景: 物料泄漏造成储罐液位低,严重时造成火灾爆炸事故; 影响下游生产		概率	频率/年$^{-1}$
后果描述/分类				
可容许风险(分类/频率)	不可接受(大于)			$1×10^{-4}$
	可以接受(小于或等于)			
初始事件 (一般给出频率)				$1×10^{-1}$
条件修正(如果适用)	点火概率			$1×10^{-0}$
	影响区域人员存在概率			$5×10^{-1}$

续表

条件修正(如果适用)	致死概率		—
	其他		—
减缓前的后果频率			5×10^{-2}
独立保护层			
基本过程控制系统	甲醇储罐、外输泵系统均设置有DCS系统,设置低液位报警		1×10^{-1}
人为缓解			—
安全仪表功能	甲醇储罐设置有SIS系统,液位低连锁关闭出料泵,设置多个液位远传仪表,液位低联锁关闭出料泵回路为SIL2		1×10^{-2}
其他保护层 (应判别)	甲醇储罐周围设置有围堰,围堰避免储罐大量泄漏液体流散		1×10^{-2}
其他保护措施 (非独立保护层)	设置现场液位计		
原有独立保护层总PFD			1×10^{-5}
减缓后的后果频率			5×10^{-7}
是否满足可容许风险?(是/否):是			
满足可容许风险需要采取的行动:无			
备注:			
参考交流(PHA报告、P&ID)			
LOPA分析人员:张××、白××、王××			

通过以上 LOPA 分析可以确认,该系统已设置了必要的检测、报警、联锁、超压保护(安全阀)、泄漏收集等安全设施,现有保护层能够对生产装置风险较好控制,装置风险在可容许范围之内。

提出任务:保护层分析的步骤有哪些?哪些可以作为独立保护层?

知识储备

保护层分析(layer of protection analysis,LOPA),是一种简化的半定量风险分析方法。LOPA 通常使用初始事件频率、后果严重程度和独立保护层失效频率的数量级大小来近似表征场景的风险,是对事故场景风险进行半定量评估的一种系统方法。

LOPA 最早起源于 20 世纪 80 年代末,美国化学品制造商协会提出将"足够的保护层"作为有效的过程安全管理系统的一个组成部分。1993 年,美国 CCPS 正式提出 LOPA 方法,2001 年,发布了《保护层分析——简化的过程风险评估》,详细讨论了 LOPA 的基本规则和应用。2003 年,国际电工委员会(IEC)发布了 IEC 61511:《过程工业领域安全仪表系统的功能安全》,将 LOPA 技术作为确定安全仪表系统完整性水平的推荐方法之一。随着时间的推移,越来越多的协会、组织采用 LOPA 作为安全评估方法之一。我国相继发布的 AQ/T 3054—2015《保护层分析(LOPA)方法应用导则》、GB/T 32857—2016《保护层分析(LOPA)应用指南》为 LOPA 开展提供技术指导。目前 LOPA 方法已在全世界范围得到了广泛的应用。

当 HAZOP 分析的后果存在重大风险时,且重大风险的现有保护措施含有安全仪表系统(safety instrumented system,SIS)不足,或者现有 SIS 系统的维护成本与带来的收益相比过于昂贵的,都可以进行 LOPA 分析。

一、LOPA 基本程序

保护层分析(LOPA)是在定性危害分析的基础上,进一步评估保护层的有效性,并进行风险决策的系统方法。其主要目的是确定是否有足够的保护层使风险满足企业的风险标准。

1. 基本程序

LOPA 基本程序如图 3-47 所示,主要过程包括:

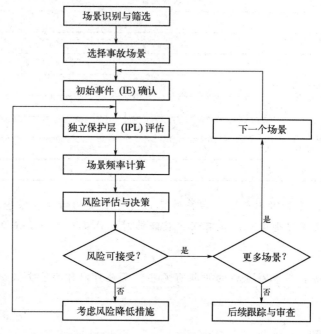

图 3-47 LOPA 基本程序

① 场景识别与筛选。LOPA 通常评估先前危害分析研究中识别的场景。分析人员可采用定性或定量的方法对这些场景后果的严重性进行评估,并根据后果严重性评估结果对场景进行筛选。

② 初始事件(IE)确认。首先,选择一个事故场景,LOPA 一次只能选择一个场景;然后确定场景 IE,IE 一般包括外部事件、设备故障和人员行为失效。

③ 独立保护层(IPL)评估。评估现有的防护措施是否满足 IPL 的要求是 LOPA 的核心内容。

④ 场景频率计算。将后果、IE 频率和 IPL 的 PFD(要求时危险失效概率)等相关数据进行计算,确定场景风险。

⑤ 风险评估与决策。根据风险评估结果,确定是否采取相应措施降低风险。然后,重复步骤②至步骤⑤直到所有的场景分析完毕。

⑥ 后续跟踪与审查。LOPA 分析完成后,对提出降低风险措施的落实情况应进行跟踪。应对 LOPA 的程序和分析结果进行审查。

在使用 LOPA 前，应确定以下分析标准：
① 后果度量形式及后果分级方法；
② 后果频率的计算方法；
③ IE 频率的确定方法；
④ IPL 要求时的失效概率（PFD）的确定方法；
⑤ 风险度量形式和风险可接受标准；
⑥ 分析结果与建议的审查及后续跟踪。

2. 应用时机

在过程危害分析中出现以下情形时，可使用 LOPA：
① 事故场景后果严重，需要确定后果的发生频率；
② 确定事故场景的风险等级及事故场景中各种保护层降低的风险水平；
③ 确定安全仪表功能（SIF）的安全完整性等级（SIL）；
④ 确定过程中的安全关键设备或安全关键活动；
⑤ 其他适用 LOPA 的情形等。

LOPA 应用时机如图 3-48 所示。当无法确定事故场景的风险时，可采用定量方法进行定量风险评价。

表 3-79　后果定性分级方法

等级	严重程度	分类			
		人员	财产	环境	声誉
1	低后果	医疗处理，不需住院；短时间身体不适	损失极小	事件影响未超过界区	企业内部关注，形象没有受损
2	较低后果	工作受限，轻伤	损失较小	事件不会受到管理部门的通报或违反允许条件	社区、邻居、合作伙伴影响
3	中后果	严重伤害，职业相关疾病	损失较大	事件受到管理部门的通报或违反允许条件	本地区内影响；政府管制，公众关注负面后果
4	高后果	1~2 人死亡或丧失劳动能力，3~9 人重伤	损失很大	重大泄漏，给工作场所外带来严重影响	国内影响；政府管制，媒体和公众关注负面后果
5	很高后果	3 人以上死亡，10 人以上重伤	损失极大	重大泄漏，给工作场所外带来严重的环境影响，且会导致直接或潜在的健康危害	国际影响

3. LOPA 的应用局限性

LOPA 不是识别危险场景的工具，LOPA 的正确执行取决于定性危险评价方法所得出的危险场景的准确性，包括初始事件和相关的安全措施是否正确和全面。

当使用 LOPA 时，只有满足如下条件才能进行场景风险的对比：
① 选择失效数据的方法相同；
② 采用相同的风险标准。

LOPA 是一种简化的方法，其计算结果并不是场景风险的精确值。

4. 小组组成

LOPA 由一个小组完成。LOPA 小组成员可包括但不限于以下人员：
① 组长；
② 记录员；

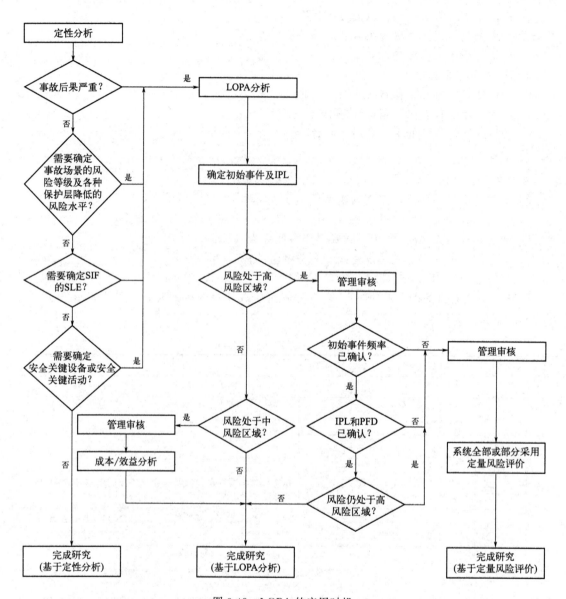

图 3-48 LOPA 的应用时机

注：事故后果是否严重可根据企业的风险标准（即风险矩阵标准）确定，以表 3-79 为例，通常可认为 4 级及以上的后果为严重后果。

③ 设计人员；
④ 操作人员；
⑤ 工艺人员；
⑥ 设备工程师；
⑦ 仪表工程师；
⑧ 安全工程师。

根据需要，可要求以下人员参加 LOPA：
① 工艺包供应商；
② 成套工艺设备供应商；

③ 公用工程工程师；
④ 电气工程师；
⑤ 其他专业工程师。

如果 LOPA 是基于 HAZOP 分析的结果，LOPA 小组人员组成宜包括 HAZOP 分析小组成员。

二、保护层分析过程

1. 场景识别与筛选

（1）场景基本要求
① 每个场景应至少包括两个要素，即引起一连串的初始事件和该事件继续发展所导致的后果；
② 每个场景应有唯一的初始事件及可对应后果；
③ 除了初始事件和后果外，一个场景还可能包括：使能事件或使能条件，防护措施失效；
④ 如果使用人员伤亡、商业或环境损害作为后果，则场景还可能包括下列部分或全部因素，或条件修正因子：可燃物质被引燃的可能性；人员出现在事件影响区域的概率；火灾、爆炸或有毒物质释放的暴露致死率（在场人员逃离的可能性）；其他可能的修正因子。

（2）场景识别与信息来源　场景信息通常来源于对新、改、扩建或在役工艺系统完成的危害评估，包括：
① 采用 HAZOP 分析方法进行危害分析的结果；
② 采用 AQ/T 3034—2022《化工过程安全管理导则》中的工艺危害分析方法进行危害分析的结果；
③ 事故分析结果；
④ 工艺变更分析；
⑤ 安全仪表功能审查结果；
⑥ 其他危害分析结果等。

当利用 HAZOP 分析结果进行 LOPA 分析时，两者之间的信息对应关系如图 3-49 所示。

从 HAZOP 导出的可用于 LOPA 分析的数据见表 3-80。

表 3-80　从 HAZOP 导出可用于 LOPA 分析的数据

LOPA 要求的信息	HAZOP 所导出的信息	LOPA 要求的信息	HAZOP 所导出的信息
场景背景与描述	偏差	后果描述	偏差导致的后果
初始事件	引起偏差的原因	独立层保护	现有的安全措施

注：1. HAZOP 所导出的信息在应用于 LOPA 分析时应再次判断。例如：HAZOP 分析中的现有安全措施并不都是独立保护层。
2. 来自 HAZOP 分析的建议安全措施是否可作为独立保护层，也可在 LOPA 分析时再次判断。

需要注意：HAZOP 分析过程中所提出的现有安全措施可能是不完整的，在开展 LOPA 分析时，需要重新仔细检查是否遗漏了现有的措施，被遗漏的这些安全措施可能是独立保护层。

（3）场景筛选与开发　对场景进行详细分析与记录，场景记录表格示例见表 3-81。

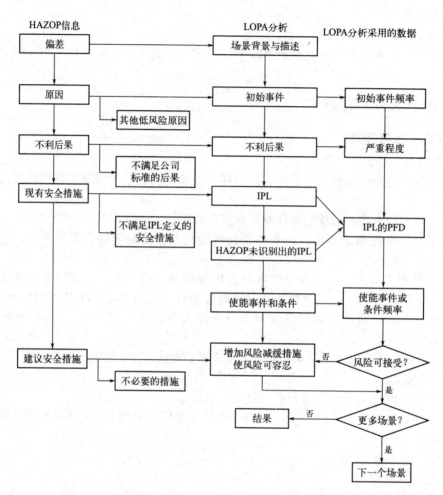

图 3-49 HAZOP 信息与 LOPA 信息的关系

表 3-81 LOPA 分析记录表

场景编号		设备编号		场景名称：	
日期：		场景描述与背景		概率	频率/年$^{-1}$
后果描述/分类					
可容许风险(分类/频率)		不可接受(大于)			
		可以接受(小于或等于)			
初始事件 (一般给出频率)					
条件修正 (如果适用)		点火概率			
		影响区域内人员存在概率			
		致死概率			
		其他			
减缓前的后果频率					

续表

独立保护层			
基本过程控制系统			
人为缓解			
安全仪表功能			
压力缓解设备			
其他保护层（应判别）			
其他保护措施 （非独立保护层）			
原有独立保护层总 PFD			
减缓后的后果频率			
是否满足可容许风险？（是/否）：			
满足可容许风险需要采取的行动：			
备注：			
参考资料（PHA 报告、P&ID）			
LOPA 分析人员：			

注：填表注意事项：
① 识别从初始事件发展到后果的所有重要环节；
② 记录所有可能会影响后果出现的频率、后果大小或类型计算的因素；
③ 识别包括：维护特定初始事件、特定后果以及特定独立保护层之间的关联；
④ 对于已确定某一场景，分析人员识别初始事件，并确定事件导致预期的后果是否需要任何使能事件或使能条件；
⑤ 列出场景所有的防护措施；
⑥ 小组对列出的多种防护措施进行分析，确定真正的独立保护层；
⑦ 场景开发应该随着对工艺或系统理解的加深或者新的可用信息的加入而不断修改和完善；有些情况下，可能需要筛选开发出新场景。

对在记录过程中发现的，或独立保护层和初始事件频率评估中发现的新的场景，可能需要筛选开发新的场景，作为另一起 LOPA 分析的对象。

（4）后果及严重性评估 在 LOPA 分析开始前，宜采用定性或定量的方法对场景后果的严重性进行评估，并根据后果严重性评估结果对场景进行筛选。

后果分类及严重性等级等的信息来源包括：
① 国际惯例或通用数据源；
② 国家标准或行业规范；
③ 公司根据自身风险可接受水平制定的准则或规范；
④ 长期的行业经验或实践积累。

考虑后果分析的详细程度，按照影响对象，可将后果分为：人员伤亡、财产损失、环境污染和声誉影响等。

按照量化程度，后果严重性评估方法包括：释放规模/特征评估、简化的伤害/致死评估、需要进行频率校正的简化伤害/致死评估、详细的伤害/致死评估等。

后果严重性评估分级与可容许风险分级相一致。简化的化学物质释放后果分级见表 3-82。

表 3-82 简化的化学物质释放后果分级表

释放物特性	释放规模					
	0.5～5kg	5～50kg	50～500kg	500～5000kg	5000～50000kg	>50000kg
剧毒,温度>B.P	等级 3	等级 4	等级 5	等级 5	等级 5	等级 5
剧毒,温度<B.P 或高毒性,温度>B.P	等级 2	等级 3	等级 4	等级 5	等级 5	等级 5
高毒性,温度<B.P 或易燃,温度>B.P	等级 2	等级 2	等级 3	等级 4	等级 5	等级 5
易燃,温度<B.P	等级 1	等级 2	等级 2	等级 3	等级 4	等级 5
可燃液体	等级 1	等级 1	等级 1	等级 2	等级 2	等级 3

注：1. B.P 表示常压沸点。
2. 在很难定量评估人员伤亡数量和伤亡严重程度时，帮助小组做出更准确的相对风险判断。

简化的伤害致死后果分级见表 3-83。

表 3-83 简化的伤害致死后果分级表

后果特征	等级 1	等级 2	等级 3	等级 4	等级 5	等级 6
人员伤害/致死	人员受伤但歇工不足 1 个工作日	无重伤及死亡歇工 1 个工作日及以上	1～2 人重伤	1～2 人死亡或 3～9 人重伤	3～9 人死亡或 10 人及以上重伤	10 人及以上死亡

简化的经济损失后果分级见表 3-84。

表 3-84 简化的经济损失后果分级表

后果特征	等级 1	等级 2	等级 3	等级 4	等级 5	等级 6
经济损失	直接经济损失 2 万元以下，并未构成公司级的非计划停工事故 或总损失（直接加上间接）为以上损失值的 10 倍	直接经济损失 2 万元以上，10 万元以下 或总损失（直接加上间接）为以上损失值的 10 倍	直接经济损失 10 万元以上，50 万元以下，或造成 3 套及以上生产装置停产，影响日产量 50% 及以上 或总损失（直接加上间接）为以上直接损失值的 10 倍	直接经济损失 50 万元以上，100 万元以下 或总损失（直接加上间接）为以上直接损失值的 10 倍	直接经济损失 100 万元以上，500 万元以下 或总损失（直接加上间接）为以上直接损失值的 10 倍	直接经济损失 500 万元以上 或总损失（直接加上间接）为以上直接损失值的 10 倍

2. 初始事件确认

初始事件（initiating event，IE）一般包括外部事件、设备故障和人员失误。具体分类见表 3-85。

表 3-85 初始事件类型

类别	外部事件	设备故障	人员失误
分类	① 地震、海啸、龙卷风、飓风、洪水、泥石流、滑坡和雷击等自然灾害 ② 空难 ③ 临近工厂的重大事故 ④ 破坏或恐怖活动 ⑤ 邻近区域火灾或爆炸 ⑥ 其他外部事件	① 控制系统故障（如硬件或软件失效、控制辅助系统失效） ② 设备故障： a. 机械故障（如泵密封失效、泵或压缩机停机） b. 腐蚀/侵蚀/磨蚀 c. 机械碰撞或振动 d. 阀门故障 e. 管道、容器和储罐失效 f. 泄漏等 ③ 公用工程故障（如停水、停电、停气、停风等） ④ 其他故障	① 操作失误 ② 维护失误 ③ 关键响应错误 ④ 作业程序错误 ⑤ 其他行为失误

在确定初始事件时，应遵循以下原则：
① 宜对后果的原因进行审查，确保该原因为后果的有效初始事件；
② 应将每个原因细分为具体的失效事件，如"冷却失效"可细分为冷却剂泵故障、电力故障或控制回路失效；
③ 人员失误的根本原因（如培训不完善）、设备的不完善测试和维护等不宜作为初始事件。

3. 独立保护层评估

一个典型的化工过程包含各种独立的或非独立的保护层，典型的保护层的描述及相关说明见表 3-86。

表 3-86 典型的保护层描述及相关说明

保护层	概述	说明
采用本质安全设计	从根本上消除或减少工艺系统存在的危害	企业可根据具体场景需要，确定是否将其作为 IPL
基本过程控制系统（BPCS）	基本过程控制系统 BPCS 是执行持续监测和控制日常生产过程的控制系统。BPCS 中的控制回路通过响应过程或操作人员的输入信号，产生输出信息，使过程以期望的方式运行，该控制回路正常运行时能避免特定危险事件的发生，该控制回路的故障不会作为起因引起特定危险事件的发生。一个 BPCS 控制回路由传感器、控制器和最终元件组成	BPCS 控制回路作为 IPL，可能包括以下两种形式： ① 连续控制行动：保持过程参数维持在规定的正常范围以内，防止初始事件发生； ② 逻辑行动：状态控制器（逻辑解算器或控制继电器）采取自动行动来跟踪过程，而不是试图使过程返回到正常操作范围内。行动将导致停车，使过程处于安全状态
关键报警和人员干预	关键报警和人员响应是操作人员或其他工作人员对报警响应，或在系统常规检查后，采取的防止不良后果的行动	通常认为人员响应的可靠性较低，应慎重考虑人员行动作为独立保护层的有效性。关键报警应有充分的人员响应时间
安全仪表系统（SIS）	安全仪表功能 SIF 针对特定危险事件通过检测超限等异常条件，控制过程进入功能安全状态。一个安全仪表功能 SIF 由传感器、逻辑解算器和最终元件组成，具有一定的 SIL	安全仪表功能 SIF 在功能上独立于 BPCS
物理保护（释放措施）	提供超压保护，防止容器的灾难性破裂	包括安全阀、爆破片等，其有效性受服役条件的影响较大

续表

保护层	概述	说明
释放后物理保护（防火堤、隔堤）	释放后保护设施是指危险物质释放后，用来降低事故后果（如大面积泄漏扩散、受保护设备和建筑物的冲击波破坏、容器或管道火灾暴露失效、火焰或爆轰波穿过管道系统等）的保护设施	
工厂和周围社区的应急响应	在初始释放之后被激活，其整体有效性受多种因素影响	

典型的保护层对于工艺装置的作用也被形象地比喻为"洋葱模型"，如图3-50所示。

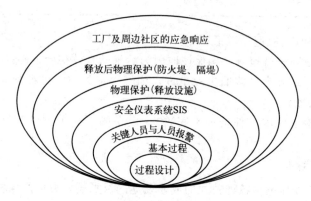

图 3-50 典型保护层"洋葱模型"

（1）独立保护层的确定原则　并不是所有的保护层都可作为独立保护层。设备、系统或行动需满足以下条件才能作为独立保护层：

① 有效性。按照设计的功能发挥作用，应有效地防止后果发生。
　a. 应能检测到响应的条件；
　b. 在有效的时间内，应能及时响应；
　c. 在可用的时间内，应有足够的能力采取所要求的行动；
　d. 满足所选择的 PFD 的要求。

② 独立性。独立于初始事件和任何其他已经被认为是同一场景的独立保护层的构成元件：
　a. 应独立于初始事件的发生及其后果；
　b. 应独立于同一场景中的其他独立保护层；
　c. 应考虑共因失效或共模失效的影响。

③ 安全性。应使用管理控制或技术手段减少非故意的或未授权的变动。

④ 变更管理。设备、操作程序、原料、过程条件等任何改动应执行变更管理程序，以满足变更后保护层的 IPL 要求。

⑤ 可审查性。应有可用的信息、文档和程序可查，以说明保护层的设计、检查、维护、测试和运行活动能够使保护层达到独立保护层的要求。

（2）独立保护层的确定　依据独立保护层的确定原则来确定防护措施是否是独立保护层，一个典型的化工过程包含各种独立的或非独立的保护层。过程工业典型独立保护层的确定示例见表3-87。该表包括了独立保护层的描述及作为独立保护层的要求。

表 3-87 独立保护层的确定

保护层	描述	作为独立保护层的要求
工艺设计	从根本上消除或减少工艺系统存在的危害	① 当本质安全设计用来消除某些场景时,不应作为 IPL; ② 当考虑本质安全设计在运行和维护过程中的失效时,在某些场景中,可将其作为一种 IPL
基本过程控制（BPCS）	基本过程控制系统 BPCS 是执行持续监测和控制日常生产过程的控制系统。BPCS 中的控制回路通过响应过程或操作人员的输入信号,产生输出信息,使过程以期望的方式运行,该控制回路正常运行时能避免特定危险事件的发生,该控制回路的故障不会作为起因引起特定危险事件的发生。一个 BPCS 控制回路由传感器、控制器和最终元件组成	如果 BPCS 控制回路的正常操作满足以下要求,则可作为独立保护层: ① BPCS 控制回路应与安全仪表系统（SIS）功能安全回路 SIF 在物理上分离,包括传感器、控制器和最终元件; ② 该控制回路正常运行时能避免特定危险事件的发生; ③ 该控制回路的故障不会作为起因引起特定危险事件的发生。 BPCS 控制回路是一个相对较弱的独立保护层,内在测试能力有限,防止未授权变更内部程序逻辑的安全性有限。如果要考虑多个独立保护层的话,应有更全面的信息来支撑,具体评估方法见表 3-84
关键报警和人员干预	关键报警和人员响应是操作人员或其他工作人员对报警响应,或在系统常规检查后,采取的防止不良后果的行动	当报警或观测触发的操作人员行动满足以下要求,确保行动的有效性时,则可作为独立保护层: ① 操作人员应能够得到采取行动的指示或报警,这种指示或报警应始终对操作人员可用; ② 操作人员应训练有素,能够完成特定报警所触发的操作任务; ③ 任务应具有单一性和可操作性,不宜要求操作人员执行 IPL 要求的行动时同时执行其他任务; ④ 操作人员应有足够的响应时间; ⑤ 操作人员的工作量及其身体条件合适等
安全仪表系统（SIS）	安全仪表功能 SIF 针对特定危险事件通过检测超限等异常条件,控制过程进入功能安全状态。一个安全仪表功能 SIF 由传感器、逻辑解算器和最终元件组成,具有一定的 SIL	① 安全仪表功能 SIF 在功能上独立于 BPCS,是一种独立保护层; ② 安全仪表功能 SIF 的规格、设计、调试、检验、维护和测试都应按 GB/T 21109 的有关规定执行; ③ 安全仪表功能 SIF 的风险削减性能由其 PFD 所确定,每个安全仪表功能 SIF 的 PFD 基于传感器、逻辑解算器和最终元件的数量和类型,以及系统元件定期功能测试的时间间隔
物理保护（释放措施）	提供超压保护,防止容器的灾难性破裂	① 如果这类设备（安全阀、爆破片等）的设计、维护和尺寸合适,则可作为独立保护层,它们能够提供较高程度的超压保护; ② 但是,如果这类设备的设计或者检查和维护工作质量较差,则这类设备的有效性可能受到服役时污垢或腐蚀的影响
释放后物理保护（防火堤、隔堤）	释放后保护设施是指危险物质释放后,用来降低事故后果（如大面积泄漏扩散、受保护设备和建筑物的冲击波破坏、容器或管道火灾暴露失效、火焰或爆轰波穿过管道系统等）的保护设施	为独立保护层,这些独立保护层是被动的保护设备,如果设计和维护正确,这些独立保护层可提供较高等级的保护

续表

保护层	描述	作为独立保护层的要求
厂区的应急响应	在初始释放之后被激活,其整体有效性受多种因素影响	厂区的应急响应(消防队、人工喷水系统、工厂撤离等措施)通常不作为独立保护层,因为它们是在初始释放后被激活,并且有太多因素影响了它们在减缓场景方面的整体有效性。当考虑它作为独立保护层时,应提供足够证据证明其有效性
周围社区的应急响应	在初始释放之后被激活,其整体有效性受多种因素影响	周围社区的应急响应(社区撤离和避难所等)通常不作为独立保护层,因为它们是在初始释放之后被激活,并且有太多因素影响了它们在减缓场景方面的整体有效性。当考虑它作为独立保护层时,应提供足够证据证明其有效性

（3）不作为独立保护层的防护措施 通常不作为独立保护层的防护措施见表 3-88。

表 3-88 通常不作为独立保护层的防护措施

防护措施	说明
培训和取证	在确定操作人员行动的 PFD 时,需要考虑这些因素,但是它们本身不是独立保护层
程序	在确定操作人员行动的 PFD 时,需要考虑这些因素,但是它们本身不是独立保护层
正常的测试和检测	正常的测试和检测将影响某些独立保护层的 PFD,延长测试和检测周期可能增加独立保护层的 PFD
维护	维护活动将影响某些独立保护层的 PFD
通信	差的通信将影响某些独立保护层的 PFD
标识	标识自身不是独立保护层,标识可能不清晰、模糊、容易被忽略等。标识可能影响某些独立保护层的 PFD
火灾保护	火灾保护的可用性和有效性受到所包围的火灾/爆炸的影响。如果在特定的场景中,企业能够证明它满足独立保护层的要求,则可将其作为独立保护层

（4）独立保护层 PFD 的确认原则 独立保护层 PFD 确认的原则有:

① 独立保护层的 PFD 为系统要求独立保护层起作用时该独立保护层不能完成所要求的任务的概率;

② 如果安装的独立保护层处于"恶劣"环境与条件（如易污染或易腐蚀环境中）,则应考虑使用更高的 PFD 值。

过程工业典型独立保护层的 PFD 值见表 3-89。实际 LOPA 应用过程中,PFD 值的确定应参照企业标准或行业标准,经分析小组共同确认或进行适当的计算以确认 PFD 值取值的合适性,并将其作为 LOPA 分析中的统一规则严格执行。

表 3-89 典型独立保护层 PFD 值

独立保护层的 PFD 范围独立保护层	说明	PFD(来自文献和工业数据)
"本质安全"设计	如果正确地执行,将大大地降低相关场景后果的频率	$1\times10^{-6}\sim1\times10^{-1}$
基本过程控制系统(BPCS)	如果与初始事件无关,BPCS 中的控制回路可确认为一种独立保护层	$1\times10^{-2}\sim1\times10^{-1}$ (IEC 规定 $1\times10^{-1}\sim1\times10^{-0}$)

续表

独立保护层的PFD范围独立保护层		说明	PFD(来自文献和工业数据)
关键报警和人员干预	人员行动,有10min的响应时间	简单的、记录良好的行动,行动要求具有清晰可靠的指示	$1\times10^{-1}\sim1\times10^{-0}$
	人员对BPCS指示或报警的响应,有40min的响应时间	简单的、记录良好的行动,行动要求具有清晰可靠的指示	1×10^{-1}
	人员行动,有40min的响应时间	简单的、记录良好的行动,行动要求具有清晰可靠的指示	$1\times10^{-2}\sim1\times10^{-1}$
安全仪表系统(SIS)	SIL 1	典型组成:单个传感器+单个逻辑解算器+单个最终元件	$1\times10^{-2}\sim1\times10^{-1}$
	SIL 2	典型组成:多个传感器+多个通道逻辑解算器+多个最终元件	$1\times10^{-3}\sim1\times10^{-2}$
	SIL 3	典型组成:多个传感器+多通道逻辑解算器+多个最终元件	$1\times10^{-4}\sim1\times10^{-3}$
物理保护(释放措施)	安全阀	防止系统超压。其有效性对服役条件比较敏感	$1\times10^{-5}\sim1\times10^{-1}$
	爆破片	防止系统超压。其有效性对服役条件比较敏感	$1\times10^{-5}\sim1\times10^{-1}$
释放后物理保护	防火堤	降低储罐溢流、破裂、泄漏等严重后果(大面积扩散)的频率	$1\times10^{-3}\sim1\times10^{-2}$
	地下排污系统	降低储罐溢流、破裂、泄漏等严重后果(大面积扩散)的频率	$1\times10^{-3}\sim1\times10^{-2}$
	开式通风口	防止超压	$1\times10^{-3}\sim1\times10^{-2}$
	耐火材料	减少热输入率,为降压/消防等提供额外的响应时间	$1\times10^{-3}\sim1\times10^{-2}$
	防爆墙/舱	通过限制冲击波,保护设备/建筑物等,降低爆炸重大后果的频率	$1\times10^{-3}\sim1\times10^{-2}$

4. 风险评估与决策

通常保护层分析是在装置危害识别的基础上进行,如装置开展HAZOP分析基础上进行。结合以上实例选取该处部分HAZOP分析记录表格,在HAZOP分析中引入风险矩阵对各类风险进行分级,LOPA分析中需用到初始事件(IE)频率值、独立保护层(IPL)要求的失效概率数据(PFD)等数据,常见风险矩阵示例见表3-90,IE(初始事件)典型频率值见表3-91。

表3-90 常见风险矩阵示例

频率	频率说明	1. 轻微	2. 较重	3. 严重	4. 重大	5. 灾难性
1. 极不可能	(100000年1次,1×10^{-5})	0~6 低风险	0~6 低风险	0~6 低风险	0~6 低风险	0~6 低风险

续表

频率	频率说明	1. 轻微	2. 较重	3. 严重	4. 重大	5. 灾难性
2. 不太可能	(10000年1次,1×10^{-4})	0~6 低风险	0~6 低风险	0~6 低风险	8~12 一般风险	8~12 一般风险
3. 很少发生	(1000年1次,1×10^{-3})	0~6 低风险	0~6 低风险	8~12 一般风险	8~12 一般风险	15~16 较大风险
4. 偶尔发生	(100年1次,1×10^{-2})	0~6 低风险	8~12 一般风险	8~12 一般风险	15~16 较大风险	20~25 重大风险
5. 较多发生	(10年1次,1×10^{-1})	0~6 低风险	8~12 一般风险	15~16 较大风险	20~25 重大风险	20~25 重大风险

表 3-91　IE（初始事件）典型频率值

IE	频率范围/年$^{-1}$
压力容器疲劳失效	$10^{-5}\sim10^{-7}$
管道疲劳失效—100m—全部断裂	$10^{-5}\sim10^{-6}$
管线泄漏(10%截面积)~100m	$10^{-3}\sim10^{-4}$
常压储罐失效	$10^{-3}\sim10^{-5}$
垫片/填料爆裂	$10^{-2}\sim10^{-6}$
涡轮/柴油发动机超速,外套破裂	$10^{-3}\sim10^{-4}$
第三方破坏(挖掘机、车辆等外部影响)	$10^{-2}\sim10^{-4}$
起重机载荷掉落	($10^{-3}\sim10^{-4}$)/起吊
雷击	$10^{-3}\sim10^{-4}$
安全阀误开启	$10^{-2}\sim10^{-4}$
冷却水失效	$1\sim10^{-1}$
泵密封失效	$10^{-1}\sim10^{-2}$
卸载/装载软管失效	$1\sim10^{-2}$
BPCS仪表控制回路失效	$1\sim10^{-2}$
调节器失效	$1\sim10^{-1}$
小的外部火灾(多因素)	$10^{-1}\sim10^{-2}$
大的外部火灾(多因素)	$10^{-2}\sim10^{-3}$
LOTO(锁定标定)程序失效(多个元件的总失效)	($10^{-3}\sim10^{-4}$)/次
操作员失效(执行常规程序,假设得到较好的培训、不紧张、不疲劳)	($10^{-1}\sim10^{-3}$)/次

三、应用举例

结合项目十 HAZOP 分析应用举例，进一步开展 LOPA 分析。

参考表 3-90 风险矩阵对项目十 HAZOP 分析应用记录表进行完善，记录表见表 3-92。

表 3-92 反应器冷却水系统 HAZOP 分析记录表

引导词	偏差	可能原因	可能性	后果	严重程度	风险等级	对策措施
空白	无冷却水	① 控制阀失效使阀门关闭 ② 冷却管线堵塞 ③ 冷却水源断水 ④ 控制器失效使阀门关闭 ⑤ 气压使阀门关闭	5	① 反应器内温度升高，压力升高 ② 反应失控，放热量太多，反应器爆炸	4	重大风险	① 安装备用控制阀或手动旁路阀 ② 安装过滤器，防止杂质进入管线 ③ 设置备用冷却水源 ④ 安装备用控制器 ⑤ 安装高温报警器 ⑥ 安装高温紧急关闭系统 ⑦ 安装冷却水流量计和低流量报警器
多	冷却水流量偏高	控制阀失效使阀门开度过大	5	反应器温度降低，反应速度减慢，保温失控	2	一般风险	安装备用控制阀
少	冷却水流量偏低	① 控制阀失效使阀门关小 ② 冷却水管部分堵塞 ③ 水源供水不足 ④ 控制器失效使阀门关小	5	① 反应器内温度升高，压力升高 ② 反应失控，放热量太多，反应器爆炸	4	重大风险	① 安装备用控制阀或手动旁路阀 ② 安装过滤器，防止杂质进入管线 ③ 设置备用冷却水源 ④ 安装备用控制器 ⑤ 安装高温报警器 ⑥ 安装高温紧急关闭系统 ⑦ 安装冷却水流量计和低流量报警器
伴随	冷却水进入反应器	反应器壁破损，冷却水压力高于反应器压力	4	① 反应器内物质被稀释 ② 产品报废 ③ 反应器过满	4	较大风险	① 安装高位和(或)压力报警器 ② 安装溢流装置 ③ 定期检查维修设备
伴随	产品进入夹套	反应器壁破损，反应器压力高于冷却水压力	4	① 产品进入夹套 ② 生产能力降低 ③ 冷却能力下降 ④ 水源可能被污染	3	一般风险	① 定期检查维修设备 ② 在冷却水管上安装止逆阀，防止逆流
部分	只有一部分冷却水	同冷却水流量偏低	5	同冷却水流量偏低	4	重大风险	同冷却水流量偏低
相反	冷却水反向流动	① 水泵失效导致反向流动 ② 由于背压而倒流	4	冷却不正常，可能引起反应失控	4	较大风险	① 在冷却水管上安装止逆阀 ② 安装高温报警器
其他	除冷却水外的其他物质	① 水源被污染 ② 污水倒流	4	冷却能力下降，可能引起反应失控	4	较大风险	① 隔离冷却水源 ② 安装止逆阀，防止污水倒流 ③ 安装高温报警器

对于其中重大风险开展 LOPA 分析示例见表 3-93。

表 3-93 LOPA 分析示例

公司名称	×××	装置名称	×××	时间	××年×月×日
工艺单元	×××	分析组成员	张×××,王×××,李××	图纸号	××××
分析节点			反应器		

序号	场景	后果		初始事件		使能必要事件/条件	条件修正			IPL		其他保护措施	后果发生频率	现有风险等级	需求的 SIL 等级或建议的 IPL			减缓后的后果发生频率	减缓后的风险等级	备注
		描述	等级	描述	频率	描述 概率	点火概率	人员暴露概率	致死概率	描述	IPL 类别	PFD				描述	IPL 类别	PFD			
1	冷却水失效,反应失控,潜在的反应器超温超压、泄漏、管道断裂,作业人员受伤和死亡	反应失控,反应器超温超压、泄漏、断裂,作业人员受伤和死亡	4	冷却水损失	$1×10^{-1}$	冷却水失效引起失控反应的条件概率 0.5	—			BPCS 回路反应器高温报警	报警和人员响应	$1×10^{-1}$	1. 紧急冷却(冷冻水)系统 2. 操作人员行动	$5×10^{-3}$	较大风险	反应器增加一个 SIF:安装一个在高压时打开的放空阀	SIF	$1×10^{-2}$ (SIL1)	$5×10^{-5}$	低风险	1. 安全阀以下要求: 对于每一个安全阀应满足一个放空阀下考虑所有放氮气吹扫。 2. 其他独立的保护人员行动不独立于已经确认的保护人员。 3. 紧急冷却为 IPL,因冷却水系统不能独立于其 IE,与多个公共元件(管线,阀门等)。这些冷却水元件在引起紧急冷却失效时,也会导致系统失效

能力提升训练

结合项目十 HAZOP 分析实例展示的工艺过程，对其 HAZOP 分析记录表进行完善，并进一步开展 LOPA 分析。

归纳总结提高

1. 保护层分析有哪些局限性？
2. 如何确认独立保护层？

安全评价师应知应会

1. 以下保护层分析的步骤哪个是正确的（　　）。
(A) 风险辨识与评估、初始事件确认、独立保护层评估、概率计算、风险评估与决策
(B) 场景识别与筛选、初始事件确认、独立保护层评估、概率计算、风险评估与决策
(C) 场景识别与筛选、风险概率确认、独立保护层评估、概率计算、风险评估与决策
(D) 场景识别与筛选、初始事件确认、独立保护层评估、风险评估与决策、整改复查

2. 以下哪些安全措施一般不作为独立保护层 IPL（　　）。
(A) 安全仪表系统　　　　　　(B) 经验计算确认的安全阀
(C) 安全警示标志　　　　　　(D) 安全培训教育

3. 以下哪些保护层分析的说法是错误的（　　）。
(A) 可以提供相对量化的风险决策依据
(B) 可以了解不同独立保护层在风险降低过程中的作用
(C) 可以通过偏差来分析工艺过程中的异常工况原因及后果
(D) 可以通过分析确定更为合理的保护措施来降低风险

4. LOPA 的特点不包含（　　）。
(A) 简单　　　(B) 有效　　　(C) 可定量　　　(D) 便捷

5. 保护层分析（LOPA）法是在定性危害分析的基础上，进一步评估保护层的有效性，通常建立在 HAZOP 的基础上，下列关于 LOPA 的说法中，错误的是（　　）。
(A) LOPA 不是识别危险场景的工具，它的正确执行取决于定性危险评价方法所得出危险场景的准确性
(B) LOPA 是一种简化的方法，其计算结果并不是场景风险的精确值
(C) LOPA 要求每个场景的初始事件能对应多种后果
(D) LOPA 的主要目的是确定是否有足够的保护层使风险满足企业的风险标准

6. 进行 LOPA 分析的目的是（　　）。
(A) 确认对于事故后果非常严重的风险现有保护是否足够
(B) 确认是否有必要增加额外的 SIS 系统保护
(C) 确定增加的 SIS 系统的风险降低目标是多少

(D) 解决 HAZOP 分析中存在的安全保护措施起到的风险降低
(E) 解决 HAZOP 分析中存在的残余风险不能定量化的不足

7. LOPA 是一种（ ）的工艺危害分析方法。
(A) 定性　　　(B) 全定量　　　(C) 半定量　　　(D) 无法确定

8. 以下不属于独立保护层的是（ ）。
(A) 基本过程控制（BPCS）　　　(B) SIL-1 回路
(C) 正常的检查和测试　　　(D) 工艺设计

9. LOPA 通常使用初始事件后果严重程度和初始事件减缓后的频率大小（数量级）近似表征场景的风险。LOPA 分析流程之一场景频率计算的上一步骤为（ ）。
(A) 初始事件确认　　(B) 场景识别与筛选　　(C) IPL 评估　　(D) 评估风险

10. 化工装置工艺危害分析有多种方法，包括危险与可操作性分析（HAZOP）、保护层分析（LOPA）、安全仪表系统的安全完整性等级分析（SIL）等。关于工艺危害分析方法的说法，正确的是（ ）。
(A) HAZOP 分析是 LOPA 分析的继续，是对 LOPA 分析结果的丰富和补充
(B) LOPA 分析是对 SIL 分析结果的验证，SIL 分析是 LOPA 分析的前期准备工作
(C) HAZOP 分析方法用于辨识设计缺陷工艺过程危害及操作性问题的结构化分析
(D) LOPA 分析方法的基本特点是基于事故场景进行定量风险分析

项目十二　事故伤害后果及风险程度评价

实例展示

请你研读下列评价实例，总结事故伤害后果及定量风险程度评价的特点。

1. 评价对象简介

某化工公司主要产品为脂肪醇聚氧乙烯醚。该公司厂区主要危险源如下：

液化石油气球罐 1 座，容积 118m³，压力 0.59MPa，温度为常温；

环氧乙烷储罐 2 座，单座容积 187m³，压力为常压，温度为 −5℃；

醇醚反应器 1 座，容积 100m³，反应温度为 275℃，压力为 5.85MPa；

乙醇储罐 2 座，单座容积 3000m³，压力为常压，温度为常温；

蒸汽锅炉 1 台，汽包容积 50m³，压力为 2.5MPa。

厂区危险源分布如图 3-51 所示。

厂区人员分布见表 3-94。

表 3-94　厂区人员分布一览表

区域名称	人数/人	备注
综合楼	300	办公
控制室	10	控制
原料及产品装卸站	20	原料及产品装卸
乙醇罐区	2	巡检

续表

区域名称	人数/人	备注
液化石油气及环氧乙烷罐区	2	巡检
冷冻站	2	监控
空压站	2	监控
醇醚装置	4	巡检
泵房	2	巡检

注：各场所人员数量按照最多人员数量时计。

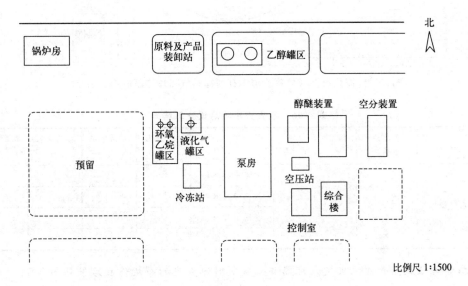

图 3-51　厂区危险源分布示意

2. 事故伤害后果及风险程度评价结果

（1）液化石油气储罐蒸气云爆炸（VCE）事故伤害后果　该液化石油气储罐危险源蒸气云爆炸（VCE）的事故影响后果见表 3-95。

表 3-95　液化石油气储罐蒸气云爆炸事故计算结果

序号	危险源	主要危险物质	灾害模式		死亡半径/m	重伤半径/m	轻伤半径/m	多米诺半径/m
1	液化石油气储罐	液化石油气	蒸气云爆炸（VCE）	管道中孔泄漏	33	56	93	44
				阀门中孔泄漏	33	56	93	44

根据事故后果计算结果表可知，液化石油气储罐事故多米诺半径为 44m，基本位于厂区内，说明其发生蒸气云爆炸事故不会影响周围邻近其他企业生产安全。

液化石油气储罐泄漏后，可产生蒸气云爆炸。液化石油气储罐管道中孔泄漏蒸气云爆炸的事故伤亡后果见图 3-52。

（2）乙醇储罐池火灾（PoolFire）事故伤害后果　乙醇储罐危险源池火灾（PoolFire）事故后果见表 3-96。

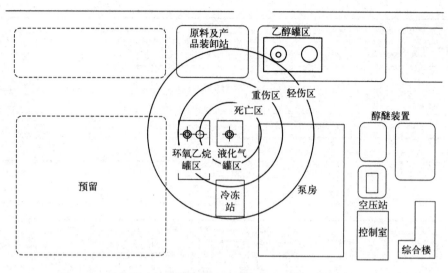

图 3-52 液化石油气储罐管道中孔泄漏蒸气云爆炸事故伤亡后果

表 3-96 池火灾事故后果计算结果

序号	危险源	主要危险物质	灾害模式	死亡半径/m	重伤半径/m	轻伤半径/m	多米诺半径/m
1	乙醇储罐	乙醇	池火灾	管道中孔泄漏	18	22	30	—
				阀门中孔泄漏	18	22	30	—
				容器中孔泄漏	18	22	30	—
				容器整体破裂	49	56	74	—

乙醇储罐泄漏后产生池火灾，容器整体破裂时池火灾的事故伤亡后果见图 3-53。

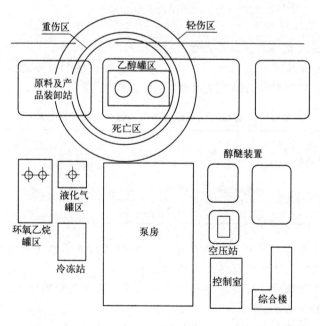

图 3-53 乙醇储罐容器整体破裂池火灾事故伤亡后果

(3) 厂区定量风险程度计算　厂区定量风险程度计算考虑的危险源包括：评价对象简介中所述公司厂区主要危险源。

定量风险程度计算可分别计算出整个厂区的个人风险等值线及社会风险等值线。

1) 个人风险计算结果　该公司生产过程中危险物质为液化石油气、环氧乙烷、乙醇等，对该公司个人风险进行了计算，计算及分析结果如图 3-54 和表 3-97 所示。

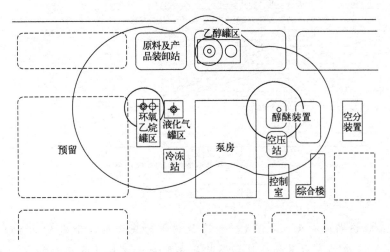

图 3-54　个人风险等值线计算结果

表 3-97　个人风险计算结果分析

个人风险值/每年	判断标准	风险情况说明	分析结论
1×10^{-3}	厂区内不应出现	没有出现 1×10^{-3} 的等值线	说明厂区现状，企业内部作业的人员面临的风险是可以接受的
3×10^{-5}	周边企业不能接受	没有出现 3×10^{-5} 的等值线	周边企业作业人员面临的风险是可以接受的
1×10^{-5}	办公场所、劳动密集型工厂中密度场所不能接受	1×10^{-5} 的等值线覆盖范围在厂内罐区及装置区附近	1×10^{-5} 风险等值线覆盖范围内没有居民、办公场所，风险可以接受
3×10^{-6}	居民区、学校、医院等高敏感或高密度场所不能接受	3×10^{-6} 等值线所覆盖区域在厂内及厂外道路部分区域	3×10^{-6} 等值线并没有覆盖到人员密集场所或高敏感场所，该风险满足推荐标准要求

注：以上风险等级标准参照《危险化学品生产装置和储存设施风险基准》(GB 36894—2018) 要求执行。

计算结果表明，该公司的个人风险水平满足推荐标准要求，厂区内部和外部人员面临的风险是可以接受的。

2) 社会风险计算结果　该公司的社会风险曲线如图 3-55 所示。

由图 3-55 可见，依据《危险化学品生产装置和储存设施风险基准》(GB 36894—2018)，该公司的社会风险曲线位于尽可能降低风险区域，但不是不可接受区域。

3. 结论

(1) 由以上案例可知，事故伤害后果评价，可提供某一事故发生后，可造成的死亡半

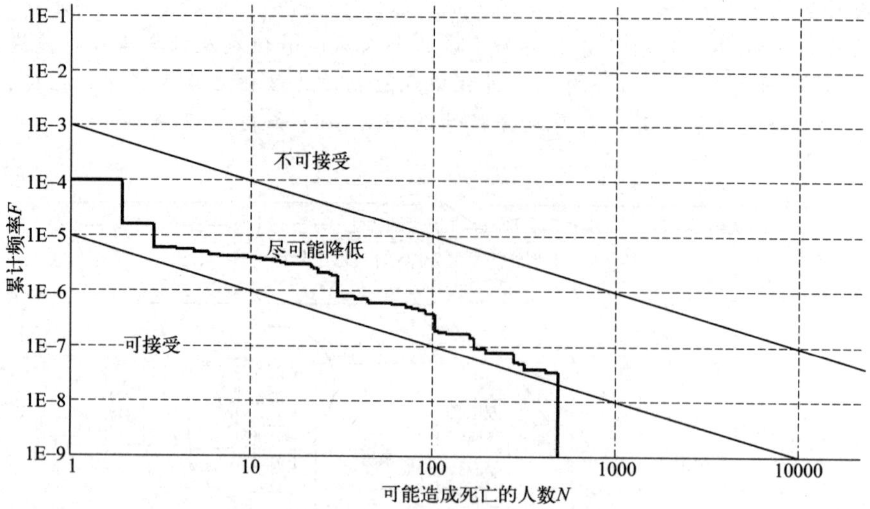

图 3-55 社会风险曲线

径、重伤半径、轻伤半径以及多米诺半径。事故伤害后果模型,除蒸气云爆炸(VCE)、池火灾(PoolFire)事故伤害后果模型外,还包括沸腾液体扩展蒸气云爆炸(BLEVE)、毒物泄漏扩散事故伤害后果模型等。

(2) 定量风险评价(QRA)可以计算一个区域的个人风险值和社会风险值,并根据推荐标准值,判断其是否在可接受程度内。

提出任务:事故伤害后果评价可以给出哪些事故伤害后果?事故伤害后果评价通常可以建立哪些事故伤害后果模型?定量风险评价可以给出哪些风险结果?

知识储备

一、方法介绍

(一) 事故伤害后果评价

采用定量分析的方法,对危险化学品可能发生的重大事故后果进行模拟,从而判断发生事故的危险程度及影响范围,主要包括蒸气云爆炸(VCE)、池火灾(PoolFire)、沸腾液体扩展为蒸气云爆炸(BLEVE)和毒物泄漏扩散中毒等。

1. 蒸气云爆炸(VCE)事故后果伤害模型评价

(1) 评价方法简介 蒸气云爆炸(VCE)是由于气体或易于挥发的液体燃料的大量快速泄漏,与周围空气混合形成覆盖很大范围的"预混云",在某一有限制空间遇点火而导致的爆炸。

导致蒸气云爆炸事故发生的原因也是有多种的,主要包括阀门泄漏、法兰失效泄漏、管线失效(损坏、破裂、腐蚀)、储罐失效(破裂、裂缝、腐蚀、超压、冲击作用)、阀门开启、满装外溢等因素导致危险物质泄漏,形成蒸气云被引爆。

蒸气云爆炸（VCE）可能产生多种破坏效应，如冲击波超压、热辐射、破片作用等，最危险、破坏力最强的是冲击波破坏效应。使用 TNT 当量法计算蒸气云爆炸的超压。通过超压模型计算冲击波造成的死亡区、重伤区、轻伤区等半径。

（2）蒸气云爆炸定量分析评价过程

① 蒸气云爆炸（VCE）的冲击波超压计算模型。蒸气云爆炸的超压使用 TNT 当量法进行计算。TNT 当量可用下式估算：

$$W_{TNT} = \frac{AW_f Q_f}{Q_{TNT}}$$

式中 A——蒸气云的 TNT 当量系数，取值范围 0.02%～14.9%，这个范围的中值是 3%～4%，取 4%；
W_{TNT}——蒸气云的 TNT 当量，kg；
W_f——蒸气云中燃料的总质量，kg；
Q_f——燃料的燃烧热，MJ/kg；
Q_{TNT}——TNT 的爆炸热，4.12～4.69MJ/kg，取 4.52MJ/kg。

蒸气云爆炸的死亡半径按下式计算：

$$R_{0.5} = 13.6 \left(\frac{W_{TNT}}{1000}\right)^{0.37}$$

式中 W_{TNT}——爆源的 TNT 当量，kg。

重伤、轻伤半径的计算按下式计算冲击波超压 Δp_s：

$$\begin{cases} \Delta p_s = 1 + 0.1567 Z^{-3} (\Delta p_s > 5) \\ \Delta p_s = 0.137 Z^{-3} + 0.119 Z^{-2} + 0.269 Z^{-1} - 0.019 (1 < \Delta p_s < 10) \end{cases}$$

$$\Delta p_s = \frac{p}{p_0}$$

$$Z = R \left(\frac{p_0}{E}\right)^{1/3}$$

式中 Z——无量纲距离；
Δp_s——目标处的超压值，Pa；
p_0——环境压力，Pa；
R——目标到爆源的水平距离，m；
E——爆源总能量，J。

② 冲击波超压准则。采用超压模型计算冲击波造成的死亡区、重伤区、轻伤区等半径。表 3-98 为冲击波对人员伤害的超压准则。

表 3-98 冲击波对人员伤害的超压准则

超压 Δp/MPa	损伤程度
0.02～0.03	轻微挫伤
0.03～0.05	中等损伤；听觉器官损伤、内脏轻度出血、骨折等
0.05～0.10	严重：内脏严重损伤，可引起死亡
>0.1	严重：可能大部分死亡

死亡、重伤、轻伤半径的计算准则为：

死亡半径：外圆周处人员因冲击波作用导致肺出血而死亡的概率为 50%，记为 $R_{0.5}$。

重伤半径：外圆周处人员因冲击波作用耳膜破裂的概率为 50%，要求冲击波峰值超压为44000Pa，记为$R_{d0.5}$。

轻伤半径：外圆周处人员因冲击波作用耳膜破裂的概率为1%，它要求的冲击波峰值超压为17000Pa，记为$R_{d0.01}$。

多米诺半径的影响因素和判定准则为：

从确定的初始事故出发，针对热辐射、冲击波超压、抛射碎片等不同物理效应计算邻近目标设备的损坏概率以及邻近设备由此引发事故的后果，根据两者的综合考虑来确定最可信的多米诺效应失效单元，量化其风险从而确定多米诺影响半径。进行多米诺效应后果评价，首先要确定在什么情况下产生多米诺效应，多大的超压、热辐射等影响下邻近目标设备会损害而发生事故，为简化分析，一般取表征破坏效应的相关物理参数的阈值作为是否会引发多米诺事故的判定准则。

2. 池火灾（PoolFire）事故伤害后果评价

(1) 评价方法简介 池火灾指可燃液体作为燃料的火灾。池火灾的破坏主要是热辐射，如果热辐射作用在容器和设备上，尤其是液化气体容器，其内部压力会迅速升高，引起容器和设备的破裂；如果热辐射作用于可燃物，会引燃可燃物；如果热辐射作用于人员，会引起人员烧伤甚至死亡。

通过池火灾火焰表面的热通量的计算，依据热辐射伤害准则，从而计算池火灾造成人员的死亡半径、重伤半径以及轻伤半径。

(2) 池火灾事故伤害后果定量分析评价过程

① 池直径的计算。根据泄漏的液体量和地面性质，按下式可计算最大可能的池面积。

$$S = W/(H_{min}\rho)$$

式中 S——液池面积，m^2；

W——泄漏液体的质量，kg；

ρ——液体的密度，kg/m^3；

H_{min}——最小油层厚度，m。

最小物料层与地面性质对应关系见表3-99。

表3-99 不同性质地面物料层厚度

地面性质	最小物料层厚度/m	地面性质	最小物料层厚度/m
草地	0.020	混凝土地面	0.005
粗糙地面	0.025	平静的水面	0.0018
平整地面	0.010		

② 确定火焰高度。Thomas 给出计算池火焰高度的经验公式：

$$h = L/D = 42 \times [m_f/(\rho_0\sqrt{gD})]^{0.61}$$

式中 L——火焰高度，m；

D——池直径，m；

m_f——燃烧速率，$kg/(m^2 \cdot s)$；

ρ_0——空气密度，kg/m^3；

g——引力常数。

③ 火焰表面热通量的计算。假定能量由圆柱形火焰侧面和顶部向周围均匀辐射，则可以用下式计算火焰表面的热通量：

$$q_0 = \frac{0.25\pi D^2 \Delta H_f m_f f}{0.25\pi D^2 + \pi DL}$$

式中 q_0——火焰表面的热通量，kW/m^2；
　　ΔH_f——燃烧热，kJ/kg；
　　π——圆周率；
　　f——热辐射系数，可取为 0.15；
　　m_f——燃烧速率，$kg/(m^2 \cdot s)$。

④ 目标接收到的热通量的计算。目标接收到的热通量 $q(r)$ 的计算公式为：

$$q(r) = q_0(1 - 0.058\ln r)V$$

式中 $q(r)$——目标接收到的热通量，kW/m^2；
　　q_0——火焰表面的热通量，kW/m^2；
　　r——目标到油区中心的水平距离，m；
　　V——视角系数，按 Rai & Kalelkar（1974 年）提供的方法计算。

⑤ 视角系数的计算。视角系数 V 与目标到火焰垂直轴的距离和火焰半径之比 s，火焰高度与直径之比 h 有关。

$$V = \sqrt{V_V^2 + V_H^2}$$

$$\pi V_H = A - B$$

$$A = (b - 1/s)\left\{\tan^{-1}\left[\frac{(b+1)(s-1)}{(b-1)(s+1)}\right]^{0.5}\right\}/(b^2-1)^{0.5}$$

$$B = (a - 1/s)\left\{\tan^{-1}\left[\frac{(a+1)(s-1)}{(a-1)(s+1)}\right]^{0.5}\right\}/(a^2-1)^{0.5}$$

$$\pi V_V = \tan^{-1}[h/(s^2-1)^{0.5}]/s + h(J-K)/s$$

$$J = \left[\frac{a}{(a^2-1)^{0.5}}\right]\tan^{-1}\left[\frac{(a+1)(s-1)}{(a-1)(s+1)}\right]^{0.5}$$

$$K = \tan^{-1}[(s-1)/(s+1)]^{0.5}$$

$$a = (h^2 + s^2 + 1)/(2s)$$

$$b = (1 + s^2)/(2s)$$

式中，A、B、J、K、V_H、V_V 是为了描述方便而引入的中间变量；π 为圆周率。

⑥ 热辐射伤害准则。热辐射对人体的伤害，主要是通过不同热辐射通量对人体所受的不同伤害程度来表示，伤害半径有一度烧伤（轻伤）、二度烧伤（重伤）、死亡半径三种，使用彼德森（Pietersen）提出的热辐射影响模型进行计算。热辐射对建筑物的影响直接取决于热辐射强度的大小及作用时间的长短，以引燃木材的热通量作为对建筑物破坏的热通量。表 3-100 为不同热辐射值对人体的伤害和周围设施的破坏情况。

表 3-100　不同热辐射值对人体的伤害及周围设施的破坏情况

热辐射通量/(kW/m^2)	人体伤害类别	周围设施破坏类别
37.5	在 1min 内 100% 的人死亡，10s 内 1% 的人死亡	对周围设备造成损坏
25.0	在 1min 内 100% 的人死亡，10s 内严重烧伤	没有引火，无限制长期暴露点燃木材的最小能量
12.5	在 1min 内 10% 的人死亡，10s 内一度烧伤	木材被引燃，塑料管熔化的最小能量
4.0	超过 20s 引起疼痛，但不会起水泡	
1.6	长期接触不会有不适感	

死亡半径：指人体死亡概率为 0.5，或者一群人中有 50% 的人死亡时，人体（群）所在位置与火球中心之间的水平距离。

重伤半径：指人体出现二度烧伤的概率为 0.5，或者一群人中 50% 的人出现二度烧伤时，人体（群）所在位置与火球中心之间的水平距离。

轻伤半径：指人体出现一度烧伤的概率为 0.5，或者一群人中 50% 的人出现一度烧伤时，人体（群）所在位置与火球中心之间的水平距离。

根据彼德森（Pietersen）1990 年提出的预测热辐射影响的模型，皮肤裸露时的死亡概率为：

$$P_r = -37.23 + 2.56\ln(tq^{4/3})$$

有衣服保护（20% 皮肤裸露）时的死亡概率为：

二度烧伤概率：$\qquad P_r = -43.14 + 3.0188\ln(tq^{4/3})$

一度烧伤概率：$\qquad P_r = -39.83 + 3.0186\ln(tq^{4/3})$

式中　q——人体接收到的热通量，W/m^2；

$\qquad t$——人体暴露于热辐射中的时间，s；

$\qquad P_r$——人员伤害概率。

当 $P_r = 5$ 时，对应的烧伤概率为 50%，即人员伤害概率为 0.5，则变换后的公式为：

$$tq^{4/3} = C_n$$

式中，C_n 为常数，一度烧伤取 2.8×10^6，二度烧伤取 8.434×10^6，死亡取 1.459×10^7。

3. 沸腾液体扩展为蒸气云爆炸（BLEVE）事故伤害后果评价

（1）评价方法简介　沸腾液体扩展为蒸气云爆炸指液化介质储罐在外部火焰的烘烤等条件下突然破裂，压力平衡破坏，介质急剧汽化，并随即被火焰点燃而产生的爆炸。BLEVE 模型用于模拟评价与分析沸腾液体扩展为蒸气云爆炸事故的后果严重度、危险等级和灾害影响范围。

沸腾液体扩展为蒸气云爆炸（BLEVE）的过程将产生巨大火球，在这一过程中火球的热辐射是最主要的伤害形式。当然，BLEVE 产生的碎片和冲击波也有一定的危害，但与爆炸产生的火球热辐射危害相比相对较小。本书主要考虑火球的热辐射伤害。

通过计算火球表面热辐射能量及热辐射强度分布，依据热辐射伤害准则，从而计算 BLEVE 造成人员的死亡半径、重伤半径以及轻伤半径。

（2）沸腾液体扩展蒸气云爆炸（BLEVE）事故伤害后果评价过程　对于沸腾液体扩展为蒸气云爆炸，国际劳工组织（ILO）提出了三个典型计算模型：H. R. Greenberg 提出的模型，J. J. Cramer 提出的模型和 A. F. Roberts 提出的模型。本书采用 Greenberg 和 Cramer 提出的模型。计算内容主要包括火球直径、火球持续时间、火球表面热辐射能量、视角系数、大气热传递系数及热辐射强度分布等，具体计算方法如下。

① 火球直径

$$D = 2.665W^{0.327}$$

式中　D——火球直径，m；

$\qquad W$——火球中消耗的可燃物质量，kg。

对单罐储存，W 取罐容量的 50%；对双罐储存，W 取罐容量的 70%；对多罐储存，W 取罐容量的 90%。

② 火球持续时间

$$t = 1.089W^{0.327}$$

式中　t——火球持续时间，s。

③ 火球抬升高度。火球在燃烧时，将抬升到一定高度。火球中心距离地面的高度 H 由

下式估计：
$$H = D$$

④ 火球表面热辐射能量。假设火球表面热辐射能量是均匀扩散的，火球表面热辐射能量 SEP 由下式计算：
$$SEP = F_s m H_a / (\pi D^2 t)$$

式中　F_s——火球表面辐射的能量比；
　　　H_a——火球的有效燃烧热，J/kg。

F_s 与储罐破裂瞬间储存物料的饱和蒸气压力 p（MPa）有关：
$$F_s = 0.27 p^{0.32}$$

对于因外部火灾引起的 BLEVE 事故，上式中的 p 值可取储罐安全阀启动压力 p_v（MPa）的 1.21 倍，即：
$$p = 1.21 p_v$$

H_a 由下式求得：
$$H_a = H_c - H_v - C_p T$$

式中　H_c——液化气的燃烧热，J/kg；
　　　H_v——液化气常沸点下的蒸发热，J/kg；
　　　C_p——液化气的恒压比热容，J/(kg·K)；
　　　T——火球表面火焰温度与环境温度之差，一般来说 $T=1700K$，K。

⑤ 视角系数。视角系数 F 的计算公式如下：
$$F = [(D/2)/r]^2$$

式中　r——目标到火球中心的距离，m。

令目标与液化气储罐的水平距离为 X(m)，则：
$$r = (X^2 + H^2)^{0.5}$$

⑥ 大气热传递系数。火球表面辐射的热能在大气中传输时，由于空气的吸收及散射作用，一部分能量损失掉了。假定能量损失比为 α，则大气热传递系数 $\tau_\alpha = 1 - \alpha$。α 和大气中的 CO_2 和 H_2O 的含量、热传输距离及辐射光谱的特性等因素有关。

τ_α 可由以下的经验公式来求取：
$$\tau_\alpha = 2.02(p_w r')^{-0.09}$$

式中　p_w——环境温度下空气中的水蒸气压，N/m²；
　　　r'——目标到火球表面的距离，m。

$$p_w = p_w^0 \times RH$$

式中　p_w^0——环境温度下的饱和水蒸气压，N/m²；
　　　RH——相对湿度。

$$r' = r - D/2$$

⑦ 火球热辐射强度分布函数。在不考虑障碍物对火球热辐射产生阻挡作用的条件下，距离液化气容器 X 处的热辐射强度 q(W/m²) 可由下式计算：
$$q = SEP \times F \tau_\alpha$$

⑧ 热辐射伤害准则。沸腾液体扩展蒸气云爆炸（BLEVE）与池火灾（PoolFire）事故伤害后果热辐射伤害准则相同。

4. 毒物泄漏扩散中毒事故伤害后果评价

(1) 评价方法简介　毒性气体或液化毒性气体的主要危害是毒物泄漏后向下风向扩散，引起人员中毒。人员中毒事故后果除了与物质毒性、状态、泄漏量有关外，还与当时的风向、风速大小有关。通过毒物泄漏扩散模型，计算不同方向、距离有毒物质的浓度，从而计算出造成人员中毒的死亡半径、重伤半径和轻伤半径，从而评价其危害程度的大小。

（2）毒物泄漏扩散事故伤害后果评价过程

两类毒物泄漏扩散模型如下：

① 液体泄漏速率模型。液体泄漏速率可以采用伯努利方程计算：

$$Q = C_d A \rho \sqrt{\frac{2(p-p_0)}{\rho} + 2gh}$$

式中　Q——液体泄漏速率，kg/s；
　　　C_d——无量纲泄漏系数；
　　　ρ——液体密度，kg/m³；
　　　A——泄漏孔面积，m²；
　　　p——罐压，Pa；
　　　p_0——大气压力，Pa；
　　　g——引力常数，9.8m/s²；
　　　h——液压高度，m。

液体出口速度可按下式计算：

$$u = \frac{Q}{C_d A \rho}$$

式中　u——液体出口速度，m/s。

持续时间按下式计算：

$$t_s = [u_0/(C_d g)](A_T/A)$$

式中　u_0——初始流速，m/s；
　　　A_T——罐内液面积，m²。

泄漏系数 C_d 的取值通常可从标准化学工程手册中查到。对于管道破裂，C_d 的典型取值为 0.8。表 3-101 为常用的液体泄漏系数数据。

表 3-101　液体泄漏系数

雷诺数 Re	裂口形状		
	圆形(多边形)	三角形	长方形
>100	0.65	0.60	0.55
≤100	0.50	0.45	0.40

② 气体扩散模型。气体扩散危害评价采用世界银行提供的模型。对于连续泄漏，给定位置的毒物浓度可用下式计算：

$$c(x,y,z) = \frac{Q}{\pi \sigma_y \sigma_z u} \exp\left[-\frac{1}{2}\left(\frac{y^2}{\sigma_y^2} + \frac{z^2}{\sigma_z^2}\right)\right]$$

式中　$c(x,y,z)$——连续排放时，给定地点 (x,y,z) 的浓度，mg/m³；
　　　Q——连续排放的物料流量，mg/s；
　　　u——平均风速，m/s；
　　　x——下风向距离，m；
　　　y——横风向距离，m；
　　　z——离地面的距离，m；
　　　σ_y, σ_z——y、z 方向的扩散系数。

对于连续泄漏，平均时间取 10min。其中 σ_y、σ_z 与地面的有效粗糙度 Z_0 有关。地面有效粗糙度长度的确定如表 3-102 所示。

表 3-102 地面有效粗糙度长度

地面类型	Z_0/m	地面类型	Z_0/m
草原、平坦开阔地	≤0.1	分散的高矮建筑物（城市）	1～4
农作物地区	0.1～0.3	密集的高矮建筑物（大城市）	4
村落、分散的树林	0.3～1		

有效粗糙度 $Z_0 \leqslant 0.1\text{m}$ 地区的扩散参数，按表 3-103 确定。

表 3-103 $Z_0 \leqslant 0.1\text{m}$ 地区的扩散参数

大气稳定度	σ_y/m	σ_z/m
A	$0.22\times(1+0.0001x)^{-1/2}$	$0.20x$
B	$0.16\times(1+0.0001x)^{-1/2}$	$0.12x$
C	$0.11\times(1+0.0001x)^{-1/2}$	$0.08\times(1+0.0002x)^{-1/2}$
D	$0.08\times(1+0.0001x)^{-1/2}$	$0.06\times(1+0.0015x)^{-1/2}$
E	$0.06\times(1+0.0001x)^{-1/2}$	$0.03\times(1+0.0003x)^{-1/2}$
F	$0.04\times(1+0.0001x)^{-1/2}$	$0.016\times(1+0.0003x)^{-1/2}$

有效粗糙度 $Z_0 \geqslant 0.1\text{m}$ 的粗糙地形扩散系数的确定：

$$\sigma_y = \sigma_{y0} f_y$$
$$\sigma_z = \sigma_{z0} f_z$$
$$f_y(Z_0) = 1 + a_0 Z_0$$
$$f_z(x, Z_0) = (b_0 - c_0 \ln x)(d_0 + e_0 \ln x)^{-1} Z_0^{f_0 - g_0 \ln x}$$

式中系数按表 3-104 取值。

表 3-104 不同大气稳定度下的系数值

稳定度	A	B	C	D	E	F
a_0	0.042	0.115	0.15	0.38	0.3	0.57
b_0	1.10	1.5	1.49	2.53	2.4	2.913
c_0	0.0364	0.045	0.0182	0.13	0.11	0.0944
d_0	0.4364	0.853	0.87	0.55	0.86	0.753
e_0	0.05	0.0128	0.01046	0.042	0.01682	0.0228
f_0	0.273	0.156	0.089	0.35	0.27	0.29
g_0	0.024	0.0136	0.0071	0.03	0.022	0.023

毒物对人员危害等级的确定采用概率函数法。通过人们在一定时间接触一定浓度所造成影响的概率来描述泄漏后果。通过概率函数方程可以计算给定伤害程度下不同接触时间的毒物浓度。概率值 Y 与接触毒物浓度及接触时间的关系如下：

$$Y = A + B\ln(c^n t)$$

式中 A,B,n——取决于毒物性质的常数；
    c——接触毒物的浓度，$\times 10^{-6}$；
    t——接触毒物的时间，min。

出于保守考虑，毒物的接触时间选取 30min，分别计算人员死亡概率 50%、10%、1% 的范围。

(二)定量安全风险评价

(1)评价方法简介 安全风险评价通常采用定量风险评价(QRA),也称为概率风险评价(PRA),是一种对风险进行量化评估的重要技术手段。该方法以实现工程、系统安全为目的,应用安全系统工程原理和方法,通过对系统或设备失效概率和失效后果进行分析,将风险表征为事故发生频率和事故后果的乘积,从而对重大危险源的风险进行定量描述。

(2)定量安全风险评价过程

① 定量风险评价的指标。定量风险评价的核心量化指标是个人风险和社会风险。个人风险是指重大危险源产生在某一固定位置的人员的个体死亡概率,体现为风险等值线,如图 3-56 所示。社会风险为重大危险源能够引起大于等于 N 人死亡的所有事故的累积频率(F)。社会风险与重大危险源周围的人员密度密切相关,用社会风险曲线(F-N 曲线)表示,如图 3-57 所示。

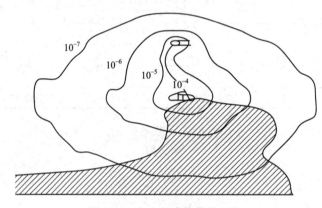

图 3-56 个人风险等值线示意

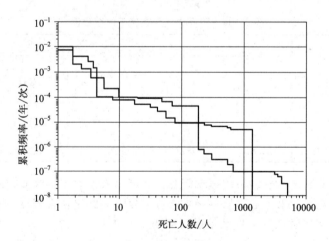

图 3-57 社会风险曲线示意(F-N 曲线)

② 定量风险评价的一般程序。定量风险评价是一种技术复杂的风险评估方法,不仅要对事故的原因、场景等进行定性分析,还要对事故发生的频率和后果进行定量计算,并将量化的风险指标与可接受标准进行对比,提出降低或减缓风险的措施。定量风险评价的一般程序如图 3-58 所示。

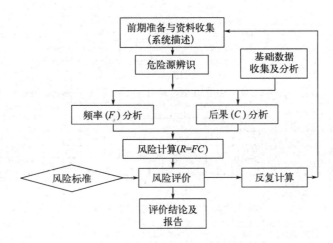

图 3-58 定量风险评价的一般程序

a. 前期准备与资料收集。资料的收集主要包括：企业及周边平面布置图、物料流程图(PFD)、工艺管道和仪表流程图（P&ID）、工艺介质数据表、设备及管道数据表、安全附件资料、建筑物明细表、人口分布数据、潜在点火源数据、当地气象数据等。

b. 危险源辨识。危险源辨识主要运用系统分析方法对评价区域进行危险辨识，以确定哪些易燃、易爆、活性和有毒物质存在重大事故风险，哪些工艺故障或错误容易产生非正常情况并存在重大事故风险。

c. 频率分析。危险品的泄漏是产生火灾、爆炸、中毒等事故的根源。对重大危险源的事故风险进行频率分析，以评估其发生事故的可能性。

d. 后果分析。后果分析主要评估潜在事故发生后造成的后果严重程度。后果分析基于事故后果伤害模型，得到热辐射、冲击波超压或毒物浓度等随距离变化的规律，然后与相应的伤害准则进行比较，得出事故后果影响的范围。

e. 风险计算。风险计算是在频率（f_s）和后果（v_s）分析的基础上，经过拟合计算，得到个人风险、社会风险和风险排序的过程。风险计算的计算量较大，一般需借助专业的风险评估软件才能实现。

f. 风险评价。风险评价为确定危险源的风险并依据风险标准确定风险等级的过程。风险评价的目的就是针对不可容许的风险提出风险降低的对策措施，并把风险等级尽可能降到最低，以符合标准的要求。对不容许风险，在采取降低风险的对策措施后，要重新进行定量风险评价。

③ 定量风险评价计算模型

a. 个人风险计算模型。危险源的个人风险计算模型如图 3-59 所示。

对于区域内的任一危险源，其在区域内某一空间地理坐标为 (x, y) 处产生的个人风险可由下式计算：

$$R(x,y) = \sum_{s=1}^{S} \sum_{w=1}^{W} \sum_{i=1}^{I} F_{s,o} F_E F_M P_w P_i V_s(x,y)$$

式中，$R(x,y)$ 为危险源所在位置 (x,y) 处产生的个人风险；$F_{s,o}$ 为第 s 个容器设备泄漏事件发生的原始频率；F_E 为设备修正系数；F_M 为安全管理、人员修正系数；P_w 为气象条件概率；P_i 为点火源的点火概率；$V_s(x,y)$ 为第 s 个事故情景在位置 (x,y) 处引起个体死亡的概率；S 为容器设备泄漏事件的个数；W 为气象条件的个数；I 为点火源的

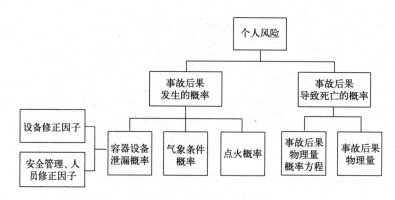

图 3-59 个人风险的计算模型

个数。

b. 社会风险计算模型。危险源的社会风险计算模型如图 3-60 所示。

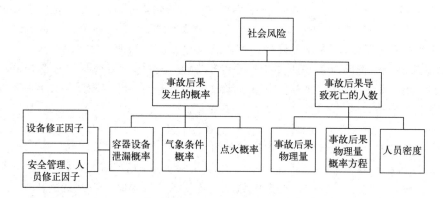

图 3-60 社会风险的计算模型

对于区域内的任一危险源，其引起的社会风险累计频率可由下式计算：

$$F_N = \sum_{s=1}^{S}\sum_{w=1}^{W}\sum_{i=1}^{I} F_{s,o} F_E F_M P_w P_i, n \geqslant N$$

式中，F_N 为 N 人以上死亡的累计频率；$F_{s,o}$ 为第 s 个容器设备泄漏事件发生的原始频率；F_E 为设备修正系数；F_M 为安全管理、人员修正系数；P_w 为气象条件概率；P_i 为点火源的点火概率；S 为容器设备泄漏事件的个数；W 为气象条件的个数；I 为点火源的个数；n 为死亡人数。

将计算得到的累计频率 F_N 与死亡人数 N 之间作曲线，即可得到危险源的社会风险 F-N 曲线。

c. 区域定量风险评价的计算过程。区域定量风险评价的计算过程如图 3-61 所示。

④ 个人风险和社会风险容许标准。风险并不是越低越好，因为降低风险需要采取措施，措施的实施需要付出代价，因此通常需要定义一个风险可接受准则，将风险限制在一个可接受的水平。风险接受准则表示了在规定时间内或某一行为阶段可接受的总体风险等级，并为风险分析以及制定风险减缓措施提供参考依据。

目前，工业界一般采用 ALARP（as low as reasonable practice）原则作为唯一可接受原则。ALARP 原则通过两个风险分界线将风险划分为 3 个区域，即不可接受区、合理可行

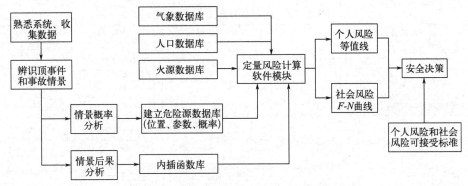

图 3-61 区域定量风险评价的计算过程

的最低限度区（ALARP）和广泛接受区（见图 3-62）。两个风险分界线分别是可接受风险水平线和可忽略风险水平线。ALARP 原则的核心是风险在合理可行的情况下应尽可能低，只有当减少风险是不可行的，或投入的资金与减少的风险是非常不相称时，风险才是可容忍的。

a. 个人风险容许标准。个人风险容许标准（LSIR）表明危险源附近的目标人群是否可暴露于某一风险水平以上。通常给出可容许风险的上限和下限值。上限是可容许基准，风险值高于可容许基准，必须进行整改；下限是可忽略基准，风险值低于可忽略基准，则可无须进行任何改善，接受此风险；若风险值介于两者之

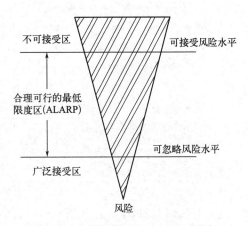

图 3-62 风险等级和 ALARP 原则

间，则可根据事件的优先顺序进行改善。个人风险容许标准的确定主要基于目标人群的聚集程度、对风险的敏感性、暴露的可能性、撤离的难易程度等，不同目标人群的可接受风险不同。本书考虑的主要目标人群如下：

高敏感或高密度场所，例如党政机关、学校、医院、居民区、大型商场、大型宾馆饭店等。

中密度场所，例如零星居民、办公场所、劳动密集型工厂、小型商场（商店）以及小型体育及文化娱乐场所等。

低密度场所，例如技术密集型工厂、公园、广场等。

针对化工项目依据《危险化学品生产装置和储存设施风险基准》（GB 36894—2018），本书建议的个人风险容许标准如表 3-105、表 3-106 和图 3-63 所示。

表 3-105 建议的个人风险容许标准

应用对象	最大可容许风险/年（在役装置）	最大可容许风险/年（新、改、扩建装置）	标准说明
高敏感防护目标 重要防护目标 一般防护目标中的 一类防护目标	3×10^{-6}	3×10^{-7}	在高敏感或高密度场所不接受 1×10^{-6} 的个人风险。1×10^{-6} 每年的个人风险等值线不应进入该区域
一般防护目标中的 二类防护目标	1×10^{-5}	3×10^{-6}	1×10^{-5} 每年的个人风险等值线不应进入该区域
一般防护目标中的 三类防护目标	3×10^{-5}	1×10^{-5}	1×10^{-4} 每年的个人风险等值线不应进入该区域

表 3-106 防护目标分类情况一览表

防护目标类型		一类防护目标	二类防护目标	三类防护目标
一般防护目标	住宅及相应服务设施 住宅包括：农村居民点、低层住区、中层和高层住宅建筑等。 相应服务设施包括：居住小区及小区级以下的幼托、文化、体育、商业、卫生服务、养老助残设施，不包括中小学	居住户数 30 户以上，或居住人数 100 人以上	居住户数 10 户以上 30 户以下，或居住人数 30 人以上 100 人以下	居住户数 10 户以下，或居住人数 30 人以下
	行政办公设施 包括：党政机关、社会团体、科研、事业单位等相关设施	县级以上党政机关以及其他办公人数 100 人以上的行政办公建筑	办公人数 100 人以下的行政办公建筑	—
	体育场馆 不包括：学校等机构专用的体育设施	总建筑面积 5000m² 以上的	总建筑面积 5000m² 以下的	—
	商业、餐饮业等综合性商业服务建筑 包括：以零售功能为主的商铺、商场、超市、市场类商业建筑或场所；以批发功能为主的农贸市场；饭店、餐厅、酒吧等餐饮业场所或建筑	总建筑面积 5000m² 以上的建筑，或高峰时 300 人以上的露天场所	总建筑面积 1500m² 以上 5000m² 以下的建筑，或高峰时 100 人以上 300 人以下的露天场所	总建筑面积 1500m² 以下的建筑，或高峰时 100 人以下的露天场所
	旅馆住宿业建筑 包括：宾馆、旅馆、招待所、服务型公寓、度假村等建筑	床位数 100 张以上的	床位数 100 张以下的	—
	金融保险、艺术传媒、技术服务等综合性商务办公建筑	总建筑面积 5000m² 以上的	总建筑面积 1500m² 以上 5000m² 以下的	总建筑面积 1500m² 以下的
	娱乐、康体类建筑或场所 包括：剧院、音乐厅、电影院、歌舞厅、网吧以及大型游乐等娱乐场所建筑；赛马场、高尔夫球场、溜冰场、跳伞场、摩托车场、射击场等康体场所	总建筑面积 3000m² 以上的建筑，或高峰时 100 人以上的露天场所	总建筑面积 3000m² 以下的建筑，或高峰时 100 人以下的露天场所	—
	公共设施营业网点	—	其他公用设施营业网点，包括：电信、邮政、供水、燃气、供电、供热等其他公用设施营业网点	加油加气站营业网点
	其他非危险化学品工业企业	—	企业中当班人数 100 人以上的建筑	企业中当班人数 100 人以下的建筑
	交通枢纽设施 包括：铁路客运站、公路长途客运站、港口客运码头、机场、交通服务设施(不包括交通指挥中心、交通队)等	旅客最高聚集人数 100 人以上	旅客最高聚集人数 100 人以下	—
	城镇公园广场	总占地面积 5000m² 以上的	总占地面积 1500m² 以上 5000m² 以下的	总占地面积 1500m² 以下的
高敏感防护目标	a. 文化设施。包括综合文化活动中心、文化馆、青少年宫、儿童活动中心、老年活动中心等设施 b. 教育设施。包括高等院校、中等专业学校、体育训练基地、中学、小学、幼儿园、业余学校、民营培训机构及其附属设施，包括为学校配套的独立地段的学生生活场所 c. 医疗卫生场所。包括医疗、保健、卫生、防疫、康复和急救场所不包括居住小区及小区级以下的卫生服务设施 d. 社会福利设施。包括福利院、养老院、孤儿院等为社会提供福利和慈善服务的设施及其附属设施 e. 其他在事故场景下自我保护能力相对较低群体聚集的场所			
重要防护目标	a. 公共图书展览设施。包括公共图书馆、博物馆、档案馆、科技馆、纪念馆、美术馆、展览馆、会展中心等设施 b. 文物保护单位 c. 宗教场所。包括专门用于宗教活动的庙宇、寺院、道观、教堂等场所 d. 城市轨道交通设施。包括：独立地段的城市轨道交通地面以上部分的线路、站点 e. 军事、安保设施。包括专门用于军事目的的设施、监狱、拘留所设施 f. 外事场所。包括外国政府及国际组织驻华使领馆、办事处等 g. 其他具有保护价值的或事故场景下人员不便撤离的场所			

注：1. 低层建筑（一层至三层住宅）为主的农村居民点、低层居住区以整体为单元进行规模核算，中层（四层至六层住宅）及以上建筑以每栋建筑为单元进行规模核算。其他防护目标未单独说明的，以独立建筑为目标进行分类。

2. 人员数量核算时，居住户数和居住人数按照常住人口核算，企业人员数量按照最大当班人数核算。

3. 具有兼容性的综合建筑按其主要类型进行分类，若综合楼使用的主要性质难以确定时，按底层使用的主要性质进行归类。

4. 表中"以上"包括本数，"以下"不包括本数。

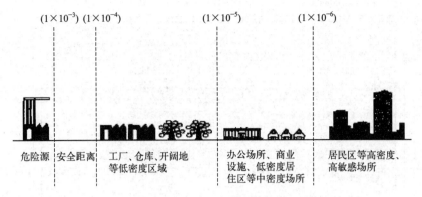

图 3-63　建议的个人风险容许标准示意

b. 社会风险容许标准。针对化工项目依据《危险化学品生产装置和储存设施风险基准》(GB 36894—2018)，本书建议采用接近于香港地区的社会风险容许标准曲线，如图 3-64 所示。

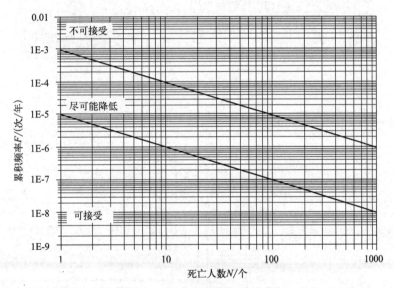

图 3-64　社会风险容许标准曲线

二、重大危险源区域定量风险评价与管理软件

不管是事故伤害后果模型计算还是定量安全风险计算，采用手工计算则比较复杂。目前已经有多个软件可以进行模拟计算。本书采用中国安全生产科学研究院提供的《重大危险源区域定量风险评价与管理软件 V2.0》(CASST-QRA) 进行事故伤害后果和定量安全风险计算。

该软件操作基本分为数据输入、计算及结果输出几个步骤。

1. 数据输入

点击文件→新建项目，并输入所建立的项目名称，即可建立新的项目。

数据输入包括加载新的地图图片、企业与危险源信息、区域气象信息、人口分布信息等，如图 3-65 所示。

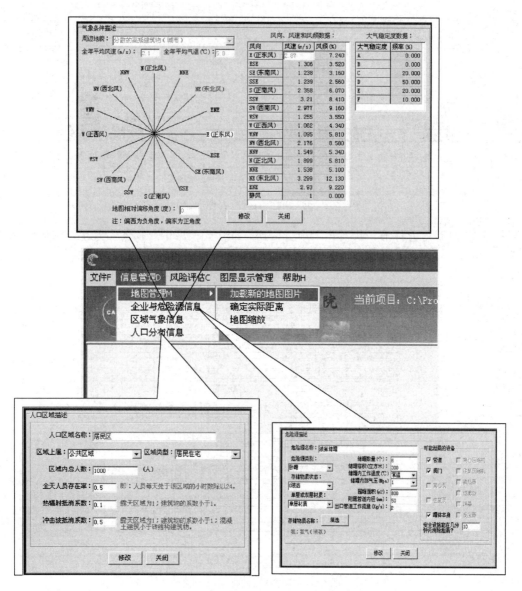

图 3-65 数据输入操作示意

2. 计算

当数据输入完整后，计算机能独立完成风险计算过程。

3. 结果输出

风险结果可以输出事故后果图、个人风险等值线、社会风险曲线、事故后果数据表以及危险源风险排序表。

当输出事故后果图时，需要对事故所在企业名称、危险源、事故情景灾害模式做出选择；当输出个人风险等值线时，需要对等值线风险值做出选择；当输出社会风险曲线时，需要对风险所针对的范围做出选择，如图 3-66 所示。

目前，重大危险源区域定量风险评价与管理软件已广泛应用于化工园区等区域性事故伤害后果及定量风险评价，取得了较好的效果。

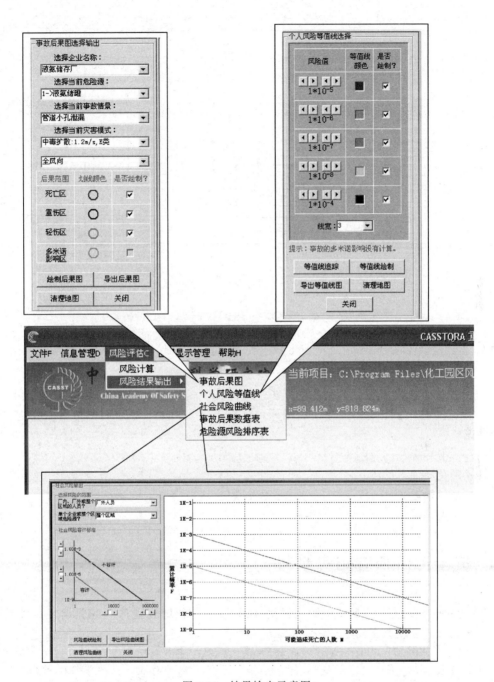

图 3-66 结果输出示意图

能力提升训练

请你尝试采用事故伤害后果及定量安全风险评价软件对下面案例进行安全评价。

某液氨储存企业有液氨储罐 6 座（卧式罐），单罐容积 $300m^3$。危险源及厂区平面布置如图 3-67 所示。

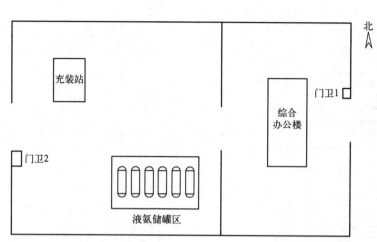

图 3-67 危险源及厂区平面布置

归纳总结提高

1. 常见的事故伤害与后果模型有哪些？
2. 根据事故伤害后果模型的使用范围，分别指出下列危险源采用何种事故伤害模型比较合适。
   （1）乙醇储罐；
   （2）液化石油气储罐；
   （3）液氯储罐；
   （4）甲烷储罐。

安全评价师应知应会

1. 发生爆炸事故的工业设施距居民区 1km 以上，若爆炸性蒸气飘向居民区而发生爆炸，可能导致的事故类型包括（   ）。
   （A）直接的爆炸压力伤害　　　　　（B）冲击波伤害
   （C）爆炸热伤害　　　　　　　　　（D）窒息伤害
2. 常见的工业设备泄漏物质形态主要包括（   ）。
   （A）常压气体　　　　　　　　　　（B）加压液化气体
   （C）低温液化气体　　　　　　　　（D）加压气体
3. 定量风险评估中，计算结果的表现形式通常是（   ）。
   （A）个人风险　　　（B）设备风险　　　（C）企业风险　　　（D）社会风险

课题 四
安全对策措施及安全评价结论

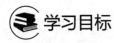 学习目标

知识目标：1. 了解安全对策措施的基本要求。
2. 了解安全对策措施编制的原则。
3. 掌握安全评价结论编制步骤。
4. 掌握评价结论的主要内容。

能力目标：1. 会查找安全对策措施的主要依据。
2. 初步具备编制安全对策措施的能力。
3. 会编制安全评价结论。

素质目标：1. 培养诚实守信的优良品质。
2. 培养实事求是、精益求精的工匠精神。
3. 培养团队合作能力。

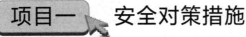 安全对策措施

 实例展示

以下为××化工有限公司"新建×万吨聚氨酯树脂生产线"安全预评价报告中安全对策措施、建议的部分内容。请你认真观察安全对策措施包括哪些内容，安全对策措施如何分类。

1. 可研报告中提出的安全对策措施

××化工有限公司提供有《××化工有限公司"年产×万吨 PU 聚氨酯树脂系列产品生

产、研发基地"投资建设项目可行性研究报告》。报告提出了相应的安全要求，内容如下：

① 在生产过程中，确保无泄漏，同时制定操作规程和安全防护手册，并对生产工人进行培训，达到上岗要求方可进行操作，以确保生产安全。

② 项目在建设和生产过程中严格执行国家有关劳动保护、职业安全和卫生方面的政策、法律和法规。

③ 加强生产车间通风，保持车间空气清新。厂房建筑设计应采用大的通风采光面，加大层高，改善通风换气条件。通风设计符合现代化工厂的规范要求。

④ 生产员工要自觉遵守劳动防护制度，按规定穿戴和使用劳动防护用品。生产场地保持清洁卫生，配备救护用品，确保劳动安全。

⑤ 生产车间机械传动设备较多，易引起机械伤害，应对机械传动部分加设防护罩，设置危险警示标志。

⑥ 对于存在毒性化学品的岗位，加强设备、管道严密性检查，防止泄漏，车间设置有毒气体报警器、冲洗水龙头和洗眼器等设施。

⑦ 应采取防静电、防漏电、防雷电措施，并定期检测接地状况，确保符合标准要求。

⑧ 总图布置、车间布置、罐区布置和建筑物设计执行国家防火、防爆规定。

2. 需要补充的安全对策措施及建议

(1) 总平面布置、建（构）筑物

① 总平面布置应根据《工业企业总平面设计规范》(GB 50187—2012)、《化工企业安全卫生设计规定》(HG 20571—2014)、《建筑设计防火规范》(GB 50016—2014)(2018年版)等标准对生产系统进行功能明确、分区合理的布置，分区内部和相互之间保持一定的通道和安全间隔。与相邻企业设施的间距应满足《化工企业安全卫生设计规定》(HG 20571—2014)第3.1.5条的规定，符合安全卫生、防火规定。

② 甲、乙类生产装置设计单位在设计时应按《爆炸和火灾危险环境电力装置设计规范》(GB 50058—2014)的要求根据易燃物质出现的频度、持续时间划分爆炸危险区域等级图，并标明相应的爆炸危险区域的类、级、组别。

③ 建、构筑物应符合《建筑地基基础设计规范》(GB 50007—2011)、《建筑与市政工程抗震通用规范》(GB 55002—2021)、《建筑结构荷载规范》(GB 50009—2012)的要求。

④ 建设项目厂房的耐火等级、最多允许层数和每个防火分区的最大允许建筑面积，应符合《建筑设计防火规范》(GB 50016—2014)(2018年版)第3.3.1条的要求。建设项目仓库的耐火等级、最多允许层数、每座仓库的最大允许占地面积和每个防火分区的最大允许建筑面积应符合 GB 50016—2014(2018年版)第3.3.2条要求。

⑤ 厂房之间以及与乙、丙、丁、戊类仓库，民用建筑等的防火间距按《建筑设计防火规范》(GB 50016—2014)(2018年版)第3.4.1条要求执行；散发可燃气体、可燃蒸气的甲类厂房与铁路、道路等的防火间距按第3.4.3条执行，甲类仓库之间及与其他建筑、明火或散发火花地点、铁路、道路等的防火间距应符合 GB 50016—2014(2018年版)第3.5.1条；乙、丙、丁、戊类仓库之间及与民用建筑的防火间距应符合第3.5.2条规定。

⑥ 甲类厂房与明火或散发火花的地点之间防火间距，按照《建筑设计防火规范》(GB 50016—2014)(2018年版)第3.4.2条要求应不小于30m，聚氨酯树脂生产车间与锅炉及其他厂内明火设备间距应满足此要求。

⑦ 聚氨酯树脂生产车间的泄压设施和泄压面积应按照《建筑设计防火规范》(GB

50016—2014)(2018年版)第3.6.1、3.6.2、3.6.3和3.6.4条的要求执行。

⑧ 本项目甲、乙、丙类液体储罐的四周应设置不燃性的防火堤，防火堤的设置应符合《建筑设计防火规范》(GB 50016—2014)(2018年版)第4.2.5条的要求和《储罐区防火堤设计规范》(GB 50351—2014)的规定。

(2) 工艺和设备装置

① 聚氨酯树脂生产火灾危险性属于甲类，反应系统要保证严密性。生产车间应尽可能消除一切产生火花的根源，防止混合气体爆炸。车间的安全出入口数量按照《建筑设计防火规范》(GB 50016—2014)(2018年版)第3.7.2条要求经计算确定，且不应少于两个，门应向外开。每座仓库的安全出口应符合GB 50016—2014(2018年版)第3.8.1条和3.8.2条规定。

② 多元醇聚酯、聚氨酯树脂生产车间宜按照《化工企业安全卫生设计规定》(HG 20571—2014)第4.1.2条规定采用露天、敞开或半敞开式的建(构)筑物。

③ 因超温、超压可能引起火灾、爆炸的设备，应按照《生产设备安全卫生设计总则》的要求设计超温、超压检测仪表和安全联锁装置。

④ 聚氨酯树脂生产车间、储罐区应设置可燃气体检测报警器，其报警信号值应定在该气体爆炸下限的20%以下，如与安全联锁配合，其联锁动作应在该气体爆炸下限的50%以下。

⑤ 用于排放爆炸危险气体、蒸气或粉尘的放散管、呼吸阀、排放管等，设计应按照《建筑物防雷设计规范》(GB 50057—2010)第4.2.1条规定，将其导出管置于室外，并高于建筑物2m以上，并应在避雷装置的保护范围之内，放空管应有良好的接地。

⑥ 按照《化工企业安全卫生设计规定》(HG 20571—2014)第5.1.3、5.1.4、5.1.5、5.1.6条规定：对可能逸出含尘毒气体的生产过程，应采用自动化操作，并设计排风和净化回收装置，作业环境和排放的有害物质浓度应符合现行国家标准《工作场所有害因素职业接触限值》(GBZ 2)的规定；对于毒性危害严重的生产过程和设备，应设计事故处理装置及应急防护设施；尘毒危害严重的厂房和仓库等建(构)筑物的墙壁、顶棚、地面均应光滑和便于清扫，必要时可设计防水、防腐等特殊保护层及专门清洗设施；在液体毒性危害严重的作业场所，应设计洗眼器、淋洗器等安全防护措施，淋洗器、洗眼器的服务半径应不大于15m。

⑦ 储罐应设置高低液位报警，并与输送泵联锁；容积大的储罐设计时，储罐的土建基础设计应符合《建筑地基基础设计规范》(GB 50007—2011)的要求，储罐进出口与泵或者管道连接应采用柔性软管连接，以免因沉降引起管道断裂；储罐区内储罐应按照《建筑设计防火规范》(GB 50016—2014)(2018年版)第4.2.3、4.2.4条要求分组布置，并按照第4.2.5条要求设置不燃性防火堤；甲、乙类储罐放空管上应设置带阻火器的呼吸阀。

⑧ 本项目生产中使用原料大多为易燃、易爆、有毒，液体原料采用管道泵送，建议施工时管道连接除检修和检测所需外，其他均宜采用焊接连接，以减少泄漏。

⑨ 设备应有完备的温度、压力、流量测量装置。真空泵应装有单向阀，反应设备应设置安全泄放装置。

(3) 公用工程及辅助设施

① 全厂变配电系统设备容量的配置应满足建设项目用电负荷的要求。

② 电气设备的供配电及电气设备的选型应根据工作环境的特性采用不同的方法。车间配电一般应将电动机的控制保护设备放在属于正常环境的控制室内。室外输送泵电机宜选用防潮型IP54。

③ 爆炸危险场所电力线路一般采用铠装电缆直埋敷设或阻燃材料桥架敷设，电缆穿越

大门、车道应穿钢管敷设,室外电缆埋地0.8m敷设,接口密封应符合防爆要求。

④ 按照《爆炸和火灾危险环境电力装置设计规范》(GB 50058—2014)第5.5.3条的规定,在爆炸危险环境内,设备的外露可导电部分应可靠接地,在爆炸危险区域不同方向,接地干线应不少于两处与接地体连接。

⑤ 生产车间使用甲苯、甲乙酮的区域为爆炸危险场所,电气设备如动力配电箱、灯具、开关、电动机等应采用隔爆型。厂房的防雷分类依照《建筑物防雷设计规范》(GB 50057—2010)第3.0.3条标准应为第二类防雷建筑,防雷措施应符合第4.3条的规定。

⑥ 按照相关国家标准、规范设置防雷防静电装置,并经具备资质的相关部门检测合格,防雷防静电接地电阻不大于4Ω。

⑦ 变电所高压配电室应设避雷设施,厂区高于20m的建、构筑物均设避雷针或避雷带保护。变电所设环形人工接地装置,各车间电源进户处设重复接地装置,接地电阻值不大于4Ω。

⑧ 为防止间接触电事故的发生应按照《低压配电设计规范》(GB 50054—2011)第5.2.3条、5.2.4条要求,将电气装置的外露可导电部分,应与保护导体连接,来自外部的建筑物的水管、燃气管、采暖和空调管道等各种金属干管及可接用的建筑物金属结构部分的可导电部分,应在建筑物内距离引入点最近的地方做总等电位连接,总等电位连接导体,应符合第3.2.15条~第3.2.17条的有关规定。

⑨ 项目中的己二酸等原料系爆炸性粉尘,投料或搬运处理不当可能形成爆炸性粉尘环境,多元醇聚酯搅拌设备的电源应配置适当的安全保护装置和采用粉尘防爆措施,本项目电器设备的外壳防护等级应不低于IP54。多元醇聚酯车间及己二酸仓库宜设置通风设施降低粉尘浓度,同时通风排出的废气应经除尘后排放。

⑩ 依据《建筑设计防火规范》(GB 50016—2014)(2018年版)第7.1.3、7.1.6和7.1.7条规定:高层厂房,占地面积大于3000m^{2}的甲、乙、丙类厂房和占地面积大于1500m^{2}的乙、丙类仓库,应设置环形消防车道;可燃材料露天堆场区,液化石油气储罐区,甲、乙、丙类液体储罐区和可燃气体储罐区,应设置消防车道。供消防车取水的天然水源和消防水池应设置消防车道,消防车道的边缘距离取水点不宜大于2m。

⑪ 生产车间、储罐区、仓库、办公区及其他构筑物灭火器的配置应符合《建筑灭火器配置设计规范》(GB 50140—2005)的规定。

⑫ 消防水泵房的设置应符合《建筑设计防火规范》(GB 50016—2014)(2018年版)第8.1.6条规定。消防水泵房和消防控制室应符合《建筑设计防火规范》(GB 50016—2014)(2018年版)第8.1.8条规定,应采取防水淹的技术措施。

⑬ 消防车道的净宽度和净高度依照《建筑设计防火规范》(GB 50016—2014)(2018年版)第7.1.8条均不应小于4.0m,跨越道路上空架设管线距离路面的最小高度应符合《工业企业厂内铁路、道路运输安全规程》(GB 4387—2008)第6.1.2条要求不应小于5.0m。

⑭ 在具有爆炸危险性的生产场所,关于点火源的控制,除采取电气防爆和防静电措施外,还应控制操作中机械摩擦火花、撞击火花和其他的高温热点。为防止产生撞击火花,在防爆区域内操作或维修时应使用防爆工具。

⑮ 凡容易发生事故危及生命安全的场所和设备,均应有安全标志,凡需要迅速发现并引起注意以防发生事故的场所、部位应涂安全色。化工装置的管道刷色和符号应按《工业管道的基本识别色、识别符号和安全标识》(GB 7231—2003)的规定执行。

⑯ 凡操作人员进行操作、维护、调节、检查的工作岗位,距坠落基准面高差超过2m,且有坠落危险的场所,应依据有关规定配置供站立的平台和防坠落的栏杆、安全盖板、防护板等。

(4) 安全生产管理

① 建设单位的主要负责人和安全生产管理人员必须具备与本单位所从事的生产经营活动相应的安全生产知识和管理能力。应参加安全培训，并考核合格。其学历和从业经历应满足《中共中央办公厅 国务院办公厅印发〈关于全面加强危险化学品安全生产工作的意见〉》（2020年2月26日印发）的要求。

② 建设单位应对从业人员（含新进人员）进行安全生产教育和培训，保证从业人员具备必要的安全生产知识，熟悉有关安全生产规章制度和安全操作规程，掌握本岗位的安全操作技能，了解事故应急处理措施。未经安全生产教育和培训合格的从业人员，不得上岗作业。建设单位使用被派遣劳动者的，应当将被派遣劳动者纳入本单位从业人员统一管理，对被派遣劳动者进行岗位安全操作规程和安全操作技能的教育和培训。劳务派遣单位应当对被派遣劳动者进行必要的安全生产教育和培训。

③ 建设单位必须依法参加工伤社会保险，为从业人员缴纳保险费。

④ 企业应建立安全管理组织，配备专职安全管理人员。制定完善的安全管理制度（包括防火、防爆、防雷电、防静电、岗位责任制、安全教育、安全培训、运输、储存、档案管理、班组管理等制度）、岗位操作规程、岗位安全规程。

⑤ 设备的维护应建立维修技术档案。根据工艺流程和生产岗位进行明确分工。岗位操作人员应定时、定线、定点巡回检查。

⑥ 投产前应制定并完善安全生产操作规程。此规程应包括：正常开停车、正常操作条件、短时间停车后再开车、检修后的重新开车、低负荷操作条件、超负荷操作条件、紧急停车、备用装置的启动条件、设备和管道的更换、检修程序、发生故障的应急方案等。

⑦ 按《危险化学品重大危险源辨识》（GB 18218—2018）规定，本项目属危险化学品重大危险源。应遵照《中华人民共和国安全生产法》第四十条："生产经营单位对重大危险源应当登记建档，进行定期检测、评估、监控，并制定应急预案，告知从业人员和相关人员在紧急情况下应当采取的应急措施。生产经营单位应当按照国家有关规定将本单位重大危险源及有关安全措施、应急措施报有关地方人民政府应急管理部门和有关部门备案。"应按照《危险化学品企业重大危险源安全包保责任制办法（试行）的通知》（应急厅〔2021〕12号）要求建立重大危险源包保责任制。

提出任务：安全对策措施有哪些基本要求？制定安全对策措施应遵循哪些原则？

知识储备

生产过程中的事故隐患是生产事故形成的前兆。"海恩里希法则"告诉我们：当一个企业有300个事故隐患或违章，必然要发生29起轻伤事故或故障，在这29起轻伤事故或故障中，必然包含一起重伤、伤亡或重大事故。可见，大量事故隐患的存在为生产事故的发生提供了酝酿的温床。安全对策措施就是为了实现安全生产、防止事故的发生或减少事故发生后的损失而采取的方法、手段和技术等。安全对策措施包括安全技术对策措施和安全管理对策措施。安全技术措施是从工程技术上，避免或者减少操作人员在生产过程中直接接触可能产生危险因素的设备、设施和物料，使系统在人员误操作或生产装置发生故障的情况下，也不会造成事故或减少事故造成的损失。比如，自动化生产或监测、联锁等，或者说是硬件上的措施。安全管理措施则是通过现代化、科学化的管理，以防止发生事故和职业病，避免、减少事故和职业病所造成的损失。

一、安全对策措施的基本要求及遵循的原则

1. 安全对策措施的基本要求

安全评价过程中对评价单位提出事故隐患、安全对策措施时的基本要求有如下几点：

① 提出的事故隐患、安全对策措施应系统、全面，涵盖被评价单位的厂址选择、厂区平面布置、工艺流程、设备、消防设施、防雷设施、防静电设施、公用工程、安全预警装置和安全管理等诸方面。

② 提出的事故隐患、安全对策措施应按"轻、重、缓、急"划分为立即整改、限期整改、建议整改等几个等级。应与被评价单位协商安排整改进度，使安全对策措施落到实处。

③ 提出的事故隐患、安全对策措施应符合被评价单位的实际情况，针对性强、实用性强。要做到以下几个方面：

a. 能消除或减弱生产过程中产生的危险、危害。

b. 处置危险和有害物，并降低到国家规定的限值内。

c. 预防生产装置失灵和操作失误产生的危险、危害。

d. 能有效地预防重大事故和职业危害的发生。

e. 发生意外事故时，能为遇险人员提供自救和互救条件。

f. 与企业的经济实力相适应，与国内安全科学技术的发展水平相适应。

2. 制定安全对策措施应遵循的原则

在提出事故隐患、制定安全对策措施时应遵循如下基本原则。

(1) 安全技术对策措施等级顺序　当安全技术措施与经济效益发生矛盾时，应优先考虑安全技术措施上的要求，并应按下列安全技术措施等级顺序选择安全技术措施。

① 直接安全技术措施。生产设备本身应具有本质安全性能，不出现任何事故和危害。

② 间接安全技术措施。若不能或不完全能实现直接安全技术措施时，必须为生产设备设计出一种或多种安全防护装置，最大限度地预防、控制事故或危害的发生。

③ 指示性安全技术措施。间接安全技术措施也无法实现或实施时，须采用检测报警装置、警示标志等措施，警告、提醒作业人员注意，以便采取相应的对策措施或紧急撤离危险场所。

④ 如果间接、指示性安全技术措施仍然不能避免事故、危害发生，则应采用安全操作规程、安全教育、培训和个体防护用品等措施来预防、减弱系统的危险、危害程度。

(2) 根据安全技术措施等级顺序的要求应遵循的具体原则

① 消除。通过合理的设计和科学的管理，尽可能从根本上消除危险有害因素，如采用无害化工艺技术，生产中以无害物质代替有害物质，实现自动化作业、遥控作业等。

② 预防。当消除危险、有害因素确有困难时，可采取预防性技术措施，预防危险危害的发生，如使用安全阀、安全屏护、漏电保护装置、安全电压、熔断器、防爆膜、事故排放装置等。

③ 减弱。在无法消除危险有害因素和难以预防的情况下，可采取减少危险危害的措施，如采用局部通风排毒装置、生产中以低毒性物质代替高毒性物质、降温措施、避雷装置、消除静电装置、减振装置、消声装置等。

④ 隔离。在无法消除、预防、减弱的情况下，应将人员与危险有害因素隔开和将不能共存的物质分开，如遥控作业，设安全罩、防护屏、隔离操作室、安全距离、事故发生时的自救装置（如防护服、各类防毒面具）等。

⑤ 联锁。当操作者失误或设备运行一旦达到危险状态时，应通过联锁装置终止危险危

害的发生。

⑥ 警告。在易发生故障和危险性较大的地方,设置醒目的安全色、安全标志,必要时设置声、光或声光组合报警装置。

(3) 安全对策措施应具有针对性、可操作性和经济合理性

① 针对性是指针对不同行业的特点和通过评价得出的主要危险有害因素及其后果,提出对策措施。由于危险有害因素及其后果具有隐蔽性、随机性、交叉影响性,对策措施不仅要针对某项危险有害因素孤立地采取措施,而且为使系统全面地达到国家安全指标,应采取优化组合的综合措施。

② 提出的对策措施是设计单位、建设单位、生产经营单位进行设计、生产、管理的重要依据,因而对策措施应在经济、技术、时间上是可行的,能够落实和实施的。此外,要尽可能具体指明对策措施所依据的法律法规、标准、规范,说明应采取的具体对策措施,以便于应用和操作。

③ 经济合理性是指不应超越国家及建设项目生产经营单位的经济、技术水平,按过高的安全要求提出安全对策措施。即在采用先进技术的基础上,考虑到进一步发展的需要,以安全法律法规、标准和规范为依据,结合评价对象的经济、技术状况,使安全技术装备水平与工艺装备水平相适应,求得经济、技术、安全的合理统一。

(4) 对策措施应符合国家有关法律法规、标准及设计规范的要求 在安全评价中,应严格按有关法律法规、国家标准、行业安全设计规范规定的要求提出安全对策措施,要标明有关的法律法规、国家标准和行业安全设计规范的名称、标准号或文件号、相关的条文等。

(5) 在前述"定性、定量评价"基础上提出安全对策措施

① 提出安全对策措施,要注意前后的连贯性。根据前述的评价,例如用安全检查表法评价过程中,对不符合或未涉及的检查内容应提出对策措施。

② 针对《可行性研究报告》中或生产现场存在的不足或隐患提出安全对策措施,对《可行性研究报告》中或生产现场已经满足法律、法规、标准规范要求的,不应再提出对策措施。切忌将标准规范的条文罗列成对策措施,没有针对性。

③ 有条理地提出安全对策措施。对策措施的顺序一般应该与前述评价单元顺序一致。

(6) 不同类型评价对策措施的要求

① 对于安全预评价,主要是评价《可行性研究报告》或《项目建议书》拟采用的安全设施是否符合相关法律法规、标准规范的要求,以及现场与周边情况是否符合安全要求,在提出安全对策措施时,首先列出《可行性研究报告》已提出的安全对策措施,再提出安全预评价报告补充的安全对策措施。

② 对于安全验收评价,主要是检查建设项目执行安全设施"三同时"情况,因此,《安全设施设计专篇》是进行安全验收的主要依据之一。在提出安全对策措施时,首先检查《安全设施设计专篇》提出的安全措施是否落实和投入使用,再提出安全验收评价报告补充的安全对策措施。

对于安全验收评价提出的安全对策措施,企业应进行整改,并提供整改情况回复,说明整改情况,不整改的说明理由。

二、安全对策措施提出的主要依据

1. 厂址及总平面布局的对策措施

项目选址及总平面布置,除考虑建设项目经济性和技术合理性,满足工业布局和城市规划要求,满足企业内部及与周边防火间距要求外,部分行业还应考虑与周边的卫生防护

距离。

项目选址及总平面布置应符合《工业企业总平面设计规范》(GB 50187—2012)、《建筑设计防火规范》(GB 50016—2014)(2018年版)、《工业企业设计卫生标准》(GBZ 1—2010)、《工业企业厂内铁路道路运输安全规程》(GB 4387—2008)等标准中相关要求。但部分国家或行业有特殊规定的，应该依照其规定执行。

① 化工企业的项目选址及总平面布置应符合《化工企业总图运输设计规范》(GB 50489—2009)、《化工企业安全卫生设计规范》(HG 20571—2014)、《精细化工企业工程设计防火标准》(GB 51283—2020)、《煤化工工程设计防火标准》(GB 51428—2021)等标准规范的要求。

② 石油化工企业的项目选址及总平面布置应符合《石油化工企业设计防火标准》(2018年版)(GB 50160—2008)、《石油化工工厂布置设计规范》(GB 50984—2014)等标准规范的要求。

③ 化工企业及化工园区的选址及总平面布置还应按照应急管理部《化工园区安全风险排查治理导则》(应急〔2023〕123号)和《危险化学品企业安全风险隐患排查治理导则》(应急〔2019〕78号)要求进行多米诺效应分析，评估化工园区布局的安全性和合理性，评估危险化学品建设项目与周边企业的相互影响，提出安全风险防范措施，降低区域安全风险，避免多米诺效应，优化平面布局。

④ 石油天然气工程的项目选址及总平面布置应符合《石油天然气工程设计防火规范》(GB 50183—2004)、《输气管道工程设计规范》(GB 50251—2015)、《输油管道工程设计规范》(GB 50253—2014)、《石油库设计规范》(GB 50074—2014)、《石油天然气工程建筑设计规范》(SY/T 0021—2016)等标准规范的要求。

⑤ 城镇燃气工程的项目选址及总平面布置应符合《城镇燃气设计规范》(GB 50028—2006)(2020年版)等标准规范的要求。

⑥ 冶金行业的项目选址及总平面布置应符合《钢铁冶金企业设计防火规范》(GB 50414—2018)、《有色金属工程设计防火规范》(GB 50630—2010)等标准规范的要求。

⑦ 某些行业对卫生防护距离有特殊要求，在项目选址及总平面布置时应加以考虑。如《造纸及纸制品业卫生防护距离 第1部分：纸浆制造业》(GB 11654.1—2012)、《合成材料制造业卫生防护距离 第1部分：聚氯乙烯制造业》(GB 11655.1—2012)、《肥料制造业卫生防护距离 第1部分：氮肥制造业》(GB 11666.1—2012)、《非金属矿物制品业卫生防护距离 第1部分：水泥制造业》(GB 18068.1—2012)、《农副食品加工业卫生防护距离 第1部分：屠宰及肉类加工业》(GB 18078.1—2012)等。

总之，除了通用要求外，不同行业又有其各自的特点，要求也不尽相同。在实际运用过程中，要根据项目的性质，灵活运用，提出具有针对性的安全对策措施。

2. 工艺及设备安全对策措施

由于行业不同，工艺及设备差异很大。工艺及设备通用的安全要求主要在《生产设备安全卫生设计总则》(GB 5083—1999)、《工业企业设计卫生标准》(GBZ 1—2010)等标准规范相关内容中。对于火灾、爆炸危险环境的设备要求主要在《爆炸性环境》(GB 3836.1~36)、《粉尘防爆安全规程》(GB 15577—2018)、《可燃性粉尘环境用电气设备》(GB 12476.1~10)等标准规范中。

① 化工行业属于高度危险行业，对其工艺及设备的安全设施要求较高。化工行业工艺及设备安全要求主要依据《化工企业安全卫生设计规定》(HG 20571—2014)、《化工过程安全管理导则》(AQ/T 3034—2022)、《化工装置设备布置设计规定》(HG/T 20546.1~20546.5—2009)、《化工设备基础设计规定》(HG/T 20643—2012)、《化工设

备、管道外防腐设计规范》(HG/T 20679—2014)、《化工机器安装工程施工及验收规范》(HG/T 20203—2017)、《化工装置管道布置设计技术规定》(HG/T 20549.5—1998)、《首批重点监管的危险化工工艺安全控制要求、重点监控参数及推荐的控制方案》、《危险化学品企业重大危险源安全包保责任制办法（试行）》、《危险化学品企业安全风险隐患排查治理原则》等。

② 石油化工行业同样属于高度危险行业，其对策措施的提出主要依据《石油化工工艺装置布置设计规范》(SH 3011—2011)、《石油化工装置（单元）竖向设计规范》(SH/T 3168—2011)、《石油化工钢制设备抗震设计标准》(GB 50761—2018)、《石油化工设备和管道绝热工程设计规范》(SH/T 3010—2013)、《石油化工设备和管道涂料防腐蚀设计规范》(SH/T 3022—2019)、《石油化工塔型设备基础设计规范》(SH/T 3030—2009)、《石油化工冷换设备和容器基础设计规范》(SH/T 3058—2016)、《石油化工设备管道钢结构表面色和标志规定》(SH/T 3043—2014)、《石油化工重载荷离心泵工程技术规范》(SH/T 3139—2019)、《石油化工离心风机工程技术规范》(SH/T 3170—2011)、《石油化工厂区管线综合技术规范》(GB 50542—2009) 等。

③ 石油天然气工程的工艺及设备应符合《石油天然气工程设计防火规范》(GB 50183—2004)、《输气管道工程设计规范》(GB 50251—2015)、《输油管道工程设计规范》(GB 50253—2014)、《石油库设计规范》(GB 50074—2014)、《油气输送管道穿越工程设计规范》(GB 50423—2013)、《埋地钢质管道阴极保护技术规范》(GB/T 21448—2017)、《埋地钢质管道外壁有机防腐层技术规范》(SY/T 0061) 等标准规范的要求。

④ 城镇燃气工程的工艺及设备应符合《城镇燃气设计规范》(GB 50028—2006)(2020年版) 等标准规范的要求。

⑤ 冶金行业的工艺及设备根据其产品、工艺不同，应分别符合《高炉炼铁工程设计规范》(GB 50427—2015)、《炼焦工艺设计规范》(GB 50432—2007)、《炼钢工程设计规范》(GB 50439—2015)、《冶金矿山选矿厂工艺设计规范》(GB 50612—2010) 等标准规范的要求。

3. 电气设施及自控仪表安全对策措施

各种企业供配电设施各不相同，但有其共同之处。供配电设施主要包括变压器、配电柜、配电箱、配电线路等。此外，对防雷、防静电设施的安全评价一般纳入电气设施及自控仪表单元评价。自控仪表对于石油化工、冶金、电力等行业是不可缺少的，也是非常重要的内容。

电气设施及自控仪表通用标准包括《低压配电设计规范》(GB 50054—2011)、《供配电系统设计规范》(GB 50052—2009)、《20kV 及以下变电所设计规范》(GB 50053—2013)、《通用用电设备配电设计规范》(GB 50055—2011)、《66kV 及以下架空电力线路设计规范》(GB 50061—2010)、《建筑物防雷设计规范》(GB 50057—2010)、《自动化仪表工程施工及质量验收规范》(GB 50093—2013) 等。对于火灾、爆炸危险环境，电力装置设计主要依据《爆炸危险环境电力装置设计规》(GB 50058—2014)、《防止静电事故通用导则》(GB 12158—2006)、《危险场所电气防爆安全规范》(AQ 3009—2007) 等。

(1) 化工行业电气设施及自控仪表 化工行业电气设施及自控仪表除了遵循通用标准外，还必须符合《化工电气安全工作规程》(HG/T 30018)、《自动化仪表选型设计规定》(HG/T 20507)、《仪表供电设计规范》(HG/T 20509—2014)、《仪表供气设计规范》(HG/T 20510—2014)、《仪表配管配线设计规定》(HG/T 20512—2014)、《仪表系统接地设计规范》(HG/T 20513—2014)、《自动分析器室设计规范》(HG/T 20516—2014) 等标准规范的要求。

(2) 石油化工行业电气设施及自控仪表　石油化工行业电气设施及自控仪表除了遵循通用标准外，还必须符合《石油化工装置电力设计规范》(SH/T 3038—2017)、《石油化工企业工厂供电系统设计规范》(SH/T 3060—2013)、《石油化工电气工程施工技术规程》(SH 3612—2013)、《石油化工电气工程施工质量验收规范》(SH 3552—2013)、《石油化工安全仪表系统设计规范》(GB/T 50770—2013)、《油气田及管道工程仪表控制系统设计规范》(GB/T 50892—2013)、《石油化工仪表管道线路设计规范》(SH/T 3019—2016)、《石油化工仪表供气设计规范》(SH/T 3020—2013)、《石油化工仪表供电设计规范》(SH/T 3082—2019)、《石油化工仪表安装设计规范》(SH/T 3104—2013)、《石油化工仪表系统防雷工程设计规范》(SH/T 3164—2021)等标准规范规定。

(3) 石油天然气工程电气设施及自控仪表　石油天然气工程电气设施及自控仪表除了遵循通用标准外，还必须符合《石油天然气工程设计防火规范》(GB 50183—2004)、《输气管道工程设计规范》(GB 50251—2015)、《输油管道工程设计规范》(GB 50253—2014)、《石油库设计规范》(GB 50074—2014)、《油气输送管道穿越工程设计规范》(GB 50423—2013)、《油气田及管道工程仪表控制系统设计规范》(GB/T 50892—2013)、《石油天然气建设工程施工质量验收规范　自动化仪表工程》(SY 4205—2016)、《油气管道仪表及自动化系统运行技术规范》(SY/T 6069—2020)等标准规范的要求。

4. 消防设施安全对策措施

消防设施是重要的评价内容，也是减轻事故后果的主要保障。消防设施除了消防灭火系统、疏散通道、灭火器、消防警示标志外，通常还包括火灾报警系统、消防通信系统、消防应急救援等。消防设施安全对策措施通用标准包括《建筑设计防火规范》(2018年版)(GB 50016—2014)、《消防安全标志 第1部分：标志》(GB 13495.1—2015)、《消防应急照明和疏散指示系统》(GB 17945—2010)、《自动喷水灭火系统设计规范》(GB 50084—2017)、《火灾自动报警系统施工及验收规范》(GB 50166—2019)、《气体灭火系统施工及验收规范》(GB 50263—2007)、《泡沫灭火系统技术标准》(GB 50151—2021)、《消防通信指挥系统设计规范》(GB 50313—2013)、《固定消防炮灭火系统设计规范》(GB 50338—2003)、《干粉灭火系统设计规范》(GB 50347—2004)、《气体灭火系统设计规范》(GB 50370—2005)、《建筑灭火器配置设计规范》(GB 50140—2005)、《建筑灭火器配置验收及检查规范》(GB 50444—2008)、《固定消防炮灭火系统施工与验收规范》(GB 50498—2009)等。

(1) 化工行业的消防设施　化工行业的消防设施除了遵循通用标准外，还必须符合《化工企业安全卫生设计规范》(HG 20571—2014)等标准规范相关内容的要求。

(2) 石油化工行业的消防设施　石油化工行业的消防设施除了遵循通用标准外，还必须符合《石油化工企业设计防火标准》(2018年版)(GB 50160—2008)等标准规范相关内容的要求。

(3) 石油天然气工程的消防设施　石油天然气工程的消防设施除了遵循通用标准外，还必须符合《石油天然气工程设计防火规范》(GB 50183—2004)、《输气管道工程设计规范》(GB 50251—2015)、《输油管道工程设计规范》(GB 50253—2014)、《石油库设计规范》(GB 50074—2014)、《油气田消防站建设规范》(SY/T 6670—2006)等标准规范相关内容的要求。

5. 特种设备安全对策措施

特种设备是指涉及生命安全、危险性较大的锅炉、压力容器（含气瓶，下同）、压力管道、电梯、起重机械、客运索道、大型游乐设施和场（厂）内专用机动车辆。特种设备的标准规范对各行业普遍适用，通用的标准规范、规章包括《特种设备安全监察条例》、《特种设备管理规则》（TSG 08—2017）、《起重机械安全监察规定》、《压力管道定期检验规则　长输（油气）管道》（TSG D7003—2010）、《压力管道定期检验规则　公用管道》（TSG D7004—2010）、《压力管道定期检验规则　工业管道》（TSG D7005—2018）、《起重机械安全技术监察规程——桥式起重机》（TSG Q0002—2008）、《起重机械安全规程 第5部分桥式和门式起重机》（GB 6067.5—2014）、《固定式压力容器安全技术监察规程》（TSG 21—2016）、《移动式压力容器安全技术监察规程》（TSG R0005—2011）（2021年版）、《气瓶附件安全技术监察规程》（TSG RF001—2009）、《气瓶安全技术规程》（TSG 23—2021）、《安全阀安全技术监察规程》（TSG ZF001—2006）、《气瓶充装站安全技术条件》（GB 27550—2011）、《塔式起重机安全规程》（GB5144—2006）、《锅炉安全技术规程》（TSG 11—2020）、《特种设备作业人员监督管理办法》、《起重机械安全规程 第1部分：总则》（GB 6067.1—2010）、《起重机械安全技术规程》（TSG 51—2023）等标准规范中相关规定。

6. 安全生产管理对策措施

安全生产管理包括安全生产管理的组织机构的设立、人员培训、安全生产责任制、安全管理制度和安全操作规程、特种作业人员的取证、安全生产投入、日常安全检查管理、应急救援管理、重大危险源管理等。安全生产管理对策措施的提出，主要依据现行的法律法规、规章等，如《中华人民共和国安全生产法》、《危险化学品安全管理条例》、《中华人民共和国消防法》、《中华人民共和国职业病防治法》、《工伤保险条例》、《劳动防护用品监督管理规定》（国家安监总局令第1号）、《特种作业人员安全技术培训考核管理规定》（国家安监总局令第30号）等。

 能力提升训练

请你尝试对下列工作场所提出安全对策措施。
1. 危险化学品仓库（图4-1）。
2. 作业场所（图4-2）。

图4-1　仓库

图4-2　现场作业

3. 相对封闭空间作业（图4-3）。
4. 施工作业（图4-4）。

图 4-3 相对封闭空间作业

图 4-4 施工作业

5. 吊装作业（图 4-5）。

图 4-5 吊装作业

归纳总结提高

1. 制定安全对策措施应遵循哪些原则？
2. 安全对策措施包括哪些内容？
3. 常用的防触电、防雷击、防静电安全对策措施有哪些？

安全评价师应知应会

1. 特种设备是指国家认定的，因设备本身和外在因素的影响容易发生事故，且一旦发生事故会造成人身伤亡及重大经济损失的危险性较大的设备。下列属于特种设备的是（　　）。

(A) 电梯 (B) 厂内机动车辆
(C) 客运索道 (D) 防爆电气设备
2. 爆炸品不能与以下（　　）危险化学品同储。
(A) 易燃气体 (B) 易燃液体 (C) 毒害品 (D) 腐蚀品
3. 安全技术措施按其功能可分为（　　）。
(A) 直接安全技术措施 (B) 间接安全技术措施
(C) 提示性安全技术措施 (D) 个体防护措施
4. 提出的安全对策措施应符合的原则是（　　）。
(A) 针对性 (B) 灵活性 (C) 可操作性 (D) 经济合理性
5. 硫黄粉碎过程易发生火灾爆炸，采取的预防措施是（　　）。
(A) 粉碎设备露天布置 (B) 粉碎设备室内布置，通风良好
(C) 采用防爆电气 (D) 粉碎设备密闭
6. 在使用有毒物品的作业场所应当设置的标志、标识是（　　）。
(A) 黄色区域警示线、警示标识和中文警示说明
(B) 红色区域警示线、警示标识和中文警示说明
(C) 黄色区域警示线、警示标识
(D) 红色区域警示线、警示标识
7. 间接安全技术措施无法实现或实施时，须采用（　　）、警示标志的措施，警告、提醒作业人员注意，以便采取相应的对策措施或者紧急撤离危险场所。
(A) 安全防护装置 (B) 检测报警装置
(C) 安全操作规程 (D) 个体防护用品
8. 在生产装置中使用同类火灾爆炸危险物料的设备或厂房，应尽量（　　）布置，便于统筹安全防火防爆设施。
(A) 集中 (B) 分散
(C) 分区 (D) 有一定间距的分散
9. 生产安全风险的高低，可用安全色形式的信息来表示。其中，黄色表示（　　）。
(A) 安全、通行 (B) 注意、警告 (C) 指令、遵守 (D) 危险、禁止
10. 具有工艺过程危险有害特征的典型的生产过程单元是（　　）。
(A) 氧化还原、硝化、电解系统 (B) 发电机系统
(C) 煤粉制备系统 (D) 汽轮机系统
11. 防火防爆对策措施中，对于易燃易爆物质，其在车间内的浓度一般应低于爆炸下限的（　　）。
(A) 20% (B) 25% (C) 15% (D) 5%
12. 下列安全措施中，属于减弱危险有害因素的安全措施是（　　）。
(A) 漏电保护装置 (B) 设置避雷 (C) 熔断器 (D) 安全距离
13. 在安全防护装置的设置原则中以操作人员的工作位置在基准面（　　）以上时，为保证站立的安全，配备供站立的平台、梯子和防坠落的栏杆或防护板。
(A) 1.2m (B) 1.5m (C) 2m (D) 2.5m
14. 下列安全措施中，属于消除危险有害因素的安全措施是（　　）。
(A) 以无害物质代替有害物质 (B) 自动化作业
(C) 遥控作业 (D) 事故排放装置
15. 下列安全措施中，属于预防危险有害因素的安全措施是（　　）。
(A) 安全阀和安全屏护 (B) 漏电保护装置

(C) 安全电压 (D) 熔断器

16. 下列安全措施中，属于减弱危险有害因素的安全措施是（　　）。
(A) 防雷防静电　　(B) 减振　　(C) 消声　　(D) 防爆膜

17. 安全技术措施按其功能可分为（　　）。
(A) 直接安全技术措施　　(B) 间接安全技术措施
(C) 指示性安全技术措施　　(D) 日常安全巡查措施

18. 根据安全技术措施等级顺序的要求，应遵循的原则是（　　）。
(A) 替代、预防、减弱、隔离、联锁、警告
(B) 消除、预防、减弱、隔离、联锁、警告
(C) 预防、替代、减弱、隔离、联锁、警告
(D) 消除、减弱、预防、联锁、隔离、警告

19. 安全评价时要提出安全技术措施和安全管理措施，下列关于相关措施的描述中，不正确的是（　　）。
(A) 保险装置、联锁装置等是针对设备的安全技术对策措施
(B) 制定安全规章制度、安全操作规程等是安全管理对策措施
(C) 事故源于违章，制定更多的安全管理制度可以替代安全措施
(D) 安全技术对策措施是采用技术措施使"机-环境"系统具有保障安全状态的能力

项目二　安全评价结论

实例展示

以下是××化工有限公司"新建×万吨聚氨酯树脂生产线"安全预评价报告中评价结论部分内容，研讨安全评价结论包括哪些内容。

1. 评价结果

××化工有限公司×万吨/年聚氨酯树脂建设项目可行性研究报告已通过××市××区发改委批复。建设项目安全预评价是根据建设项目可行性研究报告的内容及企业提供的其他资料，运用科学的方法，根据国家法律、法规、技术标准及类比项目的情况，分析、预测该建设项目存在的危险、危害因素的种类和危险危害程度，提出合理和可行的安全技术措施和管理对策。作为建设项目安全措施设计和项目安全管理的主要依据。评价组通过采用道化学火灾、爆炸危险指数法，预先危险性分析法，作业条件危险性分析法对建设项目进行分析和评价，得出如下结论：

① ××化工有限公司建设项目涉及的危险化学品有：二甲基甲酰胺、甲苯、甲乙酮、二苯基甲烷二异氰酸酯、甲苯二异氰酸酯等。

② 该建设项目最易发生的伤害事故是火灾、中毒，此外还有触电、机械伤害、物体打击等事故。

③ 通过对建设项目进行重大危险源辨识，建设项目已构成危险化学品重大危险源。该项目建成后应按照重大危险源管理的相关规定进行备案登记，应加强安全管理，制定相应的重大危险源监控措施。

④ 通过对该建设项目中的聚氨酯树脂生产装置、甲苯储罐区采用道化学火灾、爆炸

危险指数法计算，火灾、爆炸危险指数分别为 171.6 和 108，分别处于"非常大"级和"中等"级；经安全措施补偿后分别降到 97.6 和 64.8，危险等级降到"中等"级和"较轻"级。说明建设项目在采取相应的安全措施后，能有效地降低单元的火灾、爆炸危险性。

⑤ 根据建设项目生产过程中存在的危险有害因素，对 PU 树脂生产单元、物料储存单元重点进行了预先危险性分析，其主要危险有害因素为：因设备密封不严造成易燃液体泄漏引起的火灾、爆炸和毒害性物质泄漏引起的中毒事故，危险程度为Ⅱ～Ⅳ级。本报告从安全工程和安全管理等方面提出了相应的安全对策措施。

⑥ 采用作业条件危险性分析法对各个生产工序的危险性进行了分析比较，该建设项目的多元醇聚酯的反应过程、PU 树脂反应过程、易燃液体储运、毒害性物品储运作业属于比较危险的作业环节，应重点关注。

⑦ 按照类推原理以及建设项目的实际情况对本项目有毒作业、噪声作业进行评价表明，在装置正常情况下，有毒作业、噪声作业能达到安全水平。

2. 应重视的安全对策措施建议

建设项目建成后，必须按国家规定进行各种检测、检验、评审和验收。建设单位应保证各项安全投入的落实和各种安全保障设施能够有效运行，切实保障职工的人身安全和身体健康。

3. 评价结论

综上所述，评价组认为：××化工有限公司已有多年聚氨酯树脂生产历史，积累了丰富的安全生产经验，有一批熟悉聚氨酯树脂生产的管理人员和操作工人，公司××区的生产工厂连续多年实现安全生产。本建设项目符合国家产业政策，选址符合当地政府规划，项目采用的生产工艺成熟。本项目在生产过程中虽存在多种危险有害物质及危险有害因素，但在后续设计和施工时，若能认真落实可行性研究报告和本安全预评价报告提出的安全对策措施，保证安全设施与主体工程同时设计、同时施工、同时投入生产和使用，潜在的危险有害因素能够得到有效控制，可以满足建成后安全生产的需要。本项目从安全生产角度符合国家有关法律、法规和技术标准的要求。

提出任务：安全评价结论编制的原则有哪些？安全评价结论包括哪些内容？

知识储备

一、评价结果与评价结论

评价结果是指子系统或单元的各评价要素通过检查、检测、检验、分析、判断、计算、评价、汇总后得到的结果；评价结论是对整个被评价系统进行安全状况综合评判的结果，是评价结果的综合。

安全评价机构应根据客观、公正、真实的原则，严谨、明确地做出安全评价结论。安全评价结论的内容应包括高度概括评价结果，从风险管理角度给出评价对象在评价时与国家有关安全生产的法律法规、标准、规章、规范的符合性结论，给出事故发生的可能性和严重程度的预测性结论，以及采取安全对策措施后的安全状态等。

取得安全评价的一般工作步骤：

① 明确评价对象，备齐有关安全评价所需的设备、工具，收集国内外法律法规、标准、

规章、规范等资料；

② 根据评价对象的具体情况，辨识和分析危险、有害因素，确定其存在的部位、方式，以及发生作用的途径和变化规律；

③ 科学、合理地划分评价单元；

④ 根据评价单元的特性，选择合理的评价方法，对评价对象发生事故的可能性及其严重程度进行定性、定量评价；

⑤ 提出消除或减弱危险、危害的技术和管理的对策措施建议；

⑥ 根据客观、公正、真实的原则，严谨、明确地做出安全评价结论。

安全评价报告是安全评价过程的具体体现和概括性总结。安全评价报告是评价对象实现安全运行的技术性指导文件，对完善自身安全管理、应用安全技术等方面具有重要作用。安全评价报告应全面、概括地反映安全评价过程的全部工作，文字应简洁、准确，提出的资料应清楚可靠，论点明确，利于阅读和审查。

二、评价结论的编制原则

由于系统进行安全评价时，通过分析和评估将单元各评价要素的评价结果汇总成各单元安全评价的小结，因此，整个项目的评价结论应是各评价单元评价小结的高度概括，而不是将各评价单元的评价小结简单地罗列起来作为评价结论。

评价结论的编制应着眼于整个被评价系统的安全状况。评价结论应遵循客观公正、观点明确的原则，做到概括性、条理性强且文字表达精练。

（1）客观公正性　安全评价报告应客观公正地针对评价项目的实际情况，实事求是地给出评价结论。既不夸大危险，也不缩小危险。

① 对危险、危害性分类、分级的确定应恰如其分，实事求是。

② 对定量评价的计算结果应进行认真分析，确定是否与实际情况相符，若发现计算结果与实际情况出入较大，应该认真分析所建立的数学模型或采用的定量计算模式是否合理，数据是否合格，计算是否有误。

（2）观点明确　在评价结论中观点要明确，不能含糊其词、模棱两可、自相矛盾。

（3）清晰准确　评价结论应是对评价报告进行充分论证的高度概括，层次要清楚，文字应简洁、准确，结论要准确，应符合客观实际，要有充足的理由。

三、评价结论

1. 评价结论分析

评价结论应较全面地考虑评价项目各方面的安全状况，要从"人、机、料、法、环"理出评价结论的主线并进行分析。交代建设项目在安全卫生技术措施、安全设施上是否能满足系统安全的要求，安全验收评价还需考虑安全设施和技术措施的运行效果及可靠性。

① 人力资源。安全管理人员和生产人员是否经安全培训，是否满足安全生产需要，是否持证上岗等。

② 安全管理。是否建立安全管理体系，是否建立支持文件（管理制度）和程序文件（作业规程），设备装置运行是否建立台账，安全检查是否有记录，是否建立事故应急救援预案等。

③ 设备装置。生产系统、设备和装置的本质安全程度，控制系统是否做到了故障安全型，即一旦超越设计或操作控制的参数限度时，是否具备能使系统或设备回复到安全状态的

能力及其可靠性。

④ 附件设施。安全附件和安全设施配置是否合理,是否能起到安全保障作用,其有效性是否得到证实;一旦超越正常的工艺条件或发生误操作时,安全设施是否能保证系统安全。

⑤ 物质物料。危险化学品的安全技术说明书(MSDS)是否建立,生产、储存是否构成重大危险源,在燃爆和急性中毒上是否得到有效控制。

⑥ 材质材料。设备、装置及危险化学品的包装物的材质是否符合要求,材料是否采取防腐蚀措施(如牺牲阳极法),测定数据是否完整(如测厚、探伤等)。

⑦ 方法工艺。生产过程工艺的本质安全程度、生产工艺条件正常和工艺条件发生变化时的适应能力。

⑧ 作业操作。生产作业及操作控制是否按安全操作规程进行。

⑨ 生产环境。生产作业环境是否符合防火、防爆、防急性中毒的安全要求。

⑩ 安全条件。自然条件对评价对象的影响,周围环境对评价对象的影响,评价对象总图布置是否合理,物流路线是否安全和便捷,作业人员安全生产条件是否符合相关要求。

2. 评价结果归类及重要性判断

由于系统内各单元评价结果之间存在关联,且各评价结果在重要性上不平衡,对安全评价结论的贡献有大有小,因此在编写评价结论之前最好对评价结果进行整理、分类并按严重度和发生频率分别将结果排序列出。

例如,将影响特别重大的危险(群死群伤)或故障(或事故)频发的结果,将影响重大危险(个别伤亡)或故障(或事故)发生的结果,将影响一般危险(偶有伤亡)或故障(或事故)偶然发生的结果等进行排序列出。

3. 评价结论的主要内容

安全评价结论的内容,因评价种类的不同而各有差异。通常情况下,安全评价结论主要包括下列内容。

(1) 评价结论分析

① 主要危险有害因素分析结论,确定重大危险源和危险目标。

② 各评价单元评价结果概述、归类、危险度排序。

③ 预防性、前瞻性的安全设施和安全管理及事故应急救援预案的分析。

(2) 评价结论

① 评价对象是否符合国家安全生产法律、法规、标准、规章、规范和要求的安全生产条件。

② 评价对象已采用(取)的安全设施水平,发现的设计缺陷和事故隐患及其整改情况,采取所要求的安全对策措施后达到的安全程度。

③ 根据安全评价结果,做出相应的安全评价结论。

(3) 建议

① 对受条件限制而遗留的问题应提出改进方向和措施建议。

② 对评价结果可接受的项目,应进一步提出重点防范的危险、危害因素;对评价结果不可接受的项目,应明确提出整改措施建议,列出不可接受的充足理由。

③ 安全设施的更新与改进,安全条件和安全生产条件的完善与维护。

④ 主要装置、设备(设施)和特种设备的维护与保养,提出提高安全水平的建议。

⑤ 其他方面的建议。

归纳总结提高

1. 安全评价结论一般包括哪些内容?
2. 安全评价结论编制的原则有哪些?

安全评价师应知应会

1. 编制评价结论时应遵循（　　）原则。
   (A) 语言精练　　　(B) 观点明确　　　(C) 客观公正　　　(D) 清晰准确
2. 安全评价结论是安全评价报告最关键、最重要的内容之一,安全评价结论中可不包括的内容是（　　）。
   (A) 被评价对象与相关法律、法规、规章、标准和规范的符合性结论
   (B) 安全评价项目过程的完整性结论
   (C) 对被评价项目发生事故的可能性和严重程度的预测性结论
   (D) 采取对策措施后项目的安全状态

课题 五
安全评价报告的编制及安全评价过程控制

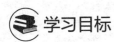
学习目标

知识目标：1. 熟悉不同安全评价类别对资料的采集要求。
2. 了解安全评价报告的编制原则、安全评价过程控制体系的基本要求。
3. 掌握安全评价报告包括的主要内容、安全评价报告书的常用格式、安全评价过程体系文件的构成及编制。

能力目标：1. 会分析各种安全评价报告实例。
2. 会规范编制安全评价报告。
3. 会编制安全评价过程控制体系文件。

素质目标：1. 培养诚实守信的优良品质。
2. 培养实事求是、追求卓越、精益求精的工匠精神。
3. 树立公正无私、遵章守纪的工作作风。

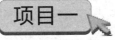 安全评价报告的编制

 实例展示

以下是××安全有限公司对××化工有限公司"新建的年产×万吨聚氨酯树脂生产线"所做的安全预评价报告的正文，为保证被评价机构的技术秘密，同时保证评价报告的完整性，其中的部分内容已省略，仅保留了标题。请你认真研读该报告，研讨安全评价报告包括的主要内容。

1 安全预评价的目的、过程、范围和程序

1.1 安全预评价目的

安全预评价的目的是贯彻"安全第一，预防为主，综合治理"的方针，为建设项目初步设计提供科学依据，以利于提高建设项目本质安全程度。安全预评价基本原则是具备国家规定资质的安全评价机构科学、公正和合法地开展安全预评价。

1.2 安全预评价过程

受××化工有限公司的委托，××安全有限公司承担了本项目的安全预评价工作。

1.3 安全预评价范围

按照××化工有限公司与××安全有限公司签订的评价合同，本次安全预评价范围包括：

① 新建的年产×万吨聚氨酯树脂生产线；
② 为新建装置配套建设的危险化学品储罐区、仓库及公用工程。

1.4 安全预评价程序

略。

2 建设单位及建设项目概况

2.1 建设单位基本情况

2.1.1 企业概况

略。

2.1.2 投资方简介

略。

2.2 建设项目基本情况

略。

2.3 建设项目地理位置、用地面积和生产规模

2.3.1 地理位置

略。

2.3.2 周边环境

略。

2.3.3 投资及占地面积

略。

2.3.4 生产规模

年产×万吨聚氨酯树脂。

2.4 拟采用的工艺和国内同类项目水平对比情况

略。

2.5 生产工艺流程

略。

2.6 主要原辅材料名称、规格和消耗及储运情况

略。

2.6.1 主要原辅材料名称、规格和消耗

略。

2.6.2 储运情况

略。

2.7 主要装置和设施的布局及上下游生产装置的关系
略。
2.7.1 主要装置和设施的布局
略。
2.7.2 上下游生产装置的关系
略。
2.8 建设项目选用的主要装置（设备）和设施名称、型号（或者规格）、材质、数量和主要特种设备
2.8.1 建设项目的主要装置
略。
2.8.2 项目设备设施一览表
略。
2.8.3 主要特种设备
略。
2.9 配套设施和辅助工程
略。
2.9.1 给排水系统
略。
2.9.2 供配电、自控系统
略。
2.9.3 仪表空气
略。
2.9.4 废水废气处理系统
略。
2.9.5 消防系统
略。
2.9.6 电信及火灾报警系统
略。
2.10 组织机构及劳动定员
略。
2.10.1 安全管理机构
略。
2.10.2 劳动定员
略。
2.10.3 人员来源及培训
3 危险、有害因素分析
3.1 主要物质的危险危害性分析
建设项目生产过程涉及的危险化学品有：
易燃物质：甲苯。
毒害性物质：甲苯二异氰酸酯。
一般化学品：己二酸、丁二醇、乙二醇、二乙二醇。
物质的危险特性如下：
下面仅以甲苯物质特性表为例，其他物质特性表略。

甲苯物质特性表见表 5-1。

表 5-1　甲苯物质特性表

标识	中文名：甲苯	英文名：methylbenzene、toluene	
	分子式：C_7H_8	分子量：92.14	UN 编号：1294
	危险化学品目录序号：1014	RTECS 号：XS5250000	CAS 编号：108-88-3
理化性质	性状：无色透明液体，有类似苯的芳香气味		
	熔点：-94.9℃　沸点：110.6℃	相对密度(水=1)：0.87　相对密度(空气=1)：3.14	
	饱和蒸气压(30℃)：4.89kPa	辛醇/水分配系数的对数值：2.69	
	临界温度：318.6℃	燃烧热：3905.0kJ/mol	
	临界压力：4.11MPa	折射率：1.4961	
	最小点火能：2.5mJ	溶解性：不溶于水，可混溶于苯、醇、醚等多数有机溶剂	
燃爆性及消防	燃烧性：易燃　引燃温度：535℃	稳定性：稳定　聚合危害：不聚合	
	闪点：4℃　爆炸极限(体积分数)：1.2%～7.0%	避免接触的条件：　禁忌物：强氧化剂	
	最大爆炸压力：0.666MPa	燃烧(分解)产物：一氧化碳、二氧化碳	
	危险特性：易燃，其蒸气与空气可形成爆炸性混合物。遇明火、高热能引起燃烧爆炸。与氧化剂能发生强烈反应。流速过快，容易产生和积聚静电。其蒸气比空气密度大，能在较低处扩散到相当远的地方，遇明火会引着火回燃		
	灭火方法：喷水冷却容器，可能的话将容器从火场移至空旷处。处在火场中的容器若已变色或从安全泄压装置中产生声音，必须马上撤离。		
	灭火剂：泡沫、干粉、二氧化碳、砂土。用水灭火无效		
毒性及健康危害	接触限值：PC-TWA 50mg/m³(皮)　PC-STEL 100mg/m³(皮)		
	急性毒性：LD_{50} 5000mg/kg(大鼠经口)，12124mg/kg(兔经皮)；LC_{50} 20003mg/m³，8h(小鼠吸入)		
	刺激性：人经眼 300×10^{-6}，引起刺激		
	侵入途径：吸入、食入、经皮吸收		
	健康危害：对皮肤、黏膜有刺激性，对中枢神经系统有麻醉作用。急性中毒：短时间内吸入较高浓度本品可出现眼及上呼吸道明显的刺激症状、眼结膜及咽部充血、头晕、头痛、恶心、呕吐、胸闷、四肢无力、步态蹒跚、意识模糊。重症者可有躁动、抽搐、昏迷。慢性中毒：长期接触可发生神经衰弱综合征，肝大，女工月经异常等。皮肤干燥、皲裂、皮炎		
急救	皮肤接触：脱去被污染的衣着，用肥皂水和清水彻底冲洗皮肤。		
	眼睛接触：提起眼睑，用流动清水或生理盐水冲洗。就医。		
	吸入：迅速脱离现场至空气新鲜处。保持呼吸道通畅。如呼吸困难，给输氧。如呼吸停止，立即进行人工呼吸。就医。		
	食入：饮足量温水，催吐，就医		
防护	检测方法：气相色谱法		
	工程控制：生产过程密闭，加强通风。		
	呼吸系统防护：空气中浓度超标时，佩戴自吸过滤式防毒面具(半面罩)。紧急事态抢救或撤离时，应该佩戴空气呼吸器。		
	眼睛防护：戴化学安全防护眼镜。		
	身体防护：穿防毒物渗透工作服。		
	手防护：戴乳胶手套。		
	其他：工作现场禁止吸烟、进食和饮水。工作毕，淋浴更衣。保持良好的卫生习惯		
泄漏处理	迅速撤离泄漏污染区人员至安全区，并进行隔离，严格限制出入。切断火源。建议应急处理人员戴自给正压式呼吸器，穿消防防护服。尽可能切断泄漏源，防止进入下水道、排洪沟等限制性空间。		
	小量泄漏：用活性炭或其他惰性材料吸附或吸收。也可以用不燃性分散剂制成的乳液刷洗，洗液稀释后放入废水系统。		
	大量泄漏：构筑围堤或挖坑收容。用泡沫覆盖，降低蒸气灾害。用防爆泵转移至槽车或专用收集器内，回收或运至废物处理场所处置		
储运	储存于阴凉、通风仓间内。远离火种、热源。仓内温度不宜超过 30℃。防止阳光直射，保持容器密封。应与氧化剂分开存放。储存间内的照明、通风等设施应采用防爆型，开关设在仓外。配备相应品种和数量的消防器材。桶装堆垛不可过大，应留墙距、顶距、柱距及必要的防火检查走道。罐储时要有防火防爆技术措施。禁止使用易产生火花的机械设备和工具。灌装时应注意流速(不超 3m/s)，且有接地装置，防止静电积聚。搬运时轻装轻卸，防止包装及容器损坏		

3.2 自然环境的危险、有害因素分析

本项目建设地点位于××市××区，属于北亚热带东亚季风盛行地区，春季温暖湿润、夏季炎热多雨、秋季天高气爽、冬季寒冷少雨雪。年平均气温 16.5℃，极端最高气温 37.9℃，极端最低气温 −10.1℃。年平均降水量 1100.7mm，日最大降水量 153.2mm，最大积雪厚度 134mm，降水量随季节变化明显。区域内全年主导风向为东南风，历史最大风力为 11～12 级，平均风力 3～4 级；历史最大风速为 28m/s，历史平均风速为 3.5m/s。

气候条件可能对本项目存在潜在的影响，例如夏季高温露天作业可能引起作业人员的中暑症状，冬季的低温可能引起保护不良的地下水管的冻裂，强风可能会引起室外露天装置设备的损毁，雷击可能引起化学物品的燃烧、爆炸。

3.3 生产过程的危险、有害因素识别

3.3.1 多元醇聚酯生产过程的危险、有害因素分析

多元醇聚酯生产过程中所用物料为己二酸、乙二醇、丁二醇、二乙二醇，物料具有一定的火灾危险性，酯化反应操作温度达到 250℃，超过了二元醇的闪点，反应过程采用氮气保护。建设项目存在较大的火灾、爆炸、窒息等事故风险，同时还存在着噪声、触电伤害和机械伤害等风险。

① 酯化生产过程中若管道、阀门、法兰连接处密闭不良，或者由于操作失误等原因导致物料泄漏，可燃物遇火源会发生燃烧引起火灾。

② 酯化、缩聚反应温度较高，若设备材质或密封材料不符合要求，反应过程中出现泄漏，将会出现火灾、爆炸，造成设备损毁，人员伤亡。

③ 酯化回流过程中，如反应温度控制不当、加热速度过快、冷凝器冷却水中断可能造成二元醇气相无法冷却，大量易燃液体蒸气泄漏，从而造成燃烧、爆炸、中毒事故。

④ 酯化反应过程中，采用高温真空脱水，若设备密封不严漏入空气，可燃物蒸气遇空气会产生爆炸性混合气体，遇火源可能引起燃烧或爆炸。

⑤ 原料乙二醇、丁二醇等对人体有一定的刺激作用，加料、出料时若通风不良，作业人员未做必要防护或防护不当将对人员健康造成伤害。

⑥ 己二酸粉尘与空气可形成爆炸性混合物，当达到一定浓度时，遇火源会发生爆炸。生产场所如果设备密封不严，除尘设施运行不良引起粉尘积聚，遇火源会引起粉尘爆炸。

⑦ 生产过程中固体原料己二酸在加料过程中存在粉尘泄漏的可能性，因该物质对眼睛、皮肤、黏膜和上呼吸道有刺激作用，人员吸入粉尘会对健康造成不良的影响。

⑧ 在生产过程中酯化反应采用氮气作惰性气体保护，氮气具有窒息性，若在氮气的使用过程中发生泄漏，作业场所通风不良，可能在局部形成窒息性环境，进入该区域的人员可能发生窒息伤亡事故。

⑨ 高温情况下，己二酸具有一定的腐蚀性，容易对设备造成腐蚀，若反应釜材质选择不当，容易因腐蚀导致其强度下降以致破裂，导致物料泄漏出来引起各种事故。

⑩ 在生产过程中，酯化、缩聚使用导热油加热，当发生人体误接触高温设备或管道时，会发生严重烫伤。

⑪ 在设备的检修、清洗作业时，若未按照安全操作规程操作，例如作业时无人监护，进入设备检修前未将各管道用盲板隔离，未对设备做彻底清洗，未经分析设备内氧含量、易燃易爆有毒物质含量，有可能引起中毒、窒息或燃烧爆炸等事故，导致人员受伤甚至死亡。

⑫ 生产过程中使用的搅拌机、引风机、其他机泵等若安装不当或维护保养不良，会产生较强噪声。当噪声强度超过卫生标准，人员长期在此环境下工作，会对作业人员的听力和健康造成不良的影响。

⑬ 生产装置的扶梯、栏杆、操作平台设计不合理，安装不牢固或因腐蚀导致强度下降，

有引起高空坠落的危险。

⑭ 本项目生产装置有各种机泵、动力设备，另外还设有许多照明、控制等设施及电缆、电线等。若电气线路或电气设备安装操作不当，保养不善，接地、接零损坏或失效等，有可能造成漏电，引起触电事故或其他电气伤害。若厂区防雷电设施或接地损坏、失效可能遭受雷击，造成设备损坏或人员触电等事故。在建设、检修、技改过程中若不严格执行有关安全规定，可能会造成触电事故。

⑮ 夏季环境温度较高，高温还会使劳动者的热调节发生障碍，轻者影响劳动能力，可抑制人的中枢神经系统，造成注意力分散，有导致工伤事故的危险，重者可引起中暑。因此在夏季应采取防暑降温的措施。

⑯ 建设项目在生产过程中有比较多的传动设备部件，如各类机泵的联轴器、传动设备，因此要防止机械伤害现象的发生。

3.3.2 聚氨酯树脂生产过程的危险、有害因素分析

略。

3.4 储存过程中的危险、有害因素分析

本建设项目中的原料甲苯二异氰酸酯、1,4-丁二醇、乙二醇、二乙二醇、甲苯、甲基乙基酮，中间产品多元醇聚酯采用储罐储存；己二酸、产品聚氨酯树脂采用仓库储存。储罐区和仓库的危险、有害因素分析如下：

① 储罐区在储存和卸料过程中因设备原因或操作不当发生泄漏，可燃液体遇火源会引起火灾，可燃蒸气与空气混合形成爆炸性混合气体，遇火源可能发生爆炸。

② 产品、原料装卸过程中若无正确的操作规程、不按操作规程操作或无适当的泄漏防护措施，可能因操作不慎引起产品泄漏，导致火灾、爆炸或中毒事故。

③ 储罐区由于电气设备选型、安装不符合防爆要求而产生电火花，可能成为爆炸性混合物爆炸的点火源。

④ 甲苯、甲乙酮电阻率较大，易积聚静电电荷，因而在卸料输送中会产生静电，若流速过快、管道材料选择不当、静电接地不良，易产生静电及静电放电，进而引燃易燃物料造成火灾、爆炸事故的发生。

⑤ 储罐如超量储存，储罐内的物料随温度升高而体积膨胀，如达到满罐后继续膨胀，会造成罐内易燃物料大量泄漏，遇火源引起燃烧、爆炸。

⑥ 储罐防火堤设置若不能满足规范要求，当发生泄漏时不能有效容纳泄漏物，导致泄漏物四处流淌，会扩大事故的影响范围。

⑦ 储罐设置的防火间距若不符合安全要求，发生事故时可能导致火灾或爆炸范围的扩大。

⑧ 储罐的防雷接地措施若不符合标准要求，储罐在夏天的雷雨季节，有可能遭受雷击，从而产生火灾、爆炸、设备损坏和人员伤害事故。

⑨ 由于地面沉降，尤其是不均匀沉降，有可能造成储罐底板及壁板的撕裂、连接管道的断裂而造成罐内的物料泄漏。

⑩ 储罐检修作业时由于吹扫或置换不彻底，罐内易燃物超标或氧气缺少，检修人员必须进罐作业时，则有可能发生着火、爆炸、窒息事故。

⑪ 本项目的原辅料和产品通过车辆运输进出厂区，运输车辆频繁进出厂区特别是爆炸危险区域，若未采取必要的安全措施，也给工厂的安全生产和厂内的交通安全带来隐患。

3.5 供配电设施危险、有害因素分析

略。

3.6 其他方面的危险、有害因素分析

① 若厂区总平面布置设计不合理，在发生事故时可导致事故范围扩大，并且给事故救援带来困难。
② 锅炉、压力容器有缺陷或由于操作失误引起超压，可能发生锅炉、容器爆炸事故。
③ 生产过程中若由于仪表本身出现故障，造成反应控制失灵，有引起火灾、爆炸事故发生的可能性。
④ 生产装置的配电箱、控制箱和电器开关的质量缺陷、绝缘不良、不按规定接地接零，可能导致作业人员发生触电事故。
⑤ 维修间内的维修工具、设备零件等若随意摆放，可能引起人员的碰伤、砸伤、挫伤等伤害事故。在爆炸危险区域内使用非防爆工具可产生撞击火花，成为火灾爆炸事故的点火源。
⑥ 生产厂房、高大设备等由于地基承载力或风力等原因存在坍塌的危险性。
⑦ 分析室内使用的各种试剂虽然用量不大，但若发生意外造成容器破损，也将对分析人员造成伤害，甚至引起火灾爆炸事故。
⑧ 生产过程中需要对原料、中间产品、产品进行取样分析，部分物料对人体有害。作业人员若无有效的个人防护措施，沾染有害物料，将危害个人健康。
⑨ 在高处作业中若有关人员身体不适，注意力不集中，违反高处作业规定，不严格执行操作规程或由于设备腐蚀等，容易发生高处坠落事故。发生高处坠落事故的原因主要是：作业人员有登高作业禁忌证；洞、坑无盖板或检修中移动盖板；平台、扶梯的栏杆不符合安全要求，临时拆除栏杆后没有防护措施，不设警告标志；高处作业不挂安全带、不挂安全网；梯子使用不当或梯子不符合安全要求；不采取任何安全措施，脚手架有缺陷；高处作业用力不当、重心失稳；作业附近对电网设防不妥，触电坠落等。
⑩ 违章指挥、违章作业、误操作等因素是导致事故发生的主要原因；情绪异常、冒险心理、识别功能缺陷（感知延迟、识别错误等）等也会造成事故的发生。

3.7 危险、有害因素分析结果

危险、有害因素分析结果见表5-2。

表5-2 危险、有害因素分析结果

序号	危险、有害因素	多元醇聚酯生产作业	聚氨酯树脂生产作业	储存作业	锅炉作业	供配电作业
1	火灾	＋	＋	＋	＋	＋
2	爆炸	＋	＋	＋	＋	
3	中毒	＋	＋	＋		
4	高温、灼烫	＋	＋		＋	＋
5	机械伤害	＋	＋	＋	＋	
6	高处坠落	＋	＋	＋	＋	＋
7	触电	＋	＋		＋	＋
8	车辆伤害			＋		
9	噪声、振动	＋	＋	＋	＋	＋

注："＋"表示该作业场所有可能发生的由对应的危险、有害因素导致的主要事故或伤害。

3.8 人的失误及安全管理分析

略。

3.9 危险化学品重大危险源辨识

4 安全评价方法选择和评价单元确定

4.1 评价单元划分依据

评价单元是在对建设项目危险、有害因素进行分析的基础上，根据评价目标和评价方法的需要，将其整个经营、储存过程划分为若干个有限的确定范围并分别进行评价的单元。

委托单位建设项目由相对独立、相互联系的多个单元组成。各部分的安全管理、经营储存环节、危险危害因素的种类及大小均不相同。本评价针对建设项目安全生产方面的主要内容进行评价，力图分清主次、突出重点、区别对待，既不漏掉主要危险，又不夸大危险性，从而提高安全评价的准确性。

4.2 评价方法选择和评价单元确定

安全评价方法是对系统的危害性、危险性进行分析、评价的工具。目前已开发出数十种，每一种评价方法的原理、目标、应用条件、适用对象不尽相同，各有其特点和优缺点。根据建设项目储存场所实际情况，本次安全预评价选用道化学火灾、爆炸指数法和预先危险性分析法进行评价；有毒、噪声作业岗位采用相应的职业卫生评价方法。

5 定性、定量评价

5.1 道化学火灾、爆炸指数法评价

参见课题三项目九实例展示。

5.2 预先危险性分析评价

本建设项目中，储罐区具有较大的危险性，本评价重点是对储罐储存过程中的火灾、爆炸进行分析，同时对触电危险、机械伤害危险进行分析。

分析过程见课题三项目五实例展示。

5.3 个人风险和社会风险分析

略。

6 安全对策措施、建议

参见课题四项目一实例展示。

7 安全预评价结论

参见课题四项目二实例展示。

附件 1 图、表

略。

附件 2 选用的安全评价方法简介

略。

附件 2.1 道化学火灾、爆炸指数法

略。

附件 2.2 预先危险性分析法介绍

略。

附件 3 安全评价依据

附件 3.1 法律法规

略。

附件 3.2 技术标准、规范

略。

附件 4 收集的文件资料目录

（1）营业执照（副本）复印件

（2）《××化工有限公司"年产×万吨聚氨酯树脂系列产品"可行性研究报告》（××咨询有限公司××年×月×日）

（3）《关于同意××化工有限公司年产×吨PU聚氨酯树脂系列产品可行性研究报告的

批复》(××发改委〔×发改×××号〕)

(4) 企业提供的周边环境图与厂区平面布置图

(5) 企业提供的其他相关资料

提出任务：安全评价报告编制的原则有哪些？安全评价常用的格式包括哪些内容？

知识储备

一、安全评价资料采集、分析和处理

安全评价资料采集、分析和处理是进行安全评价十分重要和必要的基础工作。资料采集应避免盲目性，能保证满足评价的准确、全面、客观、具体即可，不必要的资料索取将带给被评价单位额外的负担。

不同阶段的安全评价应采集的资料各不相同。安全预评价的主要依据是项目可行性研究报告；为此应收集的相关资料主要包括项目的综合性资料，设立依据，相关安全生产法律、法规、标准等。安全验收评价的主要依据是初步设计文件，安全预评价报告，相关批复文件及法律、法规、标准等；为此应收集的相关资料主要包括项目的综合性资料，项目设计及施工单位基本情况，合法机构提供的监理报告和质量报告，相关安全生产法律、法规、标准，安全设施的投入、运行及管理情况，安全管理、消防组织机构的设立情况等。安全现状评价的主要依据是安全生产法律、法规、标准、行政规章、规范要求及评价对象的实际运行状况；为此应收集的相关资料主要包括被评价单位周边环境情况，项目的综合性资料，规章制度，行业标准，相关检验检测报告，工艺、物料、设备管道相关资料，电气仪表自动控制系统，公用工程系统，事故应急救援预案等。安全评价资料采集见表 5-3。

表 5-3 安全评价资料采集一览表

采集资料 \ 评价类别	安全预评价	安全验收评价	安全现状评价
相关法规、标准	√	√	√
企业概况	√	√	√
总平面图、工业园区规划图	√	√	√
气象条件、与周边环境关系位置图及周围人口分布数据	√	√	√
地质、水文条件	√	√	√
项目申请书、项目建议书、立项批准文件	√	√	
项目规划相关手续文件	√	√	√
生产规模、工艺流程与工艺概况、物料情况	√	√	√
设备清单	√	√	√
人员结构情况	√	√	√
安全设施、设备、装置描述与说明		√	√
安全管理机构设置及人员配置		√	√
安全投入	√	√	√
相关类比资料	√		√

续表

采集资料 \ 评价类别	安全预评价	安全验收评价	安全现状评价
设计施工时间、单位、资质		√	√
项目设计、竣工及消防验收文件		√	√
企业职工卫生审核登记证及员工健康检查档案		√	√
环境监测报告		√	
职业危害因素监测结果评价报告		√	√
作业人员上岗证书及管理人员资格证书、学历证书、注册安全工程师证书		√	√
职业卫生、劳保管理制度及执行情况		√	√
危险物品及管理情况		√	√
环保验收情况		√	
电气安全设施检验检测报告		√	√
防雷防静电设施检验检测报告		√	√
开车试验资料		√	
有关企业的合法性文件		√	√
各级各类人员的安全生产责任制及各类安全管理制度		√	√
设备管理档案		√	√
消防器材管理档案		√	√
工艺规程及安全操作规程		√	√
管道说明书及管道检测数据报告		√	
公共设施说明书、消防布置图、消防设施配备及设计应急处理能力情况、安全系统设计、系统可靠性设计、通风可靠性设计资料、通信系统说明		√	√
历年事故及处理档案、生产安全事故应急预案及演练计划与记录			√
电气仪表自动控制系统调试记录		√	
特种设备安全管理技术档案		√	√
所涉及危险化学品的安全标签和安全技术说明书	√	√	√

注：1. 表中"√"表示该类评价需要该项资料。

2. 安全预评价时可尽量收集项目的可行性研究报告；安全验收评价时可尽量收集安全预评价报告及项目的初步设计文件；安全现状评价时可尽量收集安全预评价报告、安全验收评价报告及项目的初步设计文件。

二、安全评价报告的编制

安全评价报告是安全评价工作的文本表现形式，是安全评价工作的阶段性总结。各类安全评价报告受国家各级应急管理部门的监管和审批，并实行备案管理制度。安全评价是国家进行安全生产管理的重要内容，安全评价报告是具有法律效力的技术性文件。

安全评价报告的编制主要依据行业、部门颁发的相关导则、细则，如《危险化学品建设项目安全评价细则》（2014 版）。行业、部门无相关要求的，执行《安全评价通则》（AQ 8001—2007）、《安全预评价导则》（AQ 8002—2007）、《安全验收评价导则》（AQ 8003—2007）。

1. 安全评价报告的编制原则

《中华人民共和国行政许可法》（2019年修正）第十二条的规定，安全评价中介机构及其从事的活动、产品（安全评价报告）属于行政许可范围，需要承担一定的法律责任。依据2021年中华人民共和国主席令第八十八号《中华人民共和国安全生产法》第七十二条规定，承担安全评价、认证、检测、检验职责的机构应当具备国家规定的资质条件，并对其作出的安全评价、认证、检测、检验结果的合法性、真实性负责。安全评价人员编制安全评价报告时必须坚持"客观公正、科学规范"的原则，对评价结果负责，并为被评价单位保守商业秘密。

① 客观公正性。安全评价报告作为行政许可的材料，必须满足《中华人民共和国行政许可法》第三十一条的规定；必须客观、真实地描述被评价主体的安全状况，确保其客观真实性。安全评价报告是被评价单位进行安全管理、是负有安全生产监督管理职责的部门进行安全生产监督检查的重要参考，甚至是对其安全生产许可审批的重要依据，安全评价报告的客观公正性事关人民群众生命财产安全及国家经济发展的大局。保证安全评价报告客观公正性的重要前提是承担安全评价的中介机构必须是具备相应资质条件的合法机构，从事安全评价的人员必须是具备相应资质条件的专业技术人员。

② 科学性。安全预评价和安全验收评价是贯彻我国安全管理基本方针的重要举措，科学的安全评价报告是"安全第一、预防为主、综合治理"的重要保障。安全现状评价是查找评价对象存在的危险、有害因素并确定危险程度，提出合理可行的安全对策措施及建议。安全评价报告中对危险不超过可接受的危险水平时，就认为系统是安全的，这里的"可接受的危险水平"必须是社会公认的、科学的界限，安全评价报告必须保持其严密性和科学性。

③ 规范性。安全评价是合法评价机构围绕安全评价目的自主开展的活动，而这些合法机构所提供的安全评价报告至关重要。安全预评价报告将有效提高项目安全设计的质量和投产后的安全可靠性；安全验收评价报告是对项目设备、设施和系统与国家有关技术标准、规范的符合性的检验，旨在提高安全达标水平；安全现状评价报告是对系统运行过程的安全水平作出结论，使被评价单位了解自身可能存在的危险性，明确改进安全状况的方向，同时为安监部门了解辖区内生产经营单位的安全现状并实施宏观控制提供决策依据。为了规范安全评价报告的编制过程，应急管理部及中央各部委依据《中华人民共和国安全生产法》《安全生产许可证条例》等相关法规，颁布了一系列安全评价导则及安全评价报告的审批程序。

2. 安全预评价报告的编制

安全预评价是根据建设项目可行性研究报告的内容，对该项目可能存在的危险有害因素及程度进行分析和预测，并提出合理可行的安全对策措施及建议。安全预评价报告的编制应符合《安全评价通则》（AQ 8001—2007）及《安全预评价导则》（AQ 8002—2007）的要求。

安全预评价报告的正文应当包括预评价目的，预评价依据，评价项目概况，危险、有害因素辨识与分析，评价单元划分，评价方法选择及评价结果分析，安全对策措施建议，安全预评价结论等重点内容。

① 预评价目的。结合评价对象的特点，阐述安全预评价的目的。

② 预评价依据。列出有关的法律法规、标准、规范和评价对象被批准设立的相关文件及其他有关参考资料等安全预评价的依据。

③ 评价项目概况。介绍评价对象的选址、总图及平面布置、水文情况、地质条件、工业园区规划、生产规模、工艺流程、功能分布、主要设备、设施、装置、主要原材料、产品

（中间产品）、主要经济技术指标、公用工程及辅助设施、人流、物流等概况。

④ 危险、有害因素辨识与分析。列出辨识与分析危险、有害因素的依据，阐述辨识与分析危险、有害因素的过程。

⑤ 评价单元划分。阐述划分评价单元的原则、分析过程等。

⑥ 评价方法选择及评价结果分析。列出选定的评价方法，并做简单介绍。阐述选定此方法的原因。详细列出定性、定量评价过程，明确重大危险源的分布、监控情况以及预防事故扩大的应急预案内容。给出相关的评价，并对得出的评价结果进行分析。

⑦ 安全对策措施建议。列出安全对策措施建议的依据、原则、内容。

⑧ 安全预评价结论。安全预评价结论应简要列出主要危险、有害因素评价结果，指出评价对象应重点防范的重大危险、有害因素，明确应重视的安全对策措施及建议，明确评价对象潜在的危险、有害因素在采取安全对策措施后，能否得到控制以及受控的程度如何，给出评价对象从安全生产角度是否符合国家有关法律法规、标准、规章、规范的要求。

3. 安全验收评价报告的编制

安全验收评价是在建设项目竣工、试运行正常后，针对建设项目的可行性研究报告、安全预评价报告、初步设计中安全专篇所提出的安全生产保障及相应对策措施建议相关内容的实施落实情况进行评价；针对安全对策措施的具体设计、安装、施工情况的有效保证程度，在投产运行中的合理有效性和实际运行情况进行评价；针对评价对象的安全管理制度和事故应急救援预案的建立和实际开展演练的有效性进行评价；最终目的是查找该项目投产后存在的危险、有害因素及程度，提出合理的安全对策措施及建议。安全验收评价报告应符合《安全评价通则》（AQ 8001—2007）及《安全验收评价导则》（AQ 8003—2007）的规定。

安全验收评价报告的正文应当包括评价目的，评价依据，评价对象概述，主要危险、有害因素辨识，总体布局及常规防护设施措施评价，易燃易爆场所评价、有害因素安全控制措施评价、特种设备监督检验记录评价，强制检测设备设施情况检查，电气安全评价，机械伤害防护设施评价，工艺设施安全联锁有效性评价，安全生产管理评价，评价方法选择，安全隐患及整改措施、建议，安全生产条件分析，安全验收评价结论等内容。

① 评价目的。结合评价对象的特点，阐述编制安全验收评价报告的目的。

② 评价依据。列出有关的法律法规、标准、行政规章、规范；评价对象初步设计、变更设计或工业园区规划设计文件；安全预评价报告；相关的批复文件等评价依据。

③ 评价对象概述。介绍评价对象的选址、总图及平面布置、生产规模、工艺流程、功能分布、主要设施、设备、装置、主要原材料、产品（中间产品）、经济技术指标、公用工程及辅助设施、人流、物流、工业园区规划等概况。

④ 主要危险、有害因素辨识。列出辨识与分析危险、有害因素的依据，阐述辨识与分析危险、有害因素的过程。明确在安全运行中实际存在和潜在的危险、有害因素。

⑤ 评价单元划分。阐述划分评价单元的原则、分析过程等。

⑥ 选择适当的评价方法并做简单介绍。描述符合性评价过程、事故发生可能性及其严重程度分析计算。得出评价结果，并进行分析。

⑦ 安全对策措施及建议。列出安全对策措施及建议的依据、原则、内容。

⑧ 安全验收评价结论。列出评价对象存在的所有危险、有害因素种类及其危险危害程度。说明评价对象是否具备安全验收的条件。对达不到安全验收要求的评价对象，明确提出整改措施建议。最后明确给出评价结论。

4. 安全现状评价报告的编制

安全现状评价是根据国家法律、法规的有关规定或生产经营单位的要求而进行的，对在役生产装置、设施、设备、储存、运输及安全管理状况进行综合、全面的安全评价；评价范围应涉及所有设施、设备、场所、作业人员、安全投入、安全管理制度及安全防护设施等方面。认真识别、科学分析生产经营过程的危险、有害因素，验证企业安全现状与法律、法规、标准的符合性，并通过整改措施的实施，达到不断提高企业安全管理水平的目的。安全现状评价报告应符合《安全评价通则》（AQ 8001—2007）的规定。

安全现状评价报告的正文应当包括评价项目概述，评价程序和评价方法，危险、有害因素分析，定性、定量化评价及计算，事故原因分析与重大事故的模拟，对策措施与建议，评价结论等内容。

① 评价项目概述。包括企业概况、地理位置、交通条件、厂址自然环境、生产装置基本情况、平面布置等内容。

② 评价程序和评价方法。

③ 危险、有害因素分析。包括工艺过程，物料，设备，管道，电气，仪表自动控制系统，水、电、汽、风、消防等公用工程系统，危险物品的储存方式、储存设施，辅助设施，周边防护距离等危险、有害因素分析。

④ 定性、定量化评价及计算。通过分析，对上述生产装置和辅助设施所涉及的内容进行危险、有害因素识别后，运用定性、定量的安全评价方法进行定性化和定量化评价，确定危险程度和危险级别以及发生事故的可能性和严重后果，为提出安全对策措施提供依据。

⑤ 事故原因分析与重大事故的模拟。包括重大事故原因分析，重大事故概率分析，重大事故预测、模拟等内容。

⑥ 对策措施与建议。对评价结果进行综合，列出存在的事故隐患及整改的紧迫程度，并提出相应的安全对策措施及改善安全状态水平的建议。

⑦ 评价结论。综合定性、定量评价结果，明确指出被评价对象当前的安全状态水平，提出安全可接受程度的意见。

5. 危险化学品单位安全评价报告的编制

危险化学品单位安全评价报告的编制主要依据危险化学品安全评价的相关导则及细则。危险化学品建设项目的设立安全评价（即安全预评价）及验收评价报告的编制依据《危险化学品建设项目安全评价细则（试行）》；危险化学品经营单位的安全现状评价报告的编制依据《危险化学品经营单位安全评价导则（试行）》；危险化学品生产企业安全现状评价报告的编制依据《危险化学品生产企业安全评价导则（试行）》。

危化品建设项目评价细则

（1）危险化学品建设项目安全预评价及验收评价报告的编制　为进一步贯彻执行有关安全法规和部门规章，规范和指导全国危险化学品建设项目安全评价工作，原国家安全监督管理总局于2007年12月12日颁布了《危险化学品建设项目安全评价细则（试行）》，并于2008年1月1日起试行。

该细则适用于中华人民共和国境内新建、改建、扩建危险化学品生产、储存装置和设施，以及伴有危险化学品产生的化学品生产装置和设施的建设项目（以下简称建设项目）设立安全评价和建设项目安全设施竣工验收评价。建设单位也可以根据建设项目安全管理的实际需要，参照该细则对建设项目进行安全评价。

依据《危险化学品建设项目安全评价细则（试行）》要求，危险化学品建设项目设立安全评价及安全验收评价报告正文主要包括安全评价工作经过，建设项目概况，危险、有害因素的辨识结果及依据说明，安全评价单元的划分结果及理由说明，采用的安全评价方法及理由说明，定性、定量分析危险、有害程度的结果，安全条件和安全生产条件的分析结果，安全对策与建议和结论,与建设单位交换意见的情况结果等九部分内容。

安全评价报告附件主要包括平面布置图、流程简图、装置防爆区域划分图以及安全评价过程制作的图表,选用的安全评价方法简介,定性、定量分析危险、有害程度的过程,安全评价依据的国家现行有关安全生产法律、法规和部门规章及标准的目录,收集的文件、资料目录等内容。对于建设项目竣工验收的安全评价报告,附件中还应包括法定检测、检验情况的汇总表。

(2) 危险化学品经营单位安全现状评价报告的编制　危险化学品经营单位安全现状评价报告的编制主要依据《危险化学品经营单位安全评价导则(试行)》的要求(全国各个省市也可根据自身情况编制本地区危险化学品经营单位安全评价导则)。该导则适用于对危险化学品经营单位新、改、扩建项目的安全评价。

危险化学品经营单位安全现状评价报告正文主要包括安全评价的依据;被评价单位的基本情况;危险化学品经营单位安全评价现场检查表;主要危险、有害因素辨识,评价方法的选择,分析评价;建议补充的安全对策措施;评价结论(符合安全要求、基本符合安全要求或未能符合安全要求)等六部分内容。

(3) 危险化学品生产企业安全现状评价报告的编制　危险化学品生产企业安全现状评价报告的编制主要依据《危险化学品生产企业安全评价导则(试行)》的要求。该导则适用于危险化学品生产企业及其分支机构、生产单位现状的安全评价。

危化品生产企业现状评价导则

危险化学品生产企业安全现状评价报告正文主要包括编制说明;被评价单位概况(被评价单位基本情况,被评价单位危险化学品生产工艺、装置、储存设施等基本情况);安全评价的范围;安全评价程序;采用的安全评价方法;危险、有害因素分析结果;定性、定量分析安全评价内容的结果;对可能发生的危险化学品事故的预测后果;对策措施与建议;安全评价结论等十大部分内容。

安全评价报告附件主要包括危险、有害因素分析过程;定性、定量分析过程;对可能发生的危险化学品事故后果的预测过程;平面布置图、流程简图、爆炸危险区域划分图以及安全评价过程制作的图表;安全评价方法的确定说明和安全评价方法简介;被评价单位提供的原始资料目录;法定检测、检验情况的汇总表等七大部分内容。

三、安全评价报告书的常用格式

安全评价报告书的结构、字体字号、纸张排版、印刷封装等均有严格要求。行业、部门颁发了相关导则、细则的应遵照执行。对于行业、部门无特殊要求的,执行《安全评价通则》中规定的结构格式。

1. 一般安全评价报告的格式

(1) 一般安全评价报告书的结构

① 封面。封面内容依次为:委托单位名称(二号宋体加粗);评价项目名称(二号宋体加粗);报告名称(安全预评价报告、安全验收评价报告或安全现状评价报告,一号黑体加粗);安全评价机构名称(二号宋体加粗);安全评价机构资质证书编号(三号宋体加粗);评价报告完成日期(三号宋体加粗)。

② 安全评价机构资质证书影印件。

③ 著录项。一般分两页布置。第一页为安全评价机构法定代表人著录项,其内容依次为:委托单位名称(三号宋体加粗);评价项目名称(三号宋体加粗);报告名称(二号宋体加粗);法定代表人(四号宋体);技术负责人(四号宋体);评价项目负责人(四号宋体);评价报告完成日期(小四号宋体加粗);安全评价机构章印。第二页为评价项目组成员著录

项，其内容依次为：评价人员（纵表头为项目负责人、项目组成员、报告编制人、报告审核人、过程控制负责人、技术负责人，横表头为姓名、资格证书号、从业登记编号、签名；小四号宋体）；技术专家名单（姓名、签名，小四号宋体）。评价人员和技术专家均应亲笔签名。

④ 前言。简述项目的概况、由来和意义，以及评价的主要依据、范围和目的。

⑤ 目录。指安全评价报告的目录。

⑥ 正文。指安全评价报告全文。

⑦ 附件。包括安全评价过程中制作的图表文件；建设项目存在问题与改进建议汇总表及反馈结果；评价过程中专家意见及建设单位证明材料。

⑧ 附录。包括与建设项目有关的批复文件（影印件），建设单位提供的原始资料目录，与建设项目相关的数据资料目录；法定的检测检验报告；以及符合性评价的数据、资料和预测性计算过程等。

(2) 字体字号　安全评价报告的封面及著录项字体字号如前所述。主要内容的章、节标题可采用三号宋体加粗，项目标题采用四号宋体加粗；内容的文字表述部分采用四号宋体；表格表述部分可选用五号或六号宋体。

(3) 纸张排版　采用A4白色胶版纸；纵向排版，左边距28mm、右边距20mm、上边距25mm、下边距20mm；章、节标题居中，项目标题空两格。

(4) 印刷封装　除附图、复印件等以外，双面打印文本；左侧装订。

2. 危险化学品安全评价报告格式

(1) 危险化学品安全评价报告的结构

① 封面。封面内容依次为：建设单位名称；建设项目名称；安全评价报告；建设单位法定代表人；建设项目单位；建设项目单位主要负责人；建设项目单位联系人；建设项目单位联系电话；建设单位公章；评价报告完成日期。

② 封二。封二内容依次为：建设单位名称；建设项目名称；安全评价报告；评价机构名称；资质证书编号；法定代表人；审核定稿人；评价负责人；评价机构联系电话；安全评价机构公章；评价报告完成日期。

③ 安全评价工作人员组成。

④ 安全评价机构资质证书复印件。

⑤ 目录。

⑥ 非常用的术语、符号和代号说明。

⑦ 安全评价报告主要内容。

⑧ 安全评价报告附件。

(2) 字号和字体　安全评价报告主要内容的章、节标题分别采用3号黑体、楷体字，项目标题采用4号黑体字；内容的文字表述部分采用4号宋体字，表格表述部分可选择采用5号或者6号宋体字；附件的图表可选用复印件，附件的标题和项目标题分别采用3号和4号黑体字，内容的文字和表格表述采用的字体同"主要内容"。

(3) 纸张、排版　采用A4白色胶版纸（70g以上）；纵向排版，左边距28mm、右边距20mm、上边距25mm、下边距20mm；章、节标题居中，项目标题空两格。

(4) 印刷　除附图、复印件等外，双面打印文本。

(5) 封装　安全评价报告正式文本装订后，用评价机构的公章对安全评价报告进行封页。

四、安全评价报告实例

以下为××公司机械加工生产线安全预评价报告，为了保证报告的完整性，所对应表格编号为评价报告中编号。

1 概述

1.1 评价目的

1）分析建设项目的危险、有害因素种类、分布及其危险危害性的大小。

2）针对危险、有害因素及其产生危险危害后果的主要条件，提出消除、预防和减弱事故隐患的技术措施和对策方案，提高项目的本质安全化水平和安全投资效益。

3）对建设项目安全条件以及主要技术、工艺和装置、设备、设施及其安全可靠性进行预评价，确保建设项目具有安全可靠性。

4）为××××公司××××项目的安全设施设计提供科学依据，以利于提高建设项目的本质安全程度。

5）为项目建成后实现安全技术、安全管理的标准化和科学化创造条件。

6）为安全生产监督管理部门的监督管理提供依据。

1.2 评价范围

本次安全预评价范围为××××公司××××项目，包括生产工艺、设备以及与其配套的公用工程和辅助设施。

主要评价内容包括厂址选择、总平面布置及建（构）筑物、生产工艺及设备设施、特种设备设施、电气、消防、公用工程及辅助生产设施、作业场所危险有害因素控制及常规防护措施、安全管理等。

1.3 评价依据

1.3.1 法律法规（部分）

1）《中华人民共和国安全生产法》（中华人民共和国主席令第八十八号）；
2）《中华人民共和国劳动法》（2018年第二次修正）；
3）《中华人民共和国消防法》（2021年修正）；
4）《生产经营单位安全培训规定》（国家安全生产监督管理总局令第80号）；
5）《中华人民共和国职业病防治法》（2018年修改）；
6）《建设工程安全生产管理条例》（国务院令第393号）；
7）《危险化学品安全管理条例》（国务院令第591号）；
8）《特种设备安全监察条例》（国务院令第549号）。

1.3.2 地方性法规

（略）

1.3.3 部门规章（部分）

1）《国务院关于进一步加强企业安全生产工作的通知》（国发〔2010〕23号）；
2）《建设项目安全设施"三同时"监督管理办法》（国家安监总局36号令）；
3）《工作场所职业卫生监督管理规定》（国家安监总局令第47号，2012.06.01）；
4）《生产经营单位安全培训规定》（国家安全生产监督管理总局令第80号）；
5）《生产安全事故应急预案管理办法》（应急管理部2号令）；
6）《用人单位劳动防护服务器管理规范》（安监总厅安健〔2018〕3号）；
7）《特种作业人员安全技术培训考核管理规定》（国家安监总局令第80号）；
8）《危险化学品目录》（2022调整版）；
9）《防雷减灾管理办法》（中国气象局第24令）。

1.3.4 国家标准（部分）

1）GB 18218—2018《危险化学品重大危险源辨识》；

2) GB 6441—1986《企业职工伤亡事故分类》；
3) GB 15603—2022《危险化学品仓库储存通则》；
4) GB 50016—2014（2018年版）《建筑设计防火规范》；
5) GB 50187—2012《工业企业总平面设计规范》；
6) GB 50057—2019《建筑物防雷设计规范》；
7) GB 50140—2005《建筑灭火器配置设计规范》；
8) GB 50015—2019《建筑给水排水设计规范》；
9) GB 50054—2011《低压配电设计规范》；
10) GB 50058—2014《爆炸危险环境电力装置设计规范》；
11) GB 6067.1—2010《起重机械安全规程 第1部分：总则》；
12) GBZ 1—2010《工业企业设计卫生标准》；
13) GB/T 12801—2008《生产过程安全卫生要求总则》；
14) GB 50681—2011《机械工业厂房建筑设计规范》；
15) GB 51155—2016《机械工程建设项目职业安全卫生设计规范》；
16) GB/T 29639—2020《生产经营单位生产安全事故应急预案编制导则》；
17) GB 30871—2022《危险化学品企业特殊作业安全规范》；
18) GB 55037—2022《建筑防火通用规范》；
19) GB/T 20801—2020《压力管道规范——工业管道》。

1.3.5 行业标准（部分）

1) JBJ 18—2000《机械工业职业安全卫生设计规范》；
2) TSG 21—2016《固定式压力容器安全技术监察规程》；
3) TSG D0001—2009《压力管道安全技术监察规程——工业管道》；
4) TSG 08—2017《特种设备安全技术规范》；
5) AQ 8001—2007《安全评价通则》；
6) AQ 8002—2007《安全预评价导则》。

1.4 评价程序

（略）

2 项目概况

2.1 建设单位概况

（略）

2.2 建设项目概况

2.2.1 建设项目背景

（略）

2.2.2 项目基本情况

1) 项目名称：××××公司××××项目；
2) 建设单位：××××公司；
3) 项目性质：新建项目；
4) 项目总投资：××××万元；
5) 建设单位地址：××××；
6) 建设规模及内容：厂房面积××××m^2，设置××××生产线2条，年产××××万件。

2.2.3 项目前期进展情况

（略）

2.2.4 建设项目选址

1) 地理位置

（略）

2) 周边环境

（略）

2.2.5 总体布置

1) 总平面布置

该项目由南至北依次布置为：××××生产线、××××生产线。公辅设施布置在厂房外北部，由东至西依次布置有变配电室、空压机房、机电维修间、冷却水池等。总平面布置详见附图。

2) 出入口设置

根据生产规模、物料运量及城市道路的衔接情况，厂区对外共设两个出入口。设一个主出入口、一个物流出入口，人、货分流，互不干扰、混杂。

3) 竖向布置

厂区地形坡度平缓，竖向布置采用平坡式系统。场地排雨水方式采用沿地面自然排水和暗管排水相结合，并最终汇入雨水集水口排出厂外。

2.2.6 厂内道路

（略）

2.2.7 储运方式

1) 仓储

该项目原辅材料及成品不单独设仓库，在厂房内设置原辅料存储区、发货区等。

2) 运输

厂区与外部的原材料运入、成品运出采用汽车运输。厂内运输和转运主要采用叉车；同时厂房内设有桥式起重机，以满足厂房内部运输需要。

2.2.8 建设规模及产品方案

1) 生产规模

（略）

2) 产品介绍

（略）

2.3 自然条件

2.3.1 地形地貌

（略）

2.3.2 地质条件

（略）

2.3.3 水文地质

（略）

2.3.4 抗震设防烈度

根据《建筑抗震设计规范》（2016年版）（GB 50011—2010）附录A，该地区抗震设防烈度为7度，设计地震分组为第一组，设计基本地震动峰值加速度区划为$0.15g$。

2.3.5 气象条件

（略）

2.3.6 交通运输条件

（略）

2.4 生产工艺及设备设施
2.4.1 生产工艺技术方案
(略)
2.4.2 主要生产设备
(略)
2.5 主要原辅材料及主要技术经济指标
1) 主要原、辅材料消耗
主要原、辅材料消耗详见表2-2。

表2-2 主要原、辅材料消耗一览表

序号	名称	单位	年消耗量	备注
1	材料A	t	5000	
2	材料B	t	4000	
3	电	10^4 kW·h	1290	
4	水	10^4 m^3	4.3	
5	天然气	10^4 m^3	10.7	

2) 主要技术经济指标
(略)
2.6 公用工程及辅助设施
2.6.1 供配电
1) 电源
该项目电源由区域供电局提供,以10kV高压线,埋地敷设进入厂区变配电室。
2) 用电负荷等级、容量、电压等级
(略)
3) 供电方案
车间内电缆架空敷设。
车间配电:采用封闭式母线及电缆沿桥架敷设为主,由配电箱至设备采用架空敷设,照明采用金卤灯及荧光灯,并配应急照明及疏散指示灯。
办公配电:采用阻燃线缆穿阻燃PVC管暗敷为主,部分采用阻燃线槽明敷。照明以节能灯、荧光灯为主,并配有应急照明及安全疏散指示。办公室和生活照度按民用建筑照明规范设计。
4) 防雷接地
建筑物的防雷:已按Ⅲ类建筑物的防雷规范设计。已利用建筑物的钢筋及金属屋面板作防雷接地装置。采用联合接地系统,接地电阻≤1Ω。
电力设备的防雷:10kV配电室已设有专用防雷柜,低压系统分级配有避雷器,弱电系统配有电涌保护器(SPD)。
变压器中性点接地,接地电阻≤4Ω,高压配电设备采用接地保护,低压用电设备采用接零保护,正常情况下不带电的用电设备金属外壳、构架、穿线钢管均应可靠接零。
等电位连接:电源进线应在建筑物进线处,把所有的金属管、线缆的屏蔽外皮与建筑物的接地板作等电位连接。综合楼的生产车间每一工艺分区均设局部等电位连接。
2.6.2 给排水
1) 给水

(1) 水源

水源来自市政供水管。项目供水水压生活给水为 0.25MPa，工业用水为 0.25～0.35MPa。

(2) 用水量

(略)

(3) 给水方案

(略)

(4) 消防水系统

(略)

2) 排水

(略)

2.6.3 供气系统

1) 压缩空气供应

在生产车间设置压缩空气站房，需建筑面积约 $80m^2$。采用两台 $17m^3/min$ 风冷螺杆式空气压缩机组，并配套除水除油、空气过滤、储气罐。车间供气管道沿墙沿柱架空敷设。

2) 天然气供应

生产用天然气耗量为 $10.7×10^4 m^3/a$。天然气由市政天然气管网供给，管道供气压力 0.2～0.4MPa。在厂房外侧西北方向围墙内绿化带设置 1 台天然气调压柜，调压柜配套天然气计量表。

2.6.4 通风、除尘及空调系统

(略)

2.6.5 自控仪表

(略)

2.6.6 消防

根据火灾隐患分析，生产中有热处理加工，车间的火灾危险等级属于丁类；变配电室为丙类，是火灾危险性较大的站房。

1) 厂房为单层多跨联合厂房，耐火等级按达到二级标准设计，符合防火规范要求。

2) 车间内设有安全疏散通道和应急门，并设置安全疏散标志牌。安全出口足够并合理分散布置，一旦发生火灾，便于人员就近沿疏散路线迅速离开火灾现场。

3) 根据《建筑防火设计规范》车间室外消防用水量 20L/s，室内消防用水量 10L/s。车间外消防由厂区现有的室外消火栓供水。项目生产厂房所在厂区内已经配备有完善的消防设施，该项目需要在租用的厂房原有消防设施的基础上，根据实际生产设备工艺布置的不同情况给予局部加强，更新部分消防器材和消防器具。

4) 灭火器材

各主要生产厂房均设有室内消火栓给水系统。对配电室、变电站等生产辅助车间按照《建筑灭火器配置设计规范》(GB 50140—2005) 规定配置相应规格、数量灭火器，以备灭火需要。

2.7 建(构)筑物

(略)

2.8 安全生产管理

2.8.1 组织机构

(略)

2.8.2 人力资源配置

1) 工作制度

（略）

2）劳动定员

该项目达产后，劳动定员××人，其中技术人员××人，管理人员××人，生产工人××人。

3）员工培训计划

（略）

2.9 安全环保投资

该项目安全设施和职业卫生投资约××万元，占总投资的××‰，主要用于生产场所各类安全设施，包括防雷防静电、消防器材、通风除尘、消声减噪、安全宣传教育培训等方面。

3 危险、有害因素辨识

危险因素是指对人造成伤亡或对物造成突发性损害的因素。有害因素是指能影响人的身体健康，导致疾病，或对物造成慢性损害的因素。

危险、有害因素分类的方法有多种，其中常用的有 GB/T 13861—2022《生产过程危险和危害因素分类与代码》（按导致事故和职业危害的直接原因进行分类）和 GB 6441—1986《企业职工伤亡事故分类》（按事故类别和职业病类别进行分类）两种方法。

本报告参照 GB 6441—1986 的分类方法，综合考虑起因物、引起事故的诱导性原因、致害物、伤害方式等，主要从自然危险有害因素、主要危险有害物质、生产过程、施工建设过程、重大危险源等五个方面对该项目进行危险、有害因素识别与分析。

3.1 自然灾害危险、有害因素辨识

该项目存在的自然危险、有害因素有地震、雷击、暴雨洪水、高低气温和大风、地面沉降、坍陷等。

3.1.1 地震

（略）

3.1.2 雷击

（略）

3.1.3 暴雨洪水

（略）

3.1.4 高低气温

（略）

3.1.5 大风

（略）

3.2 主要危险、有害物质分析

该项目中存在的主要危险有害物质分为两大类，其中属于《危险化学品目录》（2022调整版）中的物质有：天然气、氧气（压缩的）、乙炔，其他危险物质有高温炽热体、磷化液、液压油、润滑油等，见表3-1。

表 3-1 主要危险、有害物质情况表

序号	物质名称	危险类别	危险化学品目录序号	燃烧性
1	天然气（富含甲烷的）	易燃气体,类别1 加压气体	2123	易燃
2	氧气（压缩的或液化的）	氧化性气体,类别1 加压气体	2528	助燃
3	乙炔	易燃气体,类别1 化学不稳定性气体,类别A 加压气体	2629	易燃

3.2.1 天然气（富含甲烷的）
（略）

3.2.2 氧气（压缩的）
（略）

3.2.3 乙炔
（略）

3.2.4 高温炽热体
（略）

3.2.5 磷化液
（略）

3.2.6 液压油、润滑油
（略）

3.3 生产过程中危险、有害因素分析

在生产过程中存在的危险、有害因素有火灾、爆炸、容器爆炸、触电、灼烫、中毒和窒息、机械伤害、起重伤害、噪声与振动、高处坠落、物体打击、车辆伤害、粉尘、坍塌、非电离辐射等。

3.3.1 火灾、爆炸
（略）

3.3.2 容器爆炸
（略）

3.3.3 触电
（略）

3.3.4 中毒和窒息
（略）

3.3.5 灼烫
（略）

3.3.6 机械伤害
（略）

3.3.7 起重伤害
（略）

3.3.8 噪声与振动
（略）

3.3.9 高处坠落
（略）

3.3.10 物体打击
（略）

3.3.11 车辆伤害
（略）

3.3.12 粉尘
（略）

3.3.13 坍塌
（略）

3.4 主要危险、有害因素分布情况

该项目各作业场所的主要危险、有害因素分布情况见表3-6。

表3-6 主要危险、有害因素分布表

危险危害类别\生产车间	火灾爆炸	容器爆炸	触电	中毒和窒息	灼烫	机械伤害	起重伤害	噪声与振动	高处坠落	物体打击	车辆伤害	粉尘	坍塌
生产厂房	+		+	+	+	+	+	+	+	+	+	+	+
空压站		+	+					+					
配电房	+		+										

注:"+"表示存在。

3.5 施工建设期主要危险、有害因素分析

(略)

3.6 重大危险源辨识

3.6.1 依据 GB 18218—2018《危险化学品重大危险源辨识》辨识

(略)

3.6.2 依据《××省重大危险源监督管理办法》(××省人民政府令第××号)辨识

(略)

3.6.3 重大危险源辨识结果

根据《危险化学品重大危险源辨识》(GB 18218—2018)和《××省重大危险源监督管理办法》(××省人民政府令第××号)的规定进行辨识。辨识结果是:该建设项目不存在重大危险源。

3.6.4 周边环境重大危险源辨识

(略)

4 评价单元的划分和评价方法的选择

4.1 评价单元的划分

评价单元是在对工程危险、有害因素进行分析的基础上,根据评价目的和评价方法的需要,将整个系统划分为若干有限的确定范围而分别进行评价的相对独立的系统。此系统即为评价单元。

本评价区域由相对独立、相互联系的多个子系统组成。各部分的安全管理、工艺过程、设备设施、操作条件、危险危害因素的种类及其程度均不相同。本评价针对评价对象安全方面的主要内容进行评价,力图抓住重点、分清主次、区别对待,既不漏掉主要危险,又不夸大危险性,从而提高安全评价的准确性,以便合理分配安全对策的安全投资费用。为此,评价组根据评价单元划分原则,将整个项目划分为七个评价单元进行评价,分别为:

1) 厂址选择、总平面布置及建(构)筑物单元;
2) 生产工艺及设备单元;
3) 特种设备及强检设施单元;
4) 电气及自控单元;
5) 公用工程及辅助设施单元;
6) 作业场所危险、有害因素控制及常规防护单元;
7) 建设项目安全管理单元。

4.2 评价方法的选择

安全评价方法是对系统的危险性、危害性进行分析、评价的工具。目前安全评价的方法

已达数十种，如专家现场询问观察法、危险与可操作研究法、事故类型及影响分析法、事件树分析法、故障树分析法、安全检查表法、危险度评价法、作业条件危险性评价法、预先危险分析法（PHA）和中毒模型分析法等评价方法，每一种评价方法的原理、目标、应用条件、适用对象不尽相同，各有其特点和优缺点。总之这些评价方法包含了定性评价和定量评价两大类别。

评价方法应根据评价对象的特点、评价目的和资料占有等具体情况，从众多评价方法中进行选择。为便于具体、全面、直观地反映评价对象的实际情况，本次评价选用安全检查表法、预先危险性分析、故障树分析及机械工厂危险性等级划分法对该项目进行安全预评价。

4.2.1 安全检查表法（SCL）
（略）

4.2.2 预先危险性分析（PHA）
（略）

4.2.3 故障树分析（FTA）
（略）

4.2.4 机械工厂危险性等级划分法
（略）

4.2.5 各单元采用的评价方法分布表

各单元所采用的评价方法分布表详见表4-2。

表4-2 评价方法分布表

序号	评价单元	评价方法
1	厂址选择、建构筑物及总平面布置单元	安全检查表、预先危险性分析
2	生产工艺及设备单元	安全检查表、预先危险性分析
3	特种设备及强检设施单元	预先危险性分析、故障树分析（FTA）
4	电气及自控单元	安全检查表、预先危险性分析
5	公用工程单元	安全检查表
6	作业场所危险、有害因素控制与常规防护单元	安全检查表、预先危险性分析
7	建设项目安全管理单元	安全检查表
8	定量评价采用机械工厂危险性等级划分法	

5 定性、定量评价

5.1 厂址选择、总平面布置和建（构）筑物单元

5.1.1 概述
（略）

5.1.2 安全检查表
（略）

5.1.3 单元小结

本单元采用安全检查表进行评价。补充3条安全对策措施与建议。

建设项目在后续工程设计和施工中，除满足可研报告中提出的安全对策措施外，对本报告提出了补充的对策措施及建议也应予以重视，并落实到工程设计和施工建设中。

5.2 生产工艺及设备单元

5.2.1 概述
（略）

5.2.2 预先危险性分析
（略）

5.2.3 安全检查表
（略）

5.2.4 单元小结
（略）

5.3 特种设备及强检设施单元

5.3.1 概述
（略）

5.3.2 预先危险性分析
（略）

5.3.3 故障树分析（FTA）

1) 评价方法简介

（略）

2) 故障树分析（FTA）评价过程

根据该项目总装厂房及南站台的实际情况，对起重伤人事故进行故障树分析。

（1）建立故障树

根据对该项目的危险因素分析、辨识，确立起重伤人事故为顶上事件，中间事件和基本事件见故障树图，并建立起重伤人事故的故障树。根据对故障树的分析，得出该故障树最小径集，并对基本事件的结构重要度进行分析。

顶上事件为起重伤人事故。起重伤人事故故障树见图5-1。

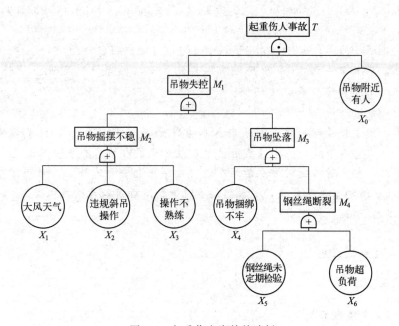

图 5-1 起重伤人事故故障树

(2) 故障树定性分析

① 求最小割集

顶上事件的发生是由构成故障树的各基本事件的状态决定的。显然，顶上事件并不需要所有的基本事件都发生后才发生，而是只要有某些基本事件及其组合（集合）的发生即会构成顶上事件的发生。定性分析的目的，就是查明由初始事件发展到顶上事件的途径。求出引起事件的最小基本事件的组合，从而发现系统的薄弱环节，采取相应的预防措施。

最小割集是引起顶上事件发生的最低限度的基本事件的集合。用布尔代数法求取割集，可得到以下共6个最小割集。

$P_1=\{X_1,X_0\}$；$P_2=\{X_5,X_0\}$；$P_3=\{X_4,X_0\}$；$P_4=\{X_2,X_0\}$；$P_5=\{X_3,X_0\}$；$P_6=\{X_6,X_0\}$。

最小割集值标志系统的危险性，这里列出了6个最小割集，则表明在此系统中，有6个途径会导致人员伤害事故的发生。

② 求最小径集

径集指在事故树中，使顶端事件（即危险事故）不发生的基本事件的集合。也就是说，径集里面基本事件的不出现可以使顶端事件不出现。一个故障树里包含着若干径集。径集表示系统的安全性，说明使故障树得到安全的途径。

某些基本事件的集合不发生，则顶上事件也不发生，把这组基本事件的集合称为径集。最小径集是指使顶上事件不发生的最低限度的基本事件的集合。

用布尔代数法求取径集，可得到以下共2个最小径集。

$J_1=\{X_1,X_5,X_4,X_2,X_3,X_6\}$；$J_2=\{X_0\}$。

③ 结构重要度分析

根据判别结构重要度近似方法，得到：

此事故树的结构重要度是：

$I(1)=0.083$；$I(0)=0.5$；$I(5)=0.083$；$I(4)=0.083$；$I(2)=0.083$；$I(3)=0.083$；$I(6)=0.083$。

结构重要度顺序为：$I(0)>I(1)=I(5)=I(4)=I(2)=I(3)=I(6)$

由此可见，基本事件X_0（吊物附近有人）结构重要度最大，因此，吊物附近严禁站人，则可明显防止起重伤人事故。

(3) 故障树评价结论

根据计算，由于故障树的最小割集内基本事件普遍较少（2项），说明容易发生事故。该顶上事件（起重伤人事故）最小径集有2个，最小径集内的基本事件不出现，则顶上事故不会发生，因此，起重时吊物附近严禁站人能有效防止起重伤人事故。从结构重要度分析，"吊物附近有人"结构重要度最大，也说明起重时吊物附近有人危险性很大。

5.3.4 单元小结

（略）

5.4 电气及自控单元

5.4.1 概述

（略）

5.4.2 预先危险性分析

电气及自控单元预先危险性分析见表5-5。

表 5-5　电气及自控单元预先危险性分析表

危险因素	事故原因	事故后果	危险等级	防范措施
触电	1. 电气设备、线路在设计、安装上存在缺陷，或在运行中缺乏必要的检修维护； 2. 作业人员使用不合格的安全工器具，开关柜等电气设备未具备"五防"功能的闭锁装置； 3. 未按规定使用移动或电动工器具(或使用不合格的移动或电动工器具)； 4. 电气设备、设施接地接零不符合安全要求，带电设备、设施安全净距不符合规程规定； 5. 电气设备带电部分裸露无防护，造成触电，作业人员作业时未注意安全距离，误入带电间隔或误触带电设备设施； 6. 动力、照明电源箱的电源端、支(干)线路、负载端未设置漏电保护器，未构成两级及以上的漏电保护系统； 7. 违规操作； 8. 不懂电气知识或安全技术，缺乏用电安全常识，在操作、移动、清洁电气设备时，不检查外壳是否带电，不戴绝缘手套，不切断电源等，造成触电； 9. 安全管理制度不完善，操作时无人监护； 10. 照明线路的开关不控制火线，引起触电	设备损坏、财产损失、人员伤亡	Ⅱ	1. 根据实际情况设计良好的接地网，所有的电气设备均应有完好的接地设施，确保建设项目的本质安全； 2. 按规定购买、保管，定期试验安全工器具，电气设备必须具有国家指定机构的安全认证标志，严格按规定对移动式或电动式工器具定期试验保管； 3. 所有不带电的金属外壳都应根据其供电系统的特点进行接地或接零，合理选用电气装置和漏电保护装置等； 4. 按规定设计动力、照明电源箱在电源端、支(干)线路、负载端，构成两级以上的漏电保护系统，设备上的裸露带电体要有防护； 5. 必须严格按照规程规定设计、执行带电部位与地面、建筑物、人体、其他设备、其他带电体、管道之间的最小安全空间距离，操作走廊尺寸上，在高压电气设备的周围，设置栅栏或遮栏并有"安全警示标牌"； 6. 采用故障自诊断系统和先进的监控手段，保证自控系统信号、仪表的灵敏、可靠性； 7. 配电室、电气设备应设置防水、防潮设施，变配电室入口张贴"非工作人员禁止入内"的警示标志； 8. 制定相应的事故应急救援预案，定期对相关人员进行安全技术培训，提高安全防护水平，工作人员必须掌握触电急救和心肺复苏法； 9. 电气维修、维护时，应有专人监护； 10. 运行中工作人员应严格执行"两票一证制度"； 11. 工作人员必须经专业培训、考核，持证上岗； 12. 手持电动工具外壳和电线的金属保护层应有良好的接地或接零装置，定期试验明确，定期对其绝缘电阻进行测试，应$\geq 1\Omega$
火灾爆炸	1. 高压设备过负荷运行，高压设备老化，绝缘能力降低、放电； 2. 变压器、开关油质量不符合要求； 3. 用电设备超负荷、短路、报警保护器失灵，用电线路过电流、过电压等继电保护装置失灵； 4. 熔断器超容使用或用铜、铝线代替等，过电流引起火灾； 5. 用电配电设备和电气线路长期不进行检修，绝缘损坏，机械磨损、过热，引起火灾； 6. 配电室屋顶漏水或小动物进入造成短路； 7. 电气设备长时间工作在高温、腐蚀、潮湿、积灰油污等环境中发生短路，引起火灾； 8. 电线沟等部位的电缆较为密集，阻火措施不完善，一旦电缆发生故障和燃烧，将会引发严重的火灾事故，使全厂整个系统严重损坏； 9. 变配电室、易燃易爆场所避雷系统失灵； 10. 喷粉等易燃易爆场所电气设备选型不合理； 11. 工作人员不当操作，非电气人员违章操作	设备损坏、财产损失、人员伤亡	Ⅲ	1. 按照国家标准、行业标准选择质量好的设备。 2. 定期对人员进行安全技术培训，提高安全技术防护水平。 3. 定期巡回检查，发现缺陷立即处理。 4. 正确划分电气设备所在环境爆炸危险区域，根据爆炸危险环境的特征和危险物的级别和组别选用电气设备和电气线路，严格控制电气设备质量，保证电气设备和电气线路的安全运行。 5. 易燃易爆环境中的电气设备应按规定设置防爆电器。 6. 在爆炸危险环境，将所有设备的金属部分、金属管道以及建筑物的金属结构全部接地(或接零)并连成连续整体，以保证电流途径不中断。 7. 保证电气设备通风、降温。 8. 在建筑物上或易燃易爆场所安装足够数量的避雷针，并经常检查，保持其有效。 9. 根据生产场所特点，配备"干粉"、CO_2 等轻便灭火器。 10. 一旦发生事故，应切断电源，防止上一级电器设备事故的扩大；若遇火灾，切断电源，控制明火，做好现场监护，根据事故汇报制度及时汇报，查明火源，以便采取相应的灭火措施。 11. 定期检修。 12. 防止屋顶漏水。孔洞封堵严密，防止小动物进入造成短路

续表

危险因素	事故原因	事故后果	危险等级	防范措施
雷击（静电）	1. 接闪器安装不当，未对建筑物及设备起保护作用； 2. 引下线面积太小、未焊接（压接），电阻过大； 3. 接地极未按规定设置，接闪过电流能力不足； 4. 设备无接地保护或接地不良，引起雷击电流的串入； 5. 控制系统接地不良，对系统正常工作形成危害； 6. 自动控制系统电源未设置防雷击、电涌的设备，而使系统损坏； 7. 自动控制系统无防静电接地或接地不良，对系统正常工作形成危害； 8. 设备和管道无防静电接地或接地不良放电引起事故	设备损坏、财产损失、人员伤亡	Ⅱ	1. 严格按照《建筑物防雷设计规范》（GB 50057—2010）的有关规定进行设计； 2. 严格按照规定周期进行防雷预防性试验。接地电阻不应超过相应的规定值； 3. 应定期检查接地设施，发现有缺陷及时处理； 4. 严禁在装有避雷针的建筑物上架设通信线、低压线； 5. 严格规定周期进行防雷防静电预防性试验； 6. 设备、管道按要求设置防静电接地； 7. 制定相应的事故应急救援预案
保护装置故障	1. 保护电源回路失电或其导线故障； 2. 保护用接线回路损坏或断线或短路； 3. 保护用的通信组件故障，不能传输信息； 4. 逻辑设计不合理	设备损坏、人员伤亡	Ⅱ	1. 加强保护电源回路维护管理工作； 2. 加强对设备的日常维护和保养，发现异常情况及时解决
生产设备控制系统失控	1. 生产过程的控制系统失灵： (1)控制器损坏，造成系统无法监视与控制；控制系统没有配置可靠的备用手段；(2)硬件有损坏板件；(3)监控计算机死机或病毒入侵；(4)运行人员处理不当，检修维护人员失误。 2. 通信电缆接线盒进水、进料、受潮。 3. 非标准信号（高电压）冲击。 4. 电源系统、执行机构故障或失电。 5. 进入控制系统控制信号的电缆质量不符合要求。 6. 少数重要操作按钮配置不能满足机组各种工况的操作要求，特别是不能满足紧急故障处理的要求；控制系统失灵后没有采取应急的停机措施。 7. 雷击过电压，雷击过电压造成控制系统的设备击穿，造成系统瘫痪，影响系统安全运行	设备损坏、人员伤亡、生产中断	Ⅱ	1. 用电设备和电缆要安全可靠； 2. 注意温度参数、电源、执行机构的动态变化； 3. 要有系统各板件的备品，硬件故障能及时更换； 4. 网络服务器定期检查定期给防病毒软件升级； 5. 加强运行人员及维修人员培训提高人员素质； 6. 保证自控仪表和信号装置的灵敏、可靠性； 7. 合理健全隔离栅，防止非标准信号（高电压）冲击； 8. 设置避雷设施； 9. 制定相应的事故应急救援预案

5.4.3 安全检查表
（略）

5.4.4 单元小结
（略）

5.5 公用工程及辅助设施单元

5.5.1 概述
（略）

5.5.2 安全检查表（部分）
公用工程及辅助设施单元安全检查表见表5-7。

表 5-7　公用工程及辅助设施单元安全检查表

序号	检查项目和要求	依据	可研报告中的方案	补充建议及结果
一	给排水			
	场地应有完整、有效的雨水排水系统。场地雨水的排出方式，应结合工业企业所在地区的雨水排出方式、建筑密度、环境卫生要求、地质条件等因素，合理选择暗管、明沟或地面自然排渗等方式。厂区宜采用暗管排水	《工业企业总平面设计规范》（GB 50187—2012）第7.4.1条	雨水流经道路旁雨水口汇集后，通过厂区雨水管网接至城市雨水干管	符合
	室内给水管道不应穿越变配电房、电梯机房、通信机房、大中型计算机房、计算机网络中心、音像库房等遇水会损坏设备和引发事故的房间，并应避免在生产设备上方通过。室内给水管道的布置，不得妨碍生产操作、交通运输和建筑物的使用	《建筑给水排水设计标准》（GB 50015—2019）第3.6.2条	室内给水管网埋地敷设	符合
	受有害物质污染场地的雨水径流应单独收集处理，并应达到国家现行相关标准后方可排入排水管渠	《室外排水设计标准》（GB 50014—2021）第3.2.6条	厂区地面污水经排水沟收集进入厂区污水处理系统，处理达标后排放	符合
	受有害物质污染场地的雨水径流应单独收集处理，并应达到国家现行相关标准后方可排入排水管渠。污水处理应根据国家现行相关排放标准、污水水质特征处理后出水用途等科学确定污水处理程度，合理选择处理工艺	《室外排水设计标准》（GB 50014—2021）第3.2.6条、3.3.7条	工艺废水收集后委托具有相关资质的单位进行处理	符合
	间冷开式系统水容积宜小于循环冷却水量的1/3	《工业循环冷却水处理设计规范》（GB 50050—2017）第3.2.2条	未见述及	循环水冷却系统设置应符合此标准要求
	冷却塔集水池和循环水泵吸水池应设置便于排除或清除淤泥的设施；冷却塔集水池出水口或循环冷却水泵吸水池前应设置便于清洗的拦污滤网，拦污滤网宜设置两道	《工业循环冷却水处理设计规范》（GB 50050—2017）第3.2.8条	未见述及	冷却塔集水池应按此标准设置相关设施
二	压缩空气供应			
	（略）			
三	天然气调压柜			
	（略）			
四	消防系统			
	（略）			
五	通风空气调节			
	（略）			
六	采光照明			
	（略）			
七	辅助用室及其他			
	（略）			

5.5.3　单元小结
（略）

5.6　作业场所危险有害因素控制及常规防护单元

5.6.1　概述
（略）

5.6.2 作业场所危险有害因素安全检查表
（略）

5.6.3 常规防护预先危险性分析
（略）

5.6.4 单元小结
（略）

5.7 建设项目安全管理单元

5.7.1 概述
（略）

5.7.2 管理缺陷分析
在人、物和环境产生的不安全因素中，人的因素是最重要的，大量的统计表明，70%～75%的事故中人为过失是一个决定因素。实践证明，许多事故的发生或扩大往往由于安全管理不到位而导致，其主要体现在以下几个方面：

1）未建立安全管理机构和管理制度

安全管理是保证企业安全生产的十分重要的环节。如果企业不按规定建立相应的安全组织管理机构、完整的安全管理制度、安全操作规程、岗位责任制等，生产管理混乱，极易导致事故的发生。

2）安全管理制度未认真执行

如果不认真执行各项安全生产管理制度，经常会发生因违章作业、违章指挥或违反劳动纪律等方面而造成的事故。

3）安全意识不够

在生产过程中，作业人员缺乏安全意识常会导致发生人员失误的不安全行为，从而产生不良的后果。生产过程中的人员失误，具有随机性和偶然性，往往是不可预测的，而且有时候导致事故的后果非常严重。

4）缺少安全警示标志

由于各种各样的危险有害因素存在于生产过程中的各个环节，对于容易发生事故的场所和操作部位，如果不按有关规定、规范设置安全警示标志，由于人员疏忽或其他外在原因，就可能发生人员意外伤亡事故。

5.7.3 安全检查表
（略）

5.7.4 单元小结
（略）

5.8 机械工厂危险性等级划分法分析
该项目为新建项目，整个厂区作为一个整体考虑，按《机械工厂安全性评价标准》(1997年修订版）计算其危险等级。

5.8.1 划分方法介绍
机械工厂危险性等级划分及计算方法如下：

根据机械工厂主要设备、设施按附表1所列每项拥有总量及易燃易爆物品储量，分别按每项分为Ⅰ、Ⅱ、Ⅲ类并由此通过相应的计算公式确定机械工厂的危险性等级。

计算公式：$T = (N_{Ⅰ}C_{Ⅰ} + N_{Ⅱ}C_{Ⅱ} + N_{Ⅲ}C_{Ⅲ}) \div 18$

$T > 23$ 时，高度危险；

$13 \leqslant T \leqslant 23$ 时，中度危险；

$T < 13$ 时，低度危险。

式中，$C_Ⅰ$、$C_Ⅱ$、$C_Ⅲ$分别表示Ⅰ、Ⅱ、Ⅲ类危险容量的指数，$C_Ⅰ$取10，$C_Ⅱ$取20，$C_Ⅲ$取30；$N_Ⅰ$、$N_Ⅱ$、$N_Ⅲ$分别表示Ⅰ、Ⅱ、Ⅲ类危险容量存在状态的次数。

该项目机械工厂危险性等级划分见表5-11。

表5-11 机械工厂危险性等级划分表

序号	设备设施及物品名称	单位	危险容量 Ⅰ类 $R_Ⅰ$	危险容量 Ⅱ类 $R_Ⅱ$	危险容量 Ⅲ类 $R_Ⅲ$
1	锅炉	t	10以下	10~40	40以上
2	乙炔发生器	m³/h	5以下	5~20	20以上
3	煤气发生炉	m³/h	1000以下	1000~5000	5000以上
4	工业气瓶	个	40以下	40~100	100以上
5	闪点小于28℃易燃易爆物品储量	t	10以下	10~50	50以上
6	轻质易燃易爆物品储量	m³	50以下	50~200	200以上
7	冲剪压机械	台	30以下	30~60	60以上
8	木工机械	台	5以下	5~10	10以上
9	起重机械	台	30以下	30~100	100以上
10	机动车辆	辆	40以下	40~100	100以上
11	制氧机	m³/h	50以下	50~300	300以上
12	电力变压器	kV·A	400以下	400~800	800以上
13	锻锤	t	1以下	1~4	4以上
14	熔炼炉	t	10以下	10~20	20以上
15	压力容器	MPa·m³	130以下	130~750	750以上
16	汽油及液化气槽车	t	100以下	100~500	500以上
17	金切机床	台	100以下	100~500	500以上
18	试验台站	种	1	2	3及以上

说明：表中将危险容量分为Ⅰ、Ⅱ、Ⅲ类，其中$R_Ⅰ$、$R_Ⅱ$、$R_Ⅲ$分别为Ⅰ、Ⅱ、Ⅲ类危险容量的区间范围；$H_Ⅰ$、$H_Ⅱ$、$H_Ⅲ$分别表示Ⅰ、Ⅱ、Ⅲ类危险容量存在的状态分布，存在于危险容量范围内则该值取1，否则取0。

5.8.2 取值说明

机械工厂危险性等级划分法取值及说明详见表5-12。

表5-12 机械工厂危险性等级划分法取值说明

序号	设备设施及物品名称	单位	数量	取值说明	$H_Ⅰ$、$H_Ⅱ$、$H_Ⅲ$取值
1	锅炉	t	0	无锅炉	
2	乙炔发生器	m³/h	0	无乙炔发生器	
3	煤气发生炉	m³/h	0	无煤气发生炉	
4	工业气瓶	个	4	检修用氧气、乙炔气瓶各2个	$H_Ⅰ=1$
5	闪点小于28℃易燃易爆物品储量	t	0	无	
6	轻质易燃易爆物品储量	m³	0	无	

续表

序号	设备设施及物品名称	单位	数量	取值说明	$H_Ⅰ$、$H_Ⅱ$、$H_Ⅲ$取值
7	冲剪压机械	台	8		$H_Ⅰ=1$
8	木工机械	台	0	无木工机械	
9	起重机械	台	4	行车	$H_Ⅰ=1$
10	机动车辆	辆	2	运输车辆	$H_Ⅰ=1$
11	制氧机	m^3/h	0	无制氧机	
12	电力变压器	$kV·A$	0	无	
13	锻锤	t	0	无锻锤	
14	熔炼炉	t	0	无熔炼炉	
15	压力容器	$MPa·m^3$	6	空气压缩系统	$H_Ⅰ=1$
16	汽油及液化气槽车	t	0	无槽车	
17	金属切削机床	台	0	无	
18	试验台站	种	1	弹簧拉压试验机	$H_Ⅰ=1$
	总计			$N_Ⅰ=6$；$N_Ⅱ=0$；$N_Ⅲ=0$	

5.8.3 危险性等级划分

危险性等级计算：

$$T=(6×10+0×20+0×30)/18=3.33<13$$

经过计算可以看出：该项目为低度危险。

6 安全对策措施及建议

6.1 可研报告中提出的安全对策措施

（略）

6.2 补充的安全对策措施及建议

6.2.1 对总平面布置方面的安全对策措施和建议

（略）

6.2.2 对生产工艺及设备设施方面的安全对策措施和建议

（略）

6.2.3 对特种设备及强检设施的安全对策措施和建议

1) 生产经营单位使用的涉及生产安全、危险性较大的特种设备，以及危险品的容器、运输工具，必须按照国家有关规定，由专业生产单位生产，并经取得专业资质的检测检验机构检测、检验合格，取得安全使用证或者安全标志，方可使用。

2) 特种设备在投入使用前或者投入使用后30日内，特种设备使用单位应当向直辖市或者设区的市的特种设备安全监督管理部门登记。登记标志应当置于或者附着于该特种设备的显著位置。

3) 特种设备使用单位应当对特种设备作业人员进行特种设备安全、节能教育和培训，保证特种设备作业人员具备必要的特种设备安全、节能知识。特种设备作业人员在作业中应当严格执行特种设备的操作规程和有关的安全规章制度。

4) 项目使用的起重机的安全装置，应符合现行国家标准《起重机械安全规程》的规定。

5) 桥式起重机供电滑线，宜选用导管式安全滑触线，当采用角钢和电缆滑线时，应涂刷安全色，并应设信号灯和防触电护板，大车供电滑线不应设在驾驶室同侧。

6) 在同一行走轨道上安装两台及以上桥式起重机时，必须安装防撞设施。

7）新增以及经大修或者改造的厂内机动车辆，投入使用前，应当按照本规程规定的内容，每年进行一次定期检验。遇到可能影响其安全技术性能的自然灾害或者发生设备事故后的厂内机动车辆，以及停止使用一年以上再次使用的厂内机动车辆，进行大修后，应当按照本规程规定的内容进行验收检验。

8）安全附件应实行定期检验制度。安全阀一般每年至少应校验一次，拆卸进行校验有困难时应采用现场校验（在线校验）。

9）压力表的校验和维护应当符合国家计量部门的有关规定，压力表安装前应当进行校验，在刻度盘上应当画出指示工作压力的红线，注明下次校验日期。压力表校验后应当加铅封。

10）压力容器、起重机械、厂内专用机动车辆的作业人员及其相关管理人员（以下统称特种设备作业人员），应当按照国家有关规定经特种设备安全监督管理部门考核合格，取得国家统一格式的特种作业人员证书，方可从事相应的作业或者管理工作。

11）特种设备使用单位应当制定事故应急专项预案，并定期进行事故应急演练。

6.2.4　对电气及自控方面的安全对策措施和建议
（略）

6.2.5　对公用工程设施的安全对策措施和建议
（略）

6.2.6　对作业场所危险有害因素控制与常规防护方面的对策措施和建议
（略）

6.2.7　对建设项目安全管理方面的安全对策措施和建议
（略）

6.2.8　施工期间的安全对策措施和建议
（略）

7　安全预评价结论

依据国家有关法律、法规、技术标准和××××公司××××项目可行性研究报告，通过对该项目主要危险、有害因素分析，重大危险源辨识，并采用安全检查表法、预先危险性分析等进行了评价，得出如下结论：

7.1　主要危险、有害因素评价结果

1）存在的自然危险、有害因素主要有地震、雷击、暴雨洪水、高低气温和大风等。

2）该项目生产过程中，存在的主要危险有害物质有天然气、氧气（压缩的）、乙炽、空气（压缩的）、高温炽热体、磷化液、液压油、润滑油等。

3）该项目潜在的危险、有害因素有：火灾、爆炸、容器爆炸、触电、灼烫、中毒和窒息、机械伤害、起重伤害、噪声与振动、高处坠落、物体打击、车辆伤害、粉尘、坍塌等。

4）根据 GB 18218—2018《危险化学品重大危险源辨识》进行辨识，该建设项目不构成危险化学品重大危险源。

5）根据《×××省重大危险源监督管理办法》（××省人民政府令第××号）进行辨识，该项目不存在重大危险源的放射源。

7.2　建设工程应重点防范的重大危险、有害因素
（略）

7.3　应重视的安全对策措施
（略）

7.4 危险、有害因素受控程度

建设项目虽然存在着各种危险、有害因素，发生火灾、爆炸、高温灼烫、触电等事故的危险性较大。但是，可行性研究报告与本评价针对各种危险、有害因素制定有相应安全对策、措施。在按照可行性研究报告提出和本评价增加的各项安全对策、措施进行建设的前提下，各种危险、有害因素能够得到有效控制，各种事故风险可以有效地降低、避免或消除。

7.5 安全预评价综合结论

本安全预评价结论为：××××公司××××项目符合国家产业政策，拟选厂址合理，总平面布置符合要求，生产工艺成熟，控制水平和自动化程度较高。可行性研究报告拟定的建设方案与安全对策、措施，对降低、避免、消除各种事故风险可以起到有效作用，但存在一些疏漏和不足。设计、施工和建设单位等相关方在按照国家、行业相关的标准和规范及可研、预评价报告提出的对策措施进行安全设施的设计、施工和运行管理，贯彻安全设施与主体工程"同时设计、同时施工、同时投入生产和使用"的原则，保证作业场所的各种安全防范措施及安全管理措施的有效实施后，潜在的危险、有害因素可以得到有效控制，风险程度在可接受范围之内，能够满足该项目安全运行的要求。

综上所述，从安全的角度，××××公司××××项目建成后可以满足国家有关安全生产方面的法律、法规、规章、标准和规范的要求，项目建成后能够满足该项目安全运行的要求。

附件附图

1) 安全评价委托书
2) 企业法人营业执照
3) 建设项目投资备案确认书
4) 地理位置图
5) 周边环境图
6) 总平面布置图
7) 现场图片

能力提升训练

以下是某公司年产 1 万吨氯化石蜡可行性研究报告（部分），试根据相关内容，查阅相关资料，尝试编制一份安全预评价报告。其中可研报告部分图表编号沿用原可研报告序号。

第一章 总 论

1.1 项目名称

××××公司年产 1 万吨氯化石蜡建设项目

1.2 编制依据（略）

1.3 研究范围（略）

1.4 建设内容及规模

本项目建设规模为年产氯化石蜡 10000t，产品方案为氯化石蜡-52。主要建设内容为：1 万吨/年氯化石蜡生产装置，配套的液氯汽化厂房、生产厂房、液氯库、成品库、配电房、事故池、办公楼等辅助设施。项目用地面积 7.4 亩，总占地面积 $2000m^2$，建筑面积 $2000m^2$。

1.5 项目定员和来源

本项目需新增劳动定员20人，其中管理人员4人，生产技术人员16人。

第二章 市场分析（略）

第三章 建设规模及产品方案（略）

第四章 厂址概况与建设条件

4.1 区位及交通条件（略）

4.2 自然条件（略）

第五章 工程技术方案

5.1 项目组成

本建设项目的主要产品为1万吨/年氯化石蜡-52。主要建设内容为氯化石蜡生产装置、石蜡库、液氯库，总建筑面积2000m²。

5.2 工艺技术方案的选择

5.2.1 主要工艺技术方案介绍（略）

5.2.2 工艺技术选择

本项目采用热氯化法和光氯化法相结合的连续氯化生产新工艺。

5.3 工艺流程简述

5.3.1 工艺流程简图（图5-2）

5.3.2 工艺流程简述

(1) 氯化

液氯在汽化工序采用热水（来自氯乙酸车间蒸汽冷凝水）加热汽化，并通过换热器预热送至氯化工序。

将定量的精制液体石蜡加入反应釜，预热到80℃后，主反应釜通入氯气，使氯气与液体石蜡在光、热条件下进行反应。

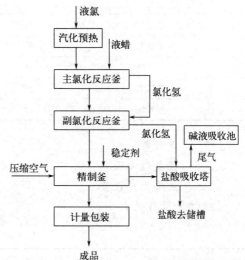

图5-2 氯化石蜡生产工艺流程简图

氯化石蜡主要反应式如下：

$$C_{15}H_{32} + 7Cl_2 \longrightarrow C_{15}H_{25}Cl_7 + 7HCl\uparrow + Q$$

在氯化反应初期需热水（来自氯乙酸车间蒸汽冷凝水）升温加快化学反应速率，由于氯化反应是放热反应，达到一定的温度后需用冷却水冷却。

控制氯气流量，主釜产生的氯化氢和微量未反应的氯气进入副反应釜继续与液体石蜡反应，主、副釜反应温度分别为100~110℃和85~90℃，副反应釜生产的氯化氢经冷却后，送入盐酸吸收塔制成副产品盐酸，控制副反应釜液体石蜡加入量，副反应釜液体石蜡依次流经每个反应釜，酸性石蜡从最后的反应釜采出至储罐。通常氯化液质量分数为：氯化石蜡99%、氯化氢0.9%、氯气0.1%。

(2) 氯化石蜡精制

将物料用真空抽入精制釜，通入压缩空气，吹出氯化石蜡中溶解的HCl、Cl_2，吹出的气体进入盐酸吸收塔制取盐酸，剩余的尾气进入冷碱液吸收池，制成次氯酸钠溶液。产品吹风结束后，加入稳定剂即得氯化石蜡成品。

(3) 检验包装

检验合格后经脱气釜脱气成为氯化石蜡成品包装入库。

包装容器规定用镀锌铁桶，并且必须进行清洗，应确保无锈、无水、无机械杂质，以防影响产品质量。包装每桶净重200kg，误差±0.5kg，盖严，确保不漏。

（4）氯化氢吸收及尾气处理

氯化反应产生的氯化氢和过量氯气经降膜吸收塔两级吸收生成盐酸出售，余氯和氯化氢尾气再经碱吸收达标排放，产生的次氯酸钠溶液出售。

反应釜升温热水和降温水经凉水塔冷却后进入循环池循环使用。

5.4 原辅材料及动力消耗指标

原材料单耗表见表 5-4。

表 5-4 原材料单耗表（吨产品）

序号	材料名称	单位	数量	备注
1	液体石蜡	t	0.50	
2	液氯	t	1.1	
3	稳定剂	kg	15	
4	动力电	kW·h	25	
5	一次水	m³	3.0	
6	循环水	m³	40	
7	包装物	个	4	镀锌铁桶

5.5 主要设备

5.5.1 设备选型原则（略）

5.5.2 主要生产设备

主要生产设备见表 5-5。

表 5-5 主要生产设备

序号	设备名称	容积或规格	数量/台	材质
1	液蜡储罐	$\phi 9000 \times 8000$	2	
2	氯化反应釜	$F=12000, V=12 m^3$	6	搪玻璃
3	氯化反应釜	$F=9500, V=9.5 m^3$	3	搪玻璃
4	石墨冷凝器	$JSK50-20, V=20 m^3$	12	钢材+石墨
5	降膜吸收器	YKX70-50	1	钢材+石墨
6	降膜吸收器	YKX70-40	1	钢材+石墨
7	氯气缓冲罐	$\phi 850 \times 1800$	2	16MnR
8	脱气塔	$\phi 1900 \times 2900$	2	玻璃钢
9	苯净塔	$\phi 1200 \times 5100$	1	玻璃钢
10	酸蜡分离塔	$\phi 1000 \times 2700$	2	玻璃钢
11	盐酸循环罐	$\phi 1500 \times 3000$	2	玻璃钢
12	盐酸吸收塔	$\phi 1500 \times 3000$	1	玻璃钢
13	盐酸旋风分离器		3	玻璃钢

第六章 原辅材料供应

6.1 原、辅材料及燃料动力消耗指标

原材料消耗见表 6-1，燃料与动力消耗见表 6-2。

表 6-1 原材料消耗

序号	名称	年需求量/t	原料来源	备注
1	液体石蜡	4800	外购	
2	液氯	11000	外购	
3	稳定剂	15	外购	
4	镀锌铁桶	50000 个	外购	

表 6-2 燃料与动力消耗

序号	燃料与动力	单位	单耗	年需求量	备注
1	动力电	kW·h	25	250000	
2	一次水	m^3	2.36	23600	
3	循环水	m^3	40	400000	

6.2 原、辅材料的供应

外购。

第七章 总图运输及公用工程

7.1 总图

7.1.1 总平面布置原则（略）

7.1.2 总平面布置（略）

7.1.3 竖向布置及场地排雨水（略）

7.2 公用工程

7.2.1 给水

（1）用水标准（略）

（2）用水量（略）

（3）给水设施

市政供水。

7.2.2 排水

（1）生产废水主要为循环排污水、少量冲洗水，循环排污水和冲洗水为清净下水，作为绿化用水，不外排；

（2）生活用水经化粪池沉淀后排入公司污水处理厂；

（3）雨水经道路汇集后排入厂区雨水排放系统。

7.2.3 供电

（1）供电电压等级及电源选择

本公司有两路市政电源引入，电压等级、容量满足要求。

（2）低压配电（略）

7.3 土建工程

7.3.1 建筑设计

（1）设计依据（略）

（2）主要建筑方案

本项目土建工程主要有液氯汽化厂房、生产厂房、液氯库、成品库、配电房、盐酸池、事故池、办公楼、门卫等。

液氯汽化厂房：平面尺寸为 30.5m×12.5m，单层，建筑面积为 381.25m^2。

生产厂房：平面尺寸为 27.5m×4.2m+6.9m×3.2m，分别为二层和三层，建筑面积为 318.42m²，建筑物占地面积 137.58m²。

以上屋面均采用镀铝锌压型钢板墙面和屋面，建筑外墙 1.0m 标高以下为 190mm 厚承重空心砖墙，屋面采用 50mm 玻璃纤维保温棉保温，防火墙采用轻质防火板。门采用平开钢大门，窗采用铝合金窗，水泥地面，建筑外墙做法采用浅色涂料。

液氯库：平面尺寸为 30.5m×9.5m，单层，建筑面积为 289.75m²。

成品库：平面尺寸为 36.5m×10.5m，单层，建筑面积为 383.25m²。

配电房：平面尺寸为 4.5m×4.5m，单层，建筑面积为 20.25m²。

盐酸池、事故池：平面尺寸分别为 25.1m×5.5m 和 12.6m×4.7m，占地面积分别为 138.05m² 和 59.22m²。

办公楼：平面尺寸为 18.7m×7.4m+8.1m×6.7m，局部 2 层，建筑面积为 331.03m²，建筑物占地面积 192.65m²。主要功能包括管理人员行政用房、销售用房、财务用房、会议室及接待室等。

7.3.2 结构设计
（略）

第八章 环境保护
（略）

第九章 劳动安全卫生与消防

9.1 劳动安全与卫生

9.1.1 编制依据
（略）

9.1.2 自然危害因素分析
（略）

9.1.3 生产危害因素分析
（略）

9.1.4 安全防范措施

(1) 合理布置总平面。各装置建构筑物之间留有足够的安全防护距离。建构筑物内外道路畅通并形成环状，以利消防和安全疏散。

(2) 生产工艺采用 DCS、SIS 控制技术。操作人员在控制室内对生产进行集中监控，对安全生产密切相关的参数进行自动分析、自动调节和自动报警，确保了生产安全。

(3) 厂房大多采用敞开式框架结构，设备尽可能露天化布置，以减少有毒、有害气体的积聚。

(4) 厂房建筑设计中，采取防爆泄压和通风措施，个别地方设防爆机械通风设施，避免火灾爆炸危险物质和有毒物质积聚。

(5) 按照生产装置的危险区划分，选用相应防爆等级的电气设备和仪表，并按规范配线。对厂房、各相关设备及管道设置防雷及防静电接地系统。

(6) 在可燃、有毒气体可能泄漏的场所，如液氯汽化、氯化工序、精制工序等，设置可燃有毒气体声光探测器，以便及时发现和处理气体泄漏事故，确保装置安全。

(7) 生产系统严格密封，选用可靠的设备和材料，以防泄漏、燃烧和爆炸等条件的形成。

(8) 所有压力容器的设计、制造、检验和施工安装，均按有关标准严格执行。可能超压的设备均安装有安全阀、防爆膜等安全措施。

(9) 重要工序设置氮气保护系统，以置换危险物料，确保设备安全。

(10) 采用双电源系统，对重要的用电负荷，如冷却水系统、消防用电设置双回路供电，自控系统和部分消防控制设备设置 UPS 供电，以确保安全生产。

(11) 在各危险地点和危险设备处，设立安全标志或涂刷相应的安全色。

9.2　工业卫生措施

(1) 在工艺和设备设计中，对"三废"采取治理措施，以减少环境危害。各个装置均采用密闭化生产，杜绝生产过程中的"跑冒滴漏"现象，以有利于节能、降耗、环保、消防安全和工业卫生等各个方面。

(2) 在各工序操作人员可能接触有毒物料的地方，设置安全淋浴/洗眼器，以最大限度地减少有毒物料对人体的伤害。

(3) 设计中尽量选用低噪声设备，并对噪声较大的压缩机、泵等设备，采取消音器、隔声罩、隔音室等措施。

(4) 重要设备都配有电气防护，以防意外事故发生时，对人造成伤害。机械传动、转动装置的外露部分配置防护罩。

(5) 根据各装置物料的危害特性，在生产现场配置各种防毒面具、防护手套、护目镜、空气呼吸器、防护衣等个人防护用品。

(6) 根据各装置物料的卫生特征分级，各装置根据需要配置符合卫生标准要求的卫生辅助用室。

9.3　消防措施

9.3.1　建筑消防设计

氯化石蜡生产过程中使用的原料、产生的中间产物及最终产品多数具有燃烧爆炸性，根据《精细化工企业工程设计防火标准》（GB 51283—2020），氯化石蜡生产装置的火灾危险性为乙类。

9.3.2　防火防爆对策

在氯化、精制等工序中，为防止火灾、中毒，要严格执行各项消防安全制度，严格控制工艺指标，严格操作规程。加强对设备管道的维护保养，严防跑、冒、滴、漏。具体预防措施如下：

(1) 火源管理。在生产中进行检修时使用的工具应该是不产生火花的工具，严禁用铁器敲打设备或管道，工作人员应穿防静电工作服。生产和储罐区禁止明火，生产中动火要严格执行《危险化学品企业特殊作业安全规范》（GB 30871—2022）有关规定。

(2) 防止跑、冒、滴、漏。生产过程中产生的大都是易燃易爆有毒物质，生产设备、工艺管道和储罐如果发生泄漏极易引发火灾、爆炸和中毒事故。因此，日常生产中要做好安全检查，不留死角，设备要定期检修，发现问题及时采取补救措施，修复存在跑、冒、滴、漏的部位。

(3) 配置应急工具和消防设施。应该配备一定数量的防毒面具、自给式空气呼吸器、手套、堵漏工具。相关人员要经常进行演练，熟练掌握各种情况下的堵漏方法和处置措施。储罐区周围常备一定量消防沙，厂内仓库存放一定量的水泥作应急之用。配备一定数量的手提式二氧化碳和干粉灭火器。

(4) 液氯为剧毒危险化学品，氯气钢瓶定期检验，运输过程由有危险品准运证的车辆运输，并配有熟悉物性的司机、押运员押运，运输和储存过程中防止暴晒、撞击。

9.3.3　其他消防措施

(1) 总图：建、构筑物的总图布置，严格遵守消防规范的要求，确保防火间距，合理设置街区消防通道。根据《建筑设计防火规范》和《精细化工企业工程设计防火标准》（GB 51283—2020）的规定，新建生产装置均设有环形消防通道，以满足消防要求。

(2) 甲类生产采用敞开式框架结构,根据《建筑设计防火规范》的规定,每个装置区在不同方向设有直通地面的疏散楼梯,单层厂房两面分别设有直通室外2.00m的疏散门。多层厂房设有室内疏散楼梯(1.4m)和外跨楼梯(1.1m),疏散门为1.00m,疏散走道宽度大于1.4m。

(3) 建筑:根据爆炸和火灾危险性不同,各类厂房采用相应耐火等级的建筑材料,建筑物内设便利的疏散通道,由爆炸危险的主厂房泄漏面积≥5%考虑,地面采用不发生火花的水泥地面,屋顶自重<100kg/m²。钢结构框架、支架等,设计采用覆盖耐火涂料层,耐火极限不低于1.5h。

(4) 消防水:装置区设有消防水管网,低压系统供水压力≥0.6MPa,高压系统供水压力≥1.2MPa,管道呈环状布置,消火栓设置间距不大于60m;按规范要求,在需要的位置设置水炮。

(5) 电气、仪表:工程中除生产装置外,消防及环保设备均采用双回路电源供电,同时根据工作介质和环境介质的不同分别采用耐腐蚀的防爆密封性设备。电线采用穿管和铠甲电缆。仪表设备采用本质安全型和隔爆型。

(6) 通风:生产装置的厂房考虑以自然通风为主,重点厂房辅以强制通风,以保证足够的换气次数,减少和避免易燃、易爆气体与空气形成爆炸混合物,而引起火灾等危险。

(7) 钢结构耐火:根据规范要求,对生产装置内所有需要做耐火保护的承重的钢框架、支架、裙座、钢管架等按规范要求采取覆盖耐火层等耐火保护措施,使涂有耐火层的钢结构的耐火极限满足规范要求。

(8) 电气消防:本工程所有电气设备消防均采用干式灭火器。本设计按有关规定,建筑物防雷采用避雷带防护措施。

第十章 节能(略)
第十一章 企业组织与劳动定员(略)
第十二章 项目管理与实施进度(略)
第十三章 投资估算和资金筹措(略)
第十四章 财务评价(略)

归纳总结提高

1. 安全预评价、安全验收评价、安全现状评价分别应采集哪些方面的资料?
2. 安全评价报告编制的原则是什么?如何理解?
3. 危险化学品项目、汽车加油加气站、煤矿项目、非煤矿山项目、陆上石油和天然气开采业等项目或行业不同阶段的各类安全评价报告编制的主要依据是什么?具体文号是什么?
4. 《安全评价通则》规定安全评价报告书应由哪八个部分组成?

安全评价师应知应会

1. 下列关于前期准备的说法中,正确的是( )。
(A) 前期准备是安全评价项目进行的基础
(B) 前期准备是危险有害因素辨识工作的组成部分

(C) 前期准备是危险与危害程度评价工作的组成部分
(D) 前期准备是报告审核工作的组成部分
2. 安全评价项目启动前需要完成的一系列工作统称（　　）。
(A) 前期准备　　　　　　　　　　(B) 危险有害因素辨识
(C) 危险与危害程度评价　　　　　(D) 风险控制
3. 在安全评价工作中，应遵循的原则包括（　　）。
(A) 合法性　　　(B) 科学性　　　(C) 针对性　　　(D) 权威性
4. 安全评价前期准备的主要工作包括（　　）。
(A) 采集安全评价所需的法律、法规信息
(B) 采集与安全评价对象相关的事故案例信息
(C) 采集安全评价涉及的人、机、物、法、环基础技术资料
(D) 危险有害因素辨识
5. 下列属于安全评价程序步骤的是（　　）。
(A) 准备阶段　　　　　　　　　　(B) 定性、定量评价
(C) 危险辨识与分析　　　　　　　(D) 提出安全对策措施
(E) 编制安全评价报告
6. 安全评价是依据（　　）。
(A) 国家和地方的有关法律、法规、标准
(B) 企业内部的规章制度和技术规范
(C) 可接受风险标准
(D) 前人的经验和教训
7. 安全评价所使用的标准按适用范围分为（　　）。
(A) 国家标准　　　(B) 行业标准　　　(C) 地方标准
(D) 管理标准　　　(E) 企业标准

项目二　安全评价过程控制

实例展示

研读下列通报实例，你对安全评价过程控制有何理解？

应急管理部官方微信通报：为深入贯彻落实习近平总书记关于安全生产重要指示精神，坚持"两个根本"，解决安全评价领域冲击安全底线的突出问题，应急管理部在全国范围内开展为期 8 个月的安全评价机构执业行为专项整治。经过动员部署、自查自改、集中检查、督导互查等各阶段任务有序开展，各地陆续查处了一批典型违规案例，现选取部分通报实例予以展示。

实例一：出租出借资质及人员挂靠案例：××工程设计有限公司出租出借资质、人员挂靠案

根据多方举报线索，2021 年 5 月 31 日，××省应急管理厅执法人员到湖南××工程设计有限公司现场调查，发现其存在如下违法行为：(1) 技术负责人资格证书挂靠（双社保，非专职）；(2) 利用设立分公司出租出借资质，该公司在全国设立了 16 家分公司，总公司每年对分公司收取 10 万到 35 万不等的管理费，并对分公司承接项目按照 60% 比例抽成；(3) 未

在开展现场技术服务前七个工作日内书面告知项目实施地资质认可机关。

该工程设计有限公司的相关行为违反了《安全评价检测检验机构管理办法》第六条第（七）项、第十九条、第二十二条第（四）项的规定。依据《安全评价检测检验机构管理办法》第二十八条、第三十条第（四）项、第（七）项的规定，2021年9月，××省应急管理厅作出撤销××工程设计有限公司安全评价资质并处罚款人民币3万元的行政处罚。

实例二：出具失实的安全评价报告案例：××评价公司出具失实的安全评价报告案

2021年4月，××省××市应急管理局执法人员在检查××药业有限公司的《安全评价报告》时，发现××评价公司在2020年先后为包括××药业有限公司在内的三家公司出具了安全评价报告，其间并未与上述三家公司签订服务合同，也并未派出评价人员，实际撰写报告、收取费用的为××科技有限公司等两家无安全评价资质的第三方公司。经××市应急管理局核实，上述三份安全评价报告有多处存在评价内容与被评价企业现状不符的情况，××评价公司被认定为出具虚假失实的安全评价报告。

××评价公司的相关行为违反了《××市安全生产条例》第二十七条第二款第（二）、（三）项的规定，依据该条例第五十六条第二款、第三款的规定，参照《××省安全生产行政处罚自由裁量适用细则》附则部分要求，2021年7月，××市应急管理局对××评价公司作出没收违法所得人民币5500元，并处罚款人民币30万元的行政处罚。对检查中发现的其他违法行为作出了责令其限期改正，逾期未改正，将提请有关部门吊销其安全评价资质的处理措施。

实例三：不具备资质保持条件案例：××安全技术有限公司未能保持安全评价资质条件案

2021年7月，××市应急管理局对××安全技术有限公司进行执法检查时，发现该机构存在如下违法行为：（1）2021年2~3月期间，该公司专职安全评价师数量不足30人，未能保持安全评价机构资质条件；（2）项目组组成人员不符合安全评价项目专职安全评价师专业能力配备标准；（3）未按照有关规定在网上公开现场勘验图像影像资料；（4）未在开展现场技术服务前七个工作日内书面告知项目实施地资质认可机关；（5）对区外安全评价报告底数不清，评价报告处于不受控状态。

××安全技术有限公司的相关行为违反了《安全评价检测检验机构管理办法》第六条第（四）项、第十七条、第十八条、第十九条规定，依据《安全评价检测检验机构管理办法》第三十条第（二）、（三）、（四）项的规定，2021年8月，××市应急管理局对该公司作出给予警告并处罚款人民币2.7万元的行政处罚。鉴于该公司已不具备安全评价资质保持条件，其安全评价资质于2021年9月注销。

提出任务：安全评价过程控制文件包括哪些？

知识储备

一、安全评价过程控制概述

"安全发展"是贯彻落实习近平总书记关于安全生产工作重要论述，推进我国经济又好又快发展的基本国策。安全评价是搞好安全生产工作的重要技术手段，在为企业的安全管理提供科学依据的同时，也为政府部门的安全生产监督管理提供决策依据，安全评价的质量直接或间接地影响安全发展。

在安全评价发展初期，对安全评价机构资质审批和日常监督管理过程中，相关安全监管职能部门要求评价机构采用先进的管理模式，建立、完善质量管理体系，以保证安全评价工作质量。

为了加强安全评价机构、安全生产检测检验机构（以下统称安全评价检测检验机构）的管理，规范安全评价、安全生产检测检验行为，2019年3月20日应急管理部第1号令公布了《安全评价检测检验机构管理办法》，该管理办法代替了原国家安全生产监督管理总局公布的《安全评价机构管理规定》（2015年修订），并于2019年5月1日开始施行。该办法第六条第（五）款规定：申请安全评价机构资质应当具备健全的内部管理制度和安全评价过程控制体系。第十七条规定：安全评价检测检验机构应当建立信息公开制度，加强内部管理，严格自我约束。专职技术负责人和过程控制负责人应当按照法规标准的规定，加强安全评价、检测检验活动的管理。第十八条规定：安全评价检测检验机构开展技术服务时，应当如实记录过程控制、现场勘验和检测检验的情况，并与现场图像影像等证明资料一并及时归档。安全评价检测检验机构应当按照有关规定在网上公开安全评价报告、安全生产检测检验报告相关信息及现场勘验图像影像。

随着安全评价规模化及实践的发展，安全评价机构在实践中不断探索和创新，进一步加深了对安全评价运行规律的认识，安全评价过程控制体系应运而生。安全评价过程控制体系是对评价工作的全过程，以文件化的形式进行规范化管理，从制度上、岗位职责上保证安全评价质量得到有效控制。

二、安全评价过程控制体系的要求

建立安全评价过程控制体系的总体目标是使安全评价机构能够有效实施质量管理，提供高效、优质的评价服务，确保安全评价质量满足顾客、安全监管层等相关方以及法律、法规的要求。

国家安监总局于2005年11月颁布了《安全评价过程控制编写提要》和《安全评价过程控制编写指南》，要求安全评价机构应建立并保持系统化的安全评价过程控制文件，所建立的过程控制文件应满足指南的要求，严格按照过程控制文件的规定运行并保持相关记录，不断改进、完善安全评价过程控制文件，为评价机构建立并不断改进安全评价过程控制文件指明了方向。

安全评价机构应按照《中华人民共和国行政许可法》《安全评价检测检验机构管理办法》《安全评价过程控制编写指南》等要求，运用过程方法，建立、实施并保持安全评价过程控制体系。

安全评价质量管理活动所涉及的主要过程包括安全评价的策划，安全评价的实施，安全评价报告的审核，安全评价的内部工作管理，安全评价过程记录及资料档案管理，各过程质量的检查测量与改进等。

安全评价机构各职能部门（或工作人员）应对安全评价质量管理过程进行有效的策划，明确安全评价和影响安全评价各过程的输入、输出及相互关系，特别注意各个过程的接口、有关人员的职责及各类信息的传递方式等。

按照《中华人民共和国行政许可法》《安全评价检测检验机构管理办法》以及体系文件的要求对上述安全评价过程控制体系的所有过程进行控制。

三、安全评价过程控制体系文件的构成及编制

1. 体系文件的构成

为确保安全评价过程控制体系的有效运行，体系文件应包括：过程控制手册、程序文件

和作业文件。这些文件应经安全评价机构主要负责人批准实施，并定期检查改进。

2. 体系文件的编制

《安全评价过程控制文件编写指南》是评价机构建立安全评价过程控制的规范和指南。评价机构应明确安全评价过程控制要素是必须要做到的，如何做应体现自身的特色。在进行安全评价过程控制文件编写时，应密切结合评价机构的工作特点，充分尊重评价机构过程控制的现状及原有的安全评价质量管理经验，灵活策划、实施和建立安全评价过程控制文件。

（1）过程控制手册　重点描述安全评价过程控制体系所包括的过程、范围、过程之间的关系、作用等，提出安全评价质量的基本要求。过程控制手册是指导安全评价机构安全评价过程控制体系运行的基本准则。

过程控制手册的主要内容应包括：安全评价机构概况、资源管理及安全评价的软硬件资源情况、适用范围、依据、术语定义、过程控制体系要求，管理职责及过程控制体系职能分配图，安全评价过程的实现及过程控制流程图，过程质量的测量、分析和改进等。

（2）程序文件　根据安全评价过程控制体系要求，并考虑过程控制需要及之间的作用和关系而制定过程控制程序。程序文件是规定评价机构安全评价过程及所有相关过程的执行性文件。

安全评价过程控制体系可以包括以下程序文件：安全评价策划控制程序，安全评价实施控制程序，安全评价报告审核控制程序，信息沟通控制程序，文件控制程序，记录控制程序，人力资源控制程序，技术支撑资源管理控制程序，后勤及安全保障控制程序，顾客满意度测量控制程序，安全评价过程检查改进控制程序，不合格控制程序，纠正和预防措施控制程序，内部审核控制程序等。

程序文件的基本框架为：目的、适用范围、职责、工作程序、相关文件罗列等。

（3）作业文件　作业文件包括作业指导性文件和作业记录。作业指导性文件是评价机构根据评价具体过程的质量控制要求而规定的活动控制程序，包括了规章制度、安全评价服务规范和标准、安全评价报告编写操作规程、安全评价工作程序、评价报告编写内容要求等。作业文件是指导安全评价及相关过程中某项具体活动的过程和方法的操作性文件。作业记录是表述安全评价过程及相关过程或某一活动所获得的结果，是在作业过程中形成的原始的、真实的并能提供安全评价过程控制体系有效运行证据的特殊文件。

 能力提升训练

从以下两个项目中任选一个，尝试编写安全现状评价报告书。

1. 请你到当地某生产企业进行安全实习，团队合作尝试编制实习车间装置安全现状评价报告书。

2. 组建安全评价团队，就近到某加油站，共同尝试完成加油站安全现状评价报告书。

归纳总结提高

1. 安全评价质量管理主要包括哪些控制过程？
2. 安全评价过程控制体系文件由哪几级文件构成？每级文件的作用是什么？如何编制？

安全评价师应知应会

1. 在下列安全评价过程控制中，最先进行的内容是（　　）。
（A）签订合同　　　（B）实施评价　　　（C）报告审核　　　（D）风险分析
2. 安全评价过程控制是保证安全评价工作（　　）的一系列文件。
（A）程度　　　　　（B）进程　　　　　（C）方针　　　　　（D）质量
3. 下列（　　）不属于安全评价过程控制体系文件的其中一个层次。
（A）管理手册　　　（B）程序文件　　　（C）评价报告　　　（D）作业文件
4. 在内部审核完成后，由（　　）重点对评价项目整个过程是否齐全、有效，危险有害因素辨识充分性等内容进行审核。
（A）评价项目组组长　　　　　　　　　（B）技术负责人
（C）评价机构负责人　　　　　　　　　（D）过程控制负责人
5. 安全评价过程控制体系的基本原理是（　　）。
（A）量变到质变原理（B）惯性原理　　　（C）戴明原理　　　（D）类推原理
6. 安全评价过程控制体系文件，包括（　　）。
（A）管理手册　　　（B）程序文件　　　（C）法律法规　　　（D）作业文件
7. 安全评价机构建立过程控制体系的主要依据包括（　　）。
（A）被评价单位的要求　　　　　　　　（B）管理学原理
（C）国家对安全评价机构的监督管理要求（D）安全评价机构自身的特点
8. 安全评价过程控制的意义有（　　）。
（A）强化安全评价质量管理，提高安全评价工作质量水平
（B）有利于安全评价规范化、法治化及标准化的建设和安全评价事业的发展
（C）能使安全评价在安全生产工作中发挥更有效的作用
（D）促进安全评价工作的有序进行，使安全评价人员在评价过程中各负其责，提高工作效率
9. 安全评价过程控制体系内容中的风险分析重点是（　　）。
（A）被评价单位概况、评价类别和项目投资规模、地理位置、周边环境、行业风险特性等
（B）项目是否在资质业务范围之内，现有评价人员专业构成是否满足评价项目需要，是否聘请相关专业的技术专家，承担项目的风险
（C）项目的经济性和可行性
（D）工作计划
10. 关于程序文件编制，下列说法正确的是（　　）。
（A）程序文件必须具有可操作性　　　　（B）程序文件之间在逻辑上必须关联
（C）程序文件必须以作业文件为依据　　（D）程序文件必须涉及技术的所有细节
11. 编制安全评价过程控制程序文件的上位文件依据之一是（　　）。
（A）安全评价作业文件　　　　　　　　（B）安全评价记录文件
（C）安全评价过程控制手册　　　　　　（D）安全评价作业指导手册

12. 关于安全评价过程控制,下列说法中错误的是（　　）。
(A) 安全评价过程控制是安全评价质量的保障
(B) 安全评价过程控制是质量管理的全部
(C) 安全评价过程控制必须从安全评价内在规律出发
(D) 安全评价过程控制文件对安全评价过程起规范性作用
13. 安全评价过程控制体系的内容不包括（　　）。
(A) 管理手册　　　(B) 风险分析　　　(C) 作业文件　　　(D) 报告审核
14. 技术负责人对安全评价报告审核的主要内容有（　　）。
(A) 项目合同额是否合适　　　　　(B) 现场收集的资料是否齐全、有效
(C) 是否已进行风险分析　　　　　(D) 是否编制了项目实施计划

附录一

物质系数和特性表

物质系数和特性表

化合物	物质系数 MF	燃烧热 $H_c/(10^3 \text{Btu/lb})$	NFPA 分级			闪点/℉	沸点/℉
			健康危险 N_H	易燃性 N_F	化学活性 N_R		
乙醛	24	10.5	3	4	2	−36	69
醋酸	14	5.6	3	2	1	103	244
醋酐	14	7.1	3	2	1	126	282
丙酮	16	12.3	1	3	0	−4	133
丙酮合氰化氢	24	11.2	4	2	2	165	203
乙腈	16	12.6	3	3	0	42	179
乙酰氯	24	2.5	3	3	2	40	124
乙炔	29	20.7	0	4	3	气	−118
乙酰基乙醇氨	14	9.4	1	1	1	355	304～308
过氧化乙酰	40	6.4	1	2	4	—	[4]
乙酰水杨酸[8]	16	8.9	1	1	0	—	—
乙酰基柠檬酸三丁酯	4	10.9	0	1	0	400	343[1]
丙烯醛	29	11.8	4	3	3	−15	127
丙烯酰胺	24	9.5	3	2	2	—	257[1]
丙烯酸	24	7.6	3	2	2	124	286
丙烯腈	24	13.7	4	3	2	32	171
烯丙醇	16	13.7	4	3	1	72	207
烯丙胺	16	15.4	4	3	1	−4	128
烯丙基溴	16	5.9	3	3	1	28	160
烯丙基氯	16	9.7	3	3	1	−20	113
烯丙醚	24	16.0	3	3	2	20	203
氯化铝	24	[2]	3	0	2	—	[3]
氨	4	8.0	3	1	0	气	−28
硝酸铵	29	12.4[7]	0	0	3	—	410
醋酸戊酯	16	14.6	1	3	0	60	300
硝酸戊酯	10	11.5	2	2	0	118	306～316
苯胺	10	15.0	3	2	0	158	364
氯酸钡	14	[2]	2	0	1	—	—
硬脂酸钡	4	8.9	0	1	0	—	—
苯甲醛	10	13.7	2	2	0	148	354
苯	16	17.3	2	3	0	12	176
苯甲酸	14	11.0	2	1	1	250	482
醋酸苄酯	4	12.3	1	1	0	195	417
苄醇	4	13.8	2	1	0	200	403
苄基氯	14	12.6	2	2	1	162	387

续表

化合物	物质系数 MF	燃烧热 $H_c/(10^3 Btu/lb)$	NFPA 分级			闪点/℉	沸点/℉
			健康危险 N_H	易燃性 N_F	化学活性 N_R		
过氧化苯甲酰	40	12.0	1	3	4	—	—
双酚 A	14	14.1	2	1	1	175	428
溴	1	0.0	3	0	0	—	138
溴苯	10	8.1	2	2	0	124	313
邻溴甲苯	10	8.5	2	2	0	174	359
1,3-丁二烯	24	19.2	2	4	2	−105	24
丁烷	21	19.7	1	4	0	−76	31
1-丁醇	16	14.3	1	3	0	84	243
1-丁烯	21	19.5	1	4	0	气	21
醋酸丁酯	16	12.2	1	3	0	72	260
丙烯酸丁酯	24	14.2	2	3	2	103	300
(正)丁胺	16	16.3	3	3	0	10	171
溴代丁烷	16	7.6	2	3	0	65	215
氯丁烷	16	11.4	2	3	0	15	170
2,3-环氧丁烷	24	14.3	2	3	2	5	149
丁基醚	16	16.3	2	3	1	92	288
叔丁基过氧化氢	40	11.9	1	4	4	<80 或更高	[9]
硝酸丁酯	29	11.1	1	3	3	97	277
过氧化乙酸叔丁酯	40	10.6	2	3	4	<80	[4]
过氧化苯甲酸叔丁酯	40	12.2	1	3	4	>190	[4]
过氧化叔丁酯	29	14.5	1	3	3	64	176
碳化钙	24	9.1	3	3	2	—	—
硬脂酸钙[6]	4	—	0	1	0	—	—
二硫化碳	21	6.1	3	4	0	−22	115
一氧化碳	21	4.3	3	4	0	气	−313
氯气	1	0.0	4	0	0	气	−29
二氧化氯	40	0.7	3	1	4	气	50
氯乙酰氯	14	2.5	3	0	1	—	223
氯苯	16	10.9	2	3	0	84	270
三氯甲烷	1	1.5	2	0	0	—	143
氯甲基乙基醚	14	5.7	2	1	1	—	—
1-氯-1-硝基乙烷	29	3.5	3	2	3	133	344
邻氯酚	10	9.2	3	2	0	147	47
三氯硝基甲烷	29	5.8[7]	4	0	3	—	234
2-氯丙烷	21	10.1	2	4	0	−25	95
氯苯乙烯	24	12.5	2	1	2	165	372
氧杂萘邻酮	24	12.0	2	1	2	—	554
异丙基苯	16	18.0	2	3	1	96	306
异丙基过氧化氢	40	13.7	1	2	4	175	[4]
氰基氰	29	7.0	4	1	3	286	500
环丁烷	21	19.1	1	4	0	气	55
环己烷	16	18.7	1	3	0	−4	179
环己醇	10	15.0	1	2	0	154	322
环丙烷	21	21.3	1	4	0	气	−29
DER① 331	14	13.7	1	1	1	485	878

续表

化合物	物质系数 MF	燃烧热 $H_c/(10^3 \text{Btu/lb})$	NFPA 分级 健康危险 N_H	NFPA 分级 易燃性 N_F	NFPA 分级 化学活性 N_R	闪点/℉	沸点/℉
二氯苯	10	8.1	2	2	0	151	357
1,2-二氯乙烯	24	6.9	2	3	2	36～39	140
1,3-二氯丙烯	16	6.0	3	3	0	95	219
2,3-二氯丙烯	16	5.9	2	3	0	59	201
3,5-二氯代水杨酸	24	5.3	0	1	2	—	—
二氯苯乙烯	24	9.3	2	1	2	225	—
过氧化二枯基	29	15.4	0	1	3	—	—
二聚环戊二烯	16	17.9	1	3	1	90	342
柴油	10	18.7	0	2	0	100～130	315
二乙醇胺	4	10.0	1	1	0	342	514
二乙胺	16	16.5	3	3	0	−18	132
间二乙基苯	10	18.0	2	2	0	133	358
碳酸二乙酯	16	9.1	2	3	1	77	259
二甘醇	4	8.7	1	1	0	255	472
二乙醚	21	14.5	2	4	1	−49	94
二乙基过氧化物	40	12.2	—	4	4	[4]	[4]
二异丁烯	16	19.0	1	3	0	23	214
二异丙基苯	10	17.9	0	2	0	170	401
二甲胺	21	15.2	3	4	0	气	44
2,2-二甲基-1-丙醇	16	14.8	2	2	0	98	237
1,2-二硝基苯	40	7.2	3	1	4	302	606
2,4-二硝基苯酚	40	6.1	3	1	4	—	—
1,4-二噁烷	16	10.5	2	3	1	54	214
二氧戊环	24	9.1	2	3	2	35	165
二苯醚	4	14.9	1	1	0	239	496
二丙二醇	4	10.8	0	1	0	250	449
二叔丁基过氧化物	40	14.5	3	2	4	65	231
二乙烯基乙炔	29	18.2	—	3	3	<−4	183
二乙烯基苯	24	17.4	2	2	2	157	392
二乙烯基醚	24	14.5	2	3	2	<−22	102
DOWANOL① DM	10	10.0	2	2	0	197[Seta]	381
DOWANOL① EB	10	12.9	1	2	0	150	340
DOWANOL① PM	16	11.1	0	3	0	90[Seta]	248
DOWANOL① PnB	10	—	0	2	0	138	338
DOWICIL① 75	24	7.0	2	2	2	—	—
DOWICIL① 200	24	9.3	2	2	2	—	—
DOWFROST①	4	9.0	0	1	0	215[Toc]	370
DOWFROST① HD	1	—	0	0	0	无	—
DOWFROST① 250	1	—	0	0	0	300[Seta]	—
DOWTHERM① 4000	4	7.0	1	1	0	252[Seta]	—
DOWTHERM① A	4	15.5	2	1	0	232	495
DOWTHERM① G	4	15.5	1	1	0	266[Seta]	551
DOWTHERM① HT	4	—	1	1	0	322[Toc]	650
DOWTHERM① J	10	17.8	1	2	0	136[Seta]	358
DOWTHERM① LF	4	16.0	1	1	0	240	550～558
DOWTHERM① Q	4	17.3	1	1	0	249[Seta]	513
DOWTHERM① SR-1	4	7.0	1	1	0	232	325
DURSBAN①	14	19.8	1	2	1	81～110	—
3-氯-1,2-环氧丙烷	24	7.2	3	3	2	88	241
乙烷	21	20.4	1	4	0	气	−128

续表

化合物	物质系数 MF	燃烧热 H_c/(10^3Btu/lb)	NFPA 分级 健康危险 N_H	易燃性 N_F	化学活性 N_R	闪点/℉	沸点/℉
乙醇胺	10	9.5	2	2	0	185	339
醋酸乙酯	16	10.1	1	3	0	24	171
丙烯酸乙酯	24	11.0	2	3	2	48	211
乙醇	16	11.5	0	3	0	55	173
乙胺	21	16.3	3	4	0	＜0	62
乙苯	16	17.6	2	3	0	70	277
苯甲酸乙酯	4	12.2	1	1	0	190	414
溴乙烷	4	5.6	2	1	0	无	100
乙基丁基胺	16	17.0	3	3	0	64	232
乙基丁基碳酸脂	14	10.6	2	2	1	122	275
丁酸乙酯	16	12.2	0	3	0	75	248
氯乙烷	21	8.2	1	4	0	－58	54
氯甲酸乙酯	16	5.2	3	3	1	61	203
乙烯	24	20.8	1	4	2	气	－155
碳酸乙酯	14	5.3	2	1	1	290	351
乙二胺	10	12.4	3	2	0	110	239
1,2-二氯乙烷	16	4.6	2	3	0	56	181～183
乙二醇	4	7.3	1	1	0	232	387
乙二醇二甲醚	10	11.6	2	2	0	29	174
乙二醇单醋酸酯	4	8.0	0	1	0	215	347
氮丙啶	29	13.0	4	3	3	12	135
环氧乙烷	29	11.7	3	4	3	－4	51
乙醚	21	14.4	2	4	1	－49	94
甲酸乙酯	16	8.7	2	3	0	－4	130
2-乙基己醛	14	16.2	2	2	1	112	325
1,1-二氯乙烷	16	4.5	2	3	0	2	135～138
乙硫醇	21	12.7	2	4	0	＜0	95
硝酸乙酯	40	6.4	2	3	4	50	190
乙氧基丙烷	16	15.2	1	3	0	＜－4	147
对乙基甲苯	10	17.7	3	2	0	887	324
氟	40	—	4	0	0	气	－307
氟(代)苯	16	13.4	3	3	0	5	185
甲醛(无水气体)	21	8.0	3	4	0	气	－6
甲醛(液体,37%～56%)	10	—	3	2	0	140～181	206～212
甲酸	10	3.0	3	2	0	122	213
＃1 燃料油	10	18.7	0	2	0	100～162	304～574
＃2 燃料油	10	18.7	0	2	0	162～204	—
＃4 燃料油	10	18.7	0	2	0	142～204	—
＃6 燃料油	10	18.7	0	2	0	150～270	—
呋喃	21	12.6	1	4	1	＜32	88
汽油	16	18.8	1	3	0	－45	100～400
甘油	4	6.9	1	1	0	390	340
乙醇腈	14	7.6	1	1	1	—	—
(正)庚烷	16	19.2	1	3	0	25	209
六氯丁二烯	14	2.0	2	1	1	—	—
六氯二苯醚	14	5.5	2	1	1	—	—
己醛	16	15.5	2	3	1	90	268
己烷	16	19.2	1	3	0	－7	156
无水肼	29	7.7	3	3	3	100	236
氢	21	51.6	0	4	0	气	－423
氰化氢	24	10.3	4	4	2	0	79

续表

化合物	物质系数 MF	燃烧热 $H_c/(10^3 Btu/lb)$	NFPA 分级 健康危险 N_H	NFPA 分级 易燃性 N_F	NFPA 分级 化学活性 N_R	闪点/℉	沸点/℉
过氧化氢(40%～60%)	14	[2]	2	0	1	—	226～237
硫化氢	21	6.5	4	4	0	气	−76
羟胺	29	3.2	2	0	3	[4]	158
2-羟乙基丙烯酸酯	24	8.9	2	1	2	214	410
羟丙基丙烯酸酯	24	10.4	3	1	2	207	410
异丁烷	21	19.4	1	4	0	气	11
异丁醇	16	14.2	1	3	0	82	225
异丁胺	16	16.2	2	3	0	15	150
异丁基氯	16	11.4	2	3	0	<70	156
异戊烷	21	21.0	1	4	0	<−60	82
异戊间二烯	24	18.9	2	4	2	−65	93
异丙醇	16	13.1	1	3	0	53	181
异丙基乙炔	24	—	2	4	0	<19	92
醋酸异丙酯	16	11.2	1	3	0	34	194
异丙胺	21	15.5	3	4	0	−15	93
异丙基氯	21	10.0	2	4	0	−26	95
异丙醚	16	15.6	2	3	1	−28	156
喷气式发动机 燃料 A&A-1	10	21.7	0	2	0	110～150	400～550
喷气式发动机 燃料 B	16	21.7	1	3	0	−10～30	—
煤油	10	18.7	0	2	0	100～162	304～574
十二烷基溴	4	12.9	1	1	0	291	356
十二烷基硫醇	4	16.8	2	1	0	262	289
十二烷基过氧化物	40	15.0	0	1	4	—	—
LORSBAN① 4E	14	3.0	1	2	1	85	165
润滑油	4	19.0	0	1	0	300～450	680
镁	14	10.6	0	1	1	—	2025
马来酸酐	14	5.9	3	1	1	215	395
甲基丙烯酸	24	9.3	3	2	2	171	325
甲烷	21	21.5	1	4	0	气	−258
醋酸甲酯	16	8.5	1	3	0	14	140
甲基乙炔	24	20.0	2	4	2	气	−10
丙烯酸甲酯	24	18.7	3	3	2	27	177
甲醇	16	8.6	1	3	0	52	147
甲胺	21	13.2	3	4	0	气	21
甲基戊基甲酮	10	15.4	1	2	0	102	302
硼酸甲酯	16	—	2	3	1	<80	156
碳酸二甲酯	16	6.2	2	3	1	66	192
甲基纤维素(袋装)	4	6.5	0	1	0	—	—
甲基纤维素粉[8]	16	6.5	0	1	0	—	—
氯甲烷	21	5.5	1	4	0	−50	12
氯醋酸甲酯	14	5.1	2	2	1	135	266
甲基环己烷	16	19.0	2	3	0	25	214
甲基环戊二烯	14	17.4	1	2	1	120	163
二氯甲烷	4	2.3	2	1	0	—	104
亚甲基二苯基二异氰酸盐	14	12.6	2	1	1	460	[9]
甲醚	21	12.4	2	4	1	气	−11
甲基乙基甲酮	16	13.5	1	3	0	16	176
甲酸甲酯	21	6.4	2	4	0	−2	89
甲肼	24	10.9	4	3	2	21	190
甲基乙丁基甲酮	16	16.6	2	3	1	64	242

续表

化合物	物质系数 MF	燃烧热 $H_c/(10^3 Btu/lb)$	NFPA 分级 健康危险 N_H	易燃性 N_F	化学活性 N_R	闪点/℉	沸点/℉
甲硫醇	21	10.0	4	4	0	气	43
甲基丙烯酸甲酯	24	11.9	2	3	2	50	213
2-甲基丙烯醛	24	15.4	3	3	2	35	154
甲基乙烯基甲酮	24	13.4	4	3	2	20	179
石油	4	17.0	0	1	0	380	680
重质灯油	10	17.6	0	2	0	275	480~680
氯苯	16	11.3	2	3	0	84	270
一氨基乙醇	10	9.6	2	2	0	185	339
石脑油	16	18.0	1	3	0	28	212~320
萘	10	16.7	2	2	0	174	424
硝基苯	14	10.4	3	2	1	190	411
硝基联苯	4	12.7	2	1	0	290	626
硝基氯苯	4	7.8	3	1	0	216	457~475
硝基乙烷	29	7.7	1	3	3	82	237
硝化甘油	40	7.8	2	2	4	[4]	[4]
硝基甲烷	40	5.0	1	3	4	95	213
硝基丙烷	24	9.7	1	3	2	75~93	249~269
对硝基甲苯	14	11.2	3	1	1	223	460
N-ERV①	14	15.0	2	2	1	102	300
（正）辛烷	16	20.5	0	3	0	56	258
辛硫醇	10	16.5	2	2	0	115	318~329
油酸	4	16.8	0	1	0	372	547
氧己环	16	13.7	2	3	1	−4	178
戊烷	21	19.4	1	4	0	<−40	97
过醋酸	40	4.8	3	2	4	105	221
高氯酸	29	[2]	3	0	3	—	66[9]
原油	16	21.3	1	3	0	20~90	—
苯酚	10	13.4	4	2	0	175	358
2-皮考啉	10	15.0	2	2	0	102	262
聚乙烯	10	18.7	—	—	—	NA	NA
发泡聚苯乙烯	16	17.1	—	—	—	NA	NA
聚苯乙烯片料	10	—	—	—	—	NA	NA
钾(金属)	24	—	3	3	2	—	1410
氯酸钾	14	[2]	1	0	1	—	752
硝酸钾	29	[2]	1	0	3	—	752
高氯酸钾	14	—	1	0	1	—	—
过四氧化二钾	14	—	3	0	1	—	[9]
丙醛	16	12.5	2	3	1	−22	120
丙烷	21	19.9	1	4	0	气	−44
1,3-二氨基丙烷	16	13.6	2	3	0	75	276
炔丙醇	29	12.6	4	3	3	97	237~239
炔丙基溴	40	13.7[7]	4	3	4	50	192
丙腈	16	15.0	4	3	1	36	207
醋酸丙酯	16	11.2	1	3	0	55	215
丙醇	16	12.4	1	3	0	74	207
正丙胺	16	15.8	3	3	0	−35	120
丙苯	16	17.3	2	3	0	86	319
1-氯丙烷	16	10.0	2	3	0	<0	115
丙烯	21	19.7	1	4	1	−162	−52
二氯丙烯	16	6.3	2	3	0	60	205

续表

化合物	物质系数 MF	燃烧热 $H_c/(10^3 \text{Btu/lb})$	NFPA 分级 健康危险 N_H	NFPA 分级 易燃性 N_F	NFPA 分级 化学活性 N_R	闪点/℉	沸点/℉
丙二醇	4	9.3	0	1	0	210	370
氧化丙烯	24	13.2	3	4	2	−35	94
n-丙醚	16	15.7	1	3	0	70	194
n-硝酸丙酯	29	7.4	2	3	3	68	230
吡啶	16	5.9	2	3	0	68	240
钠	24	—	3	3	2	—	1619
氯酸钠	24	—	1	0	2	—	[4]
重铬酸钠	14	—	1	0	1	—	[4]
氢化钠	24	—	3	3	2	—	[4]
次硫酸钠	24	—	2	1	2	—	[4]
高氯酸钠	14	—	2	0	1	—	[4]
过氧化钾	14	—	3	0	1	—	[4]
硬脂酸	4	15.9	1	1	0	385	726
苯乙烯	24	17.4	2	3	2	88	293
氯化硫	14	1.8	3	1	1[5]	245	280
二氧化硫	1	0.0	3	0	0	气	14
SYLTHERM①800	4	12.3	1	1	0	>320[10]	398
SYLTHERM①XLT	10	14.1	1	2	0	108	345
TELONE①11	16	3.2	2	3	0	83	220
TELONE①-C17	16	2.7	3	3	1	79	200
甲苯	16	17.4	2	3	0	40	232
甲苯-2,4-二异氰酸盐	24	10.6	3	1	2	270	484
三丁胺	20	17.8	3	2	0	145	417
1,2,4-三氯化苯	4	6.2	2	1	0	222	415
1,1,1-三氯乙烷	4	3.1	2	1	0	无	165
三氯乙烯	10	1.7	2	1	0	无	189
1,2,3-三氯丙烷	10	4.3	3	2	0	160	313
三乙醇胺	14	10.1	2	1	1	354	650
三乙基铝	29	16.9	3	4	3	—	365
三乙胺	16	17.8	3	3	0	16	193
三甘醇	4	9.3	1	1	0	350	546
三异丁基铝	29	18.9	3	4	3	32	414
三异丙基苯	4	18.1	0	1	0	207	495
三甲基铝	29	16.5	—	3	3	—	—
三丙胺	10	17.8	2	2	0	105	313
乙烯基醋酸酯	24	9.7	2	3	2	18	163
乙烯基乙炔	29	19.5	2	4	3	气	41
乙烯基烯丙醚	24	15.5	2	3	2	<68	153
乙基烯丁基醚	24	15.4	2	3	2	15	202
氯乙烯	24	8.0	2	4	2	−108	7
4-乙烯基环己烯	24	19.0	0	3	2	61	266
乙烯基乙醚	24	14.0	2	4	2	<−50	96
1,1-二氯乙烯	24	4.2	2	4	2	0	86
乙烯基甲苯	24	17.5	2	2	2	125	334
对二甲苯	16	17.6	2	3	0	77	279
氯酸锌	14	[2]	1	0	1	—	—

续表

化合物	物质系数 MF	燃烧热 $H_c/(10^3 \text{Btu/lb})$	NFPA 分级			闪点/℉	沸点/℉
			健康危险 N_H	易燃性 N_F	化学活性 N_R		
硬脂酸锌[8]	4	10.1	0	1	0	530	—

① 道化学公司的注册商标（应用此法时可进一步查阅道化七版法）。

注：燃烧热（H_c）是燃烧所产生的水处于气态时测得的值，当 H_c 以 cal/mol 的形式给出时，可乘以 1800 除以分子量转换成英热单位/磅（Btu/lb，1Btu=252cal=1054.35J）。$t/℃ = \frac{5}{9}(t/℉ - 32)$。

[1] 真空蒸馏；
[2] 具有强氧化性的氧化剂；
[3] 升华；
[4] 加热爆炸；
[5] 在水中分解；
[6] MF 是经过包装的物质的值；
[7] H_c 相当于 6 倍分解热（H_d）的值；
[8] 作为粉尘进行评价；
[9] 分解；
[10] 在高于 600℃下长期使用，闪点可能降至 95 ℉；
[Seta]——Seta 闪点测定法(参考 NFPA 321)；
NA——不适合；
[Toc]——特征开杯法，由特征闭杯法测得的其他闪点（Toc）。

附录二
安全评价通则
（AQ 8001—2007）

1 范围

本标准规定了安全评价的管理、程序、内容等基本要求。

本标准适用于安全评价及相关的管理工作。

2 规范性引用文件

下列文件中的条款通过本标准的引用而成为本标准的条款，凡是注明日期的引用文件，其随后所有的修改本（不包括勘误的内容）或修订版不适用于本标准，然而，鼓励根据本标准达成协议的各方研究是否可使用这些文件的最新版本。凡是不注明日期的引用文件，其最新版本适用于本标准。

GB 4754 国民经济行业分类

3 术语和定义

下列术语和定义适用于本标准

3.1 安全评价 Safety Assessment

以实现安全为目的，应用安全系统工程原理和方法，辨识与分析工程、系统、生产经营活动中的危险、有害因素，预测发生事故或造成危害的可能性及其严重程度，提出科学、合理、可行的安全对策措施建议，做出评价结论的活动。安全评价可针对一个特定的对象，也可针对一定区域范围。

安全评价范围按照实施阶段的不同分为三类：安全预评价、安全验收评价、安全现状评价。

3.2 安全预评价 Safety Assessment Prior to Start

在建设项目可行性研究阶段、工业园区规划阶段或生产经营活动组织实施之前，根据相关的基础资料，辨识与分析建设项目、工业园区、生产经营活动潜在的危险、有害因素，确定其与安全生产法律法规、规章、标准、规范的符合性，预测发生事故的可能性及其严重程度，提出科学、合理、可行的安全对策措施建议，做出安全评价结论的活动。

3.3 安全验收评价 Safety Assessment Upon Completion

在建设项目竣工后正式生产运行前或工业园区建设完成后，通过检查建设项目安全设施与主体工程同时设计、同时施工、同时投入生产和使用的情况或工业园区内的安全设施、设备、装置投入生产和使用的情况，检查安全生产管理措施到位情况，检查安全生产规章制度健全情况，检查事故应急救援预案建立情况，审查确定建设项目、工业园区建设满足安全生产法律法规、规章、标准、规范要求的符合性，从整体上确定建设项目、工业园区的运行状况和安全管理情况，做出安全验收评价结论的活动。

3.4 安全现状评价 Safety Assessment In Operation

针对生产经营活动中、工业园区内的事故风险、安全管理等情况，辨识与分析其存在的危险、有害因素，审查确定其与安全生产法律法规、规章、标准、规范要求的符合性，预测发生事故或造成职业危害的可能性及其严重程度，提出科学、合理、可行的安全对策措施建议，做出安全现状评价结论的活动。

安全现状评价既适用于一个生产经营单位或一个工业园区的评价，也适用于某一特定的生产方式、生产工艺、生产装置或作业场所的评价。

3.5 安全评价机构 Safety Assessment Organization

是指依法取得安全评价相应的资质，按照资质证书规定的业务范围开展安全评价活动的社会中介服务组织。

3.6 安全评价人员 Safety Assessment Professional

是指依法取得《安全评价人员资格证书》，并经从业登记的专业技术人员。其中，与所登记服务的机构建立法定劳动关系，专职从事安全评价活动的安全评价人员，称为专职安全评价人员。

4 管理要求

4.1 评价对象

4.1.1 对于法律法规、规章所规定、存在事故隐患可能造成伤亡事故或其他有特殊要求的情况，应进行安全评价。亦可根据实际需要自愿进行安全评价。

4.1.2 评价对象应自主选择具备相应资质的安全评价机构按有关规定进行安全评价。

4.1.3 评价对象应为安全评价机构创造必备的工作条件，如实提供所需的资料。

4.1.4 评价对象应根据安全评价报告提出的安全对策措施建议及时进行整改。

4.1.5 同一评价对象的安全预评价和安全验收评价，宜由不同的安全评价机构分别承担。

4.1.6 任何部门和个人不得干预安全评价机构的正常活动，不得指定评价对象接受特定安全评价机构开展安全评价，不得以任何理由限制安全评价机构开展正常业务活动。

4.2 工业规则

4.2.1 资质和资格管理

4.2.1.1 安全评价机构实行资质许可制度。

安全评价机构必须依法取得安全评价机构资质许可，并按照取得的相应资质等级、业务范围开展安全评价。

4.2.1.2 安全评价机构应通过安全评价机构年度考核保持资质。

4.2.1.3 取得安全评价机构资质应经过初审、条件核查、公示、许可决定等程序。

安全评价机构资质申报、审查程序详见附录A。

a) 条件核查包括材料核查、现场核查、会审等三个阶段。

b) 条件核查实行专家组核查制度。材料核查2人为1组；现场核查3~5人为1组，并设组长1人。

c) 条件核查应使用规定格式的核查记录文件。核查组独立完成核查,如实记录并做出评判。

d) 条件核查的结论由专家组通过会审的方式确定。

e) 政府主管部门依据条件核查的结论,经许可审查合格,并向社会公示无异议后,做出资质许可决定;对公示期间存在异议或受到举报的,在进行调查核实后再做出决定。

f) 政府主管部门依据社会区域经济结构、发展水平和安全生产工作的实际需要,制定安全评价机构发展规划,对总体规模进行科学、合理控制,以利于安全评价工作的有序、健康发展。

4.2.1.4 业务范围

a) 依据国民经济行业分类类别和安全生产监管工作的现状,安全评价的业务范围划分为两大类,并根据实际工作需要适时调整。安全评价业务分类详见附录B。

b) 工业园区的各类安全评价按本标准规定的原则实施。

c) 安全评价机构的业务范围由政府主管部门根据安全评价机构的专职安全评价人员的人数、基础专业条件和其他有关设施设备等条件确定。

4.2.1.5 安全评价人员应按有关规定参加安全评价人员继续教育保持资格。

4.2.1.6 取得《安全评价人员资格证书》的人员,在履行从业登记,取得从业登记编号后,方可从事安全评价工作。安全评价人员应在所登记的安全评价机构从事安全评价工作。

4.2.1.7 安全评价人员不是在两个或两个以上安全评价机构从事安全评价工作。

4.2.1.8 从业的安全评价人员应按规定参加安全评价人员的业绩考核。

4.2.2 运行规则

4.2.2.1 安全评价机构与被评价对象存在投资咨询、工程设计、工程监理、工程咨询、物资供应等各种利益关系的,不得参与其关联项目的安全评价活动。

4.2.2.2 安全评价机构不得以不正当手段获得安全评价业务。

4.2.2.3 安全评价机构、安全评价人员应遵纪守法、恪守职业道德、诚实守信,并自觉维护安全评价市场秩序,公平竞争。

4.2.2.4 安全评价机构、安全评价人员应保守被评价对象的技术和商业秘密。

4.2.2.5 安全评价机构、安全评价人员应科学、客观、公正、独立地开展安全评价。

4.2.2.6 安全评价机构、安全评价人员应真实、准确地做出评价结论,并对评价报告的真实性负责。

4.2.2.7 安全评价机构应自觉按要求上报工作业绩并接受考核。

4.2.2.8 安全评价机构、安全评价人员应接受政府主管部门的监督检查。

4.2.2.9 安全评价机构、安全评价人员应对在当时条件下做出的安全评价结果承担法律责任。

4.3 过程控制

4.3.1 安全评价机构应编制安全评价过程控制文件,规范安全评价过程和行为,保证安全评价质量。

4.3.2 安全评价过程控制文件主要包括机构管理、项目管理、人员管理、内部资源管理和公共资源管理等内容。

4.3.3 安全评价机构开展业务活动应遵循安全评价过程控制文件的规定,并依据安全评价过程控制文件及相关的内部管理制度对安全评价全过程实施有效的控制。

5 安全评价程序

安全评价程序包括前期准备，辨识与分析危险、有害因素，划分评价单元，定性、定量评价，提出安全对策措施建议，做出评价结论，编制安全评价报告。

安全评价程序框图见附录C。

6 安全评价内容

6.1 前期准备

明确评价对象，备齐有关安全评价所需的设备、工具，收集国内外相关法律法规、标准、规章、规范等资料。

6.2 辨识与分析危险、有害因素

根据评价对象的具体情况，辨识和分析危险、有害因素，确定其存在的部位、方式，以及发生作用的途径和变化规律。

6.3 划分评价单元

评价单元划分应科学、合理，便于实施评价，相对独立且具有明显的特征界限。

6.4 定性、定量评价

根据评价单元的特性，选择合理的评价方法，对评价对象发生事故的可能性及其严重程度进行定性、定量评价。

6.5 对策措施建议

6.5.1 依据危险、有害因素辨识结果与定性、定量评价结果，遵循针对性、技术可行性、经济合理性的原则，提出消除或减弱危险、有害的技术和管理对策措施建议。

6.5.2 对策措施建议应具体翔实、具有可操作性。按照针对性和重要性的不同，措施和建议可分为应采纳和宜采纳两种类型。

6.6 安全评价结论

6.6.1 安全评价机构应根据客观、公正、真实的原则，严谨、明确地做出安全评价结论。

6.6.2 安全评价结论的内容应包括高度概括评价结果，从风险管理角度给出评价对象在评价时与国家有关安全生产的法律法规、标准、规章、规范的符合性结论，给出事故发生的可能性和严重程度的预测性结论，以及采取安全对策措施后的安全状态等。

7 安全评价报告

7.1 安全评价报告是安全评价过程的具体体现和概括性总结。安全评价报告是评价对象实现安全运行的技术性指导文件，对完善自身安全管理、应用安全技术等方面具有重要作用。安全评价报告作为第三方出具的技术性咨询文件，可为政府安全生产监管、监察部门、行业主管部门等相关单位对评价对象的安全行为进行法律法规、标准、行政规章、规范的符合性判别所用。

7.2 安全评价报告应全面、概括地反映安全评价过程的全部工作，文字应简洁、准确，提出的资料应清楚可靠，论点明确，利于阅读和审查。

7.3 安全评价报告的格式见附录D。

附录 A

（规范性附录）

安全评价机构资质申报、审查程序图

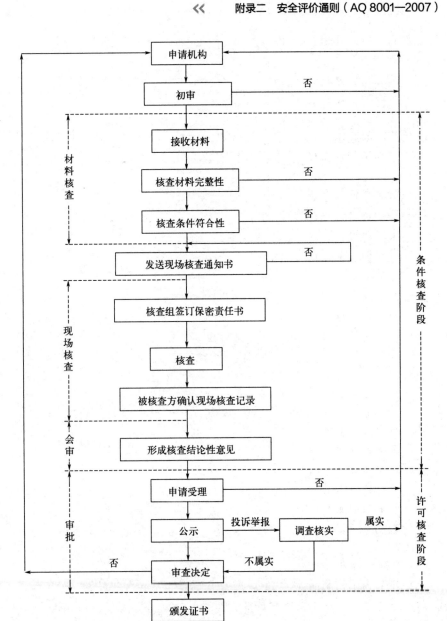

附录 B
（规范性附录）
安全评价业务分类

B.1 一类

B.1.1　a) 煤炭开采；
　　　　b) 煤炭洗选业。

B.1.2　a) 金属采选业；
　　　　b) 非金属矿采选业；
　　　　c) 其他矿采选业；
　　　　d) 尾矿库。

B.1.3　a）陆上石油开采业；
　　　　b）天然气开采业；
　　　　c）管道运输业。
B.1.4　a）石油加工业；
　　　　b）化学原料及化学品制造业；
　　　　c）医药制造业；
　　　　d）燃气生产和供应业；
　　　　e）炼焦业。
B.1.5　a）烟花爆竹制造业；
　　　　b）民用爆破器材制造业；
　　　　c）武器弹药制造业。
B.1.6　a）房屋和土木工程建筑业；
　　　　b）仓储业。
B.1.7　a）水利工程业；
　　　　b）水力发电业。
B.1.8　a）火力发电业；
　　　　b）热力生产和供应业。
B.1.9　核工业设施。

B.2　二类

B.2.1　a）黑色金属冶炼及压延加工业；
　　　　b）有色金属冶炼及压延加工业。
B.2.2　a）铁路运输业；
　　　　b）城市轨道交通运输业；
　　　　c）道路运输业；
　　　　d）航空运输业；
　　　　e）水上运输业。
B.2.3　公众聚集场所。
B.2.4　a）金属制品业；
　　　　b）非金属矿物制品业。
B.2.5　a）通用设备、专用设备制造业；
　　　　b）交通运输设备制造业；
　　　　c）电气机械及器材制造业；
　　　　d）仪器仪表及文化、办公用机械制造业；
　　　　e）通信设备、计算机及其他电子设备制造业；
　　　　f）邮政服务业；
　　　　g）电信服务业。
B.2.6　a）食品制造业；
　　　　b）农副产品加工业；
　　　　c）饮料制造业；
　　　　d）烟草制品业；
　　　　e）纺织业；
　　　　f）纺织服装、鞋、帽制造业；
　　　　g）皮革、毛皮、羽毛（绒）及其制品业。

B.2.7　a）木材加工及木、竹、藤、棕、草制品业；
　　　　b）造纸及纸制品业；
　　　　c）家具制造业；
　　　　d）印刷业；
　　　　e）记录媒介的复制业；
　　　　f）文教、体育用品制造业；
　　　　g）工艺品制品业。
B.2.8　水的生产和供应业。
B.2.9　废弃资源和废旧材料回收加工业。

注1：公众聚集场所包括住宿业、餐饮业、体育场馆、公共娱乐旅游场所及设施、文化艺术表演场馆及图书馆、档案馆、博物馆等。

注2：在业务范围内可以从事经营、储存、使用及废弃物处置等企业（项目或设施）的安全评价。

附录 C
（规范性附录）
安全评价程序框图

```
前期准备
   ↓
辨识与分析危险、有害因素
   ↓
划分评价单元
   ↓
定性、定量评价
   ↓
提出安全对策措施建议
   ↓
做出评价结论
   ↓
编制安全评价报告
```

附录 D
（规范性附录）
安全评价报告格式

D.1　评价报告的基本格式要求
　　a）封面；
　　b）安全评价资质证书影印件；

c）著录项；
d）前言；
e）目录；
f）正文；
g）附件；
h）附录。

D.2 规格

安全报告应采用 A4 幅面，左侧装订。

D.3 封面格式

D.3.1 封面的内容应包括：

a）委托单位名称；
b）评价项目名称；
c）标题；
d）安全评价机构名称；
e）安全评价机构资质证书编号；
f）评价报告完成时间。

D.3.2 标题

标题应统一写为"安全××评价报告"，其中××应根据评价项目的类别填写为：预、验收或现状。

D.3.3 封面样张

封面样式如图 D.1 所示。

委托单位名称（二号宋体加粗）
评价项目名称（二号宋体加粗）

安全××评价报告（一号黑体加粗）

安全评价机构名称（二号宋体加粗）
安全评价机构资质证书编号（三号宋体加粗）
评价报告完成日期（三号宋体）

图 D.1　封面样式

D.4 著录项格式

D.4.1 布局

"安全评价机构法定代表人、评价项目组成员"等著录项一般分两页布置。第一页署明安全评价机构的法定代表人、技术负责人、评价项目负责人等主要责任者姓名,下方为报告编制完成的日期及安全评价机构公章用章区;第二页为评价人员、各类技术专家以及其他有关责任者名单,评价人员和技术专家均应亲笔签名。

D.4.2 样张

著录项样张如图 D.2 和图 D.3 所示。

委托单位名称(三号宋体加粗)
评价项目名称(三号宋体加粗)

安全××评价报告(二号宋体加粗)

法定代表人:(四号宋体)
技术负责人:(四号宋体)
评价项目负责人:(四号宋体)
评价报告完成日期:(小四号宋体加粗)
(安全评价机构公章)

图 D.2 著录项首页样张

评价人员（三号宋体加粗）

	姓　名	资格证书号	从业登记编号	签　字
项目负责人				
项目组成员				
报告编制人				
报告审核人				
过程控制负责人				
技术负责人				

（此表应根据具体项目实际参与人数编制）

技　术　专　家

姓　名　　　　　　签　字

（列出各类技术专家名单）
（以上全部用小四号宋体）

图 D.3　著录项次页样张

参 考 文 献

[1] 国家安全生产监督管理总局.安全评价.北京：煤炭工业出版社，2005.
[2] 魏新利，等.工业生产过程安全评价.北京：化学工业出版社，2004.
[3] 徐志胜.安全系统工程.北京：机械工业出版社，2007.
[4] 廖学品.化工过程危险性分析.北京：化学工业出版社，2000.
[5] 张景林，等.安全系统工程.北京：煤炭工业出版社，2002.
[6] 吴重光.危险与可操作性分析（HAZOP）基础及应用.北京：中国石化出版社，2012.
[7] 佟瑞鹏.常用安全评价方法及其应用.北京：中国劳动社会保障出版社，2011.
[8] 中国石油化工股份有限公司青岛安全工程研究院.HAZOP分析指南.北京：中国石化出版社，2008.
[9] 张乃禄.安全评价技术.西安：西安电子科技大学出版社，2016.
[10] 景国勋，等.系统安全评价与预测.徐州：中国矿业大学出版社，2009.
[11] 韩啸.道化学法在丙烯罐区安全评价中的应用.安全，2012（11）：46-48.
[12] 孟军.锅炉系统预先危险性分析.化工安全与环境，2012（45）：14-15.
[13] 王洪德，等.安全管理与安全评价.北京：清华大学出版社，2010.
[14] 盖雨玲，等.事故树分析法在起重脱钩事故中的应用.起重运输机械，2013（4）：78-80.
[15] 张文会.涂料厂作业条件危险性分析评价.化工安全与环境，2007（28）：16-17.
[16] 丁旭东，等.危险度评价法在藻酸双酯钠生产装置中的应用.化工安全与环境，2013（8）：12-14.
[17] 赵庆贤，等.危险化学品安全管理.北京：中国石化出版社，2010.
[18] 周波.安全评价技术.北京：国防工业出版社，2012.
[19] 王起全.安全评价.北京：化学工业出版社，2015.
[20] 中国就业培训技术指导中心，中国安全生产协会.安全评价师国家职业资格培训教程.2版.北京：中国劳动社会保障出版社，2010.
[21] 刘彦伟，等.化工安全技术.北京：化学工业出版社，2011.
[22] 周宁，等.化工园区风险管理与事故应急辅助决策技术.北京：中国石化出版社，2015.
[23] 王小辉.危险化学品安全技术与管理.北京：化学工业出版社，2016.
[24] 罗云.风险分析与安全评价.北京：化学工业出版社，2016.
[25] 曹孟州.电气安全36讲.北京：中国电力出版社，2017.
[26] 陈金龙，等.安全生产管理概论.北京：化学工业出版社，2017.
[27] 金龙哲，等.安全生产典型技术.北京：化学工业出版社，2018.
[28] 胡广霞.防火防爆技术.北京：中国石化出版社，2018.
[29] ［德］Jorg Steinbach.化工过程的安全评价.郭旭虹，等译.上海：华东理工大学出版社，2015.
[30] 曹庆贵.安全评价.北京：机械工业出版社，2017.
[31] ［美］化工过程安全中心（CCPS）.保护层分析：使能条件与修正因子导则.鲁毅，等译.北京：化学工业出版社，2015.
[32] 张树柱，吴宗之.油气管道风险评价与安全管理.北京：化学工业出版社，2016.
[33] 粟镇宇.HAZOP分析方法与实践.北京：化学工业出版社，2018.
[34] 罗文正.常用起重机安全操作与伤害事故防范.北京：机械工业出版社，2015.
[35] 王福成，等.安全工程概论.北京：煤炭工业出版社，2019.
[36] 周波，等.安全评价技术.北京：中国矿业大学出版社，2018.